高 等 学 校 规 划 教 材

BASIC
CHEMICAL
EXPERIMENTS

基础化学实验

周晓慧　王韶旭　主编

U0359768

化学工业出版社

·北京·

内容简介

《基础化学实验》以无机化学、分析化学、有机化学、物理化学四门基础化学学科的实验为主体，旨在有限的课时内使学生能够完成四大基础化学实验及实践训练。相较于传统《基础化学实验》教材，编者在本书中延续和凸显了四大基础化学实验各自的系统性和完整性，同时重新调整并融合了实验内容，淘汰了使用老旧仪器的实验，删除了不必要的重复性实验，新增了因课程更新和设备升级而产生的实验，以及科研成果转化的实验，形成了新的内容体系。

《基础化学实验》适用于高等院校化学工程、应用化学、能源化工、精细化工、环境工程、环境科学、轻化工程、生物工程与技术、食品科学与工程、材料科学、包装工程、海洋工程与技术等相关专业作为教材使用，也可作为化学实验技术人员的参考用书。

图书在版编目（CIP）数据

基础化学实验/周晓慧，王韶旭主编. —北京：化学
工业出版社，2021.8（2023.8 重印）
高等学校规划教材
ISBN 978-7-122-39195-7

Ⅰ.①基… Ⅱ.①周…②王… Ⅲ.①化学实验-高等
学校-教材 Ⅳ.①O6-3

中国版本图书馆 CIP 数据核字（2021）第 096565 号

责任编辑：满悦芝   文字编辑：孙亚彤 陈小滔
责任校对：王素芹   装帧设计：张　辉

出版发行：化学工业出版社（北京市东城区青年湖南街 13 号　邮政编码 100011）
印　　装：北京建宏印刷有限公司
787mm×1092mm　1/16　印张 18½　彩插 1　字数 469 千字　2023 年 8 月北京第 1 版第 4 次印刷

购书咨询：010-64518888   售后服务：010-64518899
网　　址：http://www.cip.com.cn
凡购买本书，如有缺损质量问题，本社销售中心负责调换。

定　　价：55.00 元

《基础化学实验》编写人员名单

主　编　周晓慧　王韶旭

参　编　曹　魁　徐　冰　刘淑红

　　　　王　莹　兰喜杰　刘　明

　　　　于丽华　许　芝

前　言

　　实验对培养学生理论结合实际的能力、促使学生具有创新思维能力、使学生具备科研技能和素养等方面具有重要的作用，化学实验更是高等院校专业人才培养中不可或缺的课程之一。

　　本书内容是以无机化学、分析化学、有机化学、物理化学四门基础化学学科的实验为主体，旨在有限的课时内使学生能够完成四大基础化学实验及实践训练，掌握实验基本技能，培养学生良好的实验室工作习惯和实事求是的科学态度。相较于传统《基础化学实验》教材，编者在本书中延续和凸显了四大基础化学实验各自的系统性和完整性，同时重新调整融合了实验内容，淘汰了使用老旧仪器的实验，删除了不必要的重复性实验，新增了因课程更新和设备升级而产生的实验，以及科研成果转化的实验，形成了新的内容体系，适用于化学工程、应用化学、环境工程、环境科学、能源化工、轻化工程、生物科学与工程、食品科学与工程、材料科学等专业的教学需要。

　　本书编写过程历时3年，编者都是从事实验教学十年以上的一线教师，以自身丰富的教学经验，秉持严谨认真的态度，结合高校课程设置特点完成了实验内容的编写。

　　本书包括七部分内容：第一章化学实验安全及基本知识；第二章无机化学实验基本操作及无机物制备和性质；第三章分析化学实验基本操作及物质的定量分析；第四章有机化学实验基本操作及有机物制备和性质；第五章物理化学实验；附录1化学实验常用仪器及使用；附录2常用的理化数据及相关资料。全书内含验证实验、综合实验、设计实验、研究性实验项目共87个，每部分的要求各不相同，可以满足对不同层次学生的实验教学和扩展训练要求。

　　本书由周晓慧、王莹合编第一章；徐冰、曹魁合编第二章；刘淑红、于丽华合编第三章；曹魁、刘明、许芝合编第四章；周晓慧、王韶旭、兰喜杰合编第五章；王莹、周晓慧合编附录1；周晓慧编写附录2；全书由周晓慧、王韶旭负责筹划和统稿。

　　本书在编写过程中，感谢李彦生教授、顾晓洁副教授等提供了科研成果，将其成功转化并应用于课程实践教学。感谢大连交通大学环境与化学工程学院院长车如心教授在审阅过程中给予的宝贵建议。另外，本书参阅了国内一些知名的教材，列在参考文献中，在这里编者谨向他们表示衷心的感谢！

　　由于编者水平所限，书中难免有不足之处，恳请读者批评指正。

编者

2021 年 7 月

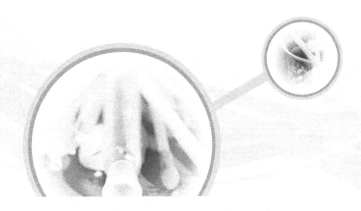

目　录

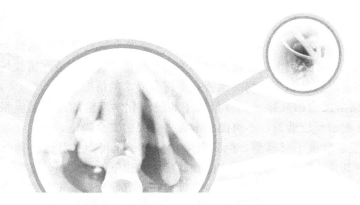

第一章 化学实验安全及基本知识

一、实验安全

1. 实验室安全规则

实验室安全规则是人们在长期实验室工作中，从正反两方面的经验、教训中归纳总结出来的，可以防止意外事故发生，保持实验室的环境和工作秩序。进入实验室严格遵守实验室安全规则是做好实验的重要前提，是确保实验人员、设备和环境安全的保障。

① 实验前，要求学生做好预习和实验准备工作，检查实验所需的药品、仪器是否齐全。做规定以外的实验，应先经教师允许。

② 实验过程中，要求集中精力，认真操作，仔细观察，积极思考，如实详细地做好记录。要求保持肃静，不可大声喧哗，不可到处乱走，不准无故缺席。

③ 爱护财物，节约水电，安全使用仪器和实验室设备。使用自己实验规定的仪器和药品，不要随意动用他人仪器和药品。公用仪器和临时共用的仪器用后必须清理干净，并立即送回原处。仪器或设备如有损坏，要求及时登记补领。

④ 实验台上的仪器应整齐地放在固定的位置上，保持台面的清洁。废纸、火柴梗和碎玻璃等倒入指定废物桶内，废液倒入分类废液缸内，切勿倒入水槽，否则会堵塞或腐蚀下水管道，甚至污染环境。

⑤ 按规定的量取用药品，不可擅自更改药品使用量。称取药品后，及时盖好原瓶盖。放在指定位置的药品不可擅自拿走。

⑥ 使用大型精密仪器时，严格按照操作规程进行操作，避免因粗心大意而损坏仪器。如有故障，立即停止使用，告知教师，及时排除故障。实验后在登记本上如实填写仪器状态。

⑦ 实验结束，将所用备品复原，实验设备清理干净。实验台和试剂架擦净，并关好电源开关和水龙头。

⑧ 每次实验后由学生轮流值勤，负责打扫和整理实验室，检查电源开关、水龙头、门、窗是否关紧，保持实验室的整洁和安全。

⑨ 发生意外事故时应保持镇静，避免惊慌失措，遇有烧伤、烫伤、割伤时应立即报告教师，及时急救和治疗。

⑩ 禁止在实验室内喝水、吃东西，饮食用具杜绝带进实验室，以防毒物污染，离开实验室及饭前要求洗净双手。

2. 实验室安全防护

① 根据实验的情况和性质做好必要的安全防护。根据实验可能发生的危险事故佩戴必要的防护工具，如实验服、橡胶手套、防护面具、防毒面具等。实验前，要注意清除实验场地周围的安全隐患。检查实验装置、药品和相关物品是否有不符合要求的情况。

② 遵循化学药品的性质和化学反应的规律，不盲目蛮干和臆测化学反应的过程。应根据化学反应的性质和过程选择匹配的反应装置，不可图省事省去必要的安全措施。

③ 预估实验的危险性。实验事故虽不可预测，但其危险性的大小是可以估计的。即使对不大了解的实验，也必须推测其危险程度，制订相应的预防措施。以下三类实验，必须十分注意，做到万无一失：a.不了解的反应及操作；b.存在多种危险性（如发生火灾、产生毒气等）的实验；c.在严酷的反应条件（如高温、高压等）下进行的实验。

④ 充分做好发生事故时的预防措施并加以检查。熟悉水龙头、电气开关、灭火器的位置及操作方法，注意应急处置药品、应急救治医疗用品等的位置，避免发生事故时才四处寻找应急的物品。

⑤ 实验的后处理工作，也属于实验过程的组成部分。特别不可忽略对回收溶剂和废液、废弃物等的处理。

3. 危险物质的使用及注意事项

危险物质是指具有着火、爆炸或中毒危险的物质。使用这类物质时应该特别小心，注意以下事项。

① 使用前，要充分了解所使用物质的物理性质，特别是具有着火、爆炸及中毒危险性的物质。必须预先考虑到发生灾害事故时的防护手段，并做好周密的准备。如：使用有着火或爆炸危险的物质时，要准备好防护面具、耐热防护衣及灭火器材等；对于毒性物质，则要准备橡胶手套、防毒面具及防毒衣之类的用具。

② 通常危险物质要避免阳光照射，应把它贮藏于阴凉的地方。注意不要混入异物，并且必须将其与火源或热源隔开。实验室冰箱和超低温冰箱使用期间，定期除霜、清理、清理后要对内表面进行消毒。储存用的所有容器，应当标明物品名称、储存日期和储存者姓名。除非有防爆措施，否则冰箱内不能放置易燃易爆危险化学品，冰箱门上应注明这一点。

③ 尽可能少用或不用危险物质。对不了解性质的物质，需进行预备试验。

④ 对于有毒药品及含有毒物的废弃物，使用完毕进行适宜的处理，做好标志单独回收储存，避免污染水质和大气。

4. 实验室易出事故的物质分类

（1）着火性物质

具有着火危险的物质非常多。通常有因加热、撞击而着火的物质，也有由于相互接触、混合而着火的物质。比如强氧化性物质、强酸性物质、低温着火性物质、自燃物质、禁水性物质等。

（2）易燃性物质

易燃性物质的危险性，大致可根据其燃点加以判断。燃点越低，危险性就越大。但是，即使燃点较高的物质，当加热到其燃点以上的温度时，也是危险的，由此种情况发生的事故特别多，因此，必须加以注意。

（3）爆炸性物质

爆炸有两种情况：一种是可燃性气体与空气混合，达到其爆炸界限浓度时着火而发生燃烧爆炸；另一种是易于分解的物质，由于加热或撞击而分解，产生突然气化的分解爆炸。

5. 常用气体钢瓶的安全使用

为了便于运输、贮藏和使用，通常将气体压缩成压缩气体（如氢气、氮气和氧气等）或液化气体（如液氨和液氯等），灌入耐压钢瓶内。当钢瓶受到撞击或高温时就会有发生爆炸的危险。另外有一些压缩气体或液化气体有剧毒，一旦泄漏，将造成严重后果。

在物理化学实验中，经常要使用一些气体，例如燃烧热测定实验中要使用氧气，合成氨反应平衡常数测定实验中要使用氢气和氮气，因此，要学会正确和安全地使用各种压缩气体钢瓶或液化气体钢瓶。使用钢瓶时，必须注意下列事项。

① 在气体钢瓶使用前，要按照钢瓶外表油漆颜色、字样等正确识别气体种类，切勿误用造成事故。

气体钢瓶根据 GB/T 7144—2016 进行漆色、标注气体名称和涂刷色环，常见的气瓶见表 1-1。

表 1-1　各种钢瓶的漆色及标注

钢瓶名称	外表颜色	字样	字样颜色	色环颜色
氧气瓶	淡蓝	氧	黑	白
氢气瓶	淡绿	氢	大红	大红
氮气瓶	黑	氮	白	白
氩气瓶	银灰	氩	深绿	白
二氧化碳气瓶	铝白	液化二氧化碳	黑	黑
氨气瓶	淡黄	液氨	黑	
氯气瓶	深绿	液氯	白	
氟氯烷瓶	铝白	氟氯烷	可燃性：大红 不燃性：黑	大红

如钢瓶因使用日久后色标脱落，应及时按以上规定进行漆色、标注气体名称和涂刷色环。

② 气体钢瓶在运输、贮存和使用时，注意勿使气体钢瓶与其他坚硬物体撞击，或曝晒在烈日下以及靠近高温处，与明火更要保持一定的安全距离，并采取有效的隔离措施，以免引起钢瓶爆炸。钢瓶应定期进行安全检查，如进行水压试验、气密性试验和壁厚测定等。

③ 严禁油脂等有机物沾污氧气瓶，因为油脂遇到逸出的氧气就可能燃烧，若已有油脂沾污，则应立即用四氯化碳洗净。氢气、氧气或可燃气体钢瓶严禁靠近明火。

④ 存放氢气瓶或其他可燃性气体钢瓶的房间应注意通风，以免漏出的氢气或可燃性气体与空气混合后遇到火种发生爆炸。室内的照明灯及电气通风装置均应防爆。

⑤ 原则上有毒气体（如液氯等）钢瓶应单独存放，严防有毒气体逸出。注意室内通风，最好在存放有毒气体钢瓶的室内设置毒气鉴定装置。

⑥ 若两种钢瓶中的气体接触后可能引起燃烧或爆炸，则这两种钢瓶不能存放在一起，如氢气瓶和氧气瓶、氢气瓶和氯气瓶等。氧、液氯、压缩空气等助燃气体钢瓶严禁与易燃物品放置在一起。

⑦ 气体钢瓶存放或使用时要固定好，防止滚动或跌倒。为确保安全，最好在钢瓶外面装置橡胶防震圈。液化气体钢瓶使用时一定要直立放置，禁止倒置使用。

⑧ 使用钢瓶时，按气瓶的类别选用减压阀，安装时螺扣应拧紧、检漏，开启时缓缓打开钢瓶上端之阀门，不能猛开阀门。

⑨ 气体钢瓶不得完全排空，要留下一些气体，以防止外界空气进入气体钢瓶。惰性气

体钢瓶应剩余 0.05MPa 以上压力的气体，可燃气体钢瓶应剩余 0.2MPa 以上压力的气体，氢气瓶应剩余 2.0MPa 以上压力的气体。

二、实验室三废的处理

实验中经常会产生某些有毒的气体、液体和固体，需要及时排放或丢弃。如不经处理直接排出就可能污染周围空气和水源，使环境污染，损害人体健康。

对产生少量有毒气体的实验应在通风橱内进行，通过排风设备将少量毒气排到室外，以免污染室内空气。产生毒气量大的实验必须备有吸收或处理装置。如 NO_2、SO_2、Cl_2、H_2S、HF 等可用导管通入碱液中使其大部分被吸收后排出，CO 可点燃转化成 CO_2。

一般酸碱废液可中和后，收集于指定废液桶。对含重金属离子或汞盐的废液可加碱调 pH 值至 8～10 后再加硫化碱处理，使毒害成分转变成难溶于水的氢氧化物和硫化物而沉淀分离，再收集于特定的废液桶中。废铬酸洗液可加入 $FeSO_4$，使六价铬还原为无毒的三价铬后按普通重金属离子废液回收于废液桶中。含氰废液量少时可先加 NaOH 使 pH＞10，再加适量 $KMnO_4$ 使 CN^- 氧化分解去毒；量多时则在碱性介质中加 NaClO 使 CN^- 氧化分解成 CO_2 和 N_2。

废渣，包括少量有毒的废渣，同样应回收于指定的废物桶中。

回收危化品的废物桶注意防漏，并贴好标签，按要求安全存放于废弃库，定期交由有资质的危化品废弃物处理单位处理。

三、化学试剂的使用

表 1-2 是我国化学试剂等级标志与某些国家化学试剂等级标志的对照表。

表 1-2　我国化学试剂等级标志与某些国家化学试剂等级标志的对照表

质量次序	中国化学试剂等级标志				德、美、英等国通用等级和符号	俄罗斯等级和符号
	级别	中文标志	符号	瓶签颜色		
1	一级品	保证试剂	优级纯	G. R	绿	G. R	化学纯 X. Ⅱ
2	二级品	分析试剂	分析纯	A. R	红	A. R	分析纯 Ⅱ. Ⅱ. A
3	三级品	化学纯	纯	C. P	蓝	C. P	纯 Ⅱ
4	四级品	试验试剂		L. R	黄色等		

化学试剂中，指示剂纯度往往不太明确。除少数标明"分析纯""试验试剂"外，经常遇到只写明"化学试剂""企业标准"或"部颁暂行标准""生物染色素"等等。常用的有机溶剂、掩蔽剂等，也经常见到级别不明的情况，平常只可作为"化学纯"试剂使用，必要时需进行提纯。

生物化学中使用的特殊试剂，纯度表示和化学中一般试剂表示也不相同。例如，蛋白质类试剂经常以含量表示，或以某种方法（如电泳法等）测定的杂质含量来表示。再如，酶是以每单位时间能酶解多少物质来表示其纯度，就是说，它是以其活力来表示的。此外，还有些特殊用途的高纯试剂，例如，"色谱纯"试剂，它是在最高灵敏度下以 10^{-10} g 下无杂质峰来表示的；"光谱纯"试剂，它是以光谱分析时出现的干扰谱线的数目强度大小来衡量的，往往含有该试剂各种氧化物，它不能认为是化学分析的基准试剂，这点需特别注意；"放射化学纯"试剂，它是以放射性测定时出现干扰的核辐射强度来衡量的；"MOS"试剂，它是

"金属-氧化物-半导体"试剂的简称，是电子工业专用的化学试剂；等等。

在一般分析工作中，通常要求使用 A.R 级分析纯试剂。分析工作者必须对化学试剂标准有明确的认识，做到合理使用化学试剂，既不超规格造成浪费，又不随意降低规格而影响分析结果的准确度。

四、实验报告

实验报告是实验过程的总结。化学实验报告的内容大致分为三部分：一是预习部分，二是设计与数据记录部分，三是数据处理与结果部分。书写报告一般使用我校印刷的实验报告纸，报告书写要求字迹清晰、端正，表格设计合理，数据记录准确，图表绘制规范，表格内容简明扼要，文理通顺。

1.预习部分

实验前必须预习，了解实验原理、所用仪器、实验方法等。做好实验前的准备工作，写出预习报告（直接在正式的报告纸上书写），其内容有：a.实验项目名称；b.实验目的；c.实验所用仪器、器皿、药品；d.实验原理摘要、实验所用的主要公式及公式中各物理量的意义和单位。

2.设计与数据记录部分

这部分内容写在实验报告的实验步骤中，包括以下三部分。

① 教材中对实验规定的设计内容（给定的设计、实验步骤等）。

② 设计并画出数据记录表格。该设计内容，一般在实验前的预习中完成，若必须对照仪器才能设计的，上课开始时在教师指导下进行。

③ 认真记录实验数据，实验数据应该真实、准确，注意有效数字。

3.数据处理与结果部分

学生在做完实验后，应根据实验所得数据进行整理和处理，完成实验报告，报告与设计部分的记录纸一起交教师批阅。内容主要有以下几点。

① 记录必要的实验常数或物理量。

② 有些实验需记录实验室的环境条件，如气温、气压等。

③ 经过整理和修改的实验步骤（有时可省略，由指导教师决定）。

④ 重新按要求画好表格，把实验记录纸上所记录的数据经核对后记入表格。数据不得涂改。

⑤ 进行数据处理，把数据代入公式进行运算。需作图时，则应根据数据将图画在坐标纸上；需进行误差计算时，根据误差公式进行计算。

⑥ 实验结果。

⑦ 讨论与心得。对实验中出现的问题、产生误差的原因等进行讨论，也可写出自己的心得体会和对实验改进的见解。

⑧ 完成教师指定的作业。

五、实验数据的读取与可疑值的取舍

化学实验现象及本质的分析与反映，常常需要通过实验数据来体现，因此不仅需要准确地测量物理量，而且还应正确地记录测得的数据和进行正确计算。

1.有效数字

有效数字是由准确数字与一位可疑数字组成的测量值。有效数字的有效位反映了测量的精度。有效位是指从数字最左边第一个不为零的数字起到最后一位数字止的数字个数。确定有效数字位数的运算规则如下。

（1）加减运算

测量值相加减时，所得结果的有效数字位数应和参与运算的数据小数点后位数最少的那个数据相同。例如：24.65、24.646、24.6452 三数相加，结果为 73.94。

（2）乘除运算

测量值相乘时，所得结果的有效数字位数应和参与运算的数据中有效数字最少者相同，而与小数点的位置无关。例如：21.57、2.654、0.784 三个数相乘，结果为 44.9。

（3）对数运算（例如 pH 和 lg$K$ 等）

对数运算有效数字的位数仅取决于小数部分数字的位数，整数部分决定数字的方次。例如：$c(H^+) = 5.5 \times 10^{-5}$ mol·L^{-1}，它有两位有效数字，所以 pH $= -\lg c(H^+) = 4.26$，尾数 26 是有效数字，与 $c(H^+)$ 的有效数字位数相同。

有效数字的修约规则为四舍六入五留双。"五留双"即末位数字后的第一位数为 5，且其后的数字不全为 0 时，末位数的数值加 1。例如将下列数字修约为 4 位有效数字。

$$66.28467 \rightarrow 66.28 \qquad\qquad 56.38654 \rightarrow 56.39$$
$$66.38501 \rightarrow 66.39 \qquad\qquad 56.38500 \rightarrow 56.38$$

2.数据读取

通常读取数据时，在最小准确量度单位后再估读一位。估读值的不同，直接影响测量值精确度，因此，数据的读取十分重要。

3.可疑值的取舍

在一组平行测量中，有时会出现个别测量值偏离较大的现象。这时，我们首先要检查一下是否在测量中出现了错误，若没有，则必须由统计规律来决定取舍。一般较简单的方法是 Q 检验法。Q 检验法的基本步骤如下。

（1）排序

将 n 个测量值按由小到大的顺序排列：$x_1, x_2, \cdots, x_n$。

（2）求 Q 值

若其中最大值 x_n 为可疑值，则按下式计算 Q：

$$Q_{计算} = \frac{x_n - x_{n-1}}{x_n - x_1} \tag{1-1}$$

若其中最小值 x_1 为可疑值，则按下式计算 Q：

$$Q_{计算} = \frac{x_2 - x_1}{x_n - x_1} \tag{1-2}$$

（3）比较判断

将计算的 Q 值与表 1-3 中查得的 Q 值比较。若 $Q_{计算} > Q_{表}$，则应舍去此可疑值，否则保留。

表 1-3　Q 值表

测定次数(n)	$Q_{0.90}$	$Q_{0.95}$	$Q_{0.99}$	测定次数(n)	$Q_{0.90}$	$Q_{0.95}$	$Q_{0.99}$
3	0.94	0.98	0.99	7	0.51	0.59	0.68
4	0.76	0.85	0.93	8	0.47	0.54	0.63
5	0.64	0.73	0.82	9	0.44	0.51	0.60
6	0.56	0.64	0.74	10	0.41	0.48	0.57

4.测量结果的表示

测量结果最常用的表示方法是均值、平均偏差和相对平均偏差。均值表征测试量的大小，平均偏差和相对平均偏差表征测试的精密度，也就是说平均测量值的彼此接近程度。

均值的表达式
$$\overline{x} = (\sum_{i=1}^{n} x_i) / n \tag{1-3}$$

平均偏差的表达式
$$\overline{d} = (\sum_{i=1}^{n} |x_i - \overline{x}|) / n \tag{1-4}$$

式中，x_i 为单次测量值；n 为测量的次数。相对平均偏差为 $\dfrac{\overline{d}}{\overline{x}} \times 100\%$，通常平均偏差与相对平均偏差只取一位有效数字。

六、误差与数据处理

1.误差

在分析过程中，由于分析时所使用的仪器、采用的方法以及分析时的环境条件和分析者的观察能力等多方面的限制，分析所得到的结果往往与客观存在的真实数值有一定的差异。这个分析值与真实值之间的差异，叫作误差。观测值与平均值之差叫作偏差。习惯上常将两者混用而不加区别。

根据误差的种类、性质以及产生的原因，可将误差分为系统误差、偶然误差和过失误差三种。

系统误差：指一种非随机性误差。仪器误差、测量方法本身的限制、个人习惯性误差等均可导致系统误差。其特点是单向性、重复性、可测性。系统误差决定测量结果的准确度。它恒偏于一方，偏正或偏负，测量次数的增加并不能使之消除。通常可用几种不同的实验技术或不同的实验方法或改变实验条件、调换仪器等来确定有无系统误差的存在，并确定其性质，设法消除或减少系统误差，以提高测量结果的准确度。

偶然误差：在实验时，即使采用了完善的仪器，选择了恰当的方法，经过了精细的观测，仍会有一定的误差存在。这是由于实验者的感官灵敏度有限或技巧不够熟练、仪器的准确度限制以及许多不能预料的其他因素对测量的影响引起的误差，这类误差称为偶然误差。它在实验中总是存在的，无法完全避免，但它服从正态分布。偶然误差的特点是不确定性、随机性。

过失误差：这是由于实验过程中犯了某种不应有的错误引起的误差，如标度看错、记录写错、计算弄错等。此类误差无规则可寻，只要多加警惕，细心操作，过失误差是可以完全避免的。

2.准确度和精密度

准确度是表示观测值与真值的接近程度。精密度是表示各观测值相互接近的程度。精密度高又称再现性好。在一组测量中，尽管精密度很高，但准确度不一定很好；相反，若准确度好，则精密度一定高。

3.绝对误差与相对误差

绝对误差是观测值与真值之差。相对误差是指误差在真值中所占比例。它们分别可用下列两式表示：a.绝对误差＝观测值－真值；b.相对误差＝（绝对误差/真值）×100％。

4.数据处理

（1）列表法

将实验数据按一定规律用列表方式表达出来是记录和处理实验数据最常用的方法。表格

第一章 化学实验安全及基本知识

的设计要求对应关系清楚，简单明了，有利于发现相关量之间的物理关系。此外还要求在标题栏中注明物理量名称、符号、数量级和单位等，根据需要还可以列出除原始数据以外的计算栏目和统计栏目等。最后还要求写明表格名称，主要测量仪器的型号、量程和准确度等级，有关环境条件参数如温度、湿度和大气压等。

（2）作图法

作图法可以最醒目地表达物理量间的变化关系。从图线上还可以简便求出实验需要的某些结果（如直线的斜率和截距值等），读出没有进行观测的对应点（内插法），或在一定条件下从图线的延伸部分读到测量范围以外的对应点（外推法）。此外，还可以把某些复杂的函数关系，通过一定的变换用直线图表达出来。

要特别注意的是，实验作图不是示意图，而是用图来表达实验中得到的物理量间的关系，同时还要反映出测量的准确程度，所以必须满足一定的作图要求。作图的一般步骤及原则如下。

① 坐标纸的选择与横纵坐标的确定　直角坐标纸最为常用，有时半对数坐标或 lg-lg 坐标纸也可选用，在表达三组分体系用图时，常采用三角坐标纸。在用直角坐标纸作图时，习惯上以自变量为横轴，因变量为纵轴，横轴与纵轴的读数一般不一定从零开始，可视具体情况而定。

② 坐标的范围　确定坐标的范围要包括全部测量数据或稍有余地。

③ 比例尺的选择　一般原则包括：a. 要能表示全部有效数字；b. 图纸每一小格所对应的数值，既要便于迅速简便地读数，又要便于计算；c. 若所作图形为直线，则比例尺的选择应使直线与横轴交角尽可能接近于 $45°$。

④ 画坐标轴　选定比例尺后，画上坐标轴，在轴旁注明该轴所代表变量的名称和单位。在纵轴左侧和横轴下面每隔一定距离写下该处变量值（标度），以便作图及读数，但不应将实验值写于坐标轴旁，读数时横轴自左至右读取，纵轴自下而上读取。

⑤ 描点　将对应于测得数值的各点绘于图上，在数据点处画上小"×"、小"◇"、小"○"或其他符号。在一张图纸上如有数组不同的测量值时，各组测量值的代表点应以不同符号表示，以示区别，并在图上注明。

⑥ 连曲线　把点描好后，用曲线板或曲线尺做出尽可能接近各实验点的曲线。曲线应平滑均匀，细而清晰，曲线不必通过所有各点，但应保证各点在曲线两旁分布，数量上应近似相等，各点和曲线间的距离表示了测量的误差，曲线与代表点间的距离应尽可能小，并且曲线两侧各点与曲线间距离之和也应趋近于相等。

⑦ 写图名　将图名清楚完整地写在图的下方。

（3）方程式法

每一组实验数据可以用数学经验方程式表示，要求表达方式简单、记录方便，而且也便于求微分、积分或内插值。实验方程式是客观规律的一种近似描绘，是理论探讨的线索和根据。建立经验方程式的基本步骤如下。

① 将实验测定的数据加以整理与校正。

② 选出自变量和因变量并绘出曲线。

③ 根据解析几何的知识，由曲线的形状，判断曲线的类型。

④ 确定公式的形式，将曲线变换成直线关系或者选择常数将数据表达成多项式。常见方程式的变换形式如表 1-4 所示。

表 1-4　常见方程式的变换形式

方　程　式	变　换	直线化后得到的方程式
$y = a\,e^{bx}$	$Y = \ln y$	$Y = \ln a + bx$
$y = a x^b$	$Y = \lg y, X = \lg x$	$Y = \lg a + bx$
$y = \dfrac{1}{a+bx}$	$Y = \dfrac{1}{y}$	$Y = a + bx$
$y = \dfrac{x}{a+bx}$	$Y = \dfrac{x}{y}$	$Y = a + bx$

⑤ 用图解法、计算法来决定经验公式中的常数。求出方程式后，最好选择一两组数据代入公式，加以核对验证。若相距太远，还可改变方程的形式或增加常数，重新求得更准确的方程式。

七、实验报告格式

1.无机化学实验报告

化合物性质实验，要求按"三段式"书写实验报告，如表 1-5 所示。

表 1-5　无机化学实验报告示例

实验内容	现象	结论、解释、方程式

2.分析化学实验报告

以"有机酸摩尔质量测定"为例。首先，写明实验日期及目的；次之，用简洁的文字、流程图、框图、反应式等形式表述实验原理以及设计好的实验步骤；再次，详细认真记录实验数据，如表 1-6 所示设计表格；最后，进行结果与讨论。

表 1-6　分析化学实验数据记录及处理示例表

记录项目	Ⅰ	Ⅱ	Ⅲ
m_1(称量瓶+$KHC_8H_4O_4$)(前)/g	16.1511	15.6181	15.1126
m_2(称量瓶+$KHC_8H_4O_4$)(后)/g	15.6181	15.1125	14.5811
$m(KHC_8H_4O_4)$/g	0.5330	0.5056	0.5315
V_{NaOH} 末读数/mL	25.06	23.80	24.93
V_{NaOH} 始读数/mL	0.00	0.00	0.00
V_{NaOH}/mL	25.06	23.80	24.93
c_{NaOH}/(mol·L^{-1})	0.1042	0.1040	0.1044
$\bar{c}_{NaOH}$/(mol·L^{-1})	0.1042		
相对平均偏差/%	0.1		

注：1.计算公式 $c_{NaOH} = \dfrac{m_{基准物} \times 1000}{M_{基准物} \times V_{NaOH}}$。

2.相对平均偏差=$\dfrac{|c_1 - \bar{c}| + |c_2 - \bar{c}| + |c_3 - \bar{c}|}{3 \times \bar{c}} \times 100\%$。

3.有机化学实验报告

与分析化学实验报告类似，但侧重点不同。以"溴乙烷的制备"为例。首先，预习报告部分的重点是查阅所用化学药品物理常数的相关数据，并设计表格将其列出；其次，设计表格记录实验中药品用量，并计算理论产量等，如表 1-7 所示；再次，熟悉实验装置，详细按时间点记录实验操作、反应过程的现象和数据等。

表 1-7　药品用量及理论产量

名称	实验用量	理论量	过量	理论产量
95%乙醇	8g(10mL)　0.165mol	0.126mol	31%	
NaBr	13g　0.126mol			
浓硫酸(98%)	18mL　0.320mol	0.126mol	154%	
C_2H_5Br		0.126mol		13.7g

4.物理化学实验报告

物理化学实验报告，需要重视以下三个部分。

① 实验数据处理　列表记录原始数据，数据量大要以纵向排列。对数据要进行作图和计算处理。作图要求规范且严谨，计算要求列出公式、过程和结果。

② 结果与讨论　将实验结果与文献数据进行比较，讨论结果和现象的合理性，讨论实验误差来源，讨论实验与生活、生产、科研的相关性。

③ 心得　实验后对实验方法的领悟、装置设计的改进、实验室设备以及主讲教师的建议或意见等。

第二章 无机化学实验基本操作及无机物制备和性质

实验一 仪器的认领和洗涤

一、实验目的

① 熟悉无机化学实验室规则和要求。
② 领取无机化学实验常用仪器，熟悉其名称、规格，了解使用注意事项。
③ 学习并练习常用仪器的洗涤和干燥方法。

二、认领仪器

按教师所给的仪器清单逐个认领，认识无机实验中常用仪器，了解各种仪器的使用方法和使用范围并做好记录。

三、玻璃仪器的洗涤

① 振荡水洗　注入少于玻璃仪器一半的水，稍用力振荡后把水倒掉，照此连洗数次，如图 2-1 所示。

② 毛刷刷洗　如内壁附有不易洗掉的物质，可用毛刷刷洗。刷洗后，再用水连续振荡数次，用蒸馏水淋洗三次，如图 2-2 和图 2-3 所示。

玻璃仪器里如附有不溶于水的碱、碳酸盐、碱性氧化物等，可先加 $6mol \cdot L^{-1}$ HCl 溶液将其溶解，再用水冲洗。附着油脂等污

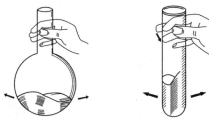

图 2-1　振荡水洗

物时，可先用热的纯碱洗液洗，然后再用毛刷刷洗，也可用毛刷蘸取少量去污粉刷洗。对于口小、管细的仪器，不便用刷子洗，可用少量王水（浓硝酸与浓盐酸按体积比 1∶3 形成的混合液）振荡洗。用以上方法清洗不掉的污物可用较多王水浸泡，然后用水振荡洗。要禁止如图 2-4 所示的操作。

课堂练习：用水或去污粉将领取的仪器洗涤干净，抽取两件交由教师检查。将洗净的仪器合理存放于实验柜内。

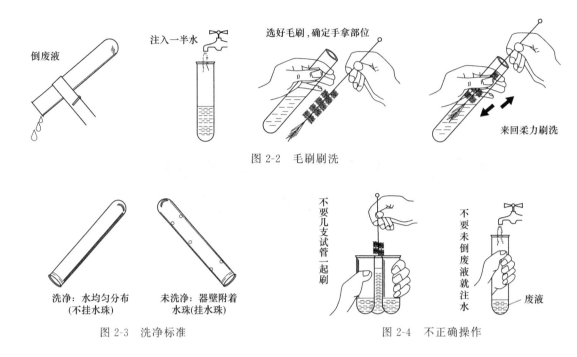

图 2-2　毛刷刷洗

图 2-3　洗净标准

图 2-4　不正确操作

四、仪器的干燥

利用如图 2-5 所示的方法对仪器进行干燥，带有刻度的计量仪器不能用加热的方法进行干燥，否则会影响仪器的精度。

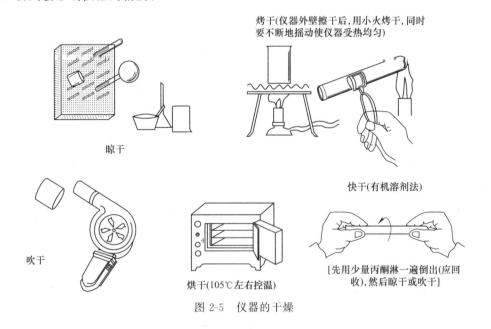

图 2-5　仪器的干燥

五、附注

根据沾附器壁上物质的性质，采用适当的药品进行处理。下面介绍几种常见的处理方法。

① 沾附在器壁上的二氧化锰、氢氧化铁用盐酸处理。

② 附在器壁上的硫黄用煮沸的石灰水清洗。反应方程式如下：

$$3Ca(OH)_2 + 12S \xrightarrow{煮沸} 2CaS_5 + CaS_2O_3 + 3H_2O$$

③ 铜或银附着在器壁上，用硝酸处理。难溶的银盐可以用硫代硫酸钠溶液洗。

④ 硫酸钠或硫酸氢钠的固体残留在容器内，加水煮沸使它溶解，趁热倒出来，否则冷却后结成硬块，不容易洗去。

⑤ 煤焦油污迹可用浓碱浸泡一段时间（约一天），再用水清洗。

⑥ 瓷研钵的洗涤：可取少量食盐放在研钵内研磨，倒去食盐后再用水洗。

⑦ 蒸发皿和坩埚上的污迹可用浓硝酸或王水洗涤。因王水不稳定，所以使用王水时应该现用现配。

实验二　酒精喷灯的使用和简单玻璃工操作

一、实验目的

① 了解酒精喷灯的构造、原理，掌握正确的使用技术。

② 学习玻璃管的截断、弯曲、拉制、熔烧等技术。

③ 学习塞子钻孔、玻璃管装配等技术。

④ 学会制作滴管、装配洗瓶及使用滴管和洗瓶。

二、酒精喷灯类型和构造

酒精喷灯有挂式与座式两种，其构造如图 2-6 所示。挂式酒精喷灯的酒精贮存在悬挂于高处的酒精贮罐内，而座式酒精喷灯的酒精则贮存于作为灯座的酒精壶内。

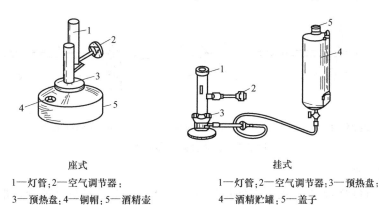

座式
1—灯管；2—空气调节器；
3—预热盘；4—铜帽；5—酒精壶

挂式
1—灯管；2—空气调节器；3—预热盘；
4—酒精贮罐；5—盖子

图 2-6　酒精喷灯类型和构造

使用挂式酒精喷灯时，打开挂式酒精喷灯酒精贮罐下口开关，并先在预热盘中注入适量的酒精，然后点燃盘中的酒精，以加热灯管，待盘中酒精将近燃完时，开启空气调节器，这时由于酒精在灼热的灯管内汽化，并与来自气孔的空气混合，即燃烧并形成高温火焰（温度可达 700～1000℃）。调节空气调节器阀门可以控制火焰的大小。用毕时，关紧空气调节器即可使灯熄灭。此时酒精贮罐的下口开关也应关闭。

座式酒精喷灯使用方法基本与挂式相同，仅少了开关酒精贮罐这一道手续。如座式酒精喷灯灯焰不易熄灭时，可用盖板将灯焰盖灭。

酒精喷灯使用时应特别注意以下几点。

① 在开启空气调节器，点燃管口气体以前，必须充分灼热灯管，否则酒精不能全部汽

化，会有液体酒精由管口喷出，导致"火雨"（尤其是挂式酒精喷灯），甚至引起燃烧事故。当一次预热不能点燃酒精喷灯时，可在火焰熄灭后重新往预热盘添加酒精，重复上述操作点燃。当连续两次预热后仍不能点燃时，则需要用探针疏通酒精蒸气出口，让出气顺畅后，方可再预热。

② 座式酒精喷灯灯内酒精贮量不能超过 2/3 壶，连续使用时间不能超过半小时。如需超过半小时，可在半小时暂时熄灭喷灯，待冷却后，添加酒精，再继续使用。

③ 挂式酒精喷灯酒精贮罐出口至灯具进口之间的橡皮管连接要好，不得有漏液现象，否则容易失火。

三、玻璃管（棒）的加工技术

1. 玻璃管的截断与熔光

① 锉痕　将所要截断的玻璃管平放在桌面上，用三角锉刀的棱沿着拇指指甲在需截断处用力锉出一道凹痕，如图 2-7(a) 所示。注意锉刀应向前方锉，而不能往复锉，以免锉刀磨损和锉痕不平整。锉出来的凹痕应与玻璃管垂直，以保证玻璃管截断后截面平整。

② 截断　双手持玻璃管锉痕两侧，拇指放在划痕的背后向前推压，同时食指向后拉，便可截断玻璃管，如图 2-7(b) 所示。

③ 熔光　玻璃管的截面很锋利，容易把手割破，且难以插入塞子的圆孔内。所以必须将之截面在煤气灯或酒精喷灯的氧化焰处（即外焰处，此处温度最高）熔烧光滑。操作时可将截面斜插入氧化焰中，同时缓慢地转动玻璃管使其熔烧均匀，直到光滑为止，如图 2-7(c) 所示。熔烧的时间不可过长，以免管口收缩。灼热的玻璃管应放在石棉网上冷却，不要放在桌面上，以免烧焦桌面，也不要用手去摸，以免烫伤。

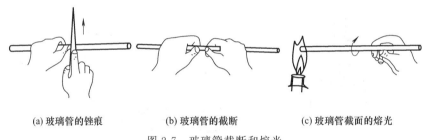

(a) 玻璃管的锉痕　　　　(b) 玻璃管的截断　　　　(c) 玻璃管截面的熔光

图 2-7　玻璃管截断和熔光

2. 玻璃管的弯曲

① 烧管　先将玻璃管在小火上来回旋转预热。然后用双手托持玻璃管，把要弯曲的地方斜插入氧化焰中，以增大玻璃管的受热面积（也可以在灯管上罩以鱼尾形灯头扩展火焰，来增大玻璃管的受热面积），同时缓慢地转动玻璃管，使之受热均匀，如图 2-8(a) 所示。注意两手用力均匀，转速一致，以免玻璃管在火焰中扭曲。加热到玻璃管发黄变软即可弯管。

② 弯管　自火焰中取出玻璃管后，稍等一两秒钟，使各部温度均匀，然后用"V"字形手法将它准确地弯成所需的角度。弯管的手法是两手在上边，玻璃管的弯曲部分在两手中间的正下方，如图 2-8(b) 所示。弯好后，待其冷却变硬后才可撒手，放在石棉网上继续冷却。120℃以上的角度可以一次性弯成。较小的锐角可分几次弯，先弯成一个较大的角度，然后在第一次受热部位的偏左、偏右处进行再次加热和弯曲，如图 2-8(b) 中的 M 和 N 处，直到弯成所需的角度为止。

合格的弯管必须弯角里外均匀平滑，角度准确，整个玻璃管处在同一个平面上。图 2-9 是弯管好坏的比较分析。

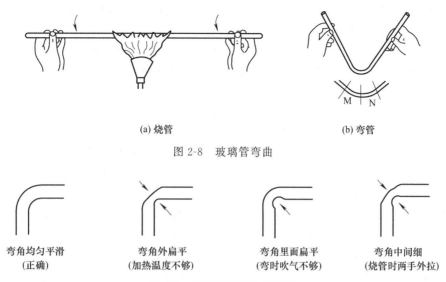

(a) 烧管 　　　　　　　　　　(b) 弯管

图 2-8　玻璃管弯曲

弯角均匀平滑　　　　弯角外扁平　　　　　弯角里面扁平　　　　弯角中间细
（正确）　　　　（加热温度不够）　　　（弯时吹气不够）　　　（烧管时两手外拉）

图 2-9　弯管好坏的比较分析

3. 玻璃管的抽拉与滴管的制作

制备毛细管和滴管时都要用到玻璃管的抽拉操作。第一步烧管，第二步抽拉。烧管的方法同上，但烧的时间要更长些，受热面积也可以小些。将玻璃管烧到橙色，更加发软时才从火焰中取出来，沿水平方向向两边边拉动，边来回转动，如图 2-10（a）所示。抽拉从狭部至所需要的细度为止，此时一手持玻璃管，让其垂直下垂，冷却后即可按需要截断，成为毛细管或滴管料。图 2-10（b）为拉管好坏的比较。

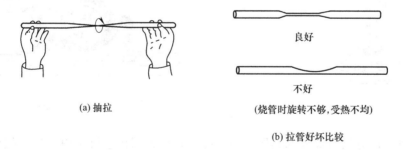

良好

不好

(a) 抽拉　　　　　　　（烧管时旋转不够,受热不均）

(b) 拉管好坏比较

图 2-10　玻璃管的抽拉

截断的拉管，细端在酒精喷灯焰中熔光即成滴管的尖嘴。粗端管口放入灯焰烧至红热后，用灼热的金属锉刀柄斜放在管内迅速而均匀地旋转，即得扩口，如图 2-11 所示，然后在石棉网上稍压一下，使管口外卷，冷却后套上橡胶帽便成为一支滴管。

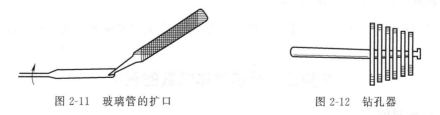

图 2-11　玻璃管的扩口　　　　　　　图 2-12　钻孔器

4. 塞子的选择、钻孔及其与玻璃导管的连接

实验室所用的塞子有软木塞、橡皮塞及玻璃磨口塞。前两者常需钻孔，以插配温度计和

玻璃导管等。选用塞子时，除了要选择材质外，还要根据容器口径大小选择合适大小的塞子。软木塞质地松软，严密性较差，且易被酸碱损坏，但与有机物作用小，不被有机溶剂所溶胀，故常用于有机物（溶剂）接触的场合。橡皮塞弹性好，可把瓶子塞得严密，并耐强碱侵蚀，故在无机化学实验中常用。塞子的大小一般以能塞进容器瓶口 1/2～1/3 为宜，塞进过多、过少都是不合适的。塞子选好后，还需选择口径大小适宜的钻孔器。钻孔器由一组直径不同的金属管组成，一端有柄，另一端的管口很锋利，用来钻孔。另外每组还配有一个带柄的细铁棒，用来捅出钻孔时进入钻孔器中的橡皮或软木。钻孔器如图 2-12 所示。

钻孔前，根据所要插入塞子中的管子（或温度计）直径大小来选择钻孔器。对橡皮塞，因其有弹性，应选比欲插管子外径稍大的钻孔器，而对软木塞则应选比欲插管子外径稍小的钻孔器，这样便可保证导管插入塞子后严密。

橡皮塞钻孔方法如图 2-13 所示。将塞子小的一端朝上，平放在桌面上的一块木板上（避免钻坏桌面），左手持塞，右手握住钻孔器的柄，并在钻孔器前端涂点甘油或水，将钻孔器按在选定的位置上，以顺时针的方向，一边旋转，一边用力向下压并向下转动。钻孔器要垂直于塞子的面上，不能左右摆动，更不能倾斜，以免把孔钻斜。钻至约达塞子高度一半时，以逆时针的方向一边旋转，一边向上拉，拔出钻孔器。按同法从塞子大的一端再钻孔。注意对准小的那端的孔位，直到两端的圆孔贯穿为止。拔出钻孔器，捅出钻孔器内嵌入的橡皮。钻孔后，检查孔道是否合用，如果玻璃管可以毫不费力地插入塞孔，说明塞孔太大，塞孔和玻璃管之间不够严密，塞子不能使用。若塞孔稍小或不光滑时，可用圆锉修整。

图 2-13　橡皮塞钻孔方法

图 2-14　压塞机

软木塞钻孔的方法与橡皮塞相同。但钻孔前，要先用压塞机（图 2-14）把软木塞压紧实一些，以免钻孔时钻裂塞子。

将玻璃导管插入钻好孔的塞子的操作可分解为润湿管口、插入塞孔、旋入塞孔三个步骤。用甘油或水把玻璃管的前端润湿后，先用布包住玻璃管，然后手握玻璃管的前半部，把玻璃管插入塞孔并慢慢旋入塞孔内合适的位置。如果用力过猛或者手离橡皮塞太远，都可能把玻璃管折断，刺伤手掌，务必注意。

课堂练习： 练习拉管、弯管操作，制作 2 支弯管、2 支玻璃棒和 2 支滴管。练习橡皮塞打孔。

实验三　摩尔气体常数的测定

一、实验目的

① 了解测定摩尔气体常数 R 的原理与方法。

② 熟练分压定律与气体状态方程的计算。

③ 巩固分析天平和气压计的使用技术，学习气体体积的测量技术。

二、实验原理

气体状态方程可表示为：

$$pV=nRT=\frac{m}{M}RT \tag{2-1}$$

式中，p 为气体的分压，Pa；V 为气体的体积，m^3；n 为气体的物质的量，mol；R 为摩尔气体常数，$Pa \cdot m^3 \cdot K^{-1} \cdot mol^{-1}$；$T$ 为气体的温度，K；m 为气体的质量，g；M 为气体的摩尔质量，$g \cdot mol^{-1}$。

从式(2-1)可知，只要测出一定温度下给定气体的体积 V、压力 p、物质的量 n 或质量 m，便可求得 R 的数值。

本实验将已知质量的单质 Mg 与过量的稀硫酸反应，在一定压力和温度下，用排水集气法收集反应所生成的氢气，测得其体积，便可求得氢气的物质的量，从而得到 R 值。有关反应及计算公式如下。

$$Mg(s)+2H^+(aq)=\!=\!=Mg^{2+}(aq)+H_2(g)$$
$$1mol \qquad\qquad\qquad\qquad\qquad 1mol$$

$$n=\frac{m(Mg)}{M(Mg)} \tag{2-2}$$

在实验条件下所收集的氢气是被水蒸气所饱和的，根据道尔顿分压定律，氢气的分压 p_{H_2} 应是所收集的混合气体（即氢气与水蒸气的混合物）总压 p 与水蒸气分压 p_{H_2O} 之差：

$$p_{H_2}=p-p_{H_2O} \tag{2-3}$$

将式(2-2)与式(2-3)代入式(2-1)得：

$$R=\frac{p_{H_2}V}{n_{H_2}T}=\frac{M(Mg)(p-p_{H_2O})V}{m(Mg)T}=\frac{24.305(p-p_{H_2O})V}{m(Mg)T} \tag{2-4}$$

式中，p 取大气压值，实验中用量气管量气时要做到管内的气体与外界气体等压，保证 $p_{混}=p_{大气}$；p_{H_2O} 可由手册查取一定温度下水的饱和蒸气压值得到；V 为量气管所收集到的 H_2 的体积，由于 Mg 与 H^+ 的反应为放热反应，而气体的体积又与温度有关，故 V 值一定要等量气管冷却到室温后读取；$m(Mg)$ 为称取的镁片的质量，称量时除了要刮净镁条表面的氧化膜，还要保证称准；T 为温度计读数，用实验时的室温代替。

由式(2-4)可知，R 值的测定实际上是通过测定 p、V、$m(Mg)$、T 值来实现的，测准它们即为做好本实验的关键。

分析天平的使用方法见本书附录 1，要求学生通过预习掌握它们的使用方法。

三、实验仪器、药品与材料

仪器：分析天平、碱式滴定管、气压计、铁架台（带蝴蝶夹及铁圈等）、三角漏斗、剪刀、量筒（10mL）、具单孔塞试管。

药品：镁条、H_2SO_4（$2mol \cdot L^{-1}$）。

材料：砂纸、胶管、甘油。

四、实验步骤

① 用分析天平准确称取 2～3 份已用砂纸擦去表面氧化膜的镁条，每份质量在 0.0300～0.0400g 之间。

② 按实验装置图（图 2-15）装配好仪器（本处用 50mL 碱式滴定管代替量气管，用三

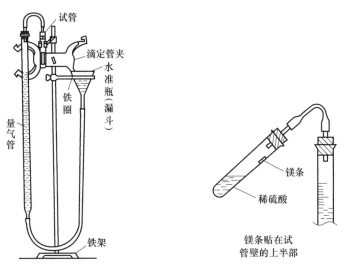

图 2-15　摩尔气体常数的测定装置

角漏斗代替水准瓶）。打开试管的塞子，由漏斗往量气管内注水至略低于刻度"0.00"的位置，上下移动漏斗以赶尽附在胶管和量气管内壁的气泡，然后把试管的塞子塞紧。

③ 检查装置是否漏气。把漏斗下移一段距离，并用铁圈固定在一定位置上。如果量气管中的液面只在开始时稍有下降，3～5min后即维持恒定，说明装置不漏气。如果液面继续下降，则表明装置漏气。这时就要检查各接口处是否严密。经检查与调整后，再重复试验，直至不漏气为止，再把漏斗移至原来位置。

④ 取下试管，使量气管内液面保持在刻度"0.00"。用量筒量取 5mL H_2SO_4，然后用另一长颈三角漏斗将 H_2SO_4 注入试管中（切勿使酸碰到试管壁上），稍倾斜试管，将镁条用甘油蘸一下，贴在试管壁上部，确保镁条不与稀 H_2SO_4 接触。然后将试管的塞子塞紧，再检查一次装置是否漏气。

⑤ 把漏斗移至量气管的右侧，使两者的液面保持同一水平面，记下量气管中的液面读数。然后把试管底部略微抬高（切勿使试管塞子松开），使镁条与稀 H_2SO_4 接触。这时反应产生的氢气进入量气管中，把管中的水压入漏斗内。为避免管内压力过大而造成漏气，在管内液面下降的同时，漏斗也应相应地向下移动，使管内液面和漏斗中液面大体上保持同一水平面。

⑥ 读数，镁条反应完毕后，要等反应试管冷却至室温（约需 10min），然后再移动漏斗，使漏斗与量气管中水的液面处于同一水平面，记下液面读数，稍等 2～3min，再记录液面读数，如两次读数相等，说明管内气体温度与室温一样。

⑦ 记下室内温度和当时的大气压力。

用另一份镁条重复实验一次。查出该室温的饱和水蒸气压，计算摩尔气体常数 R 及实验误差。

实验四　反应速率、活化能的测定

一、实验目的

① 了解一种测定反应速率、活化能的原理和方法。

② 通过从不同温度下测得的反应速率，学会计算反应的反应级数和活化能。

二、实验原理

在水溶液中，过二硫酸铵与碘化钾发生反应的方程式为：

$$S_2O_8^{2-} + 3I^- \rightleftharpoons 2SO_4^{2-} + I_3^- \qquad (2-5)$$

根据实验，该反应的反应速率和浓度的关系可用下式表示：

$$v = \frac{\Delta[S_2O_8^{2-}]}{\Delta t} = k[S_2O_8^{2-}]^m[I^-]^n \qquad (2-6)$$

为了能测出在一定时间（Δt）内 $S_2O_8^{2-}$ 浓度的改变量，在混合过二硫酸铵和碘化钾溶液时，同时加入一定体积的已知浓度并含有淀粉（指示剂）的 $Na_2S_2O_3$ 溶液。因而，在式 (2-5) 进行的同时，有下列反应进行：

$$2S_2O_3^{2-} + I_3^- \rightleftharpoons S_4O_6^{2-} + 3I^- \qquad (2-7)$$

式(2-7)进行得非常快，几乎瞬间完成，而式(2-5)却缓慢得多。由式(2-5)生成的 I_3^- 立即与 $S_2O_3^{2-}$ 生成无色的 $S_4O_6^{2-}$ 和 I^-。因此，开始一段时间内溶液呈无色，当 $Na_2S_2O_3$ 一旦耗尽，则由式(2-5)继续生成的微量碘就会很快与淀粉作用，使溶液呈蓝色。

从式(2-5)和式(2-7)的关系可以看出，$S_2O_8^{2-}$ 浓度减少的量，总是等于 $S_2O_3^{2-}$ 减少量的一半，即：

$$\Delta[S_2O_8^{2-}] = \Delta[S_2O_3^{2-}]/2 \qquad (2-8)$$

由于在 Δt 时间内 $S_2O_3^{2-}$ 全部耗尽，所以 $\Delta[S_2O_3^{2-}]$ 实际上就是反应刚开始时 $Na_2S_2O_3$ 的浓度。在本实验中，每份混合液中 $Na_2S_2O_3$ 的起始浓度都是相同的，因而，$\Delta[S_2O_3^{2-}]$ 也是不变的，这样，只要记下从反应开始到溶液出现蓝色所需要的时间 Δt，就可以求算一定温度下的平均反应速率：

$$v = \frac{\Delta[S_2O_8^{2-}]}{\Delta t} = \frac{\Delta[S_2O_3^{2-}]}{2\Delta t} \qquad (2-9)$$

从不同浓度下测得的反应速率，即能计算出该反应的反应级数 m 和 n。

又可从下式求得一定温度下的反应速率常数：

$$k = \frac{\Delta[S_2O_8^{2-}]}{\Delta t[S_2O_8^{2-}]^m[I^-]^n} = \frac{\Delta[S_2O_3^{2-}]}{2\Delta t[S_2O_8^{2-}]^m[I^-]^n} \qquad (2-10)$$

根据实验事实，阿伦尼乌斯提出了反应速率常数 k 和反应温度 T 之间的经验关系式，即阿伦尼乌斯方程（指数式）：

$$k = A e^{-E_a/(RT)} \qquad (2-11)$$

两边取对数，得：

$$\lg k = \frac{-E_a}{2.303RT} + \lg A \qquad (2-12)$$

式中，E_a 为阿伦尼乌斯实验活化能；R 为摩尔气体常数；A 为实验测得的常数。测出不同温度时的 k 值，以 $\lg k$ 对 $1/T$ 作图得一直线，其斜率 J 为：

$$J = \frac{-E_a}{2.303R} \qquad (2-13)$$

求得反应活化能为：

$$E_a = -2.303RJ \qquad (2-14)$$

三、实验仪器与药品

仪器：烧杯（50mL，洁净，干燥）、量筒（25mL，10mL）试管（20mm×100mm）、秒表。

药品：$(NH_4)_2S_2O_8$、KI、$(NH_4)_2SO_4$、淀粉（0.2%）、KNO_3，以上溶液浓度均为 0.20mol·L^{-1}；$Na_2S_2O_3$（0.010mol·L^{-1}）、H_2O。

四、实验步骤

1. 浓度对反应温度的影响，求反应级数

在室温下，用 3 个量筒分别量取 20mL 0.20mol·L^{-1}KI 溶液、6mL 0.010mol·L^{-1} $Na_2S_2O_3$ 溶液和 6mL 0.2%淀粉溶液，都倒入 50mL 烧杯中，混合均匀。再用另一量筒量取 20mL 0.20mol·$L^{-1}$$(NH_4)_2S_2O_8$ 溶液迅速倒入烧杯中，同时按动秒表，不断搅拌，仔细观察。当溶液刚出现蓝色时，立即停止计时，将反应时间和室温记入表 2-1 中。

用上述方法参照表 2-1 的用量进行 2～5 号实验，为了使每次实验中溶液的离子强度和总体积保持不变，所减少的 KI 或 $(NH_4)_2S_2O_8$ 的用量可分别用 0.20mol·$L^{-1}$$KNO_3$ 和 0.20mol·$L^{-1}$$(NH_4)_2SO_4$ 来调整。

表 2-1　浓度对反应速率的影响

	实验编号	1	2	3	4	5
试剂用量/mL	0.20mol·$L^{-1}$$(NH_4)_2S_2O_8$	20	10	5	20	20
	0.20mol·L^{-1}KI	20	20	20	10	5
	0.010mol·$L^{-1}$$Na_2S_2O_3$	6	6	6	6	6
	0.2%淀粉	6	2	2	2	2
	0.20mol·$L^{-1}$$KNO_3$				10	15
	0.20mol·$L^{-1}$$(NH_4)_2SO_4$		10	15		
	H_2O		4	4	4	4
52mL混合液中反应物的起始浓度/（mol·L^{-1}）	$(NH_4)_2S_2O_8$					
	KI					
	$Na_2S_2O_3$					
反应时间 Δt/s						
$S_2O_8^{2-}$ 的浓度变化 $\Delta[S_2O_8^{2-}]$/（mol·L^{-1}）						
反应速率 v/（mol·L^{-1}·s^{-1}）						

2. 温度对反应速率的影响，求活化能

按表 2-1 实验 1 中的用量，在 50mL 干燥烧杯中加入 KI、$Na_2S_2O_3$ 和 0.2%淀粉溶液，在另一个干燥烧杯（或试管）中加入 $(NH_4)_2S_2O_8$ 溶液，同时放入冰浴中冷却，待两种试液均冷却到低于室温 10℃时，将 $(NH_4)_2S_2O_8$ 迅速倒入到 KI 等混合溶液中，同时计时并不断搅拌溶液，当溶液变蓝时，记录反应时间。

利用热水浴在高于室温 10℃的条件下，重复上述实验，记录反应时间。

将以上实验数据和实验步骤 1 的数据记入表 2-2 进行比较。

表 2-2　温度对反应速率的影响

试验编号	1	6	7	试验编号	1	6	7
反应温度 T/K				反应速率常数 k			
反应时间 Δt/s				$\lg k$			
经计算得反应速率 v/（mol·L^{-1}·s^{-1}）				$1/T$			
				反应活化能 E_a/（kJ·mol^{-1}）			

五、数据记录和处理

1.反应级数和反应速率常数的求算

把表 2-1 中实验 1 号和 3 号的结果分别代入下式：

$$v = \frac{\Delta[S_2O_8^{2-}]}{\Delta t} = k[S_2O_8^{2-}]^m[I^-]^n \tag{2-15}$$

得到：

$$\frac{v_1}{v_3} = \frac{k[S_2O_8^{2-}]_1^m[I^-]_1^n}{k[S_2O_8^{2-}]_3^m[I^-]_3^n} \tag{2-16}$$

由于

$$[I^-]_1^n = [I^-]_3^n \tag{2-17}$$

所以

$$\frac{v_1}{v_3} = \frac{[S_2O_8^{2-}]_1^m}{[S_2O_8^{2-}]_3^m} \tag{2-18}$$

v_1、v_3、$[S_2O_8^{2-}]_1$ 和 $[S_2O_8^{2-}]_3$ 都是已知数，就可求出 m。用同样方法把表 2-1 中实验 1 号和 5 号的结果代入，可得：

$$\frac{v_1}{v_3} = \frac{k[S_2O_8^{2-}]_1^m[I^-]_1^n}{k[S_2O_8^{2-}]_5^m[I^-]_5^n} \tag{2-19}$$

由于

$$[S_2O_8^{2-}]_1^m = [S_2O_8^{2-}]_5^m \tag{2-20}$$

所以

$$\frac{v_1}{v_5} = \frac{[I^-]_1^n}{[I^-]_5^n} \tag{2-21}$$

由上式可求出 n。再由 m 和 n 得到反应的总级数。

将求得的 m 和 n 代入 $v = k[S_2O_8^{2-}]^m[I^-]^n$，即可求得反应速率常数 k，将计算所得 k 值填入表 2-2。

2.反应活化能的求算

用表 2-2 中的结果，以 $\lg k$ 为纵坐标，$1/T$ 为横坐标作图，得一直线，此直线的斜率为 $\frac{-E_a}{2.303R}$，由此可以求出此反应的活化能 E_a。活化能文献数据为 $E_a = 51.8\text{kJ} \cdot \text{mol}^{-1}$，将实验值与文献值作比较，分析产生误差的原因。

实验五　银氨配离子配位数的测定

一、实验目的

应用配位平衡和沉淀平衡等知识测定银氨配离子 $[Ag(NH_3)_n]^+$ 的配位数 n。

二、实验原理

在 $AgNO_3$ 溶液中加入过量氨水，即生成稳定的 $[Ag(NH_3)_n]^+$。再往溶液中加入 KBr 溶液，直到刚刚出现 AgBr 沉淀（浑浊）为止。这时混合液中同时存在着以下的配位平衡和沉淀平衡：

$$Ag^+ + nNH_3 \rightleftharpoons [Ag(NH_3)_n]^+$$

$$\frac{\left[Ag(NH_3)_n^+\right]}{\left[Ag^+\right]\left[NH_3\right]^n} = K_{稳} \tag{2-22}$$

$$Ag^+ + Br^- \Longrightarrow AgBr \downarrow$$

$$\left[Ag^+\right]\left[Br^-\right] = K_{sp} \tag{2-23}$$

式(2-22) 和式(2-23) 相乘，得：

$$\frac{\left[Ag(NH_3)_n^+\right]\left[Br^-\right]}{\left[NH_3\right]^n} = K_{稳}\,K_{sp} = K \tag{2-24}$$

整理式(2-24) 得：

$$\left[Br^-\right] = \frac{K\left[NH_3\right]^n}{\left[Ag(NH_3)_n^+\right]} \tag{2-25}$$

式中，$\left[Br^-\right]$、$\left[NH_3\right]$、$\left[Ag(NH_3)_n^+\right]$ 都指的是平衡时的浓度。它们可以近似地按以下方法计算。

设每份混合溶液最初取用的 $AgNO_3$ 溶液的体积为 V_{Ag^+}，浓度为 $\left[Ag^+\right]_0$；每份中加入过量氨水和 KBr 溶液的体积分别为 V_{NH_3} 和 V_{Br^-}，浓度为 $\left[NH_3\right]_0$ 和 $\left[Br^-\right]_0$；混合液总体积为 $V_{总}$。混合后并达到平衡时：

$$\left[Br^-\right] = \left[Br^-\right]_0\,\frac{V_{Br^-}}{V_{总}} \tag{2-26}$$

$$\left[Ag(NH_3)_n^+\right] = \left[Ag^+\right]_0\,\frac{V_{Ag^+}}{V_{总}} \tag{2-27}$$

$$\left[NH_3\right] = \left[NH_3\right]_0\,\frac{V_{NH_3}}{V_{总}} \tag{2-28}$$

将式(2-26)、式(2-27) 和式(2-28) 代入式(2-25) 并整理得：

$$V_{Br^-} = V_{NH_3}^n\left(K\,\frac{\left[NH_3\right]_0^n}{V_{总}^n}\right)\Big/\left(\frac{\left[Br^-\right]_0}{V_{总}}\cdot\frac{\left[Ag^+\right]_0 V_{Ag^+}}{V_{总}}\right) \tag{2-29}$$

由于上式等号右边除 $V_{NH_3}^n$ 外，其他皆为常数，故式(2-29) 可写为：

$$V_{Br^-} = V_{NH_3}^n K' \tag{2-30}$$

将式(2-30) 两边取对数，得直线方程：

$$\lg V_{Br^-} = n\lg V_{NH_3} + \lg K' \tag{2-31}$$

以 $\lg V_{Br^-}$ 为纵坐标，$\lg V_{NH_3}$ 为横坐标作图，所得直线的斜率 n （取最接近的整数）即为 $\left[Ag(NH_3)_n\right]^+$ 的配位数。

三、实验仪器与药品

仪器：吸管（20.0mL，有刻度的）、滴定管、锥形瓶。

液体药品：$AgNO_3$（$0.010\text{mol}\cdot L^{-1}$）、氨水（$2.00\text{mol}\cdot L^{-1}$）、KBr（$0.010\text{mol}\cdot L^{-1}$）。

四、实验步骤

用吸管准确量取 20.0mL 0.010mol·L^{-1} $AgNO_3$ 溶液，注入洗净烘干的 250mL 锥形瓶中，再分别用滴定管量取 40.0mL 2.00mol·L^{-1} 氨水和 40.0mL 蒸馏水，也注入锥形瓶中混合均匀。不断振荡下，从滴定管中逐滴加入 0.010mol·L^{-1} KBr 溶液，直到刚产生的 AgBr 浑浊不再消失为止。记下加入的 KBr 溶液的体积 V_{Br^-}，并计算出溶液的总体积 $V_{总}$，填入表 2-3 中。

表 2-3   实验数据记录和处理

实验编号	V_{Ag^+}/mL	V_{NH_3}/mL	V_{Br^-}/mL	V_{H_2O}/mL	$V_{总}$/mL	lgV_{NH_3}	lgV_{Br^-}
1	20.0	40.0		40.0			
2	20.0	35.0		45.0			
3	20.0	30.0		50.0			
4	20.0	25.0		55.0			
5	20.0	20.0		60.0			
6	20.0	15.0		65.0			
7	20.0	10.0		70.0			

用同样方法按照表中的用量进行另外六次实验。为了使每次溶液的总体积相同，在这六次实验中，当接近终点时还要补加适量的蒸馏水，使溶液的总体积与第一次实验的相同。

依据式(2-31)，以 lgV_{Br^-} 为纵坐标，lgV_{NH_3} 为横坐标作图，计算直线的斜率，求得 $[Ag(NH_3)_n]^+$ 的配位数 n。

实验六   硫酸钙溶度积常数的测定

一、实验目的

① 掌握阳离子交换树脂的作用原理及使用方法。

② 掌握一种溶度积常数的测定方法。

二、实验原理

在难溶电解质 $CaSO_4$ 的饱和溶液中，存在着下列平衡：

$$CaSO_4(s) \rightleftharpoons Ca^{2+}(aq) + SO_4^{2-}(aq)$$

其溶度积为：

$$K_{sp,CaSO_4} = [Ca^{2+}][SO_4^{2-}]$$

利用离子交换树脂与饱和 $CaSO_4$ 溶液进行离子交换，来测定室温下 $CaSO_4$ 的溶解度，从而确定其溶度积。

离子交换树脂是分子中含有活性基团，能与其他物质进行离子交换的高分子化合物。含有酸性基团（如磺酸基—SO_3H、羧基—$COOH$ 等）而能与其他物质交换阳离子的称为阳离子交换树脂；含有碱性基团（如伯氨基—NH_2、仲氨基=NH、叔氨基≡N）而能与其他物质交换阴离子的称为阴离子交换树脂。根据离子交换树脂这一特性，它被广泛用于水的净化、金属的回收以及离子的分离和测定等。本实验用强酸型阳离子交换树脂与饱和 $CaSO_4$ 溶液中的 Ca^{2+} 进行交换，其反应如下：

$$2R—SO_3H + Ca^{2+} \rightleftharpoons (R—SO_3)_2Ca + 2H^+$$

从流出液的 $[H^+]$ 可计算 $CaSO_4$ 的溶解度 c。

$$c = [Ca^{2+}] = [SO_4^{2-}] = [H^+]/2$$

$[H^+]$ 可用酸度计进行测定，从而算出 $CaSO_4$ 的溶度积。

$$K_{sp,CaSO_4} = [Ca^{2+}][SO_4^{2-}] = c^2$$

三、实验仪器、药品和材料

仪器：离子交换柱、移液管（25mL）、容量瓶（100mL）、烧杯（50mL）、滴管、洗耳球、pH 试纸、酸度计。

药品：新过滤的 $CaSO_4$ 饱和溶液、强酸型阳离子交换树脂（型号 732，柱内氢型湿树脂约 65mL）、$2mol \cdot L^{-1}$ HCl 溶液、缓冲溶液（pH＝4.003）。

材料：擦镜纸或滤纸片、玻璃纤维、塑料通条。

四、实验步骤

1. 装柱（在实验准备时装好）

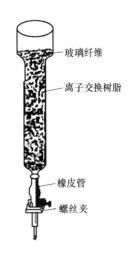

图 2-16 离子交换柱

在离子交换柱底部添入少量玻璃纤维。将阳离子交换树脂（钠型，先用蒸馏水浸泡 24～48h 并洗净）和水的糊状物注入离子交换柱内，用塑料通条赶走树脂间的气泡，保持液面略高于树脂，如图 2-16 所示。

2. 转型（在实验准备时处理）

为保证 Ca^{2+} 完全交换成 H^+，必须将钠型阳离子交换树脂完全转变为氢型，否则将使实验结果偏低。

用 130mL $2mol \cdot L^{-1}$ 的 HCl 溶液以 30 滴 $\cdot min^{-1}$ 的流速流过阳离子交换树脂，然后用蒸馏水淋洗树脂直到流出液呈中性。

3. 交换和洗涤

用移液管准确吸取 25mL $CaSO_4$ 饱和溶液，放入离子交换柱中。流出液用 100mL 容量瓶承接，流出速度控制在 20～25 滴 $\cdot min^{-1}$，不宜太快。当液面下降到略高于树脂时，加 25mL 蒸馏水洗涤，流速仍为 20～25 滴 $\cdot min^{-1}$。再次用 25mL 蒸馏水继续洗涤时，流出速度可适当加快，控制在 40～45 滴 $\cdot min^{-1}$。不断洗涤，在流出液接近 100mL 时，用 pH 试纸测试，流出液的 pH 值应接近于 7。旋紧螺丝夹，移走容量瓶。在每次加液体前，液面都应略高于树脂（2～3mm），这样既不会带进气泡，又可减少溶液的混合，以提高交换和洗涤的效果。

4. 氢离子浓度的测定

用滴管将蒸馏水加至盛有流出液的 100mL 容量瓶中至刻度，充分摇匀。用酸度计测定溶液的 pH 值，计算 $[H^+]_{100}$。

五、数据记录和处理

室温 ＿＿＿＿＿＿＿＿＿＿＿＿＿

通过离子交换柱的饱和溶液体积 ＿＿＿＿＿＿＿＿＿＿＿＿＿＿＿

流出液的 pH 值 ＿＿＿＿＿＿＿＿＿＿＿＿＿

流出液的 $[H^+]_{100}$ ＿＿＿＿＿＿＿＿＿＿＿＿＿

25mL 溶液完全交换后的 $[H^+]_{25}=[H^+]_{100}\times 100/25$ ＿＿＿＿＿＿＿＿＿＿＿＿＿＿

$CaSO_4$ 的溶解度 $c=[H^+]_{25}/2$ ＿＿＿＿＿＿＿＿＿＿＿＿＿＿

$CaSO_4$ 的溶度积 K_{sp} ＿＿＿＿＿＿＿＿＿＿＿＿＿

六、思考题

① 如何配制饱和 $CaSO_4$ 溶液？对所用蒸馏水有何要求？过滤 $CaSO_4$ 沉淀时，对滤纸、漏斗及承接容器有什么要求？

② 在进行离子交换操作过程中，为什么要控制流出液的流速？如太快，将会产生什么后果？

③ 为什么交换前与交换洗涤后的流出液都要呈中性？为什么要将洗涤液合并到容量瓶中？

④ 除用酸度计测定流出液的 $[H^+]$ 外，还有哪些方法可以测定流出液的 $[H^+]$？试设计测定方法，列出计算关系式。

七、附注

上面计算所得的 $K_{sp,CaSO_4}$ 只是近似值，精确计算时还应考虑到在饱和 $CaSO_4$ 溶液中除 Ca^{2+} 与 SO_4^{2-} 外，还有一部分未电离的 $CaSO_4$ 离子对存在。

$$CaSO_4(aq) \Longrightarrow Ca^{2+} + SO_4^{2-}$$

当溶液流经阳离子交换树脂时，由于 Ca^{2+} 被交换，平衡向右移动，$CaSO_4(aq)$ 离解。
$CaSO_4$ 的溶解度 y 的计算公式如下：

$$y = [Ca^{2+}] + [CaSO_4(aq)] = [H^+]/2$$

设饱和 $CaSO_4$ 溶液中 $\qquad\qquad [Ca^{2+}] = c'$

则 $\qquad\qquad\qquad\qquad\qquad\qquad [SO_4^{2-}] = c'$

因此 $\qquad\qquad\qquad\qquad\qquad [CaSO_4(aq)] = y - c'$

离子对离解常数 (K_d) 可以写成

$$K_d = \frac{[Ca^{2+}][SO_4^{2-}]}{[CaSO_4(aq)]}$$

对 $CaSO_4$ 来说，25℃时，$K_d = 5.2 \times 10^{-3}$。

$$\frac{[Ca^{2+}][SO_4^{2-}]}{[CaSO_4(aq)]} = \frac{c' \times c'}{y - c'} = 5.2 \times 10^{-3}$$

$$c'^2 + 5.2 \times 10^{-3} c' - 5.2 \times 10^{-3} y = 0$$

因此

$$c' = \frac{-5.2 \times 10^{-3} \pm \sqrt{2.7 \times 10^{-5} + 2.08 \times 10^{-2}}}{2} = 7.0 \times 10^{-2}$$

$$K_{sp,CaSO_4} = [Ca^{2+}][SO_4^{2-}] = c'^2$$

实验七　硫酸铜的提纯

一、实验目的

① 通过硫酸铜的提纯实验，进一步理解水解、沉淀分离等原理。

② 学习固体、液体试剂的取用，pH 试纸的使用及调节溶液 pH 值等基本操作。

③ 进一步学习酒精灯和台秤的使用，学习溶解、蒸发、结晶、过滤等技术。

二、实验原理

粗硫酸铜中含有不溶性杂质和可溶性杂质离子 Fe^{2+}、Fe^{3+} 等，不溶性杂质可用过滤法除去。杂质离子 Fe^{2+} 常用氧化剂 H_2O_2 或 Br_2 氧化成 Fe^{3+}，然后调节溶的 pH 值（一般控制在 pH = 3.5～4），使 Fe^{3+} 水解成为 $Fe(OH)_3$ 沉淀而除去，反应如下。

$$2Fe^{2+} + H_2O_2 + 2H^+ \longrightarrow 2Fe^{3+} + 2H_2O$$

$$Fe^{3+} + 3H_2O \longrightarrow Fe(OH)_3 \downarrow + 3H^+$$

除去铁离子后的滤液经蒸发、浓缩，即可制得五水硫酸铜结晶。其他微量杂质在硫酸铜结晶时，留在母液中，过滤时可与硫酸铜分离。

三、实验仪器、药品与材料

仪器：台秤、漏斗和漏斗架、布氏漏斗、吸滤瓶、滴管、研钵、小烧杯、表面皿、蒸发皿。

药品：粗 $CuSO_4$、H_2SO_4（$1mol \cdot L^{-1}$）、HCl（$2mol \cdot L^{-1}$）、NaOH（$2mol \cdot L^{-1}$）、$NH_3 \cdot H_2O$（$6mol \cdot L^{-1}$）、KSCN（$0.1mol \cdot L^{-1}$）、H_2O_2（3%）。

材料：滤纸、pH 试纸、精密 pH 试纸（0.5～5.0）。

四、实验步骤

1. 粗 $CuSO_4$ 的提纯

称取 15g 研细的粗 $CuSO_4$ 放在小烧杯中，加入 50mL 蒸馏水，搅拌，促使其溶解。滴加 2mL 3% H_2O_2，将溶液加热，同时在不断搅拌下，逐滴加入 0.5～$1mol \cdot L^{-1}$ NaOH（自己稀释），直到 pH=3.5～4。将烧杯盖上表面皿小心加热，保温 5～10min，静置使水解生成的 $Fe(OH)_3$ 沉降。常压过滤，将滤液转移到洁净的蒸发皿中。

在精制后的 $CuSO_4$ 滤液中滴加 $1mol \cdot L^{-1}$ H_2SO_4 酸化，调节 pH 至 1～2，然后加热、蒸发、浓缩至液面出现一层晶膜时，即停止加热，冷却至室温，抽滤，取出 $CuSO_4$ 晶体。

2. $CuSO_4$ 纯度的检定

称取 1g 精制过的 $CuSO_4$ 晶体，放在小烧杯中，用 10mL 蒸馏水溶解，加入 1mL $1mol \cdot L^{-1}$ H_2SO_4 酸化，然后加入 2mL 3% H_2O_2，煮沸片刻，使其中 Fe^{2+} 氧化成 Fe^{3+}。待溶液冷却后，在搅拌下逐滴加入 $6mol \cdot L^{-1}$ $NH_3 \cdot H_2O$，直至最初生成的蓝色沉淀完全溶解，溶液呈深蓝色为止，此时 Fe^{3+} 成为 $Fe(OH)_3$ 沉淀，而 Cu^{2+} 则成为配离子 $[Cu(NH_3)_4]^{2+}$。

$$Fe^{2+} + 3NH_3 \cdot H_2O \longrightarrow Fe(OH)_3 \downarrow + 3NH_4^+ + e^-$$

$$2Cu^{2+} + SO_4^{2-} + 2NH_3 \cdot H_2O \longrightarrow Cu_2(OH)_2SO_4 \downarrow (浅蓝色) + 2NH_4^+$$

$$Cu_2(OH)_2SO_4 + 2NH_4^+ + 6NH_3 \cdot H_2O \longrightarrow 2[Cu(NH_3)_4]^{2+}(深蓝色) + 8H_2O + SO_4^{2-}$$

常压过滤，并用滴管取 $1mol \cdot L^{-1}$ $NH_3 \cdot H_2O$（自己稀释）洗涤滤纸，直到蓝色洗去为止（弃去滤液），此时 $Fe(OH)_3$ 黄色沉淀留在滤纸上。用滴管把 3mL $2mol \cdot L^{-1}$ HCl 滴在滤纸上，以溶解 $Fe(OH)_3$ 沉淀，如一次不能完全溶解，可将滤下的滤液再滴到滤纸上。在滤液中滴入 2 滴 $0.1mol \cdot L^{-1}$ KNCS，观察溶液的颜色。

$$Fe^{3+} + nNCS^- \longrightarrow Fe(NCS)_n^{3-n}(血红色)(n=1～6)$$

Fe^{3+} 愈多，血红色愈深。因此根据血红色的深浅可以比较 Fe^{3+} 的多少，评定产品的纯度。

$$Cu^{2+} + 2NCS^- \longrightarrow Cu(NCS)_2 \downarrow (黑色，溶液呈红棕色)$$

$$2Cu^{2+} + [Fe(CN)_6]^{4-} \longrightarrow Cu_2[Fe(CN)_6] \downarrow (红棕色)$$

五、思考题

① 粗 $CuSO_4$ 中杂质 Fe^{2+} 为什么要氧化为 Fe^{3+} 后再除去？而除 Fe^{3+} 时，为什么要调节溶液的 pH 值为 4 左右？pH 值太大或太小有什么影响？

② $KMnO_4$、$K_2Cr_2O_7$、Br_2、H_2O_2 都可使 Fe^{2+} 氧化为 Fe^{3+}，你认为选用哪一种氧化剂较为合适，为什么？

③ 调节溶液的 pH 值为什么常选用稀酸、稀碱，而不用浓酸、浓碱？除酸、碱外，还可选用哪些物质来调节溶液的 pH 值，选用的原则是什么？

④ 精制后的 $CuSO_4$ 溶液为什么要滴几滴稀 H_2SO_4 调节 pH 值至 1～2，然后再加热蒸发？

⑤ 如何检验 $CuSO_4$ 溶液中少量 Fe^{3+}？

实验八　卤　素

一、实验目的

① 掌握卤化氢还原性强弱、氯的含氧酸及其盐的性质；掌握卤素离子的鉴定及分离方法。

② 学习挥发性气体的检验方法及操作。

③ 练习试管振荡、离心分离、水浴加热、固体试剂取用、液体试剂取用等基本操作。

二、卤素、HF 等安全使用的有关知识

① 将液溴溶于水中即可制得溴水。液溴具有很强的腐蚀性，能灼伤皮肤，严重时会使皮肤腐烂，故移取液溴时，要戴橡胶手套。溴水的腐蚀性虽较液溴弱，但使用时也不能直接由瓶内倾倒，应用滴管吸取，以免溴水接触皮肤。若不慎将溴水溅在手上，可用水冲洗，再用酒精洗涤。溴蒸气对气管、肺、眼、鼻、喉都有强的刺激作用，所以，在进行有溴产生的实验时，应有吸收装置，用量尽可能少且应在通风橱内进行。若不慎吸入了溴蒸气，可吸入少量氨气和新鲜空气以解毒。为防止溴挥发，在贮存液溴的瓶子中加入少许蒸馏水。

② HF 气体有剧毒和强腐蚀性，人体吸入会引起中毒。氢氟酸能灼烧皮肤，故凡是产生 HF 气体的实验应有吸收装置，用量应尽可能少且应在通风橱内进行。移取氢氟酸时应戴橡胶手套和使用塑料滴管。HF 会腐蚀玻璃，故存放和进行有关实验时，应用塑料或者铅质容器。

③ 氯气是有强烈刺激性气味且剧毒的气体。它被人体吸入后，会刺激呼吸系统，引起咳嗽。进行有关氯气实验时，用量尽可能少且尽量在通风橱中进行。

三、实验原理

氯、溴、碘是ⅦA族元素，在化合物中最常见的氧化值为－1，但在一定条件下也可生成氧化值为＋1、＋3、＋5、＋7 的化合物。

氯的水溶液叫作氯水。由于氯水中存在下列平衡：

$$Cl_2 + H_2O \rightleftharpoons HCl + HClO$$

因此将氯通入冷的碱溶液中，可使上述平衡向右移动，生成次氯酸盐。次氯酸和次氯酸盐都是强氧化剂。

卤素是氧化剂，它们的氧化性按下列顺序变化：$F_2 > Cl_2 > Br_2 > I_2$。而卤素离子的还原性，按相反顺序变化：$I^- > Br^- > Cl^- > F^-$。例如：HI 能将浓 H_2SO_4 还原到 H_2S，HBr 可将浓 H_2SO_4 还原为 SO_2，而 HCl 则不能还原浓 H_2SO_4。

氯酸盐在中性溶液中，没有明显的氧化性，但在酸性介质中能表现出明显的氧化性。

Cl^-、Br^-、I^- 能和 Ag^+ 生成难溶于水的 AgCl（白色）、AgBr（淡黄色）、AgI（黄色），它们都不溶于稀 HNO_3 中。AgCl 在氨水、$(NH_4)_2CO_3$ 溶液、$AgNO_3$-NH_3 溶液中由于生成配离子 $[Ag(NH_3)_2]^+$ 而溶解，其反应为：

$$AgCl + 2NH_3 \longrightarrow [Ag(NH_3)_2]^+ + Cl^-$$

利用这个性质，可以将 AgCl 和 AgBr、AgI 分离。在分离 AgBr、AgI 后的溶液中，再加入 HNO_3 酸化，则 AgCl 又重新沉淀，其反应为：

$$[Ag(NH_3)_2]^+ + Cl^- + 2H^+ \longrightarrow AgCl\downarrow + 2NH_4^+$$

Br^- 和 I^- 可以被氯水氧化为 Br_2 和 I_2，如用 CCl_4 萃取，Br_2 在 CCl_4 层中呈橙黄色，I_2 在 CCl_4 层中呈紫色，借此可鉴定 Br^- 和 I^-。

四、实验药品与材料

固体药品：NaCl、KBr、KI、锌粉。

酸：H_2SO_4（$1mol \cdot L^{-1}$，1+1，浓）、HCl（$2mol \cdot L^{-1}$，浓）、HNO_3（$2mol \cdot L^{-1}$）。

碱：NaOH（$2mol \cdot L^{-1}$）、氨水（$6mol \cdot L^{-1}$）。

盐：KI、NaCl、KBr、$AgNO_3$（以上溶液均为 $0.1mol \cdot L^{-1}$）、$KClO_3$（饱和）、$AgNO_3$-NH_3 溶液。

其他：氯水、淀粉溶液、品红溶液、CCl_4。

材料：pH 试纸、$Pb(Ac)_2$ 试纸、KI-淀粉试纸。

五、实验内容

1. 卤化氢还原性

在三支试管中分别加入少量 NaCl、KBr、KI 固体，然后加入数滴浓 H_2SO_4，观察试管中颜色的变化。选用 pH 试纸、KI-淀粉试纸、$Pb(Ac)_2$ 试纸检验所产生的气体，根据现象分析产物，从而比较 HCl、HBr、HI 的还原性，写出反应方程式。

指导与思考：

（1）H_2SO_4 浓度对检验 HX 还原性有何影响？

（2）用 pH 试纸、KI-淀粉试纸、$Pb(Ac)_2$ 试纸的目的何在？

（3）NaX 用量只需两颗米粒大小。当反应进行到看清现象后，应在试管中加 NaOH 中和未反应的酸，以免污染空气。

（4）用 pH 试纸检验气体时，必须将 pH 试纸用蒸馏水润湿，为什么？

（5）检验挥发性气体时，必须将检验试纸悬空放在试管口的上方，为什么？

2. 次氯酸盐的性质

取 2mL 氯水，逐滴加入 NaOH 至溶液呈碱性（pH＝8～9）。

将所得溶液分盛于三支试管中，分别进行以下实验。

① 加入数滴 $2mol \cdot L^{-1}$ 浓 HCl，用 KI-淀粉试纸检验放出的氯气，写出反应方程式。

② 加入 KI 溶液，再加淀粉溶液数滴，观察有何现象，写出反应方程式。

③ 加入数滴品红溶液，观察品红颜色是否消退。

根据上面的实验，说明 NaClO 具有什么性质。

指导与思考：

（1）在制备 NaClO 溶液时，为什么溶液的碱性不能太强？

（2）加入品红溶液必须少量（1～2 滴），否则现象不明显，为什么？

3. 氯酸盐的性质

① 在饱和 $KClO_3$ 溶液中，加入少量浓 HCl，试证明有氯气产生，写出反应方程式。

② 取少量 $0.1mol \cdot L^{-1}KI$ 溶液，加入少量饱和 $KClO_3$ 溶液，再逐滴加入 $1+1H_2SO_4$ 并不断振荡试管，观察溶液先呈黄色（I_3^-），后变为紫黑色（I_2 析出），最后成无色（IO_3^-）。根据实验现象，说明介质对 $KClO_3$ 氧化性的影响，写出每步反应方程式，比较 HIO_3 与 $HClO_3$ 的氧化性强弱。

指导与思考：

（1）H_2SO_4 必须逐滴加入并不断振荡试管，仔细观察现象。

（2）当逐滴加入 H_2SO_4 酸化时，在什么条件下可以使溶液由黄色变为紫黑色，最后变为无色？为什么会产生这些现象？如不加 H_2SO_4，上述反应能否进行？为什么？

（3）有甲乙两个学生同时做检验有无氯气产生的实验。学生甲在饱和 $KClO_3$ 中加浓 HCl，所产生气体用湿润的 KI-淀粉试纸检验。开始有试纸变蓝的现象产生，但时间放久了蓝色现象消失。学生乙在固体 $NaCl$ 中加浓 H_2SO_4 所产生气体也用湿润的 KI-淀粉试纸检验，开始试纸没有变蓝，但时间久了试纸上略有变蓝现象产生。试问两个实验是否都有氯气产生？解释上述两种现象，并写出反应方程式。

4.卤素离子的分离和鉴定

① 分别取 $0.1mol \cdot L^{-1}NaCl$、KBr、KI 溶液，练习鉴定 Cl^-、Br^-、I^- 存在方法。

② 取 Cl^-、Br^-、I^- 的混合试液，练习分离和鉴定方法。

③ 向教师领取一份未知溶液（可能含有 Cl^-、Br^-、I^-），设法分离和鉴定有哪些离子存在。

指导与思考：

（1）为便于分离和鉴定混合离子，可先画出分离和鉴定简图（图 2-17）。

（2）在离子分离和鉴定中几次加酸，酸化的目的是什么？如何来选择酸（HNO_3、H_2SO_4、HCl）？

（3）检验沉淀完全的方法：将沉淀在水浴上加热，离心沉降后在上层清液中再加入沉淀剂，如不再产生新的沉淀，表示沉淀已完全。在本实验中如沉淀不完全，将会产生什么后果？

（4）用氯水检验 Br^- 的存在时，如加入过量氯水，则反应产生的 Br_2 将进一步被氧化为 $BrCl$ 而使橙黄色变为淡黄色，影响 Br^- 的检出。

（5）$AgCl$ 能溶于氨水，$AgBr$ 能部分溶于氨水，AgI 则不溶于氨水。如以 $(NH_4)_2CO_3$ 溶液处理 $AgCl$、$AgBr$、AgI 沉淀时，由 $(NH_4)_2CO_3$ 水解而得的 NH_3 能使 $AgCl$ 溶解，而不能使 $AgBr$ 和 AgI 溶解。如以 $AgNO_3$-NH_3 溶液来处理 $AgCl$、$AgBr$、AgI 沉淀时，混合溶液中除 NH_3 外，还含有 $[Ag(NH_3)_2]^+$ 配离子，后者正是卤化银溶于 NH_3 溶液时的反应产物，例如 $AgBr+2NH_3 \rightleftharpoons [Ag(NH_3)_2]^+ + Br^-$。混合液内 $[Ag(NH_3)_2]^+$ 配离子使上述反应向左移动，因而使 $AgBr$ 的溶解度更为降低，$AgBr$ 几乎完全不溶。反之，由于 $AgCl$ 的溶解度较大，仍能部分溶于 $AgNO_3$-NH_3 混合液中，从而使 $AgCl$ 与 $AgBr$、AgI 分离。酸化混合液时，$AgCl$ 重新析出。

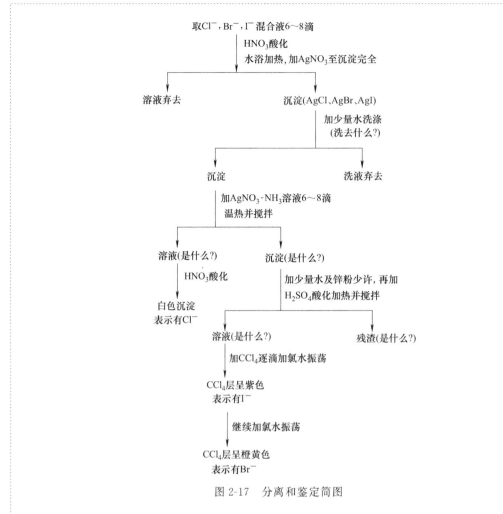

图 2-17　分离和鉴定简图

（6）在 Br⁻ 与 I⁻ 混合溶液中，逐滴加入氯水时，在 CCl₄ 层中，先出现红紫色后呈橙黄色，怎样解释这些现象？

六、思考题

① 现有两组白色固体，A 组为 NaCl、NaBr、KClO₃，B 组为 KClO、KClO₃、KClO₄，可以采用什么方法加以鉴定？

② 溶液 A 中加入 NaCl 溶液后有白色沉淀 B 析出，B 可溶于氨水，得溶液 C，把 NaBr 溶液加入 C 中则产生浅黄色沉淀 D，D 见光后易变黑，D 可溶于 Na₂S₂O₃ 中得到 E，在 E 中加 NaI 则有黄色沉淀 F 析出，自溶液中分离出 F，加入少量 Zn 粉煮沸，加 HCl 除 Zn 粉得固体 G，将 G 自溶液中分离出来，加 HNO₃ 得溶液 A。判断 A～G 各为何物，写出实验过程中有关反应方程式。

实验九　氧、硫、氮、磷

一、实验目的

① 了解过氧化氢、硫化氢、硫化物、亚硫酸、硫代硫酸及其盐的性质。

② 学习水溶液中 S^{2-}、SO_3^{2-}、$S_2O_3^{2-}$ 的分离鉴定技术。

③ 了解各种磷酸钙盐的溶解性。

④ 掌握 NH_4^+、NO_3^-、NO_2^-、PO_4^{3-} 的鉴定方法。

⑤ 学习气室法检验 NH_4^+、棕色环法检验 NO_3^- 的方法与操作步骤。

二、实验原理

氧和硫、氮和磷分别是ⅥA、ⅤA族元素。在 H_2O_2 分子中氧的氧化值为 -1，介于 0 和 -2 之间，所以 H_2O_2 既具氧化性又显还原性，当它作氧化剂时还原产物是 H_2O 和 OH^-，作为还原剂时其氧化产物是氧气。

H_2O_2 具有极弱的酸性，酸性比 H_2O 稍强（$K_1 = 2.24 \times 10^{-12}$）。$H_2O_2$ 不太稳定，在室温下分解较慢，见光受热或当有 MnO_2 及其他重金属离子存在时可加速 H_2O_2 的分解。

H_2S 中 S 的氧化值是 -2，它是强还原剂。H_2S 可与多种金属离子生成不同颜色的金属硫化物沉淀，金属硫化物的溶解度是不同的，例如：Na_2S 可溶于水；ZnS 难溶于水，但易溶于稀盐酸；CuS 不溶于盐酸，需用硝酸溶解；HgS 溶于王水。根据金属硫化物的溶解度和颜色的不同，可以用来分离和鉴定金属离子。

S^{2-} 能与稀酸反应产生 H_2S 气体。可以根据 H_2S 特有的腐蛋臭味，或能使 $Pb(Ac)_2$ 试纸变黑（由于生成 PbS）的现象而检验出 S^{2-}。此外在弱碱性条件下，S^{2-} 能与亚硝酰铁氰化钠 $Na_2[Fe(CN)_5NO]$ 反应生成红紫色配合物，利用这种特征反应也能鉴定 S^{2-}。

$$S^{2-} + [Fe(CN)_5NO]^{2-} \longrightarrow [Fe(CN)_5NOS]^{4-}$$

可溶性硫化物和硫作用可以形成多硫化物，例如：

$$Na_2S + (x-1)S \longrightarrow Na_2S_x$$

多硫化物在酸性介质中生成多硫化氢。多硫化氢不稳定，极易分解成 H_2S 和 S。

SO_2 溶于水生成亚硫酸。亚硫酸及其盐常用作还原剂，但遇强还原剂时，也起氧化剂的作用。SO_2 和某些有色的有机物生成无色化合物，所以具有漂白性，但生成的这种化合物受热易分解。

SO_3^{2-} 能与 $Na_2[Fe(CN)_5NO]$ 反应生成红色化合物，加入硫酸锌的饱和溶液和 $K_4[Fe(CN)_6]$ 溶液，可使红色显著加深（其组成尚未确定）。利用这个反应可以鉴定 SO_3^{2-} 的存在。

硫代硫酸不稳定，易分解为 S 和 SO_2，其反应为：

$$H_2S_2O_3 \longrightarrow H_2O + S\downarrow + SO_2$$

$Na_2S_2O_3$ 是常用的还原剂，能将 I_2 还原为 I^- 而本身被氧化为连四硫酸钠，其反应为：

$$2Na_2S_2O_3 + I_2 \longrightarrow Na_2S_4O_6 + 2NaI$$

$S_2O_3^{2-}$ 与 Ag^+ 生成白色硫代硫酸银沉淀，会迅速变黄色，再变棕色，最后变为黑色的硫化银沉淀。这是 $S_2O_3^{2-}$ 最特殊的反应之一，可用来鉴定 $S_2O_3^{2-}$ 的存在。

如果溶液中同时存在 S^{2-}、SO_3^{2-} 和 $S_2O_3^{2-}$，需要逐个加以鉴定时，必须先将 S^{2-} 除去，因 S^{2-} 的存在妨碍 SO_3^{2-} 和 $S_2O_3^{2-}$ 的鉴定。除去 S^{2-} 的方法是在含有 S^{2-}、SO_3^{2-} 和 $S_2O_3^{2-}$ 的混合溶液中，加入 $PbCO_3$ 固体，使 $PbCO_3$ 转化为溶解度更小的 PbS 沉淀，离心分离后，在清液中再分别鉴定 SO_3^{2-} 和 $S_2O_3^{2-}$。

硝酸的最主要特性是它的强氧化性，许多非金属容易被浓硝酸氧化为相应的酸，硝酸被还原为 NO。硝酸与金属反应时，被还原的产物决定于硝酸的浓度和金属的活泼性，浓硝酸

一般被还原为 NO_2，稀硝酸通常被还原为 NO，若硝酸很稀则主要还原为 NH_3，后者与未反应的酸反应而生成铵盐。事实上硝酸的这些反应很复杂，还原产物不可能是单一的，一般书写反应式就是写其主反应的产物。硝酸盐的热稳定性较差，加热放出的氧气和可燃物质混合极易燃烧而引起爆炸。亚硝酸可通过亚硝酸盐和酸的相互作用而制得，但亚硝酸不稳定，易分解：

$$2HNO_2 \underset{冷}{\overset{热}{\rightleftharpoons}} H_2O + N_2O_3 \underset{冷}{\overset{热}{\rightleftharpoons}} H_2O + NO + NO_2$$

N_2O_3 为中间产物，在水溶液中呈浅蓝色，不稳定，会进一步分解为 NO 和 NO_2。

亚硝酸及其盐既具氧化性，又具还原性。

磷酸是一个非挥发性的中强酸，它可以形成三种不同类型的盐。在各类磷酸盐溶液中，加入 $AgNO_3$ 溶液都可得到黄色的磷酸银沉淀。各种磷酸的钙盐在水中的溶解度不相同。$Ca(H_2PO_4)_2$ 易溶于水，$Ca_3(PO_4)_2$ 和 $CaHPO_4$ 难溶于水，但能溶于盐酸。PO_4^{3-} 能与钼酸铵反应，在酸性条件下生成黄色难溶的晶体，故可用钼酸铵来鉴定。其反应如下：

$$PO_4^{3-} + 3NH_4^+ + 12MoO_4^{2-} + 24H^+ \longrightarrow (NH_4)_3PO_4 \cdot 12MoO_3 \cdot 6H_2O \downarrow + 6H_2O$$

NO_3^- 可用棕色环法鉴定，其反应如下：

$$3Fe^{2+} + NO_3^- + 4H^+ \longrightarrow 3Fe^{3+} + 2H_2O + NO$$
$$NO + Fe^{2+} \longrightarrow Fe(NO)^{2+}（棕色）$$

NO_2^- 也能产生同样的反应，因此当有 NO_2^- 存在时，需先将 NO_2^- 除去。除去的方法是在混合液中加饱和 NH_4Cl 一起加热，反应如下：

$$NH_4^+ + NO_2^- \longrightarrow N_2 \uparrow + 2H_2O$$

NO_2^- 和 $FeSO_4$ 在 HAc 溶液中能生成棕色 $[Fe(NO)]SO_4$ 溶液，利用这个反应可以鉴定 NO_2^- 的存在（检验 NO_3^- 时，必须用浓硫酸）。

$$NO_2^- + Fe^{2+} + 3HAc \longrightarrow NO + Fe^{3+} + 3Ac^- + H_2O$$
$$NO + Fe^{2+} \longrightarrow Fe(NO)^{2+}（棕色）$$

NH_4^+ 常用两种方法鉴定：a. 用 NaOH 和 NH_4^+ 反应生成 NH_3，使湿润红色石蕊试纸变蓝；b. 用奈斯勒试剂（$K_2[HgI_4]$ 的碱性溶液）与 NH_4^+ 反应产生红棕色沉淀，其反应为：

$$NH_4^+ + 2[HgI_4]^{2-} + 4OH^- \longrightarrow \left[O \begin{matrix} Hg \\ Hg \end{matrix} NH_2 \right] I \downarrow + 3H_2O + 7I^-$$

三、实验药品与材料

固体药品：锌粉、硫粉、铜屑、$FeSO_4 \cdot 7H_2O$ 晶体、$PbCO_3$、KNO_3 晶体。

酸：HNO_3（$2mol \cdot L^{-1}$，浓）、H_2SO_4（$1mol \cdot L^{-1}$，浓）、HAc（$2mol \cdot L^{-1}$）、HCl（$2mol \cdot L^{-1}$、$6mol \cdot L^{-1}$，浓）。

碱：NaOH（$2mol \cdot L^{-1}$）、$NH_3 \cdot H_2O$（$2mol \cdot L^{-1}$、$6mol \cdot L^{-1}$）。

盐：KI、KNO_3、Na_3PO_4、Na_2HPO_4、NaH_2PO_4、$AgNO_3$、$Na_2S_2O_3$、$FeCl_3$、$MnSO_4$、$K_4[Fe(CN)_6]$、$CaCl_2$、$CuSO_4$、$CdSO_4$、$Hg(NO_3)_2$、Na_2S、Na_2SO_3（以上溶液均为 $0.1mol \cdot L^{-1}$）、$NaNO_2$（$0.1mol \cdot L^{-1}$、$1mol \cdot L^{-1}$）、$ZnSO_4$（$0.1mol \cdot L^{-1}$，饱和）、NH_4Cl（饱和）、$KMnO_4$（$0.01mol \cdot L^{-1}$）。

其他：$(NH_4)_2MoO_4$ 溶液、$Na_2[Fe(CN)_5NO](1\%)$、I_2 水溶液、品红溶液（0.1%）、

SO$_2$ 水溶液（饱和）、H$_2$S 水溶液（饱和）、H$_2$O$_2$（3％）、奈斯勒试剂。

材料：红色石蕊试纸、蓝色石蕊试纸、滤纸条。

四、实验内容

1. 过氧化氢的性质

① 用实验证明在酸性介质中 H$_2$O$_2$ 分别与 KMnO$_4$、KI 反应的产物，写出反应方程式。

② 思考选用何种介质能使 H$_2$O$_2$ 将 Mn^{2+} 氧化成 MnO$_2$，选用何种介质又能使生成的 MnO$_2$ 与 H$_2$O$_2$ 反应产生 Mn^{2+}，进行相应的实验，观察现象并写出反应方程式。

在①和②实验中 H$_2$O$_2$ 各具有什么性质。

指导与思考：

（1）H$_2$O$_2$ 能否将 Br$^-$ 氧化为 Br$_2$？H$_2$O$_2$ 能否将 Br$_2$ 还原为 Br$^-$？

（2）利用 H$_2$O$_2$ 的氧化性能否把黑色的 PbS 转化为白色的 PbSO$_4$，通过实验进行回答，如能进行，写出有关的反应方程式。

（3）通过实验总结归纳 H$_2$O$_2$ 的主要性质。反应的介质对其性质有何影响？

---

2. 硫化氢和硫化物

① 用 H$_2$S 水溶液分与 KMnO$_4$ 和 FeCl$_3$ 反应，根据实验现象说明 H$_2$S 具有什么性质。写出反应方程式。

② 制取少量 ZnS、CdS、CuS、HgS 并观察硫化物的颜色。

③ 用 2mol·L^{-1}HCl、6mol·L^{-1}HCl、浓 HNO$_3$、王水（浓 HNO$_3$ 和浓 HCl 的体积比是 1∶3），测试 ZnS、CdS、CuS、HgS 的溶解性。

④ 列表总结以上四种硫化物的溶解性。

指导与思考：

（1）强还原剂 H$_2$S 与强氧化剂 KMnO$_4$ 反应时，H$_2$S 可以被氧化为 S 或 SO$_4^{2-}$，这和 KMnO$_4$ 的浓度、用量及溶液的酸度有何关系？当 H$_2$S 与中强氧化剂 FeCl$_3$ 反应时，H$_2$S 能否被氧化成 S 或 SO$_4^{2-}$？

（2）测试硫化物的溶解性时，如现象不明显可以略微加热。

（3）在不溶于 HCl 的金属硫化物中，继续加入浓 HNO$_3$ 处理时，是否要用少量蒸馏水洗涤沉淀？为什么？

（4）当 H$_2$S 水溶液逐滴加到 Hg(NO$_3$)$_2$ 溶液中来制取 HgS 时，由于生成的少量 HgS 与 Hg(NO$_3$)$_2$ 之间形成一系列中间产物，颜色变化为：白→黄→棕→黑［Hg(NO$_3$)$_2$·2HgS 沉淀为白色，继续加 H$_2$S 时，沉淀渐渐变为黄色、棕色，最后生成黑色沉淀］。

当 H$_2$S 浓度较低，得不到黑色 HgS 时，可加少量 Na$_2$S，即生成黑色沉淀。

---

3. H$_2$SO$_3$、H$_2$S$_2$O$_3$ 及其盐的性质

① 用蓝色石蕊试纸检验饱和 SO$_2$ 水溶液是否呈酸性。用饱和 SO$_2$ 水溶液分别与 I$_2$ 水

溶液、H_2S 水溶液及品红溶液反应，观察现象，写出 SO_2 水溶液分别和 H_2S、I_2 反应的方程式，总结 H_2SO_3 的性质。

② 在少量 $Na_2S_2O_3$ 溶液中加入稀 HCl 静置片刻，观察现象，写出反应方程式，并说明 $H_2S_2O_3$ 的性质。

③ 在少量碘水中逐滴加入 $Na_2S_2O_3$ 溶液，观察碘水颜色的变化，写出反应方程式，并说明 $Na_2S_2O_3$ 的性质。

指导与思考：

（1）SO_2 是污染大气的有害物质之一，你将如何处理？

（2）SO_2 水溶液的性质除用 I_2 和 H_2S 分别验证外，可否用其他试剂？举例说明，写出反应方程式。

（3）为什么亚硫酸盐中常含有硫酸盐？怎样检验亚硫酸盐中的 SO_4^{2-}？

4.S^{2-}、SO_3^{2-}、$S_2O_3^{2-}$ 的鉴定和分离

① 在点滴板上滴入 Na_2S，然后滴入 $1\%Na_2[Fe(CN)_5NO]$，观察溶液颜色。出现紫红色即表示有 S^{2-}。

② 在点滴板上滴入 2 滴饱和 $ZnSO_4$ 溶液，然后加入 1 滴 $0.1mol \cdot L^{-1}K_4[Fe(CN)_6]$ 和 1 滴 $1\%Na_2[Fe(CN)_5NO]$，并选用 $2mol \cdot L^{-1}NH_3 \cdot H_2O$ 使溶液呈中性，再滴加 Na_2SO_3 溶液，出现红色沉淀即表示有 SO_3^{2-}。

③ 在点滴板上滴入 1 滴 $Na_2S_2O_3$，然后加入 2 滴 $AgNO_3$，生成沉淀，颜色变化为白→黄→棕→黑，即表示有 $S_2O_3^{2-}$。

④ 取一份 Na_2S、Na_2SO_3、$Na_2S_2O_3$ 混合液，先取出少量溶液鉴定 S^{2-}，然后在混合溶液中加入少量固体 $PbCO_3$，充分搅动，离心分离弃去沉淀，取 1 滴溶液用 $Na_2[Fe(CN)_5NO]$ 试剂检验 S^{2-} 是否沉淀完全。如不完全，离心液重复用 $PbCO_3$ 处理直至 S^{2-} 完全被除去，离心分离，将离心液分成两份，分别鉴定 SO_3^{2-} 和 $S_2O_3^{2-}$。

指导与思考：

（1）某学生将少量 $AgNO_3$ 溶液滴入 $Na_2S_2O_3$ 溶液中，出现白色沉淀，振荡后沉淀马上消失，溶液又呈无色透明，为什么？

（2）根据以上离子鉴定和分离的步骤，先设计一张简表便于进行分离和鉴定。

（3）在 S^{2-}、SO_3^{2-}、$S_2O_3^{2-}$ 混合液中要鉴定 SO_3^{2-} 与 $S_2O_3^{2-}$，为什么预先要将 S^{2-} 除去？用什么试剂除去 S^{2-}？能否用沉淀转化理论解释？怎样证明 S^{2-} 已被除尽？

5.硝酸和硝酸盐的性质

① 选用稀 HNO_3 和浓 HNO_3 分别与 S、Zn、Cu 反应，观察现象，写出反应方程式。

② 思考采用何种合理的方法来验证 Zn 和 HNO_3 反应的产物之一为 NH_4^+。通过实验① 总结浓、稀硝酸与金属、非金属反应的规律。

③ 取少量 KNO_3 晶体，加热熔化，将带余烬的火柴投入试管中观察现象并解释之。

指导与思考：

（1）锌粉与浓 HNO_3、稀 HNO_3 的反应都较为激烈，所以反应时 Zn 粉用量要少，HNO_3 加入的速度要慢。

（2）上述实验中，哪些反应要在干燥试管中进行？如何干燥试管？

6.亚硝酸和亚硝酸盐

① 选用 $NaNO_2$ 和 H_2SO_4 为原料制取少量 HNO_2，观察溶液的颜色和液面上气体的颜色，解释现象，并写出反应方程式。

② 用 $NaNO_2$ 溶液分别与 $KMnO_4$、KI 反应，观察现象，写出反应方程式。说明上述两个反应中 $NaNO_2$ 各显什么性质。

指导与思考：

（1）在 $NaNO_2$ 与 $KMnO_4$、KI 反应中是否需要加酸酸化，为什么？选用什么酸为好，为什么？

（2）利用 $NaNO_2$ 与 KI 间反应能否检验 I^-？

（3）如用 Na_2SO_3 代替 KI 来证明 $NaNO_2$ 的氧化性，应怎样进行实验？

7.磷酸盐的性质

制取少量 $Ca_3(PO_4)_2$、$CaHPO_4$、$Ca(H_2PO_4)_2$，观察这三种钙盐在水中的溶解性。各加入 $6mol \cdot L^{-1}$ 氨水后有何变化？再加入 $6mol \cdot L^{-1}$ HCl 后又有何变化？解释现象。

指导与思考：

在 Na_2HPO_4、NaH_2PO_4 溶液中加入 $AgNO_3$ 后，各产生什么现象，溶液的 pH 值将会发生怎样的变化，为什么？

8. NH_4^+、NO_3^-、NO_2^-、PO_4^{3-} 的鉴定

① 用两块干燥的表面皿，一块表面皿内滴入 $0.1mol \cdot L^{-1}$ NH_4Cl 与 $2mol \cdot L^{-1}$ NaOH，另一块贴上湿的红色石蕊试纸或浸润过奈斯勒试剂的滤纸条，然后把两块表面皿扣在一起做成气室，若红色石蕊试纸变蓝或奈斯勒试剂变红棕色，则表示有 NH_4^+ 存在。

② 取少量 $0.1mol \cdot L^{-1}$ KNO_3 溶液和数粒 $FeSO_4 \cdot 7H_2O$ 晶体，振荡溶解后，在混合溶液中，沿试管壁慢慢滴入浓 H_2SO_4，观察浓 H_2SO_4 和液面交界处有棕色环生成，则表示有 NO_3^- 的存在。

③ 取少量 $0.1mol \cdot L^{-1}$ $NaNO_2$ 溶液，用 $2mol \cdot L^{-1}$ HAc 酸化，再加入数粒 $FeSO_4 \cdot 7H_2O$ 晶体，若有棕色出现，则表示有 NO_2^- 存在。

④ 取少量 $0.1mol \cdot L^{-1}$ Na_3PO_4 溶液，加入 10 滴浓 HNO_3，再加入 20 滴 $(NH_4)_2MoO_4$ 溶液，微热至 40～50℃，若有黄色沉淀生成，则表示有 PO_4^{3-} 存在。

（1）NO_2^- 在酸性介质中与 $FeSO_4$ 也能产生棕色反应，那么在 NO_3^- 与 NO_2^- 混合液中你将怎样鉴定出 NO_3^-？

（2）现有三种白色结晶，第一种可能是 $NaNO_2$ 或 $NaNO_3$，第二种可能是 $NaNO_3$ 或 NH_4NO_3，第三种可能是 $NaNO_3$ 或 Na_3PO_4。试加以鉴别。

（3）由于 $(NH_4)_2MoO_4$ 能溶于过量磷酸盐中，所以在鉴定 PO_4^{3-} 时应加过量 $(NH_4)_2MoO_4$ 溶液。

五、思考题

① 把 H_2S 气体通入 $0.2mol \cdot L^{-1} Zn^{2+}$ 溶液中并使 Zn^{2+} 完全沉淀为 ZnS，溶液的最低 pH 值为多少？

② 现有两瓶溶液 $NaNO_3$ 和 $NaNO_2$，请你设计三种区别它们的方案。

③ 现有四瓶固体物质 Na_2S、$NaHSO_3$、$NaHSO_4$ 和 $Na_2S_2O_3$，设法通过实验鉴别。

④ 有一 Cu^{2+} 和 Zn^{2+} 的混合溶液，试用一种最简便的方法来分离这两种离子。

实验十　碱金属和碱土金属

一、实验目的

① 了解碱金属和碱土金属元素单质及化合物的主要性质。

② 学习用焰色反应检验元素。

二、实验原理

碱金属和碱土金属分别是周期表中ⅠA、ⅡA族金属元素，皆为活泼金属元素，碱土金属的活泼性仅次于碱金属。钠和钾与水作用都很激烈，而镁和水作用很慢，这是由于镁表面形成一层难溶于水的氢氧化镁，阻碍了镁与水的作用。

钠能溶于汞中，生成钠汞齐，当钠含量在 1% 以下时呈液态，在 1%～2.5% 时呈面团状，2.5% 以上时为银白色固体。

碱金属的盐一般易溶于水，仅少数难溶，例如乙酸铀酰锌钠和钴亚硝酸钠钾等。而碱土金属硫酸盐、草酸盐、碳酸盐、铬酸盐等都为难溶盐。金属钠易与空气中氧作用生成浅黄色 Na_2O_2，其水溶液呈碱性，且不稳定，产生氧气。

$$Na_2O_2 + 2H_2O \longrightarrow 2NaOH + H_2O_2$$
$$2H_2O_2 \longrightarrow 2H_2O + O_2 \uparrow$$

碱金属和碱土金属及其挥发性的化合物在高温火焰中可放出一定波长的光，使火焰呈特殊的颜色，利用焰色反应可鉴别碱金属和碱土金属的离子。

有些金属或其化合物在无色火焰中灼烧时火焰呈现出特殊的颜色。如：

Li 红色　　　Ca 砖红色　　　Na 黄色　　　Sr 深红色　　　Cs 蓝色　　　Mg 白色

Cu 绿色　　　K 紫色（透过钴玻璃）　　　Ba 黄绿色　　　Pb 淡蓝色

这种特性对单一化合物的定性分析很有帮助，通过焰色反应可以来鉴定某些元素的存在。当然对复杂的同时具有几种焰色反应物质的试样，因其焰色的互相干扰，效果就不理想了（可通过更高级的分析方法，如光谱分析等来解决它）。

做焰色反应的主要用具就是灯，要求灯焰要无色。可用本生灯或无焰的酒精喷灯，也可将普通酒精灯烧焦的灯芯剪去并添换新酒精。

做焰色反应时的试样可用铂丝或镍铬丝蘸取，然后放在灯焰的氧化焰上灼烧，以产生色焰。它要求被测物有较大的挥发性，因而一般都用氯化物，或将试样用浓 HCl 润湿后用铂丝蘸取。做焰色反应时可用固体试样，也可用液体试样，前者所蘸取的试样量更多些，产生色焰的时间会更长些。

为避免前一个试样焰色对后一个试样的干扰，在做第二个试样之前，要将铂丝（或镍铬丝）蘸浓 HCl，在灯焰上烧，重复多次至无色为止，以清洁铂丝。不能将铂丝放在还原焰中灼烧。

三、实验药品与材料

固体药品：钠、镁条、钾。

酸：HNO_3（浓）、HAc（$2mol \cdot L^{-1}$）、HCl（$6mol \cdot L^{-1}$）。

碱：NaOH（$2mol \cdot L^{-1}$）、$NH_3 \cdot H_2O$（$1mol \cdot L^{-1}$）。

盐：NaCl、$MgCl_2$、$CaCl_2$、$SrCl_2$、$BaCl_2$、K_2CrO_4（以上溶液均为 $0.1mol \cdot L^{-1}$）、$CaCl_2$（$1mol \cdot L^{-1}$）、Na_2CO_3（$0.5mol \cdot L^{-1}$）、$(NH_4)_2C_2O_4$（饱和）、Na_2SO_4（$1mol \cdot L^{-1}$）、Na_2HPO_4（$0.5mol \cdot L^{-1}$）、LiCl（$1mol \cdot L^{-1}$）、NaF（$1mol \cdot L^{-1}$）、KCl（$1mol \cdot L^{-1}$）、$MgCl_2$（$1mol \cdot L^{-1}$）、$BaCl_2$（$1mol \cdot L^{-1}$）、NH_4Cl（饱和）、$(NH_4)_2CO_3$（$1mol \cdot L^{-1}$）、K_2CrO_4（$0.5mol \cdot L^{-1}$）、NH_4Ac（$3mol \cdot L^{-1}$）。

其他：钴亚硝酸钠（饱和）、酒石酸氢钠（饱和）、镁试剂、乙酸铀酰锌。

材料：pH 试纸、滤纸、镍铬丝、钴玻璃片、砂纸。

四、实验内容

1.金属在空气中的燃烧

（1）金属钠与氧的作用

用镊子从煤油中夹取一小块金属钠，用滤纸吸干表面的煤油，并用小刀削出新鲜表面，立即放入干燥蒸发皿中略微加热，当钠开始燃烧时，停止加热，观察反应情况和产物的颜色、状态。反应产物留用。

（2）金属镁的燃烧

取一小段镁条，用砂纸擦去表面的氧化膜，点燃，观察燃烧情况和产物的颜色及状态。

2.金属与水的作用

（1）金属钠、钾与水的作用

分别取绿豆大小的一块金属钠、钾，用滤纸吸干表面的煤油，各放入一盛有水的小烧杯中，观察反应情况，用 pH 试纸检验反应后水溶液的碱性，比较两实验的异同。为了安全，当钾块放入水中后，立即将漏斗覆盖在烧杯上。

（2）镁与水的作用

取一小段镁条，用砂纸擦去表面氧化膜，放入试管中与冷水作用，观察现象。再水浴加热，观察有何变化。检验水溶液的酸碱性。

3.氧化物和氢氧化物

将上述实验内容 1（1）中的产物转入一干燥小试管中，加入少量水，检验是否有氧气放出，检验水溶液的酸碱性。

取三份等量 2mol·L⁻¹NaOH 溶液，分别逐滴加入等体积的 $0.1mol·L^{-1}CaCl_2$、$SrCl_2$、$BaCl_2$ 溶液，观察沉淀的多少，得出这些氢氧化物溶解度的递变顺序。

4. 锂、钾的微溶盐

（1）微溶性锂盐的生成

在两支试管中各加入 $0.5mL\ 1mol·L^{-1}LiCl$ 溶液，然后分别加入 $0.5mL\ 1mol·L^{-1}$ NaF 溶液和 $0.5mol·L^{-1}Na_2CO_3$ 溶液，观察产物的颜色、状态。

（2）微溶性钾盐的生成

取 $1mL\ 1mol·L^{-1}KCl$ 溶液与等体积饱和酒石酸氢钠溶液混合，放置数分钟，若无晶体析出，可用玻璃棒摩擦试管内壁，观察产物的颜色、状态。再取 $1mL\ 1mol·L^{-1}KCl$ 溶液于另一试管中，加入几滴饱和钴亚硝酸钠溶液，观察产物的颜色、状态。

5. 碱土金属的难溶盐

（1）硫酸盐

在三支试管中分别加入 $0.1mL\ 1mol·L^{-1}MgCl_2$、$CaCl_2$、$BaCl_2$ 溶液，再各加入 $0.5mL\ 1mol·L^{-1}Na_2SO_4$ 溶液，观察产物的颜色、状态。分别进行沉淀与浓 HNO_3 的作用实验，由实验结果比较 $MgSO_4$、$CaSO_4$、$BaSO_4$ 溶解度的大小。

（2）碳酸盐

在三支试管中分别加入 $0.5mL\ 0.1mol·L^{-1}CaCl_2$、$SrCl_2$、$BaCl_2$ 溶液，然后各加入 $0.5mL\ 0.5mol·L^{-1}Na_2CO_3$ 溶液，观察现象。分别进行沉淀与 $2mol·L^{-1}HAc$ 的作用实验，比较 $CaCO_3$、$SrCO_3$、$BaCO_3$ 溶解度的大小。

再用 2~3 滴饱和 NH_4Cl 溶液和 2~3 滴 $NH_3·H_2O$ 与 $(NH_4)_2CO_3$ 的混合溶液〔含 $1mL\ 1mol·L^{-1}NH_3·H_2O$ 和 $1mL\ 1mol·L^{-1}(NH_4)_2CO_3$〕代替上述实验中的 Na_2CO_3 溶液，按上法进行实验，观察现象，比较两实验结果有何不同。

（3）铬酸盐

在三支试管中分别加入 $0.5mL\ 0.1mol·L^{-1}CaCl_2$、$SrCl_2$、$BaCl_2$ 溶液，然后各加入 $0.5mL\ 0.5mol·L^{-1}K_2CrO_4$ 溶液，观察现象。分别进行沉淀与 HAc 和 $6mol·L^{-1}HCl$ 的作用实验，比较 $CaCrO_4$、$SrCrO_4$、$BaCrO_4$ 溶解度的大小。

（4）草酸盐

在三支试管中分别加入 1 滴 $0.1mol·L^{-1}MgCl_2$、$CaCl_2$、$BaCl_2$ 溶液，然后各加入 1 滴饱和 $(NH_4)_2C_2O_4$ 溶液，观察现象。分别进行沉淀与 HAc 和 HCl 溶液的作用实验，比较 MgC_2O_4、CaC_2O_4、BaC_2O_4 溶解度的大小。

（5）磷酸铵镁的生成

在一支试管中加入 $0.5mL\ 0.1mol·L^{-1}MgCl_2$ 溶液，接着加几滴 HCl 溶液和 $0.5mL$ $0.5mol·L^{-1}Na_2HPO_4$ 溶液，再加 4~5 滴 $NH_3·H_2O$，观察产物的颜色、状态。这是 Mg^{2+} 的重要反应，但鉴定 Mg^{2+} 常用镁试剂。在试管中加入 2 滴 Mg^{2+} 试液，再加入 2 滴 NaOH 溶液和 1 滴镁试剂溶液，沉淀呈蓝色，表示有 Mg^{2+} 存在。

6. 焰色反应

取 1 根嵌有镍铬丝的玻璃棒，将镍铬丝顶端弯成小圆圈，蘸以 HCl 溶液在酒精灯的氧化焰中灼烧。反复操作，直至灼烧时火焰几乎无色，表示镍铬丝已清洗洁净。

用洁净的镍铬丝分别蘸取 LiCl、KCl、NaCl、$CaCl_2$、$SrCl_2$、$BaCl_2$ 溶液在氧化焰中灼烧，在观察钾盐的火焰时，为了防止钠焰掩盖，可透过蓝色钴玻璃片观察。

7.水溶液中 K^+、Na^+、Mg^{2+}、Ca^{2+}、Ba^{2+} 的分离鉴定

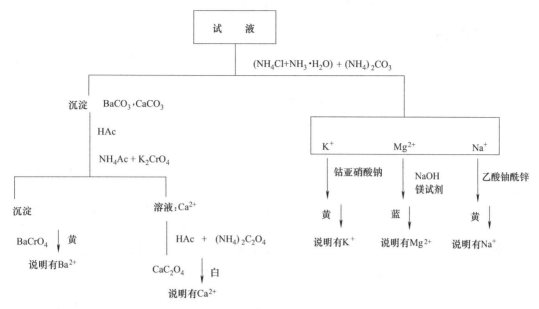

取 K^+、Na^+、Mg^{2+}、Ca^{2+}、Ba^{2+} 试液各 4 滴，于离心试管中混匀，按以下步骤进行实验。

① 在混合液中加 4 滴 NH_4Cl 溶液，再加入 $NH_3 \cdot H_2O$ 至溶液呈碱性（再多加 1 滴），加热（约 70℃），在搅拌条件下滴加 $(NH_4)_2CO_3$ 溶液至沉淀完全，放置 2min。离心分离，移清液于另一离心试管中。

② 用蒸馏水洗涤沉淀一次，弃去洗涤液，加 HAc 并加热搅拌促使沉淀溶解，加入 2 滴 $3mol \cdot L^{-1} NH_4Ac$ 溶液，再逐滴加入 K_2CrO_4 溶液，产生黄色沉淀，表示有 Ba^{2+}。沉淀完全后，加热 2min，离心分离，清液用作 Ca^{2+} 的鉴定。

③ 取步骤②的清液鉴定 Ca^{2+}。

④ 取步取①的清液鉴定 Na^+。

⑤ 取步骤①的清液鉴定 K^+。

⑥ 取步骤①的清液鉴定 Mg^{2+}。

五、附注

钠、钾、汞的保存与使用的有关知识

钠、钾等活泼金属暴露于空气中或与水接触，均易发生剧烈反应，因此，应把它们保存在煤油中，放置于阴凉处。使用时应在煤油中切割成小块，用镊子夹起，再用滤纸吸干表面的煤油。切勿与皮肤接触。未用完的金属屑不能乱丢，可加少量酒精使其缓慢分解。销毁未用完的金属钾更要小心。

汞在常温下为液态，易挥发。汞蒸气吸入人体内，会引起慢性中毒，因此不能让汞暴露在空气中，要用水将汞封存起来。由于汞的密度很大，贮存容器必须质地牢固，取用时最好用具有钩嘴的滴管，将滴管伸入到瓶底，以免带出过多的水分。取出汞后还应用滤纸吸干表面水分。不能直接倾倒，以免洒落在桌面或地面上。一旦洒落，应用滴管或锡纸将汞滴尽量收集起来，然后在有残存汞的地方撒上一层硫黄粉，摩擦，使汞转变成难挥发的硫化汞。

实验十一　锡、铅、锑、铋

一、实验目的

① 掌握锡、铅、锑、铋氢氧化物的酸碱性，掌握低价化合物的还原性和高价化合物的氧化性。

② 掌握锡、铅、锑、铋及其硫化物和硫代酸盐的性质以及铅难溶盐的性质。

③ 进一步练习试管干燥、沉淀分离与洗涤等基本操作与技术。

二、实验原理

锡与铅、锑与铋分别是ⅣA、ⅤA族元素。锡、铅形成＋2价、＋4价化合物。锑、铋形成＋3价、＋5价化合物。

锡盐、铅盐和＋3价的锑盐、铋盐具有较强水解作用，因此配制盐溶液时必须溶解在相应的酸溶液中以抑制水解。氯化亚锡是实验室中常用的还原剂，它可以被空气氧化，配制时应加入锡粒，防止氧化。除铋外，它们的氢氧化物都呈两性，溶于碱的反应是：

$$Sn(OH)_2 + 2OH^- \longrightarrow [Sn(OH)_4]^{2-}$$

$$Pb(OH)_2 + OH^- \longrightarrow [Pb(OH)_3]^-$$

$$Sb(OH)_3 + 3OH^- \longrightarrow [Sb(OH)_6]^{3-}$$

锡、铅、锑、铋都能形成有色硫化物，它们都不溶于水和稀酸，除 SnS、PbS、Bi_2S_3 外都能与 Na_2S 或（NH_4）$_2S$ 作用生成相应的硫代酸盐。

$$Sb_2S_3 + 3Na_2S \longrightarrow 2Na_3SbS_3$$

$$SnS_2 + Na_2S \longrightarrow Na_2SnS_3$$

SnS 能溶于多硫化钠溶液中，这是由于 S_2^{2-} 具有氧化作用，可把 SnS 氧化成 SnS_2 而溶解。

$$SnS + Na_2S_2 \longrightarrow Na_2SnS_3$$

所有硫代酸盐只能存在于中性或碱性介质中，遇酸生成不稳定的硫代酸，继而分解为相应的硫化物和硫化氢。

锡（Ⅱ）是一种较强的还原剂，在碱性介质中亚锡酸根能与铋（Ⅲ）进行反应：

$$3Sn(OH)_4^{2-} + 2Bi(OH)_3 \longrightarrow 3Sn(OH)_6^{2-} + 2Bi \downarrow （黑色）$$

在酸性介质中 $SnCl_2$ 能与 $HgCl_2$ 进行反应：

$$SnCl_2 + 2HgCl_2 \longrightarrow SnCl_4 + Hg_2Cl_2 \downarrow （白色）$$

$$SnCl_2 + Hg_2Cl_2 \longrightarrow SnCl_4 + 2Hg \downarrow （黑色）$$

但 Bi(Ⅲ) 要在强碱性条件下选用强氧化剂 Na_2O_2、Cl_2 等才能被氧化：

$$Bi_2O_3 + 2Na_2O_2 \longrightarrow 2NaBiO_3 + Na_2O$$

$$Bi(OH)_3 + Cl_2 + 3NaOH \longrightarrow NaBiO_3 + 2NaCl + 3H_2O$$

Pb(Ⅳ) 和 Bi(Ⅴ) 为较强氧化剂，在酸性介质中能与 Mn^{2+}、Cl^- 等还原剂发生反应：

$$5PbO_2 + 2Mn^{2+} + 5SO_4^{2-} + 4H^+ \longrightarrow 5PbSO_4 + 2MnO_4^- + 2H_2O$$

$$5NaBiO_3 + 2Mn^{2+} + 14H^+ \longrightarrow 2MnO_4^- + 5Bi^{3+} + 5Na^+ + 7H_2O$$

铅能生成很多难溶化合物，例如：

$$Pb^{2+} + CrO_4^{2-} \longrightarrow PbCrO_4 \downarrow$$

Sb^{3+} 和 SbO_4^{3-} 在锡片上可以被还原为金属锑使锡片显黑色：

$$2Sb^{3+} + 3Sn \longrightarrow 2Sb \downarrow + 3Sn^{2+}$$

铋（Ⅲ）在碱性条件下与亚锡酸钠反应生成黑色金属铋。

锡（Ⅱ）在酸性条件下与 $HgCl_2$ 反应生成 Hg。

在分析上常利用以上反应来鉴定这些离子。

三、实验药品与材料

固体药品：Bi_2O_3、Na_2O_2、PbO_2、锡片。

酸：HCl（$2mol \cdot L^{-1}$，浓）、H_2SO_4（$1mol \cdot L^{-1}$）、HNO_3（$2mol \cdot L^{-1}$，浓）。

碱：NaOH（$2mol \cdot L^{-1}$，$6mol \cdot L^{-1}$）。

盐：$SnCl_2$、$SnCl_4$、$Pb(NO_3)_2$、$SbCl_3$、$BiCl_3$、$HgCl_2$、$MnSO_4$、Na_2S、KI、$K_2Cr_2O_7$、K_2CrO_4（以上溶液均为 $0.1mol \cdot L^{-1}$）、Na_2S（$0.5mol \cdot L^{-1}$）、NH_4Ac（饱和）、KI（$2mol \cdot L^{-1}$）。

其他：淀粉溶液。

材料：KI-淀粉试纸、醋酸铅试纸、滤纸条。

四、实验内容

1. 氢氧化物酸碱性

① 制取少量 $Sn(OH)_2$、$Pb(OH)_2$、$Sb(OH)_3$、$Bi(OH)_3$，观察其颜色以及在水中的溶解性。

② 分别检验其酸碱性。

③ 将上述实验所观察到的现象及反应产物填入表 2-4 中，并对其酸碱性作出结论。

表 2-4 实验现象及反应产物

离子		Sn^{2+}	Pb^{2+}	Sb^{3+}	Bi^{3+}
盐＋NaOH 现象					
氢氧化物	＋NaOH 现象				
	＋酸现象				
结论					

指导与思考：

（1）如何配制 $SnCl_2$、$Pb(NO_3)_2$、$SbCl_3$、$BiCl_3$ 溶液？

（2）在氢氧化物碱性实验中应如何选择酸？

（3）$Bi(OH)_3$ 为白色沉淀，容易脱水生成 BiO(OH) 而使沉淀转变为黄色。

（4）沉淀量的多少及选用的酸碱浓度对本实验有何影响？

2. 氧化还原性

① 选择合适的试剂，设计两个反应验证 PbO_2 的氧化性，观察现象，写出反应方程式。

② 选择合适的试剂，设计两个反应验证 Sn（Ⅱ）的还原性，观察现象，写出反应方程式。

③ 试以 Bi_2O_3 和 Na_2O_2 为原料，强热制得 $NaBiO_3$，并用少量 Mn^{2+} 验证 $NaBiO_3$ 具有强的氧化性。

指导与思考：

（1）如选用 $HgCl_2$ 与 $SnCl_2$ 反应来验证 $SnCl_2$ 的还原性，$SnCl_2$ 溶液用量的多少对反应产物有何影响？如现象不明显，能否加热，为什么？

（2）检验 PbO_2、$NaBiO_3$ 氧化性实验中是否需要酸化，选用何种酸为好？如选用 Mn^{2+} 作还原剂，Mn^{2+} 的用量将对反应有何影响？

（3）$SnCl_2$ 和 $BiCl_3$ 能否发生反应？为什么？

（4）用 Bi_2O_3 和 Na_2O_2 加热制得的 $NaBiO_3$ 应用水洗涤，为什么？

3. 硫化物和硫代酸盐的生成和性质

① 分别制取少量 Sb_2S_3、Bi_2S_3、SnS、SnS_2、PbS，观察颜色。检验各种硫化物在稀 HCl、浓 HCl、浓 HNO_3、Na_2S 溶液中的溶解情况。如能溶解，写出反应方程式。将实验结果归纳在表 2-5 中，并比较锑、铋、锡、铅硫化物的性质。

表 2-5　锑、铋、锡、铅硫化物的性质

颜色和试剂	硫　化　物				
	Sb_2S_3	Bi_2S_3	SnS	SnS_2	PbS
颜　色					
$2mol \cdot L^{-1} HCl$					
浓 HCl					
浓 HNO_3					
$0.5mol \cdot L^{-1} Na_2S$					

② 制取硫代酸盐，并检验它们在酸性溶液中的稳定性，写出反应方程式。

指导与思考：

（1）哪些硫化物能溶于 Na_2S 或 $(NH_4)_2S$ 中？哪些硫化物能溶于 Na_2S_x 或 $(NH_4)_2S_x$ 中？

（2）溶于稀酸和不溶于稀酸的硫化物在制备方法上有何异同点？为什么？

（3）检验硫化物溶解性时，制得的硫化物应加热、放置或陈化一段时间，为什么？

（4）在 Na_3SbO_3 溶液中加入 Na_2S 或 H_2S 能否制得 Sb_2S_3，为什么？怎样才能制得 Sb_2S_3？

（5）Na_2S 中常含有少量 Na_2S_x，为什么？Na_2S_x 的存在对本实验有何影响？

4. 铅难溶盐的生成和性质

① 制取少量 $PbCl_2$、$PbSO_4$、PbI_2、$PbCrO_4$、PbS，观察颜色。

② 检验 $PbCl_2$ 在冷水、热水和浓 HCl 中溶解情况。

③ 检验 PbI_2 在浓 KI 溶液中溶解情况。

④ 检验 $PbSO_4$ 在饱和 NH_4Ac 溶液中溶解情况。

⑤ 检验 $PbCrO_4$ 在稀 HNO_3 中溶解情况。

根据以上实验及 PbS 性质实验填写表 2-6。

表 2-6　铅难溶盐的性质

难溶盐	颜色	溶解性				解释现象 写出反应方程式
PbCl$_2$		冷水	热水	浓 HCl		
PbI$_2$		KI(2mol·L^{-1})				
PbSO$_4$		饱和 NH$_4$Ac				
PbCrO$_4$		稀 HNO$_3$				
PbS		浓 HCl	稀 HCl	稀 HNO$_3$	Na$_2$S	

⑥ 在 Pb(NO$_3$)$_2$ 溶液中逐滴加入 K$_2$Cr$_2$O$_7$，观察现象，分析产物，解释原因。

指导与思考：

（1）难溶铅盐溶解的条件是什么？在上述实验中，哪些实验是降低平衡中 Pb^{2+} 的浓度？哪些实验是降低平衡中酸根离子浓度？

（2）[PbAc]$^+$ 为易溶解电离的配离子：

$$PbSO_4 + Ac^- \rightleftharpoons [PbAc]^+ + SO_4^{2-}$$

（3）Cr$_2$O$_7^{2-}$ 在溶液中存在着下列平衡：

$$Cr_2O_7^{2-} + H_2O \rightleftharpoons 2CrO_4^{2-} + 2H^+$$

（4）溶解度：PbCr$_2$O$_7$＞PbCrO$_4$。

5. 离子的鉴定和分离

① 选用合适试剂，鉴定 Sn^{2+}、Pb^{2+}、Sb^{3+}、Bi^{3+}。

② 设计两种方法分离 Sb^{3+} 与 Bi^{3+}。

指导与思考：

Ag$^+$、Bi^{3+} 妨碍 Sb（Ⅲ、Ⅴ）的鉴出，如溶液中同时存在 Ag$^+$、Bi^{3+} 时，必须预先进行分离，怎样分离？

五、思考题

① 请你选用最简单的方法鉴别下列两组物质。

BaSO$_4$ 和 PbSO$_4$　　Bi(NO$_3$)$_3$ 和 Pb(NO$_3$)$_2$

② 试用最简便的方法鉴别 SnCl$_2$、SnCl$_4$ 溶液。

③ 如何分离混合溶液中的 Sn^{2+}、Pb^{2+}？

实验十二　铬和锰

一、实验目的

① 掌握铬和锰的氢氧化物的酸碱性及在空气中的稳定性。

② 掌握铬、锰各种重要价态化合物的生成和性质以及各种价态间的转化及选择试剂的原则。

③ 掌握铬、锰化合物的氧化还原性及介质对氧化还原反应的影响。

④ 掌握 Cr^{3+}、Mn^{2+} 的鉴定方法。

二、实验原理

铬和锰分别为ⅥB、ⅦB族元素。铬的化合物中铬的氧化值有 +2、+3、+6，其中以 +3、+6 最常见，而铬（Ⅵ）总是以 CrO_4^{2-}、$Cr_2O_7^{2-}$ 和 CrO_3 等形式存在。锰化合物中锰的氧化值分别为 +2、+3、+4、+5、+6、+7，其中以 +2、+4、+7 为常见氧化值，+3、+5 的化合物极不稳定。铬、锰的各种化合物有不同的颜色，如表 2-7 所示。

表 2-7　铬、锰的各种化合物的颜色

氧化值	+2	+3		+5	+6			+7
水合离子	Mn^{2+}	Mn^{3+}	Cr^{3+}	MnO_3^-	MnO_4^{2-}	CrO_4^{2-}	$Cr_2O_7^{2-}$	MnO_4^-
颜色	浅红	红	蓝紫	蓝	绿	黄	橙	紫红

Cr^{3+} 的氢氧化物具有两性，溶液中的酸碱平衡表示如下：

$$Cr^{3+} + 3OH^- \rightleftharpoons Cr(OH)_3 \rightleftharpoons H_2O + HCrO_2 \rightleftharpoons H_2O + H^+ + CrO_2^-$$

Cr^{3+} 盐容易水解。根据：

$$Cr_2O_7^{2-} + 14H^+ + 6e^- \rightleftharpoons 2Cr^{3+} + 7H_2O$$
$$E_A^\ominus = 1.33V$$
$$CrO_4^{2-} + 2H_2O + 3e^- \rightleftharpoons CrO_2^- + 4OH^-$$
$$E_B^\ominus = -0.23V$$

可知酸性溶液中 $Cr_2O_7^{2-}$ 为强氧化剂，易被还原为 Cr^{3+}，而碱性溶液中 CrO_2^- 为较强还原剂，易被氧化为 CrO_4^{2-}：

$$2CrO_2^- + 3H_2O_2 + 2OH^- \rightleftharpoons 2CrO_4^{2-} + 4H_2O$$

铬酸盐和重铬酸盐在水溶液中存在着下列平衡：

$$2CrO_4^{2-}（黄色） + 2H^+ \rightleftharpoons Cr_2O_7^{2-}（橙色） + H_2O$$

上述平衡在酸性介质中向右移动，碱性介质中向左移动。在酸性溶液中 $Cr_2O_7^{2-}$ 与 H_2O_2 反应生成蓝色过氧化铬：

$$Cr_2O_7^{2-} + 4H_2O_2 + 2H^+ \longrightarrow 2CrO_5 + 5H_2O$$

这个反应常用来鉴定 $Cr_2O_7^{2-}$ 或 Cr^{3+}。

Mn（Ⅱ）在碱性溶液中易被空气氧化，生成棕色 MnO_2 的水合物 $MnO(OH)_2$，但在酸性溶液中相当稳定，必须用强氧化剂如 PbO_2、$NaBiO_3$ 才能氧化为 MnO_4^-。在中性或弱酸性溶液中 MnO_4^- 和 Mn^{2+} 反应生成棕色 MnO_2 沉淀：

$$2MnO_4^- + 3Mn^{2+} + 2H_2O \longrightarrow 5MnO_2 \downarrow + 4H^+$$

在强碱性溶液中 MnO_4^- 和 MnO_2 生成绿色 MnO_4^{2-}：

$$2MnO_4^- + MnO_2 + 4OH^- \longrightarrow 3MnO_4^{2-} + 2H_2O$$

MnO_4^{2-} 在中性或微碱性溶液中不稳定，会发生歧化反应，生成紫色 MnO_4^- 和棕色 MnO_2，使反应向左移动。K_2MnO_4 和 $KMnO_4$ 都为强氧化剂，其还原产物随介质不同而不同。例如，MnO_4^- 在酸性介质中被还原为 Mn^{2+}，在中性介质中被还原为 MnO_2，而在强碱性介质中和少量还原剂作用时被还原为 MnO_4^{2-}。

在硝酸溶液中，Mn^{2+} 可以被 $NaBiO_3$ 氧化为紫红色的 MnO_4^-，通常利用这个反应来鉴定 Mn^{2+}：

$$5NaBiO_3 + 2Mn^{2+} + 14H^+ \longrightarrow 2MnO_4^- + 5Bi^{3+} + 5Na^+ + 7H_2O$$

三、实验药品

固体药品：MnO_2、$NaBiO_3$。

酸：HCl（$2mol \cdot L^{-1}$，$6mol \cdot L^{-1}$，浓）、H_2SO_4（$1mol \cdot L^{-1}$，$3mol \cdot L^{-1}$）、HNO_3（$6mol \cdot L^{-1}$）。

碱：NaOH（$2mol \cdot L^{-1}$，$6mol \cdot L^{-1}$，40%）。

盐：$CrCl_3$、$K_2Cr_2O_7$、Na_2SO_3、$MnSO_4$（以上溶液均为 $0.1mol \cdot L^{-1}$）、$KMnO_4$（$0.01mol \cdot L^{-1}$）。

其他：H_2O_2（3%）、乙醚。

四、实验内容

1. $Cr(OH)_3$、$Mn(OH)_2$ 的制备和性质

① 制取 $Cr(OH)_3$、$Mn(OH)_2$，观察其颜色以及在水中的溶解性。

② 检验 $Cr(OH)_3$ 及 $Mn(OH)_2$ 的酸碱性以及在空气中的稳定性（能否被空气所氧化），写出反应方程式。

2. 铬、锰重要化合物的性质

选择适当的试剂实现下列转化。

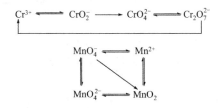

指导与思考：

（1）在上述各转化反应中，哪些是氧化还原反应？哪些为非氧化还原反应？对氧化还原反应来讲，转化不仅要选择合适的氧化剂或还原剂，同时还需选择介质。选择介质的原则是什么？

（2）为什么 Cr（Ⅲ）离子在水溶液中可呈不同的颜色（紫色、蓝绿色或绿色）？

（3）在检验 Cr^{3+} 还原性时，如选择 H_2O_2 为氧化剂，有时溶液会出现褐红色，这是由于生成过铬酸钠的缘故。

$$2CrCl_3 + 3H_2O_2 + 10NaOH \longrightarrow 2Na_2CrO_4（黄色）+ 6NaCl + 8H_2O$$

$$2Na_2CrO_4 + 2NaOH + 7H_2O_2 \longrightarrow 2Na_3CrO_8（褐红色）+ 8H_2O$$

过铬酸钠不稳定，加热易分解，溶液由褐红色转为黄色。

$$4Na_3CrO_8 + 2H_2O \xrightarrow{\triangle} 4NaOH + 7O_2 + 4Na_2CrO_4（黄色）$$

因此为了得到明显的实验现象，必须严格控制 H_2O_2 用量并加热。

（4）选用何种氧化剂可将 Cr^{3+} 直接氧化为 $Cr_2O_7^{2-}$？

（5）$CrCl_3$ 溶液与 Na_2S 溶液作用产物是什么？能否产生 Cr_2S_3？通过实验说明。

（6）在锰各种价态间的转化实验中，MnO_4^{2-} 要自己制备，怎样制得？MnO_4^{2-} 只存在于强碱性溶液中，加酸酸化即生成紫色 MnO_4^- 和棕色 MnO_2（如现象不明显，可加热）。

（7）$KMnO_4$ 的还原产物和介质有关，所以在检验 $KMnO_4$ 氧化性时，应先加介质，后加还原剂，为什么？在碱性介质中 MnO_4^- 还原为 MnO_4^{2-} 而使溶液呈绿色，但有时却得到棕色沉淀，为什么？如何避免这一现象的发生？

（8）请你帮助同学寻找下列实验失败的原因。

① $Cr^{3+} \xrightarrow{NaOH + H_2O_2} CrO_4^{2-} \xrightarrow{H_2SO_4} Cr_2O_7^{2-}$

在上述转化反应中，甲同学最后得到的是蓝绿色溶液，为什么？

② $KMnO_4$ 为常用的氧化剂，在不同介质中能还原为 Mn^{2+}、MnO_2、MnO_4^{2-}，而乙同学在不同介质中都得到同一种还原产物 MnO_2，为什么？

（9）如何用软锰矿（$MnO_2 \cdot xH_2O$）制取 K_2MnO_4 和 $KMnO_4$？

3. Cr^{3+}、Mn^{2+} 的鉴定与分离

（1）Cr^{3+} 的鉴定

取 1～2 滴含有 Cr^{3+} 的溶液，加入 $6mol \cdot L^{-1}$ NaOH，使 Cr^{3+} 转化为 CrO_2^- 后，再滴加 2 滴，然后加入 3 滴 3% H_2O_2，微热至溶液呈浅黄色。待试管冷却后，加入 0.5mL 乙醚，然后慢慢滴入 $6mol \cdot L^{-1}$ HNO_3 酸化，振荡，在乙醚层出现深蓝色，表示有 Cr^{3+} 存在。

（2）Mn^{2+} 的鉴定

取 1～2 滴含有 Mn^{2+} 的溶液，加入数滴 $6mol \cdot L^{-1}$ HNO_3，然后加入少量 $NaBiO_3$ 固体，振荡，离心沉降，上层清液呈紫色，表示有 Mn^{2+} 存在。

（3）Cr^{3+}、Mn^{2+} 的分离

配制 Cr^{3+}、Mn^{2+} 的混合溶液，选择合适的试剂和方法将它们从溶液中分离出来。

指导与思考：

（1）在 Cr^{3+} 鉴定中为什么要加乙醚？在鉴定中为什么要先加热，而在加乙醚前又要把溶液冷却？

（2）怎样分离和鉴定 Cr^{3+} 和 Mn^{2+}？请设计方案。

五、思考题

现有一浅紫色晶体：

① 取少量晶体溶于水，溶液呈浅紫色。

② 滴加 NaOH 溶液，先沉淀后溶解。

③ 将上述溶液滴加 3% H_2O_2，加热得黄色溶液。

④ 在黄色溶液中加浓 HCl，加热，得绿色溶液并有气体产生，此气体能使淀粉试纸变蓝。在此绿色溶液中加 Zn 粉，溶液呈浅蓝色，并有气泡逸出。

⑤ 取紫色原溶液，加少许 $FeSO_4 \cdot 7H_2O$ 晶体，沿试管滴加浓 H_2SO_4，液层中出现深棕色。

通过以上各步实验，确定此晶体的分子式，并写出各步实验的反应方程式。

实验十三　铁、钴、镍

一、实验目的

① 掌握铁、钴、镍的氢氧化物及配合物的生成方法和性质。

② 掌握铁盐的性质。

③ 学习 Fe^{2+}、Fe^{3+}、Co^{2+} 和 Ni^{2+} 的鉴定方法。

二、实验原理

铁、钴、镍是第ⅧB族元素的第一个三元素组，性质很相似，在化合物中常见的氧化值为 +2、+3。

铁、钴、镍的简单离子在水溶液中都呈现一定的颜色。

铁、钴、镍的 +2 价氢氧化物都呈碱性，具有不同的颜色，空气中氧对它们的作用情况各不相同，$Fe(OH)_2$ 很快被氧化成红棕色 $Fe(OH)_3$，但在氧化过程中可以生成从绿色到几乎黑色的各种中间产物，而 $Co(OH)_2$ 缓慢地被氧化成褐色 $Co(OH)_3$，$Ni(OH)_2$ 与氧则不起作用，若用强氧化剂，如溴水，则可使 $Ni(OH)_2$ 氧化成 $Ni(OH)_3$。

$$2NiSO_4 + Br_2 + 6NaOH \longrightarrow 2Ni(OH)_3 \downarrow + 2NaBr + 2Na_2SO_4$$

除 $Fe(OH)_3$ 外，$Ni(OH)_3$、$Co(OH)_3$ 与 HCl 作用，都能产生氯气。

$$2Ni(OH)_3 + 6HCl \longrightarrow 2NiCl_2 + Cl_2 \uparrow + 6H_2O$$

$$2Co(OH)_3 + 6HCl \longrightarrow 2CoCl_2 + Cl_2 \uparrow + 6H_2O$$

由此可以得出 +2 价铁、钴、镍氢氧化物的还原性及 +3 价铁、钴、镍氢氧化物的氧化性的变化规律。

Fe（Ⅱ、Ⅲ）盐的水溶液易水解。Fe^{2+} 为还原剂，而 Fe^{3+} 为弱氧化剂。

铁、钴、镍都能生成不溶于水而易溶于稀酸的硫化物，自溶液中析出的 CoS、NiS，经放置后，由于结构改变成为不再溶于稀酸的难溶物质。

铁、钴、镍能生成很多配合物，其中常见有 $K_4[Fe(CN)_6]$、$K_3[Fe(CN)_6]$、$[Co(NH_3)_6]Cl_3$、$K_3[Co(NO_2)_6]$、$[Ni(NH_3)_4]SO_4$ 等，Co（Ⅱ）的配合物不稳定，易被氧化为 Co（Ⅲ）的配合物。

$$4Co(NH_3)_6^{2+} + O_2 + 2H_2O \longrightarrow 4Co(NH_3)_6^{3+} + 4OH^-$$

而 Ni 的配合物则以 +2 价的为稳定。

在 Fe^{3+} 溶液中加入 $K_4[Fe(CN)_6]$ 溶液，在 Fe^{2+} 溶液中加入 $K_3[Fe(CN)_6]$ 溶液都能产生“铁蓝”沉淀。

$$Fe^{3+} + [Fe(CN)_6]^{4-} + K^+ + H_2O \longrightarrow KFe[Fe(CN)_6] \cdot H_2O \downarrow$$

$$Fe^{2+} + [Fe(CN)_6]^{3-} + K^+ + H_2O \longrightarrow KFe[Fe(CN)_6] \cdot H_2O \downarrow$$

Fe^{2+} 与邻菲咯啉生成橘红色螯合物。

在 Co^{2+} 溶液中加入饱和 KSCN 溶液生成蓝色 $[Co(SCN)_4]^{2-}$ 配合物，该配合物在水溶液中不稳定，易溶于有机溶剂中，如丙酮，丙酮能使蓝色更为显著。

Ni^{2+} 溶液与二乙酰二肟在氨性溶液中作用，生成鲜红色螯合物沉淀。

通常，利用形成配合物的特征颜色来鉴定 Fe^{3+}、Fe^{2+}、Co^{2+}、Ni^{2+}。

三、实验药品与材料

固体药品：$FeSO_4 \cdot 7H_2O$。

酸：HCl（$2mol \cdot L^{-1}$，浓）、H_2SO_4（$1mol \cdot L^{-1}$）、HAc（$2mol \cdot L^{-1}$）。

碱：NaOH（$2mol \cdot L^{-1}$）、氨水（$2mol \cdot L^{-1}$，$6mol \cdot L^{-1}$）。

盐：$K_4[Fe(CN)_6]$、$K_3[Fe(CN)_6]$、$CoCl_2$、$NiSO_4$、$FeCl_3$、KI（以上溶液均为 $0.1mol \cdot L^{-1}$）、$CoCl_2$（$0.5mol \cdot L^{-1}$）、$NiSO_4$（$0.5mol \cdot L^{-1}$）、NH_4Cl（$2mol \cdot L^{-1}$，$3mol \cdot L^{-1}$）、KSCN（$0.1mol \cdot L^{-1}$，饱和）。

其他：溴水、淀粉溶液、二乙酰二肟、丙酮、H_2S（饱和）。

材料：滤纸条、KI-淀粉试纸。

四、实验内容

1. ＋2、＋3 价氢氧化物的制备和性质

① 制取 $M(OH)_2$，观察其颜色以及在水中的溶解性。

② 检验 $M(OH)_2$ 的酸碱性及在空气中的稳定性（能否被空气中的氧所氧化）。

③ 制取 $M(OH)_3$，观察其颜色以及在水中的溶解性，写出有关反应方程式。

④ 检验 $M(OH)_3$ 的氧化性，写出有关反应方程式。

⑤ 比较铁、钴、镍＋2 价氢氧化物的还原性和＋3 价氢氧化物的氧化性的变化规律。

指导与思考：

（1）用实验室提供的 $FeSO_4 \cdot 7H_2O$ 配制 $FeSO_4$ 溶液时，必须将蒸馏水先酸化并煮沸片刻，为什么？制取 $Fe(OH)_2$ 时也应将 NaOH 煮沸，操作必须迅速，制得 $Fe(OH)_2$ 不要摇动，观察 $Fe(OH)_2$ 沉淀生成后再摇动。

（2）在 $CoCl_2$ 溶液中逐滴加入 NaOH 时，先生成蓝色 Co(OH)Cl 沉淀，继续加入 NaOH 时可得到粉红色 $Co(OH)_2$ 沉淀。

（3）为什么 Co（Ⅱ）离子在水溶液中可呈不同颜色（粉红色、浅紫色或蓝紫色）？

（4）怎样用实验证明 $Co(OH)_3$、$Ni(OH)_3$ 与浓 HCl 间的反应产物？

（5）用氧化剂 Br_2 氧化制得 $Co(OH)_3$、$Ni(OH)_3$ 的过程中，应把制得沉淀后的溶液加热至沸，为什么？分离后应将沉淀用水洗涤，洗去的是什么？如不这样做将对其性质研究带来哪些影响？

---

2. 铁盐的性质

① 选用两种合适的还原剂证明 Fe^{3+} 具有氧化性，写出反应方程式。

② 选用两种合适的氧化剂证明 Fe^{2+} 具有还原性，写出反应方程式。

指导与思考：

（1）如在 $FeCl_3$ 溶液中加入 H_2S 饱和溶液能否制得 Fe_2S_3 黑色沉淀？为什么？怎样才能制得 Fe_2S_3？

（2）为什么不能在水溶液中由 Fe^{3+} 盐和 KI 制得 FeI_3？

3.铁、钴、镍的配合物

① 在 $K_4[Fe(CN)_6]$、$K_3[Fe(CN)_6]$ 溶液中分别加入 NaOH，观察是否都有 $Fe(OH)_2$、$Fe(OH)_3$ 沉淀生成，解释现象。

② 在 $0.5mol·L^{-1}CoCl_2$ 溶液中加入几滴 $3mol·L^{-1}NH_4Cl$ 溶液和过量的 $6mol·L^{-1}$ 氨水，观察 $[Co(NH_3)_6]Cl_2$ 溶液的颜色。静置片刻，观察颜色的变化，写出反应方程式，并加以解释。

③ 在 $0.5mol·L^{-1}NiSO_4$ 溶液中加入少量 $2mol·L^{-1}$ 氨水，微热，观察绿色 $Ni_2(OH)_2SO_4$ 沉淀的生成，然后加入几滴 $2mol·L^{-1}NH_4Cl$，观察碱式盐沉淀的溶解和溶液的颜色，写出反应方程式。比较 Co^{2+}、Ni^{2+} 氨配合物在空气中的稳定性。

④ 利用铁、钴、镍形成各种配合物的特征颜色来鉴定 Fe^{2+}、Fe^{3+}、Co^{2+}、Ni^{2+}。

指导与思考：

（1）Fe^{2+}、Fe^{3+} 能否与氨水形成氨配合物？试用实验说明。

（2）在制取 $[Co(NH_3)_6]Cl_2$、$[Ni(NH_3)_4]SO_4$ 时为什么要加 NH_4Cl？

（3）Co^{2+} 溶液中含有少量 Fe^{3+} 时，可采用什么方法来检出 Co^{2+}？

（4）根据 Ni^{2+} 与二乙酰二肟作用的反应方程式，思考为了使鉴定 Ni^{2+} 的现象更为明显，在鉴定时还应加入何种试剂？

（5）Fe^{2+}、Fe^{3+}、Ni^{2+} 的鉴定，可以在点滴板中进行。

4.混合离子的分离与鉴定

选择适当的方法分离和鉴定下列两对离子：Fe^{3+} 和 Co^{2+}，Fe^{3+} 和 Ni^{2+}。

实验十四　铜、银、锌、镉、汞

一、实验目的

① 掌握铜、银、锌、镉、汞的氢氧化物的酸碱性与脱水性。

② 掌握铜、银、锌、镉、汞的配合物的制备与性质。

③ 掌握汞盐、亚汞盐与氨水反应及 Cu^{2+}、Hg^{2+}、Hg_2^{2+} 与 I^- 反应的特殊性。

④ 掌握 Cu^{2+} 与 Ag^+ 的氧化性及各种离子的鉴定。

二、实验原理

铜、银是ⅠB族元素。锌、镉、汞属于ⅡB族元素。在化合物中，铜的常见氧化值为 +1 和 +2，银的氧化值为 +1，锌、镉、汞的氧化值一般为 +2，汞还有氧化值为 +1 的化合物。

$Cu(OH)_2$ 和 $Zn(OH)_2$ 显两性，$Cd(OH)_2$ 两性偏碱性，$Cu(OH)_2$ 不太稳定，加热或

放置而脱水变成 CuO，银和汞的氢氧化物极不稳定，极易脱水成为 Ag_2O、HgO、Hg_2O（$HgO+Hg$）。所以在银盐、汞盐溶液中加碱时，得不到氢氧化物，而生成相应的氧化物。

Cu^{2+} 具有氧化性，与 I^- 反应时生成白色 CuI 沉淀。

$$2Cu^{2+}+4I^- =\!=\!= 2CuI\downarrow +I_2$$

CuI 能溶于过量的 KI 中生成 $[CuI_2]^-$ 配离子。

$$CuI+I^- =\!=\!= [CuI_2]^-$$

将 $CuCl_2$ 溶液和铜屑混合，加入浓 HCl，加热得棕黄色 $[CuCl_2]^-$ 配离子。

$$Cu^{2+}+Cu+4Cl^- =\!=\!= 2[CuCl_2]^-$$

生成 $[CuI_2]^-$ 与 $[CuCl_2]^-$ 都不稳定，将溶液加水稀释时，又可得到白色 CuI 和 CuCl 沉淀。

在铜盐溶液中加入过量 NaOH，再加入葡萄糖，则 Cu^{2+} 能还原成 Cu_2O 沉淀。

$$2Cu^{2+}+4OH^-+C_6H_{12}O_6 \xrightarrow{\triangle} Cu_2O\downarrow +C_6H_{12}O_7+2H_2O$$

在银盐溶液中加入过量氨水，再用甲醛或葡萄糖还原，便可制得银镜。

$$2Ag^++2NH_3+H_2O =\!=\!= Ag_2O+2NH_4^+$$

$$Ag_2O+4NH_3+H_2O =\!=\!= 2Ag(NH_3)_2^++2OH^-$$

$$2Ag(NH_3)_2^++HCHO+2OH^- =\!=\!= 2Ag\downarrow +HCOONH_4+3NH_3+H_2O$$

Cu^{2+}、Ag^{2+}、Zn^{2+}、Cd^{2+} 与过量氨水反应时，分别生成氨配合物。但是 Hg^{2+} 和 Hg_2^{2+} 与过量氨水反应时在没有大量 NH_4^+ 存在的情况下并不生成氨配离子。

$$HgCl_2+2NH_3 =\!=\!= HgNH_2Cl\downarrow（白色）+NH_4Cl$$

$$Hg_2Cl_2+2NH_3 =\!=\!= HgNH_2Cl\downarrow（白色）+Hg（黑色）+NH_4Cl$$

$$2Hg(NO_3)_2+4NH_3+H_2O =\!=\!= HgO\cdot HgNH_2NO_3\downarrow（白色）+3NH_4NO_3$$

$$2Hg_2(NO_3)_2+4NH_3+H_2O =\!=\!= HgO\cdot HgNH_2NO_3\downarrow（白色）+2Hg\downarrow（黑色）+3NH_4NO_3$$

Hg^{2+}、Hg_2^{2+} 与 I^- 作用，分别生成难溶于水的 HgI_2 和 Hg_2I_2 沉淀。

红色 HgI_2 易溶于过量 KI 中生成 $[HgI_4]^{2-}$。

$$HgI_2+2KI \longrightarrow K_2[HgI_4]$$

黄绿色 Hg_2I_2 与过量 KI 反应时，发生歧化反应生成 $[HgI_4]^{2-}$ 和 Hg。

$$Hg_2I_2+2KI \longrightarrow K_2[HgI_4]+Hg$$

卤化银难溶于水，但可通过形成配合物使之溶解。

$$AgCl+2NH_3 \longrightarrow Ag(NH_3)_2^++Cl^-$$

$$AgBr+2S_2O_3^{2-} \longrightarrow [Ag(S_2O_3)_2]^{3-}+Br^-$$

Cu^{2+} 能与 $K_4[Fe(CN)_6]$ 反应生成红棕色 $Cu_2[Fe(CN)_6]$ 沉淀，利用这个反应可以来鉴定 Cu^{2+}。

Zn^{2+} 在强碱性溶液中与二硫腙反应生成粉红色螯合物，Cd^{2+} 与 H_2S 饱和溶液反应能生成黄色 CdS 沉淀，Hg^{2+} 与 $SnCl_2$ 反应生成白色 Hg_2Cl_2，Hg_2Cl_2 与过量 $SnCl_2$ 反应能生成黑色 Hg。

$$2HgCl_2+SnCl_2 \longrightarrow Hg_2Cl_2\downarrow +SnCl_4$$

$$Hg_2Cl_2+SnCl_2 \longrightarrow 2Hg\downarrow +SnCl_4$$

利用上述特征反应可鉴定 Zn^{2+}、Cd^{2+}、Hg^{2+}。

三、实验药品

固体药品：铜屑。

酸：HCl（$2mol \cdot L^{-1}$，浓）、HNO_3（$2mol \cdot L^{-1}$，$6mol \cdot L^{-1}$）。

碱：NaOH（$2mol \cdot L^{-1}$，$6mol \cdot L^{-1}$）、氨水（$2mol \cdot L^{-1}$，$6mol \cdot L^{-1}$）。

盐：$CuSO_4$、$AgNO_3$、$ZnSO_4$、$CdSO_4$、$Hg_2（NO_3）_2$、$Hg（NO_3）_2$、KBr、KI、$K_4[Fe(CN)_6]$、$SnCl_2$、NaS（以上溶液均为 $0.1mol \cdot L^{-1}$）、$CuCl_2$（$1mol \cdot L^{-1}$）、KI（饱和）、KSCN（饱和）

其他：甲醛（2%）、葡萄糖（10%）、二硫腙溶液。

四、实验内容

1.氢氧化物或氧化物的酸碱性及氢氧化物的脱水性

① 制取 Cu^{2+}、Ag^+、Zn^{2+}、Cd^{2+}、Hg_2^{2+}、Hg^{2+} 的氢氧化物或氧化物，观察其颜色以及在水中的溶解性。

② 检验氢氧化物或氧化物的酸碱性。

③ 检验并观察氢氧化物的脱水性。

将上述实验所观察到的现象及反应产物填入表 2-8 中，并对酸碱性及脱水性作出结论。

表 2-8　铜、银、锌、镉、汞的氢氧化物或氧化物的性质

		Cu^{2+}	Ag^+	Zn^{2+}	Cd^{2+}	Hg^{2+}	Hg_2^{2+}
盐＋NaOH 现象							
氢氧化物或氧化物	＋NaOH 现象						
	＋酸现象						
结论	酸碱性						
	脱水性						

④ 写出两性氢氧化物与酸碱作用的反应方程式。

指导与思考：

（1）Hg^{2+} 与 Hg_2^{2+} 的盐易水解，应该如何配制 Hg^{2+}、Hg_2^{2+} 的盐溶液？

（2）应选用何种酸来检验 Ag_2O、HgO、Hg_2O 的碱性？为什么？

2.铜、银、锌、镉、汞的盐类和氨水反应

① 取一定量 $CuSO_4$、$AgNO_3$、$ZnSO_4$、$CdSO_4$、$Hg_2（NO_3）_2$、$Hg（NO_3）_2$ 溶液，分别加入少量氨水，观察沉淀的生成，然后加入过量氨水，观察沉淀是否溶解。

② 归纳以上实验结果，填写表 2-9。

表 2-9　铜、银、锌、镉、汞的盐溶液与氨水反应的实验现象及产物

项目	$CuSO_4$	$AgNO_3$	$ZnSO_4$	$CdSO_4$	$Hg_2（NO_3）_2$	$Hg（NO_3）_2$
氨水(少量)现象及产物						
氨水(过量)现象及产物						

（1）以上实验中哪些盐类与氨水能形成配合物？

（2）Hg^{2+}、Hg_2^{2+} 和氨水反应时，当溶液中存在大量 NH_4^+ 时将出现怎样的变化？为什么？

（3）为使以上实验有明显效果，你将如何控制试剂用量和选择试剂浓度？

3. Ag^+、Hg^{2+}、Hg_2^{2+} 的其他配合物

① 制取少量 $AgCl$、$AgBr$、HgI_2、Hg_2I_2，观察这些卤化物的颜色和在水溶液中的溶解性。

② 选择适当试剂使上述卤化物溶解，用平衡移动的原理解释溶解的原因，并写出反应方程式。

（1）奈斯勒试剂是用来检验 NH_4^+ 的试剂，其化学组成如何？它是怎样配制的？

（2）根据实验可知，$AgCl$ 溶于 $NH_3 \cdot H_2O$，$AgBr$ 溶于 $Na_2S_2O_3$，AgI 溶于 $NaCN$，你能否比较 $[Ag(NH_3)_2]^+$、$[Ag(S_2O_3)_2]^{3-}$ 与 $[Ag(CN)_2]^-$ 配离子的相对稳定性？为什么？

4. Ag^+、Cu^{2+} 的氧化性

① 制取少量银镜，说明银离子的性质。

② 制取少量氧化亚铜，说明 Cu^{2+} 的性质。

（1）在制取银镜时，为什么先由 $AgNO_3$ 制成 $[Ag(NH_3)_2]^+$，然后再用甲醛还原？如用还原剂直接还原 $AgNO_3$ 能否制取银镜，为什么？

（2）制得的银镜要回收，应选用什么试剂将银溶解？

5. 离子的分离和鉴定

① 利用离子的特征反应鉴定 Cu^{2+}、Ag^+、Zn^{2+}、Cd^{2+}、Hg^{2+} 等离子。

② 试设计 Zn^{2+}、Cd^{2+}、Hg^{2+} 混合液的分离方案并逐个进行鉴定。

（1）二硫腙溶液是溶于 CCl_4 中配制而成（呈绿色），在强碱性条件下与 Zn^{2+} 反应生成螯合物，在水层中呈粉红色，在 CCl_4 层中呈棕色。

（2）Fe^{3+} 的存在能干扰 Cu^{2+} 的鉴定，怎样能够排除 Fe^{3+} 的干扰？

（3）黄铜是铜和锌的合金，怎样用化学方法进行鉴定？

（4）有三个同学分别采用了三种方法分离 Zn^{2+}、Cd^{2+}、Hg^{2+}。

五、思考题

① $AgCl$、Hg_2Cl_2 都为不溶于水的白色沉淀，如何进行鉴别？

② 请你至少用两种方法鉴别 $Hg(NO_3)_2$、$Hg_2(NO_3)_2$ 和 $AgNO_3$ 溶液。

实验十五 由铁合成某些重要化合物

实验目的

① 以铁为起始原料，制备硫酸亚铁、硫酸亚铁铵、三草酸合铁酸钾和聚合硫酸铁，掌握简单的无机药品制备及合成的原理和方法。

② 熟练并掌握溶解、加热、蒸发、冷却、结晶、抽滤、称量等基本实验操作。

（Ⅰ）硫酸亚铁和硫酸亚铁铵

一、实验原理

铁与稀硫酸作用生成硫酸亚铁，溶液经浓缩后冷却至室温，即可得到浅绿色的 $FeSO_4 \cdot 7H_2O$（绿矾）晶体。

$$Fe + H_2SO_4 \longrightarrow FeSO_4 + H_2 \uparrow$$

$FeSO_4$ 在弱酸性溶液中容易氧化，生成黄色的碱式硫酸铁沉淀。

$$4FeSO_4 + O_2 + 2H_2O \longrightarrow 4Fe(OH)SO_4 \downarrow$$

因此，在蒸发浓缩过程中，应加入一枚小铁钉，并使溶液保持较强的酸性。

浅绿色的 $FeSO_4 \cdot 7H_2O$ 在 70℃ 左右时，容易变成溶解度较小的白色 $FeSO_4 \cdot H_2O$，所以在浓缩过程中，温度不宜过高，应维持在 70℃ 以下。

硫酸亚铁与等物质的量的硫酸铵溶液混合，即生成溶解度较小的浅蓝绿色硫酸亚铁铵 $FeSO_4 \cdot (NH_4)_2SO_4 \cdot 6H_2O$ 复盐晶体。

$$FeSO_4 + (NH_4)_2SO_4 + 6H_2O \longrightarrow FeSO_4 \cdot (NH_4)_2SO_4 \cdot 6H_2O$$

该复盐组成稳定，在空气中不易被氧化。在分析化学中可用作标定 $KMnO_4$ 和 $K_2Cr_2O_7$ 的标准溶液。

二、实验仪器、药品与材料

仪器：台秤、布氏漏斗、吸滤瓶。

药品：H_2SO_4（浓）、Na_2CO_3（10%）、$(NH_4)_2SO_4$（固）、铁屑、铁钉。

材料：pH 试纸、滤纸。

三、实验步骤

1. 硫酸亚铁的制备

计算制备 20g $FeSO_4 \cdot 7H_2O$ 所需的铁屑和 $3mol \cdot L^{-1} H_2SO_4$ 的量（过量 25%）。

去除铁屑表面油污的方法：将铁屑放在烧杯中，加入 $20mL$ 10% Na_2CO_3 溶液，小火加热约 $10min$，用倾析法除去碱液，用水把铁屑冲洗干净。

按计量把除去表面油污的铁屑放入烧杯中，倒入所需 $3mol \cdot L^{-1} H_2SO_4$（自配），盖上表面皿，用小火加热，使铁屑和 H_2SO_4 反应直至不再有气泡冒出为止（约 $20min$）。在加热过程中应不时加入少量水。趁热过滤，滤液立即转移至蒸发皿中，此时溶液的 pH 值应在 1 左右。

在溶液中放入一枚洁净的小铁钉，用小火加热蒸发，溶液温度应保持在 70℃ 以下，当溶液内开始有晶体析出时，停止蒸发，冷却至室温，抽滤，称量并计算产率。

2. 硫酸亚铁铵的制备

根据上面得到的 $FeSO_4 \cdot 7H_2O$ 晶体的质量，按照反应方程式，计算出所需 $(NH_4)_2SO_4$ 的质量。在室温下将 $FeSO_4 \cdot 7H_2O$ 及称出的 $(NH_4)_2SO_4$ 配制成饱和溶液，并把两溶液混合均匀，用 $3mol \cdot L^{-1} H_2SO_4$ 溶液调节 pH 值为 1~2。用小火蒸发浓缩至表面出现晶膜为止，冷却，硫酸亚铁铵即可结晶出来。抽滤，观察晶体的形状和颜色，称量并计算产率。

四、思考题

① 为什么要保持硫酸亚铁溶液和硫酸亚铁铵溶液有较强的酸性？

② 如果硫酸亚铁溶液已有部分被氧化，则应如何处理才能制得较纯的 $FeSO_4 \cdot 7H_2O$？

③ 根据 $FeSO_4 \cdot 7H_2O$ 的产量如何计算反应所需 $(NH_4)_2SO_4$ 的量？

（Ⅱ）三草酸合铁（Ⅲ）酸钾

一、实验原理

三草酸合铁（Ⅲ）酸钾 $\{K_3[Fe(C_2O_4)_3] \cdot 3H_2O\}$ 是翠绿色晶体，溶于水而不溶于乙醇，是制备负载型活性铁催化剂的主要原料。实验室制备三草酸合铁（Ⅲ）酸钾常用的方法是将硫酸亚铁铵与草酸反应制备出草酸亚铁。

$$FeSO_4 \cdot (NH_4)_2SO_4 \cdot 6H_2O + H_2C_2O_4 \longrightarrow FeC_2O_4 \cdot 2H_2O + (NH_4)_2SO_4 + H_2SO_4 + 4H_2O$$

再在草酸钾和草酸溶液中，用过氧化氢把草酸亚铁氧化为草酸高铁配合物溶液，加入乙醇后，它便从溶液中形成 $K_3[Fe(C_2O_4)_3] \cdot 3H_2O$ 晶体析出，其总的反应式可表示为：

$$2FeC_2O_4 \cdot 2H_2O + H_2O_2 + 3K_2C_2O_4 + H_2C_2O_4 \longrightarrow 2K_3[Fe(C_2O_4)_3] \cdot 3H_2O$$

二、实验仪器、药品与材料

仪器：漏斗、漏斗架、布氏漏斗、吸滤瓶、温度计、容量瓶（50mL，250mL）、移液管（10mL）、瓷盘、分析天平、电导率仪。

药品：$FeSO_4 \cdot (NH_4)_2SO_4 \cdot 6H_2O$（自制）、$H_2SO_4$（$3mol \cdot L$）、$H_2C_2O_4$（$1mol \cdot L^{-1}$）、$K_2C_2O_4$（饱和）、$H_2O_2$（3%）、乙醇（95%）、铁氰化钾（固体）。

材料：滤纸、钥匙、墨水、玻璃纸。

三、实验步骤

1. 三草酸合铁（Ⅲ）酸钾的制备

① 称取 5g $FeSO_4 \cdot (NH_4)_2SO_4 \cdot 6H_2O$ 晶体于烧杯中，加入 15mL 蒸馏水和数滴

$3mol \cdot L^{-1} H_2SO_4$，加热使其溶解，然后加入 25mL $1mol \cdot L^{-1} H_2C_2O_4$ 溶液，加热至沸腾，且不断搅拌，静置。倾析法弃去上清液，得到黄色 $FeC_2O_4 \cdot 2H_2O$ 晶体，并用少量蒸馏水洗涤 1～2 次。

② 在盛有黄色晶体 $FeC_2O_4 \cdot 2H_2O$ 的烧杯中，加入 10mL 饱和 $K_2C_2O_4$ 溶液，水浴加热至 40℃左右，慢慢滴加 20mL 3％H_2O_2 不断搅拌，并保持温度在 40℃左右（此时会有氢氧化铁沉淀出来）。将溶液加热至沸腾，再加入 8mL $1mol \cdot L^{-1} H_2C_2O_4$（开始的 5mL 一次加入，最后的 3mL 慢慢加入），并保持接近沸腾的温度。

③ 把上述热溶液过滤至烧杯中，加入 10mL 95％乙醇，温热以使可能生成的晶体再溶解。用表面皿盖住烧杯放置过夜，即有晶体析出，抽滤，称量并计算产率。

2.三草酸合铁（Ⅲ）酸钾离子类型的测定（电导率法）

通过测定配合物的摩尔电导，可以判断该配合物的离子类型。盐溶液在无限稀释后的摩尔电导与溶液中存在的离子数及离子电荷数有关。25℃无限稀释时，各种类型的离子化合物的摩尔电导，大致在下列范围内。

MA 型　　　　　　　$\lambda_{1024} = 118 \times 10^{-4} \sim 131 \times 10^{-4} S \cdot m^2 \cdot mol^{-1}$

M_2A 型或 MA_2 型　　$\lambda_{1024} = 235 \times 10^{-4} \sim 237 \times 10^{-4} S \cdot m^2 \cdot mol^{-1}$

M_3A 型或 MA_3 型　　$\lambda_{1024} = 408 \times 10^{-4} \sim 442 \times 10^{-4} S \cdot m^2 \cdot mol^{-1}$

M_4A 型或 MA_4 型　　$\lambda_{1024} = 523 \times 10^{-4} \sim 553 \times 10^{-4} S \cdot m^2 \cdot mol^{-1}$

λ 右下角数字表示 1mol 溶质溶解后稀释的体积数，以 L 表示，常称为溶液的稀度。

① 配制稀度为 1024 的样品溶液　在分析天平上称取 0.5g 左右的三草酸合铁（Ⅲ）酸钾，溶于 250mL 容量瓶中，稀释至刻度线，摇匀，根据计算再吸取一定量该溶液于 50mL 容量瓶中，并稀释至刻度线，摇匀。

计算示例：

若称取 0.5449g $K_3[Fe(C_2O_4)_3] \cdot 3H_2O$ 溶于 250mL 容量瓶中，此时样品的稀度（即摩尔浓度的倒数）为：

$$\frac{1}{\dfrac{0.5449}{491} \times \dfrac{1000}{250}} = 225.27$$

为配制稀度为 1024 的溶液 50mL，设需上述稀度为 225.27 的溶液 X mL，则：

$$\frac{1}{225.27}X = \frac{1}{1024} \times 50 \qquad 解得：X = 11.00mL$$

故从 250mL 容量瓶中吸取 11.00mL 溶液，稀释至 50mL，其溶液的稀度即为 1024。

② 用电导率仪测定样品的电导率 x，计算 λ_{1024}，从而判断三草酸合铁（Ⅲ）酸钾配合物的离子类型。

③ 数据记录和处理

产品的电导率 $x = $ _____ $S \cdot m^{-1}$

$\lambda_{1024} = \dfrac{x}{c} = $ _____ $S \cdot m^2 \cdot mol^{-1}$

产品的离子类型属 _____

3.三草酸合铁（Ⅲ）酸钾的感光性质

① 制晒图纸　在小烧杯中把三草酸合铁（Ⅲ）酸钾（自制）1g 溶解于 5mL 水中，另取一小烧杯用 5mL 水溶解 1.3g 铁氰化钾，将上述两种溶液倒在瓷盘中，混匀，取几张滤纸浸

于溶液中，几分钟后取出，晾干。以上操作均需在暗室中进行，经这样处理的纸就是通常晒图用的晒图纸（黄色）。

② 制作蓝图　取两张自制的晒图纸，在一张晒图纸上放置一个扁平不透明的物体（如钥匙），另一张晒图纸上放用墨水画了图的玻璃纸，将两张纸用夹子夹紧。然后都置于强光源或阳光下照射 5min 后，取下晒图纸上扁平的物体和玻璃纸，用水冲洗图纸，将观察到在蓝色衬底的纸上显示出扁平物体的白色图像和画的白色图像。

四、思考题

① 如何提高产率？能否用蒸干溶液的办法来提高产率？

② 在实验步骤"1.三草酸合铁（Ⅲ）酸钾的制备"中，③中加入乙醇的作用是什么？

③ 请你拟定由正铁盐 $[Fe_2(SO_4)_3]$ 和草酸钡（BaC_2O_4）合成三草酸合铁（Ⅲ）酸钾的步骤。

④ 如果制得的三草酸合铁（Ⅲ）酸钾中含有较多的杂质离子，对实验步骤中"2.三草酸合铁（Ⅲ）酸钾离子类型的测定（电导率法）"将会产生哪些影响？

⑤ 为什么要在暗室中制晒图纸？

⑥ 在制作蓝图时，为什么感光的部分能显出蓝色，而未感光的部分显白色图像？用水冲洗的作用是什么？

（Ⅲ）聚合硫酸铁

一、实验原理

聚合硫酸铁是一种新型无机高分子净水混凝剂，它是红棕色黏稠液体，可用硫酸亚铁在硫酸溶液中控制一定酸度的条件下制得。硫酸亚铁在硫酸溶液中被氧化剂氧化为硫酸铁。

$$FeSO_4 + \frac{1}{2}SO_4^{2-} \xrightarrow{\text{氧化}} \frac{1}{2}Fe_2(SO_4)_3 + e^-$$

反应中，每 1mol 硫酸亚铁需要 0.5mol 硫酸，如果硫酸用量小于 0.5mol，则氧化时，氢氧根取代硫酸根而产生碱式盐，它易聚合而产生聚合硫酸铁。

$$mFe_2(OH)_n(SO_4)_{3-\frac{n}{2}} \xrightarrow{\text{聚合}} [Fe_2(OH)_n(SO_4)_{3-\frac{n}{2}}]_m$$

因此在反应中，总硫酸根的物质的量和总铁物质的量的比值 $\left(\dfrac{n_{\text{总}SO_4^{2-}}}{n_{\text{总}Fe}}\right)$ 应小于 1.50。

硫酸亚铁的氧化可采用各种方法来实现，如在催化剂存在下用空气氧化，用 H_2O_2、$NaClO_3$、MnO_2、Cl_2 等氧化或电解法氧化等。

二、实验仪器与药品

仪器：比重计（1.400～1.500g·mL^{-1}）、温度计、恒温槽、磁力搅拌器、酸度计、品氏毛细管黏度计（内径 0.8mm 或 1.0mm）、秒表、台秤、变速电动同步搅拌机、光电式浑浊度仪。

药品：$NaClO_3$（固体，工业用）、$FeSO_4·7H_2O$（固体）、H_2SO_4（浓，工业用）。

三、实验步骤

1.聚合硫酸铁的制备

若 $FeSO_4·7H_2O$ 晶体的纯度为 95%，浓硫酸的密度为 1.830g·mL^{-1}，计算制备 200mL 聚合硫酸铁（Fe 含量为 160g·L^{-1}，总 SO_4^{2-} 与总 Fe 的物质的量之比为 1.25）所

需的 $FeSO_4 \cdot 7H_2O$ 和浓硫酸的量。

① 配制稀硫酸溶液　在烧杯中加入 90mL 水，再加入所需浓硫酸的量，配制成稀硫酸溶液，加热至 40～50℃备用。

② 氧化、聚合　分别称取所需 $FeSO_4 \cdot 7H_2O$ 的量和 10gNaClO$_3$，各分成 12 份。在搅拌下分别将 2 份 $FeSO_4 \cdot 7H_2O$ 和 2 份 $NaClO_3$ 加入上述稀硫酸溶液中，搅拌 10min 后，继续加入 1 份 $FeSO_4 \cdot 7H_2O$ 和 1 份 $NaClO_3$，以后每隔 5min 加一次。为了使 $FeSO_4$ 充分氧化，最后再多加 1g $NaClO_3$，继续搅拌 10～15min，冷却，倒入量筒中，加水至体积为 200mL。

2.聚合硫酸铁各项主要性能指标的测定

① 密度测定　用测量范围为 1.400～1.500g $\cdot$ mL^{-1} 的比重计测定 20℃聚合硫酸铁溶液的密度。

② pH 值测定　用酸度计测定聚合硫酸铁的 pH 值。

③ 黏度测定　用已知黏度计常数的品氏毛细管黏度计在 20℃±0.1℃的恒温槽中测定聚合硫酸铁的黏度。测定步骤如下。

a.如图 2-18 所示，将橡皮管套在洁净干燥的黏度计支管 6 上，并用手指堵住管身 7 的管口，然后倒置黏度计，将管身 4 插入装有试样的小烧杯中，用洗耳球吸试样，同时注意不使管身 4 扩张部分 2、3 中的液体产生气泡和缝隙。当液面达到标线 b 时，就提起黏度计，迅速恢复正常状态，同时将管身 4 的管端外壁沾着的试样擦去，并从支管 6 取下橡皮管套在管身 4 上。

b.将恒温槽调整到规定温度，把装好试样的黏度计浸在恒温槽内，并用夹子将黏度计固定在铁架台上。固定位置时，必须把黏度计的扩张部分 3 浸入一半，并利用铅垂线将黏度计调整成为垂直状态。

c.利用黏度计管身 4 所套着的橡皮管将试样吸入扩张部分 2，使试样液面稍高于标线 a，并注意不使毛细管和扩张部分 2 中的液体产生气泡和缝隙。

d.观察试样在管身 4 中流动情况。液面正好到达标线 a 时，开动秒表。液面正好流到标线 b 时，停止秒表。

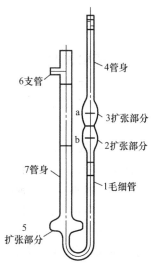

图 2-18　品氏毛细管黏度计
a,b—标线

e.流动时间应至少重复测定三次。其中各流动时间与其算术平均值的差值不应超过算术平均值的±0.5%。最后取三次流动时间所得的算术平均值作为试样的平均流动时间。

计算方法：

$$黏度(Pa \cdot s)=时间(s)×黏度计常数(m^2 \cdot s^{-2})×密度(kg \cdot m^{-3})$$

标准样品的主要性能指标见表 2-10。

表 2-10　标准样品的主要性能指标

指标项目	密度(20℃)/(g $\cdot$ mL^{-1})	总 Fe 量/(g $\cdot$ L^{-1})	pH 值	黏度(20℃)/(Pa $\cdot$ s)
标准样品	1.45 以上	160 以上	0.5～1.0	0.011～0.013

3.聚合硫酸铁的混凝效果测试

在 1000mL 水样中加入 20mg/L（以 Fe 计）聚合硫酸铁，用变速电动同步搅拌机以 150r/min 的速度搅拌 3min 后，再以 60r/min 的速度搅拌 3min，静置 30min 后，吸取上清液，用光电式浑浊度仪测定浊度（饮用水的浊度要求在 5 度以下）。

① 聚合硫酸铁中除存在着 $\left[Fe_2(OH)_n(SO_4)_{3-\frac{n}{2}}\right]_m$ 聚合物外，还含有 $\left[Fe_2(OH)_3\right]^{3+}$、$\left[Fe_3(OH)_6\right]^{3+}$ …… $\left[Fe_3(OH)_{20}\right]^{4+}$ 等多种聚合态铁的配合物，因此具有优良的凝聚性能，它与其他铁盐 $\left[FeSO_4、FeCl_3、Fe_2(SO_4)_3\right]$ 混凝剂比较还具有哪些优点？

② 改变实验条件：a.固定反应温度，改变总硫酸根和总铁的物质的量之比；b.固定总硫酸根与总铁的物质的量之比，改变反应温度。通过实验讨论温度和总硫酸根与总铁的物质的量之比对产品黏度的影响，从而选择最佳合成条件。

③ 在混凝效果测试中，1000mL 水样中加入多少聚合硫酸铁原液才是 20mg/L（以 Fe 计）？（若聚合硫酸铁原液中含 Fe 量为 160g·L^{-1}）

实验十六　常见阴、阳离子的分离与鉴定

（Ⅰ）常见阴离子的分离与鉴定

一、实验目的
① 了解分离和鉴定 10 种常见阴离子的方法、步骤和条件。
② 熟悉常见阴离子的有关性质。
③ 巩固试管反应的基本操作与实验技能。

二、实验原理
常见的阴离子在实验中并不是很多，有的阴离子具有氧化性，有的具有还原性，它们互不相容，所以很少有多种阴离子共存。在大多数情况下，阴离子彼此不妨碍鉴定，因此通常采用个别鉴定的方法。为了节省不必要的鉴定手续，一般都先通过初步实验的方法，判断溶液中不可能存在的阴离子，然后对可能存在的阴离子进行个别鉴定。只有在鉴定时，某些离子发生相互干扰的情况下，才适当地采取分离反应，例如：Cl^-、Br^-、I^- 共存时，S^{2-}、SO_3^{2-}、$S_2O_3^{2-}$ 共存时。本实验仅对 SO_4^{2-}、SO_3^{2-}、S^{2-}、$S_2O_3^{2-}$、Cl^-、Br^-、I^-、NO_3^-、NO_2^-、PO_4^{3-} 等 10 种离子进行分离与鉴定。有关阴离子的个别鉴定和分离方法，可参阅各实验中的有关内容。

三、实验药品
固体药品：Zn、$PbCO_3$、$FeSO_4·7H_2O$、Ag_2SO_4。

酸：HCl（6mol·L^{-1}）、HAc（2mol·L^{-1}）、HNO_3（6mol·L^{-1}，浓）、H_2SO_4（1mol·L^{-1}，3mol·L^{-1}，浓）。

碱：NaOH、$NH_3·H_2O$。

盐：$BaCl_2$（1mol·L^{-1}）、$KMnO_4$（0.01mol·L^{-1}）、KI（0.1mol·L^{-1}）、$AgNO_3$（0.1mol·L^{-1}）、$ZnSO_4$（饱和）、$K_4\left[Fe(CN)_6\right]$（0.1mol·L^{-1}）、$Na_2\left[Fe(CN)_5NO\right]$（1%新配）、$(NH_4)_2MoO_4$ 溶液、$NaNO_2$（0.1mol·L^{-1}）、Na_2CO_3（1mol·L^{-1}）、$(NH_4)_2CO_3$（12%）、$AgNO_3$-NH_3 溶液。

其他：CCl_4、淀粉-碘溶液、氯水、pH 试纸。

四、实验步骤
向指导教师领取阴离子未知试液，按下列三步实验方法，鉴定有哪些阴离子存在。

1. 初步实验

① 测定试液的 pH 值 用 pH 试纸分析试液的酸碱性，如果 pH<2，则不稳定的 $S_2O_3^{2-}$ 不可能存在。如果此时无臭味，则 S^{2-}、SO_3^{2-}、NO_2^- 也不存在，为什么？

② 稀硫酸的实验 如果试液呈中性或碱性，可进行下面的实验：取试液 10 滴，用 $3mol \cdot L^{-1} H_2SO_4$ 酸化，用手指轻敲试管下部，如果没有发现气泡生成，可将试管放在水浴中加热，这时如果仍没有气体产生，则表示 S^{2-}、SO_3^{2-}、$S_2O_3^{2-}$、NO_2^- 等离子不存在。如有气体产生，应注意气体的颜色和臭味，并说明其原因。

③ 还原性阴离子实验 a.取分析试液 3～4 滴，用 $1mol \cdot L^{-1} H_2SO_4$ 酸化，并逐滴加入 $0.01mol \cdot L^{-1} KMnO_4$ 溶液，观察紫色是否褪去。如果紫色褪去，哪些阴离子可能存在，为什么？写出反应方程式。b.另取分析试液 3～4 滴，用 $2mol \cdot L^{-1} NaOH$ 碱化，逐滴加入 $0.01mol \cdot L^{-1} KMnO_4$ 溶液，观察紫色是否褪去。如果紫色褪去，哪些阴离子可能存在，为什么？写出反应方程式。c.再取分析试液 3～4 滴，用 $1mol \cdot L^{-1} H_2SO_4$ 酸化，逐滴加入淀粉-碘溶液，如果蓝色褪去，哪些阴离子可能存在，为什么？写出反应方程式。

④ 氧化性阴离子实验 取分析试液 3～4 滴，用 $1mol \cdot L^{-1} H_2SO_4$ 酸化，加入 CCl_4 4～5 滴，再加 $0.1mol \cdot L^{-1} KI$ 1～2 滴，观察 CCl_4 层是否显紫色。如果 CCl_4 层显紫色，哪些阴离子可能存在，为什么？写出反应方程式。

⑤ $BaCl_2$ 实验 取分析试液 3～4 滴加入 1 滴 $1mol \cdot L^{-1} BaCl_2$，观察是否有沉淀生成。如果有沉淀生成，表示 SO_4^{2-}、SO_3^{2-}、$S_2O_3^{2-}$ 等阴离子可能存在，为什么？离心分离，在沉淀中加入 $6mol \cdot L^{-1} HCl$ 数滴，沉淀不完全溶解，则表示有 SO_4^{2-} 存在，为什么？试说明其原因。

⑥ $AgNO_3$ 实验 取分析试液 3～4 滴，加入 3～4 滴 $0.1mol \cdot L^{-1} AgNO_3$，如立即生成黑色沉淀，表示 S^{2-} 存在，为什么？如果生成白色沉淀，且迅速变黄，然后变棕再变黑，表示 $S_2O_3^{2-}$ 存在，为什么？离心分离，在沉淀上加入 3～4 滴 $6mol \cdot L^{-1} HNO_3$，必要时加热搅拌，如沉淀不溶或部分溶解，表示 Cl^-、Br^-、I^- 可能存在，为什么？

根据上面的初步实验结果，判断有哪些阴离子可能存在，填入表 2-11 中。

表 2-11 氧化性阴离子的实验结果

阴离子	pH 实验	稀硫酸实验	还原性阴离子实验			氧化性阴离子实验	$BaCl_2$ 实验	$AgNO_3$ 实验	综合判断
			$KMnO_4$		淀粉-碘法				
			酸性	碱性					
SO_4^{2-}									
SO_3^{2-}									
$S_2O_3^{2-}$									
S^{2-}									
PO_4^{3-}									
Cl^-									
Br^-									
I^-									
NO_3^-									
NO_2^-									

2.阴离子的个别鉴定

根据上面初步实验的结果，可以综合判断可能有哪些阴离子存在，然后对可能存在的阴离子进行个别鉴定。

① S^{2-} 的鉴定　取分析试液 2 滴，参阅实验九中 S^{2-} 的鉴定。

② SO_3^{2-} 的鉴定　取分析试液 2 滴，参阅实验九中 SO_3^{2-} 的鉴定。

S^{2-} 在碱性溶液中能与亚硝酸铁氰化钠作用而呈紫色，因而对 SO_3^{2-} 的鉴定有干扰，避免干扰的方法参阅实验九中的实验原理。

③ $S_2O_3^{2-}$ 的鉴定　取分析试液 2 滴，参阅实验九中 $S_2O_3^{2-}$ 的鉴定。（S^{2-} 有干扰应先除去）

④ SO_4^{2-} 的鉴定　取分析试液 2 滴，按初步实验鉴定。

$S_2O_3^{2-}$ 对鉴定有影响，最好先用 HCl 酸化，除去沉淀后，再进行 SO_4^{2-} 的鉴定。

⑤ PO_4^{3-} 的鉴定　取分析试液 2 滴，参阅实验九中 PO_4^{3-} 的鉴定。

如果有还原性离子如 SO_3^{2-}、S^{2-}、$S_2O_3^{2-}$，则六价钼将会被还原为低价"钼蓝"，所以应用浓 HNO_3 煮沸后，再加钼酸铵试剂，并稍热至 40～50℃ 以鉴定 PO_4^{3-}。

⑥ Cl^- 的鉴定　取分析试液 2 滴，参阅实验八中 Cl^- 的鉴定。

⑦ Br^- 的鉴定　取分析试液 2 滴，参阅实验八中 Br^- 的鉴定。

如果溶液中有 S^{2-}、SO_3^{2-}、I^- 等还原性离子，氯水将先氧化这些还原性离子，所以此时氯水应适当过量。

⑧ I^- 的鉴定　取分析试液 2 滴，参阅实验八中 I^- 的鉴定。

⑨ NO_2^- 的鉴定　取分析试液 2 滴，参阅实验九中 NO_2^- 的鉴定。

⑩ NO_3^- 的鉴定　取分析试液 2 滴，参阅实验九中 NO_3^- 的鉴定。NO_2^- 也发生类似反应，除去 NO_2^- 的方法参阅实验九中的实验原理。

Br^- 和 I^- 与浓 H_2SO_4 发生反应生成 Br_2 和 I_2，与棕色环的颜色相似，因此必须预先除去 Br^- 和 I^-，其方法如下。

取分析试液 20 滴，加入约 50mg 固体 Ag_2SO_4，加热并搅拌数分钟，再滴加 1mol·L^{-1} Na_2CO_3 以沉淀溶液中的 Ag^+。离心分离，弃去沉淀，取清液鉴定 NO_3^- 的存在。

3.几种干扰性阴离子共同存在时的分离和鉴定

① S^{2-}、$S_2O_3^{2-}$、SO_3^{2-} 共同存在时的分离和鉴定　取分析试液 20 滴，参阅实验九进行分离和鉴定。

试设计 S^{2-}、$S_2O_3^{2-}$、SO_3^{2-} 混合离子的分离和鉴定的简表。

② Cl^-、Br^-、I^- 混合离子的分离和鉴定　取分析试液 6 滴，参阅实验八进行分离和鉴定。试设计 Cl^-、Br^-、I^- 混合离子的分离和鉴定的简表。为了提高分析的正确性，防止离子的过渡检出及遗漏，应进行空白实验与对照实验。

空白实验是以蒸馏水代替试液，在同样条件下进行实验，确定试液中是否真正含有被检验离子。

对照实验即用已知含有被检验离子的试液，在同样条件下进行实验，与未知试液的实验结果进行比较。

（Ⅱ）常见阳离子的分离与鉴定

一、实验目的

① 学习常见阳离子的系统分析法。

② 学习未知溶液中阳离子的检出。

③ 通过常见阳离子的分离鉴定，加强金属元素及其化合物知识的掌握和运用。

二、实验原理

阳离子的种类较多，常见的有 20 多种，个别定性检出时，容易发生相互干扰，所以一般阳离子分析都是利用阳离子的某些共同特性，先分成几组，然后再根据阳离子的个别特性加以检出。凡能使一组阳离子在适当的反应条件下生成沉淀而与其他组阳离子分离的试剂称为组试剂。利用不同的组试剂把阳离子逐组分离，再进行检出的方法称为阳离子的系统分析。以往阳离子的分析大都采用经典的硫化氢系统分析法，其原理是根据阳离子的硫化物以及它们的氯化物、碳酸盐等溶解度的不同，用不同的组试剂把阳离子分成五组，然后再分别加以检出。

阳离子硫化氢系统分组、分离步骤示意图如图 2-19 所示。

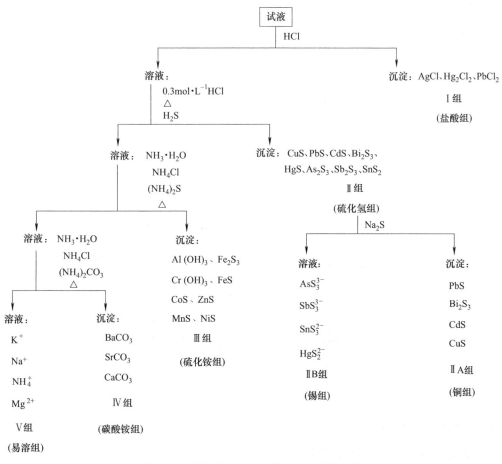

图 2-19　阳离子硫化氢系统分组、分离步骤

硫化氢系统分析法的优点是系统性强，分离方法比较严密，并可与溶度积等基本概念较好地配合，不足之处是与化合物的两性及形成配合物的性质等方面联系较少。另外，此法由于操作步骤繁杂、分析花费时间较多、硫化氢污染空气等缺点的存在，许多化学家提出了各种新的分析方法。为使学生将学到的无机化学理论知识和元素及其化合物性质能够得到反复巩固，本实验将常见的 20 多种阳离子分为六组。

第一组：易溶组，Na^+、NH_4^+、Mg^{2+}、K^+。

第二组：氯化物组，Ag^+、Hg_2^{2+}、Pb^{2+}。

第三组：硫酸盐组，Ba^{2+}、Ca^{2+}、Pb^{2+}。

第四组：氨合物组，Cu^{2+}、Cd^{2+}、Zn^{2+}、Co^{2+}、Ni^{2+}。

第五组：两性组，Al^{3+}、Cr^{3+}、Sb(Ⅲ、Ⅵ)、Sn(Ⅱ、Ⅳ)。

第六组：氢氧化物组，Fe^{3+}、Bi^{3+}、Mn^{2+}、Hg^{2+}。

然后再根据各组离子的特性，加以分离和鉴定，其分离方法如图 2-20 所示。

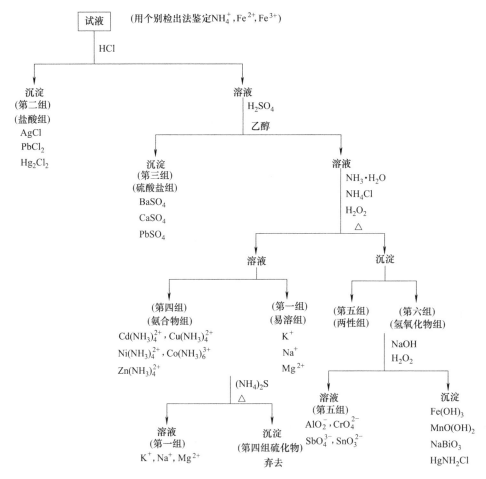

图 2-20　六组阳离子的分离和鉴定

三、实验药品与材料

固体药品：$NaBiO_3$、铝片、锡片。

酸：HCl（$1mol \cdot L^{-1}$，$2mol \cdot L^{-1}$，浓）、HNO_3（$6mol \cdot L^{-1}$，浓）、HAc（$6mol \cdot L^{-1}$）、H_2SO_4（$1mol \cdot L^{-1}$，$3mol \cdot L^{-1}$）。

碱：$NH_3 \cdot H_2O$（$6mol \cdot L^{-1}$，浓）、NaOH（$6mol \cdot L^{-1}$）。

盐：$K_2Cr_2O_7$、$K_4[Fe(CN)_6]$、$SnCl_2$、NH_4Cl、KSCN、$HgCl_2$（以上溶液均为 $0.1mol \cdot L^{-1}$）、NH_4SCN（饱和）、Na_2CO_3（饱和）、$(NH_4)_2C_2O_2$（饱和）、NH_4Ac（$3mol \cdot L^{-1}$）、NaAc（$3mol \cdot L^{-1}$）、NH_4Cl（$3mol \cdot L^{-1}$）、$(NH_4)_2S$（$6mol \cdot L^{-1}$）、$Na_3[Co(NO_2)_6]$。

其他：H_2O_2（3%）、H_2S（饱和）、乙醇（95%）、戊醇、二乙酰二肟、二硫腙、乙醚、铝试剂、镁试剂、奈斯勒试剂、乙酸铀酰锌溶液。

材料：pH 试纸。

四、实验步骤

向指导教师领取混合离子的未知溶液，分离和鉴定有哪些离子存在。

（1）第一组　易溶组阳离子的分析

本组阳离子包括 NH_4^+、K^+、Na^+、Mg^{2+}，它们的盐大多数可溶于水，没有一种共同的试剂可以作为组试剂，而是采用个别鉴定的方法，将它们加以检出。

① NH_4^+ 的鉴定　取试液 3～4 滴，加入几滴 $6mol \cdot L^{-1} NaOH$，再滴加奈斯勒试剂，若溶液变成红棕色，则表示有 NH_4^+ 存在。

② K^+ 的鉴定　取试液 3～4 滴，加入 4～5 滴 $Na_3[Co(NO_2)_6]$ 溶液，用搅棒搅拌，并摩擦试管内壁，片刻后，如有黄色沉淀生成，表示有 K^+ 存在，其反应如下：

$$2K^+ + Na^+ + Co(NO_2)_6^{3-} \longrightarrow K_2Na[Co(NO_2)_6] \downarrow$$

NH_4^+ 与 $Na_3[Co(NO_2)_6]$ 作用也能生成黄色沉淀，干扰 K^+ 的鉴定，应预先用灼烧法除去 NH_4^+。

③ Na^+ 的鉴定　取试液 3～4 滴，加 $6mol \cdot L^{-1} HAc$ 1 滴及乙酸铀酰锌溶液 7～8 滴，用玻璃棒在试管内壁摩擦，如有黄色晶体沉淀，表示有 Na^+ 存在，其反应如下：

$$Na^+ + Zn^{2+} + 3UO_2^{2+} + 9Ac^- + 9H_2O \longrightarrow NaAc \cdot ZnAc_2 \cdot 3UO_2Ac_2 \cdot 9H_2O \downarrow$$

④ Mg^{2+} 的鉴定　取试液 1 滴，加入 $6mol \cdot L^{-1} NaOH$ 及镁试剂各 1～2 滴，搅匀后，如有天蓝色沉淀生成，表示有 Mg^{2+} 存在。

（2）第二组　氯化物组阳离子的分析

本组阳离子包括 Ag^+、Hg_2^{2+}、Pb^{2+}，它们的氯化物不溶于水，其中 $PbCl_2$ 可溶于 NH_4Ac 和热水中，而 $AgCl$ 可溶于 $NH_3 \cdot H_2O$ 中，因此检出这三种离子时，可先把这些离子沉淀为氯化物，然后再进行鉴定。

取分析试液 20 滴，加入 $2mol \cdot L^{-1} HCl$ 至沉淀完全（若无沉淀，表示无本组阳离子存在），离心分离。沉淀用 $1mol \cdot L^{-1} HCl$ 数滴洗涤后按下法鉴定 Pb^{2+}、Ag^+、Hg_2^{2+} 的存在（离心液保留作其他离子的分离鉴定用）。

① Pb^{2+} 的鉴定　将上面得到的沉淀加入 $3mol \cdot L^{-1} NH_4Ac$ 5 滴，在水浴中加热搅拌，趁热离心分离，在离心液中加入 $K_2Cr_2O_7$ 2～3 滴，有黄色沉淀表示有 Pb^{2+} 存在。沉淀用 $3mol \cdot L^{-1} NH_4Ac$ 溶液数滴加热洗涤除去 Pb^{2+}，离心分离后，保留沉淀作 Ag^+ 和 Hg_2^{2+} 的鉴定。

$$PbCl_2 + Ac^- \longrightarrow [PbAc]^+ + 2Cl^-$$

$$2[PbAc]^+ + Cr_2O_7^{2-} + H_2O \longrightarrow 2PbCrO_4 \downarrow + 2HAc$$

② Ag^+ 和 Hg_2^{2+} 的分离和鉴定　取上面保留的沉淀，滴加 $6mol \cdot L^{-1} NH_3 \cdot H_2O$ 5～6 滴，不断搅拌，沉淀变为灰黑色，表示有 Hg_2^{2+} 存在。

$$Hg_2Cl_2 + 2NH_3 \longrightarrow HgNH_2Cl \downarrow + Hg \downarrow + NH_4^+ + Cl^-$$

离心分离，在离心液中滴加 $6mol \cdot L^{-1} HNO_3$ 酸化，如有白色沉淀产生，表示有 Ag^+ 存在。

$$AgCl + 2NH_3 \longrightarrow [Ag(NH_3)_2]^+ + Cl^-$$

$$[Ag(NH_3)_2]^+ + Cl^- + 2H^+ \longrightarrow AgCl \downarrow + 2NH_4^+$$

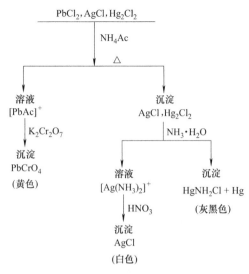

$$PbCl_2, AgCl, Hg_2Cl_2$$

溶液 [PbAc]$^+$ — $K_2Cr_2O_7$ — 沉淀 PbCrO$_4$（黄色）

沉淀 AgCl, Hg$_2$Cl$_2$ — NH$_3\cdot$H$_2$O

溶液 [Ag(NH$_3$)$_2$]$^+$ — HNO$_3$ — 沉淀 AgCl（白色）

沉淀 HgNH$_2$Cl + Hg（灰黑色）

图 2-21　第二组阳离子的分析步骤

第二组阳离子的分析步骤示意图如图 2-21 所示。

（3）第三组　硫酸盐组阳离子的分析

本组阳离子包括 Ba^{2+}、Ca^{2+}、Pb^{2+}，它们的硫酸盐都不溶于水，但在水中的溶解度差异较大，在溶液中生成沉淀的情况不同，Ba^{2+}能立即析出 BaSO$_4$ 沉淀，Pb^{2+}比较缓慢地生成 PbSO$_4$ 沉淀，CaSO$_4$ 溶解度稍大，Ca^{2+} 只有在浓的 Na$_2$SO$_4$ 中生成 CaSO$_4$ 沉淀，但加入乙醇后溶解度能显著地降低。

用饱和 Na$_2$CO$_3$ 溶液加热处理这些硫酸盐时，可发生下列转化。

$$MSO_4 + CO_3^{2-} \longrightarrow MCO_3 + SO_4^{2-}$$

即使 BaSO$_4$ 的溶解度小于 BaCO$_3$，但用饱和 Na$_2$CO$_3$ 反复加热处理，大部分 BaSO$_4$ 亦可转化为 BaCO$_3$。这三种碳酸盐都能溶于 HAc 中。

硫酸盐组阳离子与可溶性草酸盐如（NH$_4$）$_2$C$_2$O$_4$ 作用生成白色沉淀，其中 BaC$_2$O$_4$ 的溶解度较大，能溶于 HAc。在 EDTA 存在时（pH＝4.5～5.5），Ca^{2+} 仍可与 C$_2$O$_4^{2-}$ 生成 CaC$_2$O$_4$ 沉淀，而 Pb^{2+} 因与 EDTA 生成稳定的配合物而不能产生沉淀，利用这个性质可以使 Pb^{2+} 和 Ca^{2+} 分离。

取 Ca^{2+}、Ba^{2+}、Pb^{2+} 混合试液 20 滴（或上面分离第二组后保留的溶液）在水浴中加热，逐滴加入 1mol·L^{-1} H$_2$SO$_4$ 至沉淀完全（若无沉淀，表示无本组离子存在），再过量数滴，加入 95% 乙醇 4～5 滴静置 3～5min，冷却后离心分离（离心液保留作其他组阳离子的分析），沉淀用混合溶液（10 滴 1mol·L^{-1} H$_2$SO$_4$ 和 3～4 滴乙醇）洗涤 1～2 次后，弃去洗涤液，在沉淀中加入 3mol·L^{-1} NH$_4$Ac 7～8 滴，加热搅拌，离心分离，离心液按第二组鉴定 Pb^{2+} 的方法鉴定 Pb^{2+} 的存在。

沉淀中加入 10 滴饱和 Na$_2$CO$_3$ 溶液，置沸水浴中加热搅拌 1～2min，离心分离，弃去离心液。沉淀再用饱和 Na$_2$CO$_3$ 同样处理 2 次后，用约 10 滴蒸馏水洗涤一次，弃去洗涤液。沉淀用数滴 HAc 溶解后，加入 NH$_3\cdot$H$_2$O 调节 pH＝4～5，加入 K$_2$Cr$_2$O$_7$ 2～3 滴，加热搅拌，生成黄色沉淀，表示有 Ba^{2+} 存在。

离心分离，在离心液中，加入饱和（NH$_4$）$_2$C$_2$O$_4$ 溶液 2～3 滴，温热后，慢慢生成白色沉淀，表示有 Ca^{2+} 存在。

第三组阳离子的分析步骤示意图如图 2-22 所示。

（4）第四组　氨合物组阳离子的分析

本组阳离子包括 Cu^{2+}、Cd^{2+}、Zn^{2+}、Co^{2+}、

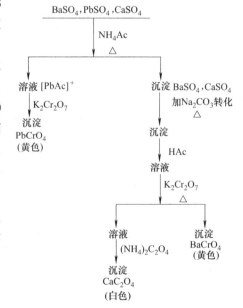

$$BaSO_4, PbSO_4, CaSO_4$$

溶液 [PbAc]$^+$ — $K_2Cr_2O_7$ — 沉淀 PbCrO$_4$（黄色）

沉淀 BaSO$_4$, CaSO$_4$ — 加 Na$_2$CO$_3$ 转化 — 沉淀 — HAc — 溶液 — $K_2Cr_2O_7$

溶液 —（NH$_4$）$_2$C$_2$O$_4$ — 沉淀 CaC$_2$O$_4$（白色）

沉淀 BaCrO$_4$（黄色）

图 2-22　第三组阳离子的分析步骤

Ni^{2+}，它们和过量的氨水都能生成相应的氨合物，故本组称为氨合物组。Fe^{3+}、Al^{3+}、Mn^{2+}、Cr^{3+}、Bi^{3+}、Sb^{3+}、Sn^{2+}、Sn^{4+}、Hg^{2+}等离子在过量氨水中因生成氢氧化物沉淀而与本组阳离子分离，当Hg^{2+}在大量铵离子存在时，将和氨水形成汞氨配离子 $[Hg(NH_3)_4]^{2+}$ 而进入氨合物组。$Al(OH)_3$是典型的两性氢氧化物，能部分溶解在过量氨水中，因此加入铵盐如NH_4Cl使OH^-的浓度降低，可以防止$Al(OH)_3$的溶解。但是由于降低了OH^-的浓度，Mn^{2+}也不能形成氢氧化物沉淀，如在溶液中加入H_2O_2，则Mn^{2+}可被氧化而生成溶解度小的$MnO(OH)_2$棕色沉淀。因此本组阳离子的分离条件为：在适量NH_4Cl存在时，加入过量氨水和适量H_2O_2，这时本组阳离子因形成氨合物而和其他阳离子分离。

取本组混合试液 20 滴（或上面分离第三组后保留的离心液），加入 $3mol\cdot L^{-1}NH_4Cl$ 2 滴，$3\%H_2O_2$ 3～4 滴，用浓氨水碱化后，在水浴中加热，再滴加浓氨水，每加一滴即搅拌，注意有无沉淀生成。如有沉淀，再加入浓氨水并过量 4～5 滴，搅拌后注意沉淀是否溶解（如果沉淀溶解或氨水碱化时不生成沉淀，则表示 Bi^{3+}、Sb^{3+}、Sn^{2+}、Cr^{3+}、Fe^{3+}、Al^{3+} 等离子不存在，为什么？）。继续在水浴中加热 1min，取出，冷却后离心分离（沉淀保留作其他组阳离子的分析），离心液按下法鉴定 Cu^{2+}、Cd^{2+}、Co^{2+}、Ni^{2+}、Zn^{2+}。

① Cu^{2+} 的鉴定　取离心液 2～3 滴，加入 HAc 酸化后，加入 $K_4[Fe(CN)_6]$ 溶液 1～2 滴，生成红棕色（豆沙色）沉淀，表示有 Cu^{2+} 存在。

② Co^{2+} 的鉴定　取离心液 2～3 滴，用 HCl 酸化，加入新配制的 $SnCl_2$ 2～3 滴、饱和 NH_4SCN 溶液 2～3 滴、戊醇 5～6 滴，搅拌后，有机层显蓝色，表示有 Co^{2+} 存在。

③ Ni^{2+} 的鉴定　取离心液 2 滴，加二乙酰二肟溶液 1 滴、戊醇 5 滴，搅拌后，出现红色，表示有 Ni^{2+} 存在。

④ Zn^{2+}、Cd^{2+} 的分离和鉴定　取离心液 15 滴，在沸水浴中加热近沸，加入 $(NH_4)_2S$ 溶液 5～6 滴，搅拌，加热至沉淀凝聚再继续加热 3～4min，离心分离（沉淀是哪些硫化物？为什么要长时间加热？离心液可保留用来鉴定第一组阳离子 K^+、Na^+、Mg^{2+} 的存在）。

沉淀用 $0.1mol\cdot L^{-1}NH_4Cl$ 溶液数滴洗涤 2 次，离心分离，弃去洗涤液，在沉淀中加入 $2mol\cdot L^{-1}HCl$ 4～5 滴，充分搅拌片刻（哪些硫化物可以溶解？），离心分离，将离心液在沸水浴中加热，除尽 H_2S 后（为什么必须除尽 H_2S？），用 $6mol\cdot L^{-1}NaOH$ 碱化并过量 2～3 滴，搅拌，离心分离（离心液是什么？沉淀是什么？）。

取离心液 5 滴加入二硫腙 10 滴，搅拌，并在水浴中加热，水溶液呈粉红色，表示有 Zn^{2+} 存在。

沉淀用蒸馏水数滴洗涤 1～2 次后，离心分离，弃去洗涤液，沉淀用 $2mol\cdot L^{-1}HCl$ 3～4 滴搅拌溶解，然后加入等体积的饱和 H_2S 溶液，如有黄色沉淀生成，表示有 Cd^{2+} 存在。

第四组阳离子的分析步骤示意图如图 2-23 所示。

（5）第五组（两性组）和第六组（氢氧化物组）阳离子的分离和鉴定

第五组（两性组）阳离子有 Al、Cr、Sb、Sn 等元素的离子，第六组（氢氧化物组）阳离子有 Fe、Mn、Bi、Hg 等元素的离子。这两组的阳离子主要存在于分离第四组（氨合物组）后的沉淀中，利用 Al、Cr、Sb、Sn 的氢氧化物的两性性质，用过量碱可将这两组的元素分离。

取第五、六两组混合离子试液 20 滴进行水浴加热，加入 $3mol\cdot L^{-1}NH_4Cl$ 2 滴、$3\%H_2O_2$ 3～4 滴，逐滴加入浓氨水至沉淀完全，离心分离弃去离心液（沉淀是什么？）。

在所得的沉淀（或分离第四组阳离子后保留的沉淀）中加入 $3\%H_2O_2$ 溶液 3～4 滴、

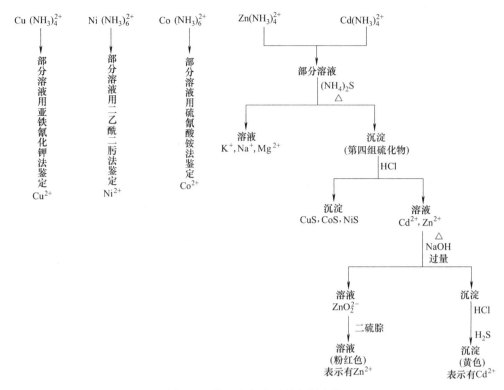

图 2-23　第四组阳离子的分析步骤

$6mol \cdot L^{-1}NaOH$ 溶液 15 滴，搅拌后，在沸水浴中加热搅拌 3～5min，使 CrO_2^- 氧化为 CrO_4^{2-} 并破坏过量的 H_2O_2，离心分离，离心液作鉴定第五组阳离子用，沉淀作鉴定第六组阳离子用。

①　Cr^{3+} 的鉴定　取离心液 2 滴，加入乙醚 5 滴，逐滴加入浓 HNO_3 酸化，加 3% H_2O_2 2～3 滴，振荡试管，乙醚层出现蓝色，表示有 Cr^{3+} 存在。

②　Al^{3+}、$Sb(V)$ 和 $Sn(IV)$ 的鉴定　将剩余离心液用 $3mol \cdot L^{-1}H_2SO_4$ 酸化，然后用氨水碱化并多加几滴，离心分离，弃去离心液，沉淀用 $0.1mol \cdot L^{-1}NH_4Cl$ 数滴洗涤，加入 $3mol \cdot L^{-1}NH_4Cl$ 及浓氨水各 2 滴、$(NH_4)_2S$ 溶液 7～8 滴，在水浴中加热至沉淀凝聚，离心分离（沉淀是什么？离心液是什么？）。

沉淀用数滴 $0.1mol \cdot L^{-1}NH_4Cl$ 溶液洗涤 1～2 次后，加入 $3mol \cdot L^{-1}H_2SO_4$ 2～3 滴，加热使沉淀溶解，然后加入 $3mol \cdot L^{-1}NaAc$ 溶液 3 滴、铝试剂 2 滴，搅拌，在沸水浴中加热 1～2min，如有红色絮状沉淀出现，表示有 Al^{3+} 存在。

离心液用 $2mol \cdot L^{-1}HCl$ 逐滴中和至呈酸性后，离心分离，弃去离心液（沉淀是什么？）。在沉淀中加入浓 HCl 15 滴，在沸水浴中加热充分搅拌，除尽 H_2S 后，离心分离弃去不溶物（可能为硫），离心液供鉴定 Sb 和 Sn 用。

$Sn(IV)$ 离子的鉴定：取上述离心液 10 滴，加入铝片或少许镁粉，在水浴中加热使之完全溶解后，再加浓 HCl 1 滴、$0.1mol \cdot L^{-1}HgCl_2$ 2 滴，搅拌，若有白色或黑色沉淀析出，表示有 $Sn(IV)$ 存在。

$Sb(V)$ 离子的鉴定：取上述离心液 1 滴，于光亮的锡片上放置约 2～3min，如锡片上出现黑色斑点，表示有 $Sb(V)$ 存在。

取第六组阳离子所得的沉淀，加入 $3mol \cdot L^{-1} H_2SO_4$ 10 滴、$3\% H_2O_2$ 2～3 滴，在充分搅拌下，加热 3～5min，以溶解沉淀和破坏过量的 H_2O_2，离心分离，弃去不溶物，离心液供下面 Mn^{2+}、Bi^{2+} 和 Hg^{2+} 的鉴定。

③ Mn^{2+} 的鉴定　取离心液 2 滴，加入 $6mol \cdot L^{-1} HNO_3$ 数滴，加入少量 $NaBiO_3$ 固体（约火柴头大小），搅拌，离心沉降，如溶液呈现紫红色，表示有 Mn^{2+} 存在。

④ Bi^{3+} 的鉴定　取离心液 2 滴，加入亚锡酸钠溶液（自己配制）数滴，若有黑色沉淀，表示有 Bi^{3+} 存在。

⑤ Hg^{2+} 的鉴定　取离心液 2 滴，加入新鲜配制的 $0.1mol \cdot L^{-1} SnCl_2$ 数滴，若有白色或灰黑色沉淀析出，表示有 Hg^{2+} 存在。

⑥ Fe^{3+} 的鉴定　取离心液 1 滴，加入 $0.1mol \cdot L^{-1} KSCN$ 溶液，如溶液显红色，表示有 Fe^{3+} 存在。

第五组和第六组阳离子的分析步骤示意图如图 2-24 所示。

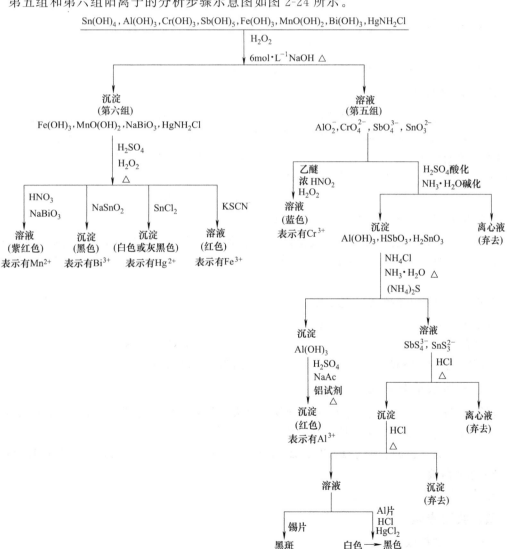

图 2-24　第五组和第六组阳离子的分析步骤

实验十七　紫菜中碘的提取及其含量的测定

一、实验目的

① 掌握从紫菜中提取碘的原理和方法。

② 掌握离子选择性电极测定 I^- 的方法。

二、实验原理

紫菜中约含 $600\mu g/100g$ 的碘，且主要以碘化物的形式存在。工业上用水浸取法提取碘，实验室一般采用水浸取法或灼烧的方法提取碘。水浸取法是用水浸泡紫菜（可加热），I^- 即进入浸泡液中，浸泡液浓缩后，I^- 经氧化可制的 I_2。灼烧法是将紫菜烧成灰烬，再用固态无水 $FeCl_3$ 直接氧化，其反应方程式为：

$$2FeCl_3 + 2KI \Longrightarrow 2FeCl_2 + I_2 + 2KCl$$

然后用升华法或浓 H_2SO_4 熔融法提取碘单质。

碘离子选择性电极是碘化银、硫化银固态膜电极，是测量溶液中 I^- 浓度的一种指示电极。该电极测量 I^- 浓度，在医疗卫生、海水利用、药物、食品、环境保护、科研等领域应用广泛。

碘离子选择性电极的基本参数如下。

测量范围：$10^{-1} \sim 10^{-7} mol \cdot L^{-1}$　　　　　pH 范围：$2 \sim 10$

温度范围：$5 \sim 60℃$　　　　　　　　　　　主要干扰：CN^-、S^{2-} 等

响应时间：$\leqslant 2min$　　　　　　　　　　　内阻：$>500k\Omega$

三、实验仪器与药品与材料

仪器：PHS-2C 型酸度计、碘离子选择性电极、甘汞电极、烧杯、50mL 和 100mL 容量瓶、铁坩埚、瓷坩埚、漏斗、移液管、研钵。

药品：紫菜、乙醇、无水 $FeCl_3$、稀 H_2SO_4（$2mol \cdot L^{-1}$）、$0.2mol \cdot L^{-1}$ 的 KNO_3 溶液、KI 标准溶液。

材料：玻璃棉。

四、实验步骤

1.碘单质的提取

称取 $4g$ 紫菜放入铁坩埚中并加入 $5mL$ 乙醇，使紫菜浸湿，灼烧 $30min$ 冷却至室温后取出灰烬，放入研钵中，再放入与灰烬同质量的无水 $FeCl_3$（稍过量），研细，转移到小瓷坩

基础化学实验

埚内，上面倒扣漏斗，顶端塞入少许玻璃棉，坩埚置于棉网上，组成一简易升华装置。加热，观察现象，最后收集提取的碘。

2.紫菜中 I^- 含量的测定

① 灼烧 3 份等量紫菜试样，每个试样的灰烬分别放入烧杯中，加入少量去离子水，加热溶解后再加入适量 $2mol \cdot L^{-1} H_2SO_4$，调溶液 $pH=5 \sim 7$ 之间。冷却过滤，用去离子水多次少量冲洗烧杯，将溶质尽量移到漏斗中。将溶液转入 100mL 容量瓶，再加入 50mL $0.2mol \cdot L^{-1}$ 的 KNO_3 溶液，加去离子水至刻度，摇匀，即成为待测液。

② 称 2 份 2g 的紫菜试样，分别放入 50mL 烧杯中，加入 50mL 去离子水，加热煮沸 10min，冷却后，将清液转移至 50mL 容量瓶中。再加入 5mL $0.2mol \cdot L^{-1}$ 的 KNO_3 溶液，用去离子水稀释到刻度，摇匀后即成为待测液。

③ 用碘离子选择性电极测定①或②待测液中的 I^- 含量。先由质量分数为 1×10^{-5}、2×10^{-5}、5×10^{-5}、1×10^{-4} 的 KI 标准溶液作出工作曲线，再测定试样中 I^- 含量。同法，测另一份试样，记录每次测定的 I^- 含量。

五、数据处理

标准曲线法：绘制 $\lg c$（I^-）-E 曲线，求出斜率 S。根据待测液的电势值 E，从标准曲线上查出对应的 I^- 浓度，计算出试样中碘的含量。

标准加入法：测定 50mL 待测液的电势值 E_x，再准确加入 1mL 质量份数为 0.001 的 KI 标准溶液，测出电势值 E_s，按式(2-32)计算待测液的 I^- 浓度，最后计算出试样中碘的含量。

$$c_x = \frac{\Delta c}{10^{\Delta E/S} - 1} \qquad (2\text{-}32)$$

式中，c_x 为待测液中 I^- 的浓度；Δc 为浓度增量；ΔE 为电势改变量；S 为斜率。

六、注意事项

① 灰烬应呈灰白色，不能烧成白色，否则碘会大量损失。

② 碘电极使用前应在 $0.1mol \cdot L^{-1} NaI$（或 KI）溶液中活化 2h，再用去离子水清洗至稳定电势值。

③ 为使离子强度达到恒值，在被测溶液中加入 $0.2mol \cdot L^{-1}$ 的 KNO_3，以调节离子强度。

④ 若电极敏感膜表面受污染或钝化，可在细金相砂纸上磨去表面层使电极复新继续使用。

七、思考题

① 为什么要用无水的 $FeCl_3$ 处理紫菜灰烬？

② 测定紫菜中 I^- 含量时，紫菜灰烬溶于热水后为什么要调 pH 在 $5 \sim 7$ 之间？

实验十八　乙酰水杨酸（阿司匹林）的制备与有效成分的测定

早在 18 世纪，人们从柳树皮中提取出乙酰水杨酸（阿司匹林），并发现乙酰水杨酸具有镇痛、退热和抗风湿等功效。1897 年德国拜耳公司成功地合成出阿司匹林，这是世界上首次人工合成出来的具有药用价值的有机化合物。近年来，随着医学研究的不断深入，人们发现，阿司匹林不仅具有镇痛、消炎的作用，还有助于防止血栓和中风，对心脏病、肠癌也有预防作用。

由于阿司匹林的服用剂量小，而且易水解，因此可采用反相高效液相色谱法快速、灵敏地同时测定药剂中阿司匹林和其水解产物水杨酸的浓度。

一、实验目的

① 掌握酸酐与酚反应制备酯的原理和方法。
② 掌握重结晶操作技术及测定熔点的方法。
③ 了解高效液相色谱仪的结构及正确使用方法，使用外标法测定组分的含量。

二、实验原理

邻羟基苯甲酸（水杨酸）与乙酸酐作用时，酚羟基与酸酐反应制得乙酰水杨酸（阿司匹林），反应式如下：

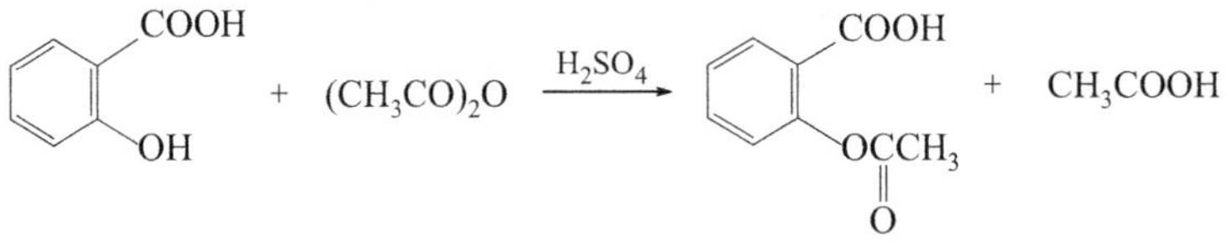

在反应过程中，水杨酸分子之间可以发生缩合副反应，生成少量的聚合物，如下式：

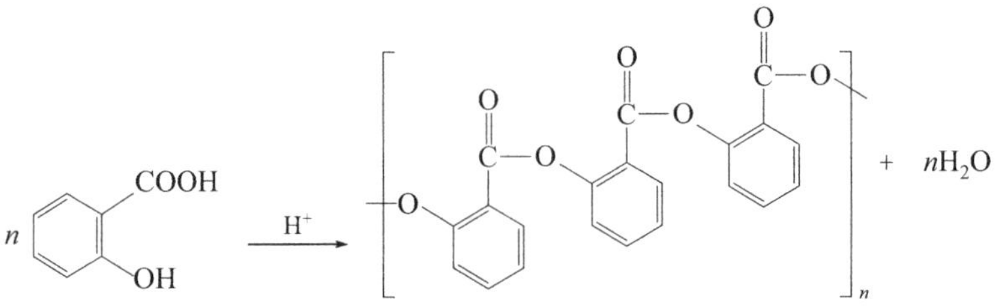

阿司匹林有效成分的测定采用外标法，也称校正法或定量进样法。本法要求进样量必须准确，具体方法如下。精密称（量）取对照品和合成品，分别配制成准确浓度的溶液，再稀释成一定浓度的试液，分别精密量取一定量的试液，注入仪器，记录色谱图，测量对照品和合成品待测成分的峰面积（或峰高），按式(2-33) 计算含量。

$$c_x = c_r \frac{A_x}{A_r} \tag{2-33}$$

式中，c_x 为合成品的浓度；A_x 为合成品的峰面积（或峰高）；c_r 为对照品的浓度；A_r 为对照品的峰面积（或峰高）。

三、实验仪器与药品

仪器：锥形瓶、布氏漏斗、吸滤瓶、水泵、烧杯、熔点测定仪、红外光谱仪、高极性碳十八色谱柱、液相色谱仪、高压恒流泵紫外可见可变波长检测器、进样阀、色谱数据处理工作站、电子分析天平、超声波清洗仪、研钵。

药品：水杨酸（0.01mol）、乙酸酐（0.04mol）、浓硫酸、饱和碳酸氢钠溶液、$w = 0.18$ 的盐酸水溶液、$w = 0.01$ 的三氯化铁溶液、乙酸乙酯、甲醇、$w = 0.001$ 的二乙胺水溶液、冰乙酸。

四、实验步骤

1.合成

在 100mL 干燥的锥形瓶中依次加入 1.38g 水杨酸、4mL 乙酸酐和 4 滴浓硫酸，摇匀，

基础化学实验

使固体溶解后，水浴加热 10min，控制浴温 85℃左右，其间用玻璃棒不断搅拌反应物。停止加热，待反应混合物冷至室温后，缓缓加入 4～5mL 水，边加水边振摇，静置 5min，将锥形瓶放在冰水浴中冷却。当晶体开始形成后，再加 20mL 冷水于锥形瓶内，并继续在冰水浴中冷却使结晶完全，抽滤，收集产物，用少量冷水洗涤晶体 2～3 次，抽干，得乙酰水杨酸粗产物。

将粗产物移至 150mL 的烧杯中，并加入 20mL 饱和的碳酸氢钠溶液，不断搅拌至无二氧化碳气泡产生为止（什么目的？）。抽滤（滤去了什么物质？），将滤液倾入 100mL 烧杯中，在不断搅拌下慢慢加入 10mL $w=0.18$ 的盐酸水溶液，边加边搅拌，即有晶体不断析出（发生了什么反应？晶体是何物？）。将烧杯置于冰水溶液中冷却，使结晶完全。减压抽滤，用少量冷水洗涤 2～3 次，尽可能抽干，干燥后用乙酸乙酯重结晶，测定熔点。阿司匹林的标准红外光谱为图 2-25，将合成的产物测红外光谱，与其对比，并解析主要的吸收峰。

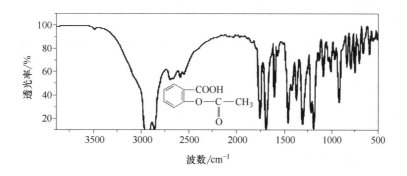

图 2-25　阿司匹林的标准红外光谱图

2.成分的测定

（1）色谱条件

用高极性碳十八色谱柱（CenturySIL C18-EPSI），以甲醇、二乙胺水溶液（$w=0.001$）和冰乙酸为流动相，三者体积比为 40∶60∶4，流速为 1.0mol·L^{-1}，检测波长为 280nm。

（2）测定阿司匹林试样

精确称取合成的阿司匹林 0.3g，研细后，置于 100mL 容量瓶中，用流动相溶液 30mL 溶解，超声振荡 15min，再用流动相溶液稀释至刻度，摇匀。精密量取上述样品溶液若干于 50mL 容量瓶中，用流动相溶液稀释至刻度，摇匀。量取 10μL 注入液相色谱仪，记录色谱图。进样 5 针，计算峰面积的相对标准偏差。

（3）测定乙酰水杨酸对照品

精确称取乙酰水杨酸对照品 0.2g，同法配制溶液和测定，按外标法以峰面积计算出合成样品中乙酰水杨酸的含量。

五、注意事项

① 乙酸酐遇水易水解，并放热，甚至可使反应物沸腾。

② 乙酰水杨酸受热易分解，熔点不明显，可用三氯化铁溶液检查其纯度。

③ 乙酰水杨酸还可以用乙醇、水、丙酮重结晶，其溶液不宜加热过久，也不宜用高沸点溶剂。

④ 测定成分时试样需要进行过滤，一般《中华人民共和国药典》所提的过滤方法是

用定量滤纸过滤，在过滤的过程中应该注意首先过滤下来的初滤液应弃去，吸取续滤液再稀释。

⑤ 对于高效液相色谱法来说，其色谱柱的塞板的孔径很细（$2\mu m$ 左右），而滤纸过滤可能还会有部分体积相对较大的赋形剂等残留在样品溶液中，所以在进样前，应该用高效液相色谱专用的试样过滤器过滤，避免柱头塞板堵塞，导致柱压升高。

六、思考题

① 合成过程中，浓硫酸在反应中起什么作用？

② 反应中产生的副产物是什么？如何将副产物除去？

实验十九　植物中某些元素的分离与鉴定

一、实验目的

了解从周围植物中分离和鉴定化学元素的方法。

二、实验原理

植物是有机体，主要由 C、H、O、N 等元素组成，此外，还含有 P、I 和某些金属元素（如 Ca、Mg、Al、Fe 四种金属元素）。

三、实验药品与材料

药品：HCl（$2mol \cdot L^{-1}$）、HNO_3（浓）、HAc（$2mol \cdot L^{-1}$）及鉴定 Ca^{2+}、Mg^{2+}、Al^{3+}、Fe^{3+}、PO_4^{3-}、I^- 所用的试剂。

材料：松枝、柏枝、茶叶、海带。

四、实验步骤

1. 从松枝、柏枝、茶叶等植物中任选一种鉴定 Ca^{2+}、Mg^{2+}、Al^{3+} 和 Fe^{3+}

取约 5g 已洗净且干燥的植物枝叶（青叶用量适当增加），放在蒸发皿中，在通风橱内用酒精灯加热灰化，然后用研钵将植物灰研细。取一勺灰粉（约 0.5g）于 10mL $2mol \cdot L^{-1}$ HCl 中，加热并搅拌促使其溶解，过滤。自拟方案鉴定滤液中 Ca^{2+}、Mg^{2+}、Al^{3+}、Fe^{3+}。

2. 从松枝、柏枝、茶叶等植物中任选一种鉴定 PO_4^{3-}

用同上的方法制得植物灰粉，取一勺溶于 2mL 浓 HNO_3 中，温热并搅拌促使其溶解，然后加 30mL 水稀释，过滤。自拟方案鉴定滤液中的 PO_4^{3-}。

3. 海带中碘的鉴定

将海带用上述的方法灰化，取一勺溶于 10mL $2mol \cdot L^{-1}$ HAc 中，温热并搅拌促使其溶解，过滤。自拟方案鉴定滤液中的 I^-。

指导与思考：

（1）以上各离子的鉴定方法可参考本书相关章节，注意鉴定条件及干扰离子。

（2）由于植物中以上欲鉴定元素的含量一般都不高，所得滤液中这些离子浓度往往较低，鉴定时取量不宜太少，一般可取 1mL 左右进行鉴定。

（3）Fe^{3+} 对 Mg^{2+}、Al^{3+} 鉴定均有干扰，鉴定前应加以分离。可采用控制 pH 方法先将 Ca^{2+}、Mg^{2+} 与 Al^{3+}、Fe^{3+} 分离，然后再将 Al^{3+} 与 Fe^{3+} 分离。

五、思考题

① 植物中还可能含有哪些元素？如何鉴定？

② 为了鉴定 Mg^{2+}，某学生进行如下实验。植物灰用较浓的 HCl 浸溶后，过滤。滤液用 $NH_3 \cdot H_2O$ 中和至 pH=7，过滤。在所得的滤液中加几滴 NaOH 溶液和镁试剂，发现得不到蓝色沉淀。试解释实验失败的原因。

实验二十 乙酸电离度和电离常数的测定

实验目的

① 测定乙酸等弱电解质的电离常数及电离度。

② 加强对溶液电导等概念及其有关知识的理解。

③ 学习使用酸度计、电导率仪等仪器并初步掌握它们的使用技术。

④ 熟练滴定技术。

（Ⅰ）pH 法

一、实验原理

乙酸在水溶液中存在下列电离平衡：

$$HAc \Longrightarrow H^+ + Ac^-$$

其电离常数的表达式为：

$$K_{HAc} = \frac{[H^+][Ac^-]}{[HAc]} \tag{2-34}$$

设乙酸的起始浓度为 c，平衡时 $[H^+] = [Ac^-] = x$，代入上式，可以得到：

$$K_{HAc} = \frac{x^2}{c - x} \tag{2-35}$$

在一定温度下，用酸度计测定一系列已知浓度的乙酸的 pH 值，根据 $pH = -\lg[H^+]$，换算出 $[H^+]$，代入式(2-35) 中，可求得一系列对应的 K 值，取其平均值，即为该温度下乙酸的电离常数。

二、实验仪器、药品和材料

仪器：酸度计、滴定管（酸式）、烧杯（50mL，洁净，干燥）。

药品：HAc（$0.1mol \cdot L^{-1}$ 标准溶液）、缓冲溶液（pH=4.003）。

材料：擦镜纸或滤纸片。

三、实验步骤

1. 配制不同浓度的乙酸溶液

将 4 只干燥的烧杯编成 1～4 号，然后按表 2-12 的烧杯编号，用两支滴定管分别准确放入已知浓度的 HAc 溶液和蒸馏水。

2. 乙酸溶液 pH 值的测定

用酸度计由稀到浓测定 1～4 号 HAc 溶液的 pH 值。

3. 设计表 2-12，记录上述数据，并计算实验温度下乙酸的电离常数。

四、数据记录和处理

表 2-12　不同浓度的乙酸溶液的 pH 值及电离常数

烧杯编号	HAc 的体积/mL	H$_2$O 的体积/mL	HAc 的浓度 c/(mol·L^{-1})	pH	[H$^+$]	$K=\dfrac{x^2}{c-x^2}$
1	3.00	45.00				
2	6.00	42.00				
3	12.00	36.00				
4	24.00	24.00				

测定时温度_____℃，乙酸的电离常数 $K_{\text{平}}=$_____。

五、思考题

① 改变被测 HAc 溶液的浓度或温度，则电离度和电离常数有无变化？若有变化，会有怎样的变化？

② 配制不同浓度的 HAc 溶液时，玻璃器皿是否要干燥，为什么？

③ "电离度越大，酸度就越大。"这句话是否正确？根据本实验结果加以说明。

④ 若 HAc 溶液的浓度极稀，是否能用 $K \approx$ [H$^+$]$^2/c$ 求电离常数？为什么？

⑤ 测定不同浓度 HAc 溶液的 pH 值时，测定顺序应由稀到浓，为什么？

⑥ 根据 HAc-NaAc 缓冲溶液中 [H$^+$] 的计算公式 [H$^+$]$=K\dfrac{\text{[HAc]}}{\text{[Ac}^-\text{]}}$ 测定 K 时，是否一定先要知道 HAc 与 NaAc 的浓度，为什么？请你设计测定方案。

⑦ 如何正确使用酸度计？

（Ⅱ）电导率法

一、实验原理

乙酸是一元弱酸，它的电离常数 K 和电离度 α，有如下关系：

$$\text{HAc} \Longrightarrow \text{H}^+ + \text{Ac}^-$$

起始浓度　　　　　　　　c　　　　0　　　0

平衡时浓度　　　　　　$c-c\alpha$　　$c\alpha$　　$c\alpha$

$$K=\frac{[\text{H}^+][\text{Ac}^-]}{[\text{HAc}]}=\frac{(c\alpha)^2}{c-c\alpha}=\frac{c^2\alpha^2}{c(1-\alpha)}=\frac{c\alpha^2}{1-\alpha} \tag{2-36}$$

电离度可通过测定溶液的电导来求得，从而求得电离常数。

物质导电能力的大小，通常以电阻（R）或电导（G）表示。电导为电阻的倒数：$G=\dfrac{1}{R}$。电导的单位为西（S）。

和金属导体一样，电解质溶液的电阻也符合欧姆定律。温度一定时，两极间溶液的电阻与两极间的距离 l 成正比，与电极面积 A 成反比。

$$R\propto\frac{l}{A} \quad \text{或} \quad R=\rho\frac{l}{A}$$

式中，ρ 为电阻率。ρ 的倒数称为电导率，以 χ 表示，单位为 S·m^{-1}。将 $R=\rho\dfrac{l}{A}$、

$\chi = \dfrac{1}{\rho}$ 代入 $G = \dfrac{1}{R}$ 中，则可得：

$$G = \chi \frac{A}{l} \quad \text{或} \quad \chi = G\frac{l}{A} \tag{2-37}$$

电导率 χ 表示放在相距 1m、面积为 $1m^2$ 的两个电极之间溶液的电导。$\dfrac{l}{A}$ 称为电极常数或电导池常数。因为在电导池中，所有的电极距离和面积是一定的，所以对某一电极来说，$\dfrac{l}{A}$ 为常数。

在一定温度下，相距 1m 的两平行电极间所容纳的含有 1mol 电解质溶液的电导称为摩尔电导，用 λ 表示，单位为 $S \cdot m^2 \cdot mol^{-1}$。$V$ 表示含有 1mol 电解质溶液的体积，单位为 m^3。c 表示溶液的物质的量浓度，单位为 $mol \cdot m^{-3}$。这样摩尔电导 λ 与电导率 χ 的关系为：

$$\lambda = \chi V = \frac{\chi}{c} \tag{2-38}$$

对于弱电解质来说，在无限稀释时，可看作完全电离，这时溶液的摩尔电导称为极限摩尔电导（λ_0）。在一定温度下，弱电解质的极限摩尔电导是一定的，表 2-13 列出了无限稀释时乙酸溶液的极限摩尔电导。

表 2-13　无限稀释时乙酸溶液的极限摩尔电导

温度/℃	0	18	25	30
$\lambda_0/(S \cdot m^2 \cdot mol^{-1})$	245×10^{-4}	349×10^{-4}	390.7×10^{-4}	421.8×10^{-4}

对于弱电解质来说，某浓度时的电离度等于该浓度时的摩尔电导与极限摩尔电导之比，即：

$$\alpha = \frac{\lambda}{\lambda_0} \tag{2-39}$$

将式(2-39)代入式(2-36)，得：

$$K = \frac{c\alpha^2}{1-\alpha} = \frac{c\lambda^2}{\lambda_0(\lambda_0 - \lambda)} \tag{2-40}$$

这样，可以由实验测定浓度为 c 的乙酸溶液的电导率 χ，代入式(2-38)，算出 λ，将 λ 的值代入式(2-40)，即可算出乙酸的电离常数 K。

二、实验仪器、药品和材料

仪器：电导率仪、滴定管（酸式）、烧杯（50mL，洁净，干燥）。

药品：HAc（$0.1mol \cdot L^{-1}$ 标准溶液）。

材料：擦镜纸或滤纸片。

三、实验步骤

1.配制不同浓度的乙酸溶液

将 4 只干燥烧杯编成 1～4 号，然后按表 2-14 的烧杯编号用两支滴定管分别准确放入已知浓度的乙酸溶液和蒸馏水。

2.乙酸溶液电导率的测定

用电导率仪由稀到浓测定 1～4 号乙酸溶液的电导率。

3. 设计表 2-14，记录上述数据，并计算实验温度下乙酸的摩尔电导及电离常数。

四、数据记录和处理

表 2-14　不同浓度乙酸溶液的摩尔电导及电离常数

烧杯编号	HAc 的体积/ mL	H₂O 的体积/ mL	HAc 的浓度 c/ (mol·L⁻¹)	χ/ (S·m⁻¹)	λ/ (S·m²·mol⁻¹)	α	K
1	3.00	45.00					
2	6.00	42.00					
3	12.00	36.00					
4	24.00	24.00					

测定时温度 ____℃，λ_{0HAc} _____ S·m²·mol⁻¹，乙酸的电离常数 $K_平$ = _____。

五、注意事项

① 若室温不同于表中所列的温度，极限摩尔电导 λ_0 可用内插法求得。例如：室温为 293K(20℃) 时，HAc 的极限摩尔电导 λ_0 为：

$$(390.7-349)\times10^{-4} : (298-291)=x : (293-291)$$
$$x=11.9\times10^{-4}(S·m²·mol^{-1})$$
$$\lambda=349\times10^{-4}+x=360.9\times10^{-4}(S·m²·mol^{-1})$$

② 在法定计量单位中，摩尔电导率 λ 的单位为 S·m²·mol⁻¹，电导率 χ 的单位为 S·m⁻¹，而 DDS-ⅡA 型电导率仪读出 χ 的单位为 μS·cm⁻¹，在用法定计量单位计算时，应把仪器上读出的 χ 值乘以 10^{-4}。

六、思考题

① 电解质溶液导电的特点是什么？
② 什么叫电导、电导率和摩尔电导？为什么 λ 与 λ_0 之比即为弱电解质的电离度？
③ 测定 HAc 溶液的电导率时，测定顺序为什么应由稀到浓进行？

实验二十一　未知物分析及鉴定

一、实验目的

① 通过实验了解未知物分析方法。
② 通过查阅资料书籍达到设计实验方案并独立进行实验的目的。
③ 巩固试管操作、离心机使用和水浴加热等操作。

二、实验内容

① 有 4 种金属 A、B、C、D，可能是 Sn、Zn、Al、Mg，试设计实验方案进行鉴别。
② 有六种溶液 E、F、G、H、I、J，可能是 NaCl、NaNO₃、Na₂CO₃、Na₃PO₄、Na₂SiO₃、Na₂S，试设计方案并鉴定之。
③ 有一瓶失去标签的无色钠盐晶体 K、范围大致为无机盐类，设计方案鉴定其成分。
④ 有两瓶绿色晶体 L、M，设计方案鉴定成分。
⑤ 有一瓶灰白色复盐 N，试设计方案鉴定成分。

三、鉴定结果

将鉴定结果列入表 2-15 中。

表 2-15 　未知物鉴定结果

实验序号	鉴 定 结 果					
1	A		B		C	D
2	E	F	G	H	I	J
3	K					
4	L			M		
5	N					

第三章 分析化学实验基本操作及 物质的定量分析

第一部分 分析化学常规实验

实验二十二 容量仪器的校准

一、实验目的

① 初步学习滴定管、容量瓶、移液管的使用方法。

② 掌握分析天平的称量操作。

③ 了解容量仪器校准的意义，初步掌握滴定管、容量瓶的校准及移液管和容量瓶的相对校准的方法。

二、实验原理

滴定分析法所用的量器主要有三种：滴定管、移液管和容量瓶。测量溶液体积可用不同的量器。滴定管和移液管所表示的容积，是指放出液体的体积，称为量出式容器；容量瓶所表示的容积是指容纳液体的体积，称为量入式容器。量器产品都允许有一定的容量误差。在准确度要求较高的分析测试中，对自己使用的一套量器进行校准是完全必要的。

校准容量仪器的方法通常有称量法（绝对校准法）和相对校准法。称量法的原理是，用分析天平称量被校量器中量入和量出的纯水的质量 m，再根据在该温度下纯水的密度 ρ 计算出被校量器的实际容量。

测量液体体积的基本单位是 L。1L 是指在真空中，1kg 的水在最大密度时（3.98℃）所占的体积。换句话说，就是在 3.98℃ 和真空中称量所得的水的质量，在数值上就等于它以 mL 表示的体积。

由于玻璃的热胀冷缩，在不同温度下，量器的容积也不同。因此，规定使用玻璃量器的标准温度为 20℃。各种量器上标出的刻度和容量，称为在标准温度 20℃ 时量器的标称容量。但是，在实际校准工作中，容器中水的质量是在室温下和空气中称量的。因此必须考虑如下三个方面的影响：第一，由于空气浮力使质量改变的校正；第二，由于水的密度随温度改变的校正；第三，由于玻璃容器本身容量随温度而改变的校正。

考虑了上述三方面的影响，可得出容量为 1L 的玻璃容器在不同温度下所盛水的质量

（表 3-1）。据此计算量器的校正值十分方便。

例如，某支 25mL 移液管在 25℃ 放出的纯水质量为 24.921g，密度为 $0.99617g \cdot mL^{-1}$，计算该移液管在 20℃ 时实际容积 V_{20} 为：

$$V_{20} = \frac{24.921g}{0.99617g \cdot mL^{-1}} = 25.02mL \qquad (3-1)$$

则这支移液管的校正值为 $25.02mL - 25.00mL = +0.02mL$。

表 3-1 不同温度下 1L 水的质量（在空气中用黄铜砝码称量）

$t/℃$	m/g	$t/℃$	m/g	$t/℃$	m/g
10	998.39	19	997.34	28	995.44
11	998.33	20	997.18	29	995.18
12	998.24	21	997.00	30	994.91
13	998.15	22	996.80	31	994.64
14	998.04	23	996.60	32	994.34
15	997.92	24	996.38	33	994.06
16	997.78	25	996.17	34	993.75
17	997.64	26	995.93	35	993.45
18	997.51	27	995.69		

需要特别指出的是，校正不当和使用不当都是产生容量误差的主要原因，其误差甚至可能超过允差或量器本身的误差。因而在校准时务必正确、仔细地进行操作，尽量减小校正误差。凡要使用校准值的，其校准次数不应少于两次，且两次校准数据的偏差应不超过该量器容量允许的 1/4，并取其平均值作为校准值。

有时，只要求两种容器之间有一定的比例关系，而无需知道它们各自的准确体积，这时可用容量相对校准法。经常配套使用的移液管和容量瓶，采用相对校准法更为重要。例如，用 25mL 移液管移取蒸馏水于干净且倒立晾干的 250mL 容量瓶中，到第十次重复操作后，观察瓶颈处水的弯月面下缘是否刚好与刻线上缘相切。若不相切，应重新作一记号为标线，以后此移液管和容量瓶配套使用时就用校准的标线。

为了更全面、详细了解容量仪器的校准，可参考 JJG 196—2006《常用玻璃量器检定规程》。

三、实验仪器

分析天平、滴定管（50mL）、容量瓶（250mL）、移液管（25mL）、锥形瓶（50mL）、带磨口玻璃塞。

四、实验步骤

1. 滴定管的校准（称量法）

将已洗净且外表面干燥的带磨口玻璃塞的锥形瓶放在分析天平上称量，得空瓶质量 $m_瓶$，记录至 0.001g 位。

再将已洗净的滴定管盛满纯水，调至 0.00mL 刻度处，从滴定管中放出一定体积的纯水（记为 V_0），如放出 5.00mL 的纯水于已称量的锥形瓶中，盖紧塞子，称出"瓶＋水"的质量 $m_{瓶+水}$，两次质量之差即为放出水的质量 $m_水$。用同法称量滴定管从 0.00～10.00mL、0.00～15.00mL、0.00～20.00mL、0.00～25.00mL 等刻度间的 $m_水$，用实验水温时水的密度来除每次 $m_水$，即可得到滴定管各部分的实际容量 V_{20}。重复校准一次，两次相应区间的水质量相差应小于 0.02g（为什么?），求出平均值，并计算校准值 $\Delta V=(V_{20}-V_0)$。以 V_0 为横坐标，ΔV 为纵坐标绘制滴定管校准曲线。

现将一支 50mL 滴定管在水温 21℃ 校准的部分实验数据列于表 3-2 中。

表 3-2　50mL 滴定管校正表（水温 21℃，$\rho=0.9970g \cdot mL^{-1}$）

V_0/mL	$m_{瓶+水}/g$	$m_瓶/g$	$m_水/g$	V_{20}/mL	$\Delta V/mL$
0.00～5.00	34.148	29.207	4.941	4.96	−0.04
0.00～10.00	39.317	29.315	10.002	10.03	+0.03
0.00～15.00	44.304	29.350	14.954	15.00	0.00
0.00～20.00	49.395	29.434	19.961	20.02	+0.02
0.00～25.00	54.286	29.383	24.903	24.98	−0.02
……					

移液管和容量瓶也可用称量法进行校准。校准容量瓶时，不必用锥形瓶，且称准至 0.01g 即可。

2.移液管和容量瓶的相对校准

用洁净的 25mL 移液管移取纯水于干净且晾干的 250mL 容量瓶中，重复 10 次后，观察液面的弯月面下缘是否恰好与标线上缘相切，若不相切，则用胶布在瓶颈上另作标记，以后实验中，此移液管和容量瓶配套使用时，应以新标记为准。

五、注意事项

① 拿取锥形瓶时，戴手套或用纸条（三层以上）套取。

② 锥形瓶磨口部位不要沾水。

③ 测量实验水温时，需将温度计插入水中 5～10min 后才能读数，读数时温度计球部仍应浸在水中。严格来说，必须使用分度值为 0.1℃ 的温度计。

六、思考题

① 校准滴定管时，锥形瓶和水的质量必须称准到 0.001g，为什么?

② 容量瓶校准时为什么需要晾干? 在用容量瓶配制标准溶液时是否也要晾干?

③ 在实际分析工作中如何应用滴定管的校准值?

④ 分段校准滴定管时，为什么每次都要从 0.00mL 开始?

⑤ 试写出以称量法对移液管（单标线吸量管）进行校准的简要步骤。

实验二十三　滴定分析基本操作练习

一、实验目的

① 学习、掌握滴定分析常用仪器的洗涤和正确使用方法。

② 了解常用酸碱标准溶液的配制方法。

③ 掌握实验原理并初步掌握常用指示剂（甲基橙、酚酞）终点的确定。

④ 学习正确记录数据和处理结果的方法。

二、实验原理

强酸 HCl 与强碱 NaOH 溶液相互滴定时，化学计量点时的 pH 为 7.0，滴定的突跃 pH 范围为 4～10，选用在突跃范围内变色的指示剂，可以保证测定有足够的准确度。在这一范围内可采用甲基橙（变色范围 pH 3.1～4.4）、甲基红（变色范围 pH 4.4～6.2）、酚酞（变色范围 pH 8.0～10.0）、百里酚蓝-甲酚红钠盐水溶液（变色点的 pH 为 8.3）等指示剂来指示终点。

为了训练学生的滴定分析基本操作，选用甲基橙、酚酞两种指示剂，在指示剂不变的情况下，一定浓度的 HCl 溶液和一定浓度的 NaOH 溶液相互滴定时，所消耗的体积比 V_{HCl}/V_{NaOH} 应是一定的，改变滴定溶液的体积，此体积比应基本不变。根据此体积比，可以检验学生滴定操作技术和判断终点的能力。

三、实验药品

固体 NaOH、HCl 溶液（$6\text{mol} \cdot \text{L}^{-1}$）、酚酞指示剂（$2\text{g} \cdot \text{L}^{-1}$ 60％乙醇溶液）、甲基橙指示剂（$1\text{g} \cdot \text{L}^{-1}$）。

四、实验步骤

1. 酸碱溶液的配制

$0.1\text{mol} \cdot \text{L}^{-1}$ HCl 溶液的配制：用洁净 10mL 小量筒（或量杯）量取 $6\text{mol} \cdot \text{L}^{-1}$ HCl 溶液约 9mL，倒入试剂瓶中，加去离子水稀至 500mL，盖好玻璃塞，摇匀。

$0.1\text{mol} \cdot \text{L}^{-1}$ NaOH 溶液的配制：称取固体 NaOH 2g，置于 250mL 烧杯中，加入去离子水使之溶解，稍冷却后转入塑料试剂瓶中，加水稀至 500mL，摇匀。

2. 酸碱溶液的相互滴定

① 洗涤酸式、碱式滴定管及移液管。将酸式滴定管涂凡士林油，并检查是否漏水。检查碱式滴定管的乳胶管是否老化，是否需更换新的，检查玻璃珠大小是否合适及是否漏水。

② 用 $0.1\text{mol} \cdot \text{L}^{-1}$ NaOH 溶液润洗碱式滴定管 2～3 次，每次用 5～10mL 溶液。然后将 NaOH 溶液装入碱式滴定管中，排除玻璃球下部的管中的气泡，调节滴定管液面至 0.00 刻度。

③ 用 $0.1\text{mol} \cdot \text{L}^{-1}$ HCl 溶液润洗酸式滴定管 2～3 次，每次用 5～10mL 溶液。然后将 HCl 溶液装入滴定管中，调节液面到 0.00 刻度。

④ 从碱式滴定管中以 $10\text{mL} \cdot \text{min}^{-1}$ 的流速放出约 20.00mL NaOH 溶液于 250mL 锥形瓶中（先快速放出 19.5mL，停 30s，再继续放到 20.00mL），加入 2 滴甲基橙指示剂，用酸管中的 HCl 溶液进行滴定操作练习，务必熟练掌握操作。练习过程中，可以不断补充 NaOH 和 HCl，反复进行，直至操作熟练后，观测甲基橙终点颜色的变化，再进行⑤、⑥的实验步骤。

⑤ 由碱式滴定管中放出 NaOH 溶液 20～30mL 于锥形瓶中，加入 2 滴甲基橙指示剂，用 $0.1\text{mol} \cdot \text{L}^{-1}$ HCl 溶液滴定。当溶液由黄色转变为橙色时，记下读数（精确至 0.01mL）。平行滴定三份，数据按表 3-3 记录。计算体积比 V_{HCl}/V_{NaOH}，要求相对偏差在 ±0.3％以内，否则重新滴定。

⑥ 用 $0.1\text{mol} \cdot \text{L}^{-1}$ HCl 溶液润洗移液管 2～3 次，吸取 25.00mL $0.1\text{mol} \cdot \text{L}^{-1}$ HCl 溶液于 250mL 锥形瓶中，加 2～3 滴酚酞指示剂，用 $0.1\text{mol} \cdot \text{L}^{-1}$ NaOH 溶液滴定至呈微红色，保持 30s 不褪色即为终点。平行滴定三份，数据记录在表 3-4 中，要求三次之间消耗 NaOH 溶液的体积的最大差值不超过 ±0.04mL。

五、注意事项

① 本实验配制 NaOH 溶液的方法对于初学者较为方便，但不严格。因为市售的 NaOH 常因吸收 CO_2 而混有少量 Na_2CO_3，以致在分析结果中导致误差。如要求严格，必须设法

除去 CO_3^{2-}。

② NaOH 溶液腐蚀玻璃，一定要使用橡皮塞，不能使用玻璃瓶塞，否则长久放置，瓶子打不开，浪费试剂。长期久置的 NaOH 标准溶液，应装入广口瓶中，瓶塞上部装有一碱石灰装置，以防止吸收 CO_2 和水分。

③ 甲基橙由黄色变为橙色终点不好观察，可用三个锥形瓶比较：一锥形瓶中放入 50mL 水，加入甲基橙 1 滴，呈黄色；另一锥形瓶中加入 50mL 水，滴入甲基橙 1 滴，滴入 1/4 或 1/2 滴 $0.1mol \cdot L^{-1}$ HCl 溶液，呈橙色；另取一锥形瓶，其中加入 50mL 水，滴入甲基橙 1 滴，滴入 $0.1mol \cdot L^{-1}$ NaOH 1 滴，呈现深黄色。比较后有助于确定橙色。

六、数据处理

本实验的数据处理表格参见表 3-3、表 3-4。

表 3-3　HCl 溶液滴定 NaOH 溶液（指示剂：甲基橙）

记录项目	I	II	III
V_{NaOH}/mL			
V_{HCl}/mL			
V_{HCl}/V_{NaOH}			
V_{HCl}/V_{NaOH} 平均值			
相对偏差/%			
平均相对偏差/%			

表 3-4　NaOH 溶液滴定 HCl 溶液（指示剂：酚酞）

记录项目	I	II	III
V_{HCl}/mL			
V_{NaOH}/mL			
平均值 $\overline{V}_{NaOH}$/mL			

七、思考题

① 配制 NaOH 溶液时，应选用何种天平称取试剂？为什么？

② HCl 和 NaOH 溶液能直接配制准确浓度吗？为什么？

③ 在滴定分析实验中，滴定管、移液管为何需要用滴定剂和要移取的溶液润洗几次？滴定中使用的锥形瓶是否也要用滴定剂润洗？为什么？

④ HCl 溶液与 NaOH 溶液定量反应完全后，生成 NaCl 和水，为什么用 HCl 滴定 NaOH 时采用甲基橙作为指示剂，而用 NaOH 滴定 HCl 溶液时却使用酚酞？

实验二十四　有机酸摩尔质量的测定

一、实验目的

① 掌握差减称量法称量操作的基本要点。

② 了解以滴定分析法测定酸碱物质摩尔质量的基本方法和原理。

③ 掌握 NaOH 标准溶液的配制和标定方法。

④ 掌握强碱滴定有机弱酸的滴定过程、突跃范围及指示剂的选择原理。

⑤ 进一步掌握滴定操作的要点和定量转移操作的要点。

二、实验原理

大多数有机酸为弱酸，它们和 NaOH 溶液的反应为：

$$n\mathrm{NaOH} + \mathrm{H}_n\mathrm{A}(\text{有机酸}) =\!=\!= \mathrm{Na}_n\mathrm{A} + n\mathrm{H}_2\mathrm{O}$$

当多元有机酸的离解常数均符合准确滴定要求时，用酸碱滴定法，可以测定有机酸的摩尔质量。测定时，n 值需已知。

滴定产物是强碱弱酸盐，滴定突跃在碱性范围内，选用酚酞等指示剂。

三、实验药品

① 邻苯二甲酸氢钾（$\mathrm{KHC}_8\mathrm{H}_4\mathrm{O}_4$）基准物质（在 $100\sim120℃$ 干燥 1h 后，放入干燥器中备用）。

② 其他药品：NaOH 固体、酚酞指示剂（$2\mathrm{g} \cdot \mathrm{L}^{-1}$ 60% 乙醇溶液）。

③ 有机酸试样：草酸、酒石酸、柠檬酸、乙酰水杨酸、苯甲酸等。

四、实验步骤

1. $0.1\mathrm{mol} \cdot \mathrm{L}^{-1}$ NaOH 溶液的配制和标定

① NaOH 溶液的配制　用烧杯在台秤上称取 2g 固体 NaOH，加入新鲜或煮沸除去 CO_2 的蒸馏水，溶解完全后，转入塑料试剂瓶中，加水稀释至 500mL，充分摇匀。

② NaOH 溶液的标定　从称量瓶中以递减称量法称取 $\mathrm{KHC}_8\mathrm{H}_4\mathrm{O}_4$ 基准物质 3 份于 250mL 锥形瓶中，每份 $0.4\sim0.6\mathrm{g}$，加入 $40\sim50\mathrm{mL}$ 蒸馏水使之溶解后，加入 $2\sim3$ 滴酚酞指示剂，用待标定的 NaOH 溶液滴定至呈现微红色，保持半分钟内不褪色即为终点。平行测定 3 份，计算 NaOH 溶液的浓度，测定的相对平均偏差应$\leqslant\pm0.2\%$，否则需重新标定。

2. 有机酸摩尔质量的测定

① 试样溶液的配制　用递减称量法称取有机酸试样 $1.4\sim1.6\mathrm{g}$（如草酸）于 50mL 小烧杯中，加水溶解，转入 250mL 容量瓶中，用去离子水冲洗小烧杯内壁 $2\sim3$ 次，溶液转移至 250mL 容量瓶中，继续向容量瓶中加入去离子水至刻度，摇匀。

② 试样溶液的测定　用 25.00mL 移液管移取试样溶液于 250mL 锥形瓶中，加酚酞指示剂 $2\sim3$ 滴，用 NaOH 标准溶液滴定至由无色变为微红色，30s 内不褪色，即为终点。3 次平行测定所消耗的 NaOH 溶液体积的极差应不超过 0.04mL，否则重新测定。根据所消耗 NaOH 溶液体积的平均值及其浓度和试样量计算有机酸摩尔质量 $M_{\text{有机酸}}$。

五、注意事项

① 配制 NaOH 溶液时，为了除去 NaOH 吸收 CO_2 形成的 $\mathrm{Na}_2\mathrm{CO}_3$，称取 $5\sim6\mathrm{g}$ 固体 NaOH，置于 250mL 烧杯中，用煮沸并冷却后的蒸馏水迅速洗涤 $2\sim3$ 次，每次用 $5\sim10\mathrm{mL}$ 水作漂洗，这样可除去 NaOH 表面上少量的 $\mathrm{Na}_2\mathrm{CO}_3$。留下的固体苛性碱，用水溶解后加水稀释至 1L。

② 测定时称取试样多少，可由公式大致算出。例如选用草酸时，计算公式为 $(m/M) \times 1000 = (1/2)cV$，式中，草酸（$\mathrm{H}_2\mathrm{C}_2\mathrm{O}_4 \cdot 2\mathrm{H}_2\mathrm{O}$）摩尔质量 M 为 $126.07\mathrm{g} \cdot \mathrm{mol}^{-1}$；$c \approx 0.1\mathrm{mol} \cdot \mathrm{L}^{-1}$；$V \approx 25\mathrm{mL}$；故 $m \approx 0.16\mathrm{g}$，这是每份滴定时需要的草酸量。现在是 250mL 试液分取 1/10，因此，需称取草酸试样量为 $10 \times 0.16 = 1.6\mathrm{g}$。本实验除告知 n 值外，所测有机酸的摩尔质量范围亦同时告诉学生，以便预习时事先进行计算。

六、数据处理

① 计算 $\mathrm{KHC}_8\mathrm{H}_4\mathrm{O}_4$ 标定 NaOH 溶液浓度。

② 计算用 $KHC_8H_4O_4$ 标定 NaOH 3 次的结果的平均值 x、平均偏差 d、相对平均偏差。

③ 计算有机酸的摩尔质量。计算公式如下：

$$M_A = \frac{bm_A}{ac_B V_B} \tag{3-2}$$

式中，a、b 分别为滴定反应的化学计量数；c_B、V_B 分别为 NaOH 溶液的浓度及滴定所消耗的体积；m_A 为称取的有机酸的质量。

七、思考题

① 如 NaOH 标准溶液在保存过程中吸收了空气中的 CO_2，用该标准溶液滴定盐酸，以甲基橙为指示剂，NaOH 溶液的浓度会不会改变？若用酚酞为指示剂进行滴定时，该标准溶液浓度会不会改变？

② 草酸、柠檬酸、酒石酸等多元有机酸能否用 NaOH 溶液分步滴定？

③ $Na_2C_2O_4$ 能否作为酸碱滴定的基准物质？为什么？

④ 称取 0.4g $KHC_8H_4O_4$ 溶于 50mL 水中，此时溶液的 pH 为多少？

⑤ 称取 $KHC_8H_4O_4$ 为什么一定要在 0.4~0.6g 范围内？能否少于 0.4g 或多于 0.6g，为什么？

实验二十五　混合碱的测定（双指示剂法）

一、实验目的

① 掌握双指示剂法测定混合碱的基本原理和方法。

② 学会 HCl 标准溶液的配制和标定方法。

③ 掌握双指示剂法确定滴定终点的方法。

二、实验原理

混合碱是 Na_2CO_3 与 NaOH 或 $NaHCO_3$ 与 Na_2CO_3 的混合物。欲测定同一份试样中各组分的含量，可用 HCl 标准溶液滴定，根据滴定过程中 pH 值变化的情况，选用两种不同的指示剂分别指示第一、第二化学计量点，即"双指示剂法"。此法简便、快速，在生产实际中应用广泛。

在混合碱试液中加入酚酞指示剂（变色 pH 范围为 8.0~10.0），此时呈现红色。用 HCl 标准溶液滴定至溶液由红色恰变为无色或淡粉色，则试液中所含 NaOH 完全被中和，所含 Na_2CO_3 被中和一半，反应式如下：

$$NaOH + HCl \xrightarrow{\text{酚酞}} NaCl + H_2O$$

$$Na_2CO_3 + HCl \xrightarrow{\text{酚酞}} NaCl + NaHCO_3$$

设此时所消耗 HCl 标准溶液的体积为 V_1（mL）。再加入甲基橙指示剂（变色 pH 范围为 3.1~4.4），继续用 HCl 标准溶液滴定，使溶液由黄色转变为橙色即为终点。此时所消耗 HCl 溶液的体积为 V_2（mL），反应式为：

$$NaHCO_3 + HCl \xrightarrow{\text{甲基橙}} NaCl + CO_2 \uparrow + H_2O$$

根据 V_1、V_2 可分别计算混合碱中 NaOH 与 Na_2CO_3 或 $NaHCO_3$ 与 Na_2CO_3 的含量。

当 $V_1 > V_2$ 时，试样为 Na_2CO_3 与 NaOH 的混合物。中和 Na_2CO_3 所需 HCl 是两次滴定加入的量，两次用量应该相等，由反应式可知，其换算因子 $a:b$ 为 $1:1$。中和 NaOH 时所消耗的 HCl 量应为 $V_1 - V_2$，故计算 NaOH 和 Na_2CO_3 组分的含量应为：

$$w_{NaOH} = \frac{(V_1 - V_2) \times c_{HCl} \times M_{NaOH}}{m_s} \qquad (3-3)$$

$$w_{Na_2CO_3} = \frac{V_2 \times c_{HCl} \times M_{Na_2CO_3}}{m_s} \qquad (3-4)$$

将 w 乘 100%，即为百分含量。

当 $V_1 < V_2$ 时，试样为 Na_2CO_3 与 $NaHCO_3$ 的混合物，此时 V_1 为中和 Na_2CO_3 至 $NaHCO_3$ 时所消耗的 HCl 溶液体积，故 Na_2CO_3 所消耗 HCl 溶液体积为 $2V_1$。中和 $NaHCO_3$ 所用的 HCl 的量应为 $V_2 - V_1$，计算式为：

$$w_{NaHCO_3} = \frac{(V_2 - V_1) \times c_{HCl} \times M_{NaHCO_3}}{m_s} \qquad (3-5)$$

$$w_{Na_2CO_3} = \frac{\frac{1}{2} \times 2V_1 \times c_{HCl} \times M_{Na_2CO_3}}{m_s} \qquad (3-6)$$

w 值乘 100%，即为百分含量。

传统的双指示剂法是先用酚酞指示剂，后用甲基橙指示剂，用 HCl 标准溶液滴定。由于酚酞变色不很敏锐，人眼观察这种颜色变化的灵敏性稍差些，因此也常选用百里酚蓝-甲酚红混合指示剂。酸色为黄色，碱色为紫色，变色点 pH 为 8.3。pH8.2 为玫瑰色，pH8.4 为清晰的紫色，此混合指示剂变色敏锐。用 HCl 滴定剂滴定溶液由紫色变为粉红色，即为终点。

三、实验药品

① 无水 Na_2CO_3 基准物质（于 180℃干燥 2～3h，也可以将 $NaHCO_3$ 置于瓷坩埚中，在 270～300℃的烘箱内干燥 1h，使之转化为 Na_2CO_3，放入干燥器内冷却后备用）、硼砂 $(Na_2B_4O_7 \cdot 10H_2O)$。

② $0.1mol \cdot L^{-1}$ HCl 溶液（配制方法见实验二十三）。

③ 指示剂：甲基橙指示剂（$1g \cdot L^{-1}$ 水溶液）、甲基红指示剂（$2g \cdot L^{-1}60\%$乙醇溶液）、酚酞指示剂（$2g \cdot L^{-1}60\%$乙醇溶液）。

④ 混合碱试样。

四、实验步骤

1. $0.1mol \cdot L^{-1}$ HCl 溶液的标定

① 用无水 Na_2CO_3 基准物质标定　采用递减称量法从称量瓶中称取 0.15～0.20g 无水 Na_2CO_3 三份，分别倒入 250mL 锥形瓶中，加入 20～30mL 水使之溶解，再加入 1～2 滴甲基橙指示剂，用待标定的 HCl 溶液滴定至溶液由黄色恰变为橙色即为终点。计算 HCl 溶液的摩尔浓度。

② 用硼砂 $Na_2B_4O_7 \cdot 10H_2O$ 标定　称取硼砂 0.8～1.0g 三份，分别倾入 250mL 锥形瓶中，加水 50mL 使之溶解后，加入 2 滴甲基红指示剂，用 HCl 标准溶液滴定至溶液由黄色恰变为浅红色即为终点。根据硼砂的质量和滴定时所消耗的 HCl 溶液的体积，计算 HCl 溶液的摩尔浓度。

2. 混合碱含量的测定

① 试样溶液的配制　称取混合碱试样 2.0～2.5g 于 250mL 烧杯中，加少量水溶解后，定量转入 250mL 容量瓶中，用水稀释至刻度，充分摇匀。

② 试样溶液的测定　平行移取试液 25.00mL 三份于 250mL 锥形瓶中，加酚酞指示剂

$2\sim3$ 滴，用 HCl 溶液滴定至溶液由红色恰好褪至无色，记下所消耗 HCl 溶液的体积 V_1，再加入甲基橙指示剂 $1\sim2$ 滴，继续用盐酸溶液滴定至溶液由黄色恰变为橙色，消耗 HCl 的体积记为 V_2。按原理部分所述公式计算混合碱中各组分的含量。

五、注意事项

① 为了确保硼砂分子中的 10 个结晶水，常需将其保存在相对湿度 60% 的密闭容器中。如果室内的相对湿度不低于 39% 时，硼砂的失水现象并不严重，对分析结果的影响不大，可不必对硼砂作另外的处理。

② 硼砂在 $20℃$ 时，100g 水中可溶解 5g，如温度太低，有时不大好溶，可适量地加入温热的水，加速溶解。但滴定时一定要冷至室温。

六、思考题

① 欲测定混合碱中的总碱度，应选用何种指示剂？

② 采用双指示剂法测定混合碱，在同一份溶液中测定，试判断下列五种情况下，混合碱中存在的成分是什么？

a. $V_1=0$ b. $V_2=0$ c. $V_1>V_2$ d. $V_2>V_1$ e. $V_1=V_2$

③ 无水 Na_2CO_3 保存不当，吸水 1%，用此基准物质标定 HCl 溶液浓度时，其结果有何影响？用此浓度测定试样，其影响如何？

④ 测定混合碱时，到达第一化学计量点前，由于滴定速度太快，摇动锥形瓶不均匀，致使滴入 HCl 局部过浓，使 $NaHCO_3$ 迅速转变为 H_2CO_3 而分解为 CO_2 损失，此时采用酚酞为指示剂，记录 V_1，对测定有何影响？

⑤ 混合指示剂的变色原理是什么？有何优点？

⑥ 标定 HCl 溶液时，可用基准 Na_2CO_3 和 NaOH 标准液两种方法进行标定。试比较两种方法的优缺点。

实验二十六　磷酸电位滴定分析

一、实验目的

① 了解电位滴定分析的基本原理。

② 掌握酸度计的使用方法和测量溶液 pH 的操作要点。

③ 学会运用三切线法和一级、二级微商法来处理实验数据。

二、实验原理

电位滴定法是根据滴定过程中，指示电极的电位或 pH 值产生突跃，从而确定滴定终点的一种分析方法。

在以 NaOH 溶液为滴定剂滴定 H_3PO_4 溶液时，将饱和甘汞电极及玻璃电极插入待测试液中，使之组成原电池：

$$\mathrm{Ag \mid AgCl, HCl(0.1mol \cdot L^{-1}) \mid 玻璃膜 \mid 被测试液 \parallel KCl(>3.5mol \cdot L^{-1}), HgCl_2 \mid Hg}$$

      玻璃电极 H^+ 盐桥   饱和甘汞电极

                   被测试液

由于玻璃膜上的阳离子能与溶液中的 H^+ 产生离子交换而产生电位，因而称玻璃电极为指示电极，饱和甘汞电极为参比电极。当 NaOH 溶液不断滴入试液中，溶液 H^+ 的活度随之改变，电池的电动势不断变化，可用能斯特公式表示，具体表示为：

$$E_{电势} = \Delta E^{\ominus} - 0.059V \lg a_{H^+} \quad 或 \quad E_{电势} = \Delta E^{\ominus} + 0.059V pH \qquad (3-7)$$

此处以消耗的滴定剂 NaOH 体积 V（mL）为横坐标，相应的溶液 pH 值为纵坐标，绘制 pH-V 的滴定曲线，曲线上呈现出两个滴定突跃，以"三切线法"作图，如图 3-1 所示，可以准确地确定两个突跃范围内各自的滴定终点，即在滴定曲线两端平坦转折处作 AB 及 CD 两条切线，在曲线突跃部分作 EF 切线与 AB 及 CD 两线相交于 P、Q 两点，通过 P、Q 两点作 PG、QH 两条线平行于横坐标，然后在此两条线之间作垂直线，在垂线一半的"J"点处，作 JJ' 平行于横坐标，此 J' 点称为拐点，即为化学计量点。此 J' 点投影于 pH 与 V 坐标上分别得到滴定终点的 pH 值和滴定剂的体积 V。曲线上第一化学计量点 pH 为 $4.0 \sim 5.0$，第二化学计量点 pH 为 $9.0 \sim 10.0$，可分别观察突跃。

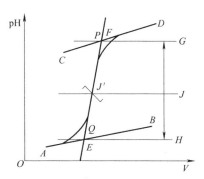

图 3-1 三切线法作图

如要求更准确地确定化学计量点，可用一级微商法 $[(dpH/dV)\text{-}V]$ 和二级微商法 $[(d^2pH/dV^2)\text{-}V]$。表 3-5 为数据处理示例。如用三切线法求得第一终点时，$V_{ep1} = 19.00\text{mL}$，用一级微商求得 $V_{ep1} = 19.50\text{mL}$，用二级微商，求得 $V_{ep1} = 19.46\text{mL}$。

同一种测定，用三种不同的方法确定化学计量点，其相应滴定剂体积稍有差异，用微商法处理准确度较高。

1. 一级微商法示例

当滴入 NaOH 为 $18.80 \sim 19.00\text{mL}$ 时：

$$dpH/dV = \frac{(pH)_{V_2} - (pH)_{V_1}}{V_2 - V_1} = \frac{3.60 - 3.51}{19.00 - 18.80} = 0.45 \qquad (3-8)$$

0.45 对应的体积 $\overline{V} = (V_2 + V_1)/2 = 18.90\text{mL}$。其他各点仿照示例计算可得到表 3-5 中数据，以 $\Delta pH/\Delta V$ 为纵坐标，$\overline{V}$ 为横坐标作图，得图 3-2(a)。

表 3-5 H_3PO_4 电位滴定数据记录和处理示例

加入 NaOH 溶液体积		溶液 pH	$\Delta pH/\Delta V$	$\Delta^2 pH/\Delta V^2$
V/mL	$\overline{V}$/mL			
18.80		3.51		
	18.90		0.45	
19.00		3.60		2.25
	19.10		0.90	
19.20		3.78		6.00
	19.30		2.10	
19.40		4.20		2.00
	19.50		2.50	
19.60		4.70		-2.50
	19.70		2.00	
19.80		5.10		0.90
	19.90		0.90	
20.00		5.28		

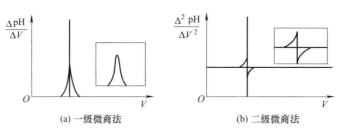

$$\text{(a) 一级微商法} \qquad\qquad \text{(b) 二级微商法}$$

图 3-2　一级和二级微商法处理滴定曲线

2. 二级微商法示例

先按上述方法求得 19.10mL 和 18.90mL 的一级微商后，再求出 19.10mL 的二级微商：

$$\mathrm{d}^2\mathrm{pH}/\mathrm{d}V^2 = \frac{(\Delta\mathrm{pH}/\Delta V)_{19.10} - (\Delta\mathrm{pH}/\Delta V)_{18.90}}{V_2 - V_1} = \frac{0.90 - 0.45}{0.2} = 2.25 \tag{3-9}$$

此 2.25 值，即为 19.00mL 对应的值。以 $\mathrm{d}^2\mathrm{pH}/\mathrm{d}V^2$ 为纵坐标，以对应的 $\bar{V}$ 为横坐标描点作图，得到图 3-2(b)。显然，当 $\dfrac{\Delta^2\mathrm{pH}}{\Delta V^2}=0$ 时，即二级微商由正值变化到负值时，此点即为滴定终点。

用电位法绘制 pH-V 滴定曲线，从此曲线上不仅可以确定化学计量点，而且也能求算被测 $\mathrm{H_3PO_4}$ 的 K_{a_1} 和 K_{a_2}。

从 pH-V 滴定曲线上找出滴定到第一化学计量点所用 NaOH 滴定剂体积一半时对应的 pH 值，此时 $[\mathrm{H_3PO_4}]\approx[\mathrm{H_2PO_4^-}]$，由 $K_{a_1}\approx[\mathrm{H^+}][\mathrm{H_2PO_4^-}]/[\mathrm{H_3PO_4}]$ 计算得到 $K_{a_1}=[\mathrm{H^+}]$，即 $\mathrm{p}K_{a_1}=\mathrm{pH}$。由于 $\mathrm{H_3PO_4}$ 的 K_{a_1} 较大，用上述最简式计算误差大，最好采用式(3-10) 和式(3-11) 计算，求得 K_{a_1}。

$$[\mathrm{H^+}] = K_{a_1} \frac{[\mathrm{H_3PO_4}] - [\mathrm{H^+}] + [\mathrm{OH^-}]}{[\mathrm{H_2PO_4^-}] + [\mathrm{H^+}] - [\mathrm{OH^-}]} \tag{3-10}$$

由于 $[\mathrm{H^+}]\gg[\mathrm{OH^-}]$，上式可简化为

$$[\mathrm{H^+}] = K_{a_1} \frac{[\mathrm{H_3PO_4}] - [\mathrm{H^+}]}{[\mathrm{H_2PO_4^-}] + [\mathrm{H^+}]} \tag{3-11}$$

同理可以得到 $\mathrm{H_3PO_4}$ 的 K_{a_2}，但应根据第二个化学计量点 V_{ep2} 的 NaOH 体积计算。此时 pH 值粗略地估算约等于 $\mathrm{p}K_{a_2}$，较仔细地计算应在式(3-10) 基础上，考虑到第二个化学计量点在碱性区间，$[\mathrm{OH^-}]\gg[\mathrm{H^+}]$，式(3-11) 中可忽略 $[\mathrm{H^+}]$，但相应的组分是 $\mathrm{H_2PO_4^-}$，故

$$[\mathrm{H^+}] = K_{a_2} \frac{[\mathrm{H_2PO_4^-}] + [\mathrm{OH^-}]}{[\mathrm{HPO_4^{2-}}] - [\mathrm{OH^-}]} \tag{3-12}$$

本实验要求用 $0.1\mathrm{mol\cdot L^{-1}}$ NaOH 滴定 $0.1\mathrm{mol\cdot L^{-1}}$ $\mathrm{H_3PO_4}$，绘制出 pH-V 滴定曲线。从此滴定曲线上用三切线法或一级微商法准确求出 $\mathrm{pH_{eq1}}$ 和 $\mathrm{pH_{eq2}}$。$\mathrm{H_3PO_4}$ 的 K_{a_1} 和 K_{a_2} 可以从 pH-V 滴定曲线计算求得。

三、实验仪器与药品

① 仪器：酸度计及配套电极、滴定管、电磁搅拌器。

② NaOH 标准溶液（$0.1\mathrm{mol\cdot L^{-1}}$，配制和标定参见实验二十四）。

③ H_3PO_4 溶液（0.1mol·L^{-1}）：量取 7mL H_3PO_4 溶液（1+1）加水稀释至 500mL，存放在玻璃试剂瓶中，充分摇匀。

④ 标准缓冲溶液：0.025mol·L^{-1} KH_2PO_4 与 0.025mol·L^{-1} Na_2HPO_4 溶液按等体积混合，pH 为 6.864。

⑤ 指示剂：甲基橙指示剂（1g·L^{-1}）、酚酞指示剂（2g·L^{-1} 乙醇溶液）。

四、实验步骤

① 连接好电位滴定装置 一般电位滴定装置如图 3-3 所示。

② 熟悉酸度计的正确使用方法及电极的安装、仪器的校正和定位及测量 pH 值等主要操作。

③ 测量 H_3PO_4 试液的 pH 值 吸取 25.00mL 0.1mol·L^{-1} H_3PO_4 溶液放入 150mL（或 200mL）烧杯中，插入电极，如电极未能浸没，可适当加入一些蒸馏水使电极能浸没。装玻璃电极时要特别小心，玻璃膜很薄易碎，注意不要碰撞。按操作要求和步骤测量 0.1mol·L^{-1} H_3PO_4 试液的 pH 值。

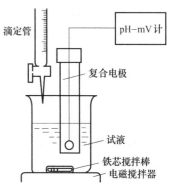

图 3-3 电位滴定装置示意图

④ 磷酸的电位滴定 将 0.1mol·L^{-1} NaOH 标准溶液装入碱式滴定管，搅拌磁子放入被测试液中，为了更好地观察终点，同时加入甲基橙和酚酞指示剂。开动电磁搅拌器，用 NaOH 标准溶液滴定，开始时可一次滴入 5mL，测量一次 pH 值。然后每加入 2mL NaOH 溶液测量其相应的 pH。滴定至 pH=3 后，每隔 0.1mL 或 0.2mL 测量。特别是突跃部分的 pH 值要多测几个点。此时也可借助甲基橙指示剂的变色来判断第一个化学计量点。然后用 0.1mol·L^{-1} NaOH 溶液继续滴定，测定的间隔与第一化学计量点测定方法相同。当被测试液中出现微红色时，或滴至 pH=7.5 后，每次滴入 NaOH 的体积要少，滴定直至出现第二次突跃，测量至 pH 约为 11.5 时可停止滴定。

实验完后，取下复合电极，用水吹洗干净，并用滤纸吸干后归还原处保存。复合电极一般保存在饱和氯化钾溶液中。

五、注意事项

本实验因 pH_{eq1} 在弱酸性区间，pH_{eq2} 在碱性区间，定位时仅使用一个适中的磷酸盐标准缓冲溶液（pH=6.864）定位即可以满足教学实验的要求。严格地说，测量 pH_{eq1} 时采用 0.05mol·kg^{-1} 邻苯二甲酸氢钾（pH=4.00）定位为好，测量 pH_{eq2} 采用 0.01mol·kg^{-1} 硼砂（pH=9.18，25℃）定位为好。

六、数据处理

以 V_{NaOH} 为横坐标、pH 为纵坐标，绘出 pH-V 关系曲线，用三切线法求出化学计量点 pH 值和耗去 NaOH 标准溶液的体积，求出 H_3PO_4 试样溶液的浓度。

此外，还可要求学生用一级微商和二级微商方法处理并与之比较。

七、思考题

① H_3PO_4 是三元酸，为何在 pH-V 滴定曲线上仅出现两次突跃？

② 用 NaOH 滴定 H_3PO_4 时，第一个化学计量点和第二个化学计量点所消耗的 NaOH 体积理应相等，但实际上是第二个化学计量点的体积稍大于第一个化学计量点体积的两倍。

为什么？

③ 电位滴定时，某人不小心用自来水代替蒸馏水，对测定结果有何影响？

④ 如果考虑离子强度的影响，试写出计算 pH_{eq1} 和 pH_{eq2} 的公式。

实验二十七　天然水（自来水）总硬度的测定

一、实验目的

① 了解水的总硬度测定的意义和常用的表示方法。

② 掌握络合滴定法测定水硬度的原理和方法。

③ 学会 EDTA 标准溶液的配制及标定方法。

④ 了解金属指示剂的特点，熟悉几种常用金属指示剂的使用方法和颜色变化规律。

二、实验原理

水硬度的测定可分为水总硬度和钙-镁硬度两种，前者是测定 Ca、Mg 总量，以钙化合物含量表示，后者是分别测定 Ca 和 Mg 的含量。

世界各国有不同表示水的硬度的方法。德国硬度（°d）是每度相当于 1L 水中含有 10mg CaO；法国硬度（°f）是每度相当于 1L 水中含 10mg $CaCO_3$；英国硬度（°e）是每度相当于 0.7L 水中含 10mg $CaCO_3$；美国硬度是每度等于法国硬度的十分之一。表 3-6 为各国水的硬度单位换算表。

表 3-6　各国水的硬度单位换算表

硬度单位	mmol/L	德国硬度	法国硬度	英国硬度	美国硬度
1mmol/L	1.00000	2.8040	5.0050	3.5110	5.0050
1 德国硬度	0.35663	1.0000	1.7848	1.2521	17.848
1 法国硬度	0.19982	0.5603	1.0000	0.7015	10.000
1 英国硬度	0.28483	0.7987	1.4255	1.0000	14.255
1 美国硬度	0.01998	0.0560	0.1000	0.0702	1.0000

我国是采用德国硬度单位制。

本实验是用 EDTA 络合滴定法测定水的总硬度。在 $pH \approx 10$ 的缓冲溶液中，以铬黑 T（EBT）为指示剂，用三乙醇胺和 Na_2S 掩蔽 Fe^{3+}、Al^{3+}、Cu^{2+}、Pb^{2+}、Zn^{2+} 等共存离子。为了提高滴定终点的敏锐性，氨性缓冲溶液中可加入一定量 Mg^{2+}-EDTA，由于 Mg^{2+}-EBT 的稳定性大于 Ca^{2+}-EBT 的稳定性，会使终点更明显。计算水总硬度可用下面公式：

$$水的总硬度 = \frac{(c \times V)_{EDTA} \times M_{CaO}}{水样体积} \tag{3-13}$$

三、实验药品

① EDTA 溶液（0.01mol·L^{-1}）：称取 2g EDTA 钠盐，加热溶解后稀释至 500mL，储于聚乙烯塑料瓶中。

② 氨性缓冲溶液（$pH \approx 10$）：称取 20g NH_4Cl 溶解后，加 100mL 浓氨水，加 Mg^{2+}-EDTA 盐溶液，用水稀至 1L。

Mg^{2+}-EDTA 盐溶液的配制：先配制 0.05mol·L^{-1} $MgCl_2$ 和 0.05mol·L^{-1} EDTA 溶液各 500mL，然后用干燥的移液管移取 25.00mL $MgCl_2$ 溶液，加 5mL $pH \approx 10$ 的氨性缓冲

液、0.1g 铬黑 T 指示剂，用 0.1mol·L⁻¹EDTA 溶液滴定至溶液由紫红色变为蓝色，即为终点。按所得比例把 MgCl₂ 和 EDTA 混合后，确保 Mg²⁺：EDTA＝1：1，即成 Mg²⁺-EDTA 盐溶液。将此溶液按需要加到上述缓冲溶液中。

③ CaCO₃ 基准物（于 110℃烘箱中干燥 2h，稍冷后置于干燥器冷却至室温，备用）。

④ ZnO 基准物（900～1000℃焙烧 1h，稍冷后置于干燥器冷却至室温，备用）。

⑤ 其他药品：天然水（自来水）、二甲酚橙（2g·L⁻¹ 水溶液，低温保存，有效期半年）、甲基红（2g·L⁻¹60％乙醇溶液）、六亚甲基四胺（200g·L⁻¹）、氨水（1＋2）、HCl（1＋1）、三乙醇胺（200g·L⁻¹）、Na₂S 溶液（20g·L⁻¹）、铬黑 T（按铬黑 T：NaCl＝1：100 配制成固体粉末）、锌片或锌粉（99.99％）。

四、实验步骤

1.EDTA 溶液的标定

（1）以金属锌为基准

称取 0.15g 左右的金属锌，置于 100mL 烧杯中，加入 5～10mL HCl 溶液（1＋1），盖上表面皿，待完全溶解后，用水吹洗表面皿和烧杯内壁，将溶液转入 250mL 容量瓶中，用水稀释至刻度，摇匀。计算 Zn²⁺ 标准溶液的浓度。

用移液管移取 25.00mL Zn²⁺ 标准溶液于 250mL 锥形瓶中，加入 1～2 滴二甲酚橙指示剂，滴加六亚甲基四胺溶液至溶液呈现稳定的紫红色后，再过量加入 5mL，用 EDTA 溶液滴定至溶液由紫红色变为亮黄色，即为终点。根据滴定时用去的 EDTA 体积和金属锌的质量，计算 EDTA 溶液的准确浓度。

（2）以 ZnO 为基准

称取 0.2～0.25g ZnO 基准物，先用少量水润湿，加 5～10mL HCl 溶液（1＋1），盖上表面皿，使其溶解。待溶解完全后，吹洗表面皿，将溶液转移至 250mL 容量瓶中，用水稀释至刻度。

用移液管移取 25.00mL Zn²⁺ 溶液于 250mL 锥形瓶中，加 1 滴甲基红指示剂，滴加氨水（1＋2）至呈微黄色，再加蒸馏水 25mL、pH≈10 的氨性缓冲溶液 10mL，摇匀。加入铬黑 T 指示剂 0.1g，用 EDTA 标准溶液滴定至由紫红色变为蓝色即为终点。根据滴定用去的 EDTA 体积和 ZnO 质量，计算 EDTA 溶液的准确浓度。

（3）以 CaCO₃ 为基准

称取 0.2～0.3g CaCO₃ 基准物于 250mL 烧杯中，先用少量水润湿，盖上表面皿，用小滴管缓慢滴加 5～10mL HCl 溶液（1＋1），使 CaCO₃ 全部溶解后加水 50mL，微沸几分钟以除去 CO₂。冷却后用水冲洗烧杯内壁和表面皿，将溶液转入 250mL 容量瓶中，用水稀释至刻度，摇匀。

用移液管移取 25.00mL Ca²⁺ 溶液于 250mL 锥形瓶中，加入 1 滴甲基红指示剂，滴加氨水（1＋2）至呈微黄色，再加入含 Mg²⁺-EDTA 盐的 pH≈10 的氨性缓冲溶液 10mL，摇匀。加入铬黑 T 指示剂 0.1g，用 EDTA 溶液滴定至由紫红色变为蓝色即为终点。根据滴定用去的 EDTA 体积和 CaCO₃ 质量，计算 EDTA 溶液的准确浓度。

本实验为了使标定和测定的介质一致，宜在 pH≈10 的氨性缓冲溶液中以 CaCO₃ 为基准对 EDTA 进行标定较为合适。

2.水样分析

取 100mL 天然水（自来水）于 250mL 锥形瓶中，加入 1～2 滴 HCl 酸化。煮沸数分钟

以除去 CO_2。冷却后，加入 3mL 三乙醇胺溶液、5mL 氨性缓冲溶液、1mL Na_2S 溶液以掩蔽重金属离子，加入 0.1g 铬黑 T 指示剂，用 EDTA 溶液滴定至由紫红色变为蓝色即为终点。平行滴定三份，计算水样的总硬度，以（°d）和 $mg \cdot L^{-1}$ 表示结果。

五、注意事项

① 在氨性缓冲溶液中，$Ca(HCO_3)_2$ 含量高时，会析出 $CaCO_3$ 沉淀，影响终点观察，酸化一是使溶液 pH＜4，以便煮沸除去 CO_2，二是使金属离子羟基络合物分解。

② 三乙醇胺可掩蔽 Fe^{3+}、Al^{3+}，其中的杂质会局部封闭 EBT 指示剂，造成终点"返红"现象。据此，一般资料认为三乙醇胺与 K-B 指示剂配合使用较好，最好不与 EBT 同时使用。

六、思考题

① 测定水的硬度时，介质中 Mg^{2+}-EDTA 盐的作用是什么？对测定结果有无影响？

② 已知水质分类是：0～4°d 为很软的水；4～8°d 为软水；8～16°d 为中等硬水；16～30°d 为硬水。你的结果属何种类型？

实验二十八　铅铋溶液中 Pb^{2+}、Bi^{3+} 含量的连续测定

一、实验目的

① 掌握由调节溶液的酸度来进行多种金属离子连续滴定的原理和方法。

② 熟悉二甲酚橙指示剂的应用和终点颜色的变化。

二、实验原理

混合离子的滴定常采用控制酸度法、掩蔽法进行，可根据有关副反应系数原理进行计算，论证它们分别滴定的可能性。

Pb^{2+}、Bi^{3+} 均能与 EDTA 形成稳定的 1：1 络合物，lg$K$ 值分别为 18.04 和 27.94。由于两者的 lg$K$ 值相差很大，故可利用酸效应，控制不同的酸度，分别进行滴定。通常在 pH≈1 时滴定 Bi^{3+}，在 pH 为 5～6 时滴定 Pb^{2+}。

在 Pb^{2+}-Bi^{3+} 混合溶液中，首先调节溶液的 pH≈1，以二甲酚橙为指示剂，用 EDTA 标准溶液滴定 Bi^{3+}。此时，Bi^{3+} 与指示剂形成紫红色络合物（Pb^{2+} 在此条件下不形成紫红色络合物），用 EDTA 标准溶液滴定 Bi^{3+} 至溶液由紫红色变为亮黄色即为终点。

在滴定 Bi^{3+} 后的溶液中，加入六亚甲基四胺溶液，调节溶液 pH≈5～6，此时 Pb^{2+} 与二甲酚橙形成紫红色络合物，溶液再呈现紫红色，然后用 EDTA 标准溶液继续滴定至由紫红色变为亮黄色时，即为滴定 Pb^{2+} 的终点。

三、实验药品

① Pb^{2+}-Bi^{3+} 混合液（含 Pb^{2+}、Bi^{3+} 各约 0.005mol·L^{-1}）：称取 $Pb(NO_3)_2$ 16.5g、$Bi(NO_3)_3$ 24g，将它们加入含 200～300mL HNO_3 的烧杯中，在电炉上微热溶解后，稀释至 10L。

② 其他药品：EDTA 标准溶液（0.01mol·L^{-1}）、二甲酚橙（2g·L^{-1} 水溶液）、六亚甲基四胺溶液（200g·L^{-1}）。

四、实验步骤

1. EDTA 标准溶液的配制和标定见实验二十七。

2. Pb^{2+}-Bi^{3+} 混合液的测定

用移液管移取 25.00mL 已调好酸度的 Pb^{2+}-Bi^{3+} 溶液三份，分别注入 250mL 锥形瓶中，加 1～2 滴二甲酚橙指示剂，用 EDTA 标准溶液滴定至由紫红色变为亮黄色，即为 Bi^{3+} 的终点。根据消耗的 EDTA 体积，计算混合液中 Bi^{3+} 的含量。

在滴定 Bi^{3+} 后的溶液中，滴加六亚甲基四胺溶液，至呈现稳定的紫红色后，再过量 5mL，此时溶液的 pH 值约为 5～6，再用 EDTA 标准溶液滴定至由紫红色变为亮黄色，即为终点。根据滴定结果，计算混合液中 Pb^{2+} 的含量。

五、注意事项

① 如果试样为 Pb^{2+}-Bi^{3+} 合金时，溶样方法如下：称 0.5～0.6g 合金试样于小烧杯中，加入 HNO_3 （1+2）7mL，盖上表面皿，微沸溶解，然后用洗瓶吹洗表面皿与烧杯壁，将溶液转入 100mL 容量瓶中，用 $0.1mol \cdot L^{-1}$ HNO_3 稀释至刻度，摇匀。

② Bi^{3+} 与 EDTA 反应的速度较慢，滴定 Bi^{3+} 时速度不宜过快，且要剧烈摇动。

六、思考题

① 用氧化锌基准物标定 EDTA 时，为什么要加入六亚甲基四胺？

② 本实验中，能否先在 pH≈5～6 的溶液中测定 Pb^{2+} 和 Bi^{3+} 的含量，然后再调整 pH≈1 时测定 Bi^{3+} 的含量？

③ 试分析本实验中，金属指示剂由滴定 Bi^{3+} 到调节 pH≈5～6，又到滴定 Pb^{2+} 后终点变色的过程和原因。

④ 能否直接称取 EDTA 二钠盐配制 EDTA 标准溶液？

⑤ 本实验为什么不用氨或碱调节 pH≈5～6，而用六亚甲基四胺来调节溶液 pH 呢？用 NaAc 缓冲溶液代替六亚甲基四胺行吗？

实验二十九　铝合金中铝含量的测定

一、实验目的

① 了解返滴定的基本原理。

② 掌握置换滴定法测定铝含量的方法。

③ 接触复杂试样，以提高分析问题、解决问题的能力。

二、实验原理

由于 Al^{3+} 易形成一系列多核羟基络合物，这些多核羟基络合物与 EDTA 络合缓慢，故通常采用返滴定法测定铝。加入定量且过量的 EDTA 标准溶液，在 pH≈3.5 煮沸几分钟，使 Al^{3+} 与 EDTA 络合完全，然后调节 pH 至 5～6，以二甲酚橙为指示剂，用 Zn^{2+} 标准溶液返滴定过量的 EDTA 而得铝的含量。

但是，返滴定法测定铝缺乏选择性，所有能与 EDTA 形成稳定络合物的离子都干扰。对于像合金、硅酸盐、水泥和炉渣等复杂试样中的铝，往往采用置换滴定法以提高选择性，即在用 Zn^{2+} 返滴定过量的 EDTA 后，加入过量的 NH_4F，加热至沸，使 AlY^- 与 F^- 之间发生置换反应，释放出与 Al^{3+} 物质的量相等的 H_2Y^{2-} （EDTA）：

$$AlY^- + 6F^- + 2H^+ \Longrightarrow AlF_6^{3-} + H_2Y^{2-}$$

再用 Zn^{2+} 标准溶液滴定释放出来的 EDTA 而得铝的含量。

用置换滴定法测定铝，若试样中含 Ti^{4+}、Zr^{4+}、Sn^{4+} 等离子时，亦会发生与 Al^{3+} 相同的置换反应而干扰 Al^{3+} 的测定。这时，就要采用掩蔽的方法把上述干扰离子掩蔽掉。例如，用苦杏仁酸掩蔽 Ti^{4+} 等。

铝合金所含杂质主要有 Si、Mg、Cu、Mn、Fe、Zn，个别还含 Ti、Ni、Ca 等，通常用 HNO_3-HCl 混合酸溶解，亦可在银坩埚或塑料烧杯中以 NaOH-H_2O_2 分解后再用 HNO_3 酸化。

三、实验药品

NaOH 溶液（200g·L^{-1}）、HCl 溶液（1+1）、HCl 溶液（1+3）、EDTA（0.02mol·L^{-1}）、二甲酚橙（2g·L^{-1}）、氨水（1+1）、六亚甲基四胺（200g·L^{-1}）、Zn^{2+} 标准溶液（约 0.02mol·L^{-1}）、NH_4F（200g·L^{-1}，贮存于塑料瓶中）、铝合金试样。

四、实验步骤

① EDTA 标准溶液的配制和标定参见实验二十七。

② 称取 0.10～0.11g 铝合金试样于 50mL 塑料烧杯中，加 10mL NaOH 溶液，在沸水浴中使其完全溶解，稍冷后，加 HCl 溶液（1+1）至有絮状沉淀产生，再过量 10mL。定量转移试液于 250mL 容量瓶中，加水至刻度，摇匀。

准确移取上述试液 25.00mL 于 250mL 锥形瓶中，加 30mL EDTA、2 滴二甲酚橙，此时试液为黄色，加氨水（1+1）至溶液呈紫红色，再加 HCl 溶液（1+3），使溶液呈现黄色。煮沸 3min 后冷却。加 20mL 六亚甲基四胺，此时溶液应为黄色，如果溶液呈红色，还需滴加 HCl 溶液（1+3），使其变黄。把 Zn^{2+} 标准溶液滴入锥形瓶中，用来与多余的 ED-TA 络合，当溶液恰好由黄色转变为紫红色时停止滴定。（a. 这次滴定是否需要准确操作，即多滴几滴或少滴几滴 Zn^{2+} 标准溶液可否？是否需要记录所消耗的 Zn^{2+} 标准溶液的体积？b. 不用 Zn^{2+} 标准溶液而用浓度不准确的 Zn^{2+} 溶液滴定行不行？）

于上述溶液中加 10mL NH_4F，加热至微沸，流水冷却，再补加 2 滴二甲酚橙，此时溶液为黄色，若为红色，应滴加 HCl 溶液（1+3）使其变为黄色。再用 Zn^{2+} 标准溶液滴定，当溶液由黄色恰好转变为紫红色时即为终点。根据这次 Zn^{2+} 标准溶液所消耗的体积计算铝的质量分数。

五、思考题

① 试述返滴定和置换滴定各适用于哪些含 Al 的试样。

② 对于复杂的铝合金试样，不用置换滴定，所得结果是偏高还是偏低？

③ 返滴定与置换滴定中所使用的 EDTA 有什么不同？

实验三十　过氧化氢含量的测定

一、实验目的

① 掌握应用 $KMnO_4$ 法测定 H_2O_2 含量的方法和原理。

② 掌握 $KMnO_4$ 标准溶液的配制和标定方法。

③ 了解 $KMnO_4$ 作为自身指示剂的特点。

二、实验原理

氧化还原滴定分析法应用非常广泛，主要有 $KMnO_4$ 法、$K_2Cr_2O_7$ 法、碘量法、溴酸钾法和铈量法等。

H_2O_2 分子中有一个过氧键—O—O—，在酸性溶液中它是一个强氧化剂，但遇 $KMnO_4$

则表现为还原剂。测定 H_2O_2 的含量时，在稀硫酸溶液中，室温条件下用 $KMnO_4$ 法测定，其反应式为：

$$5H_2O_2 + 2MnO_4^- + 6H^+ == 2Mn^{2+} + 5O_2 \uparrow + 8H_2O$$

开始时反应速度慢，滴入第一滴溶液不容易褪色，待 Mn^{2+} 生成后，由于 Mn^{2+} 的催化作用，加快了反应速度，故能顺利地滴定到呈现稳定的微红色即为终点，因而称为自动催化反应。稍过量的滴定（$10^{-5} mol \cdot L^{-1}$），本身的紫红色即显示终点。

如 H_2O_2 试样系工业产品，用上述方法测定误差较大，因产品中常加入少量乙酰苯胺等有机物质作稳定剂，此类有机物也消耗 $KMnO_4$。遇此情况应采用碘量法测定。利用 H_2O_2 和 KI 作用，析出 I_2，然后用 $S_2O_3^{2-}$ 溶液滴定。

$$H_2O_2 + 2H^+ + 2I^- == 2H_2O + I_2$$
$$I_2 + 2S_2O_3^{2-} == S_4O_6^{2-} + 2I^-$$

H_2O_2 在工业、生物医药等方面应用很广泛。利用 H_2O_2 的氧化性漂白毛、丝织物，医药上常用 H_2O_2 消毒和杀菌，纯 H_2O_2 用作火箭燃料的氧化剂，工业上利用 H_2O_2 的还原性除去氯气，反应式为：

$$H_2O_2 + Cl_2 == 2Cl^- + O_2 \uparrow + 2H^+$$

植物体内的过氧化氢酶也能催化 H_2O_2 的分解反应，故在生物上利用此性质测量 H_2O_2 分解所放出的氧来测量过氧化氢酶的活性。由于过氧化氢有着广泛的应用，常需要测定它的含量。

三、实验药品

$Na_2C_2O_4$ 基准物质（于 100～105℃ 干燥 2h 后备用）、H_2SO_4（1+5）、$KMnO_4$ 固体、H_2O_2（30% 原装溶液）、$MnSO_4$（$1mol \cdot L^{-1}$）。

四、实验步骤

1. $KMnO_4$ 溶液的配制

称取 $KMnO_4$ 固体约 1.6g 溶于 500mL 水中，盖上表面皿，加热至沸并保持微沸状态 1h。冷却后，用微孔玻璃漏斗（3 号或 4 号）过滤，滤液贮存于棕色试剂瓶中。将溶液在室温条件下静置 2～3d 后过滤备用。

2. $KMnO_4$ 溶液的标定

称取 0.15～0.20g $Na_2C_2O_4$ 基准物质三份，分别置于 250mL 锥形瓶中，加入 60mL 水使之溶解，加入 15mL H_2SO_4（1+5），在水浴上加热到 75～85℃，趁热用 $KMnO_4$ 溶液滴定。开始滴定时反应速度慢，待溶液中产生 Mn^{2+} 后，滴定速度可加快，直到溶液呈现微红色并持续半分钟内不褪色即为终点。根据 $m_{Na_2C_2O_4}$ 质量和消耗 $KMnO_4$ 溶液的体积，计算 c_{KMnO_4}。

3. H_2O_2 含量的测定

用移液管吸取 H_2O_2 原装溶液 1.00mL 置于 250mL 容量瓶中，加水稀至刻度，充分摇匀。

用移液管移取 25.00mL 上述溶液置于 250mL 锥形瓶中，加 60mL 水、15mL H_2SO_4（1+5），用 $KMnO_4$ 溶液滴定至微红色在半分钟内不消失即为终点。

因 H_2O_2 与 $KMnO_4$ 溶液开始反应速度很慢，可加入 $MnSO_4$（相当于 10～13mg Mn^{2+} 量）为催化剂，以加快反应速度。

根据 $KMnO_4$ 溶液的浓度和滴定过程中消耗滴定剂的体积，计算试样中 H_2O_2 的含量。

五、注意事项

① 蒸馏水中常含有少量的还原性物质，使 $KMnO_4$ 还原为 $MnO_2 \cdot nH_2O$。细粉状的 $MnO_2 \cdot nH_2O$ 能加速 $KMnO_4$ 的分解，故通常将 $KMnO_4$ 溶液煮沸一段时间，冷却后，还需放置 2～3d，使之充分作用，然后将沉淀物过滤除去。

② 在室温条件下，$KMnO_4$ 与 $C_2O_4^{2-}$ 之间的反应速度缓慢，故加热提高反应速度。但温度又不能太高，如温度超过 85℃ 则有部分 $H_2C_2O_4$ 分解，反应式如下：

$$H_2C_2O_4 \Longequal CO_2 \uparrow + CO \uparrow + H_2O$$

③ 原装 H_2O_2 质量分数约 30%，密度约为 $1.1g \cdot mL^{-1}$。吸取 1.00mL 30% H_2O_2 或者移取 10.00mL 3% H_2O_2 于 250mL 容量瓶中，加水稀释至刻度。

六、思考题

① $KMnO_4$ 溶液的配制过程中要用微孔玻璃漏斗过滤，能否用定量滤纸过滤？为什么？

② 配制 $KMnO_4$ 溶液应注意些什么？用 $Na_2C_2O_4$ 标定 $KMnO_4$ 溶液时，应注意哪些重要的反应条件呢？

实验三十一 水样中化学需氧量（COD）的测定（高锰酸钾法）

一、实验目的

① 初步了解环境分析的重要性及水样的采集和保存方法。
② 对水样中化学需氧量（COD）与水体污染的关系有所了解。
③ 掌握高锰酸钾法测定水中 COD 的原理及方法。

二、实验原理

化学需氧量（COD）是量度水体受还原性物质（主要是有机物）污染程度的综合指标。它是指水体中易被强氧化剂氧化的还原性物质所消耗的氧化剂的量，换算成氧的含量（以 $mg \cdot L^{-1}$ 计）。测定时，在水样中加入 H_2SO_4 及一定量的 $KMnO_4$ 溶液，置于沸水浴中加热，使其中的还原性物质氧化，剩下的 $KMnO_4$ 用过量的 $Na_2C_2O_4$ 还原，再以 $KMnO_4$ 标准溶液返滴定 $Na_2C_2O_4$ 的过量部分。由于 Cl^- 对此法有干扰，因而本法仅适合于地表水、地下水、饮用水和生活污水中 COD 的测定，含 Cl^- 较高的工业废水应采用 $K_2Cr_2O_7$ 法测定。

高锰酸钾法的反应式见式(3-14)。

$$4MnO_4^- + 5C + 12H^+ \longrightarrow 4Mn^{2+} + 5CO_2 \uparrow + 6H_2O \tag{3-14}$$

$$2MnO_4^- + 5C_2O_4^{2-} + 16H^+ \longrightarrow 2Mn^{2+} + 10CO_2 \uparrow + 8H_2O$$

$$COD = \dfrac{\left[\dfrac{5}{4} c_{MnO_4^-} (V_1 + V_2)_{MnO_4^-} - \dfrac{1}{2} (cV)_{C_2O_4^{2-}} \right] \times 32.00g \cdot mol^{-1} \times 1000}{V_{水样}}$$

式中，V_1 为第一次加入的 $KMnO_4$ 溶液的体积；V_2 为第二次加入的 $KMnO_4$ 溶液的体积。

三、实验药品

① $KMnO_4$ 溶液（0.002mol·L^{-1}）：吸取 0.02mol·L^{-1} $KMnO_4$ 溶液 25.00mL 置于

250mL 容量瓶中，以新鲜煮沸且冷却的蒸馏水稀释至刻度。

② $Na_2C_2O_4$ 标准溶液（0.005mol·L^{-1}）：将 $Na_2C_2O_4$ 于 100～105℃干燥 2h，在干燥器中冷却至室温，称取 0.17g 左右于小烧杯中，加水溶解后，定量转移至 250mL 容量瓶中，以水稀释至刻度。

③ 其他药品：$KMnO_4$ 溶液（0.02mol·L^{-1}，配制及标定方法见实验三十）、H_2SO_4（1+3）。

四、实验步骤

视水质污染程度取水样 10～100mL，置于 250mL 锥形瓶中，加 10mL H_2SO_4（1+3），再准确加入 10mL 0.002mol·L^{-1} $KMnO_4$ 溶液，立即加热至沸，若此时红色褪去，说明水样中有机物含量较高，应补加适量 $KMnO_4$ 溶液至试液呈现稳定的红色。从冒第一个大泡开始计时，用小火煮沸 10min，取下锥形瓶，趁热加入 10mL 0.005mol·L^{-1} $Na_2C_2O_4$ 标准溶液，摇匀，此时溶液应当由红色转变为无色。用 0.002mol·L^{-1} $KMnO_4$ 溶液滴定至稳定的淡红色即为终点。平行测定三份取平均值。

另取 100mL 蒸馏水代替水样，同时操作，求得空白值，计算化学需氧量时将空白值减掉。

五、注意事项

水样采集后，应加入 H_2SO_4 使 pH<2，抑制微生物的繁殖。试样尽快分析，必要时在 0～5℃保存，应在 48h 内测定。取水样的量由外观可初步判断：洁净透明的水样取 100mL，污染严重、浑浊的水样取 10～30mL，补加蒸馏水至 100mL。

六、思考题

① 水样的采集及保存应当注意哪些事项？
② 水样加入 $KMnO_4$ 煮沸后，若紫色消失说明什么？应采取什么措施？
③ 当水样中 Cl^- 含量高时，能否用该法测定？为什么？
④ 测定水样中 COD 的意义何在？有哪些方法测定 COD？

实验三十二 果蔬中抗坏血酸含量的测定（直接碘量法）

一、实验目的

① 掌握碘标准溶液的配制及标定。
② 了解直接碘量法测定维生素 C 的原理及操作过程。

二、实验原理

抗坏血酸又称维生素 C，分子式为 $C_6H_8O_6$，由于分子中的烯二醇基具有还原性，能被 I_2 氧化成二酮基：

$$\begin{matrix} \text{O} & & \text{H} & \text{OH} & & & \text{O} & & \text{H} & \text{OH} \\ | & & | & | & & & | & & | & | \\ \text{C—C}=\text{C—C——C—CH} + I_2 & \rightleftharpoons & \text{C—C—C—C——C—CH} + 2HI \\ \| & | & | & | & | & | & & \| & \| & \| & | & | & | \\ \text{O} & \text{OH} & \text{OH} & \text{H} & \text{OH} & \text{H} & & \text{O} & \text{O} & \text{O} & \text{H} & \text{OH} & \text{H} \end{matrix}$$

维生素 C 的半反应式为 $C_6H_8O_6 \longrightarrow C_6H_6O_6 + 2H^+ + 2e^-$，$E^\ominus \approx +0.18V$。1mol 维生素 C 与 1mol I_2 定量反应，维生素 C 的摩尔质量为 176.12g·mol^{-1}。该反应可以用于测定药片、注射液及果蔬中的维生素 C 含量。

由于维生素 C 的还原性很强，在空气中极易被氧化，尤其是在碱性介质中，测定时加入乙酸使溶液呈弱酸性，可以减少维生素 C 的副反应。

维生素 C 在医药和化学上应用非常广泛。在分析化学中常用在光度法和络合滴定法中作为还原剂，如使 Fe^{3+} 还原为 Fe^{2+}，Cu^{2+} 还原为 Cu^+，硒（Ⅲ）还原为硒，等。

三、实验药品

① I_2 溶液（$c_{\frac{1}{2}I_2} = 0.10 mol \cdot L^{-1}$）：称取 3.3g I_2 和 5g KI，置于研钵中，加入少量水研磨（通风橱中操作），待 I_2 全部溶解后，将溶液转入棕色试剂瓶中。加水稀释至 250mL，充分摇匀，放暗处保存。

② I_2 标准溶液（$c_{\frac{1}{2}I_2} = 0.010 mol \cdot L^{-1}$）：将上述 I_2 溶液稀释 10 倍即可。

③ 淀粉溶液（$5g \cdot L^{-1}$）：称取 0.5g 可溶性淀粉，用少量水搅匀，加入 100mL 沸水搅匀，若需要放置，可加少量 HgI_2 或 H_3BO_3 作防腐剂。

④ 其他药品：$Na_2S_2O_3$ 标准溶液（$0.01 mol \cdot L^{-1}$）、As_2O_3 基准物（于 105℃ 干燥 2h）、乙酸溶液（$2mol \cdot L^{-1}$）、$NaHCO_3$ 固体、NaOH 溶液（$6mol \cdot L^{-1}$）、果浆（取水果可食部分捣碎）、酚酞指示剂、HCl 溶液（$6mol \cdot L^{-1}$）。

四、实验步骤

1. I_2 溶液的标定

① 用 As_2O_3 基准物标定 I_2　称取 As_2O_3 1.1～1.4g，置于 100mL 烧杯中，加 10mL $6mol \cdot L^{-1}$ NaOH 溶液，温热溶解，然后加 2 滴酚酞指示剂，用 $6mol \cdot L^{-1}$ HCl 溶液中和至刚好无色，然后加 2～3g $NaHCO_3$ 搅拌使之溶解。定量转移至 250mL 容量瓶中，加水稀释至刻度，摇匀。

移取 25.00mL 上述溶液三份，分别置于 250mL 锥形瓶中，加 50mL 水、5g $NaHCO_3$、2mL 淀粉溶液，用 I_2 溶液滴定至稳定的蓝色，半分钟颜色不消失即为终点。计算 I_2 溶液的浓度。

② 用 $Na_2S_2O_3$ 标准溶液标定 I_2　移取 25.00mL $Na_2S_2O_3$ 标准溶液三份，分别置于 250mL 锥形瓶中，加 50mL 水、2mL 淀粉溶液，用 I_2 溶液滴定至稳定的蓝色，半分钟不褪色即为终点。计算 I_2 溶液的浓度。

2. 水果中维生素 C 含量的测定

用 100mL 小烧杯称取新捣碎的果浆（橙、橘、番茄等）30～50g，立即加入 10mL $2mol \cdot L^{-1}$ 乙酸溶液，定量转入 250mL 锥形瓶中，加入 2mL 淀粉溶液，立即用 I_2 标准溶液滴定至稳定的蓝色，半分钟不褪色即为终点。计算果浆中维生素 C 含量。

五、思考题

① 果浆中加入乙酸的作用是什么？

② 配制 I_2 溶液时加入 KI 的目的是什么？

③ 以 As_2O_3 标定 I_2 溶液时，为什么加入 $NaHCO_3$？

实验三十三　铜合金中铜含量的测定（间接碘量法）

一、实验目的

① 掌握 $Na_2S_2O_3$ 溶液的配制和标定方法。

② 了解淀粉指示剂的作用原理。

③ 了解间接碘量法测定铜的原理。

④ 学习铜合金试样的分解方法。

⑤ 掌握以间接碘量法测定铜的操作过程。

二、实验原理

铜合金种类较多，主要有黄铜和各种青铜等。铜合金中铜的测定，一般采用间接碘量法。

在弱酸溶液中，Cu^{2+} 与过量的 KI 作用，生成 CuI 沉淀，同时析出 I_2，反应式为 $2Cu^{2+} + 4I^- \longrightarrow 2CuI\downarrow + I_2$ 或 $2Cu^{2+} + 5I^- \longrightarrow 2CuI\downarrow + I_3^-$。析出的 I_2 以淀粉为指示剂，用 $Na_2S_2O_3$ 标准溶液滴定，方程为 $I_2 + 2S_2O_3^{2-} \longrightarrow 2I^- + S_4O_6^{2-}$。

Cu^{2+} 与 I^- 之间的反应是可逆的，任何引起 Cu^{2+} 浓度减小（如形成络合物等）或引起 CuI 溶解度增加的因素均会使反应不完全。加入过量 KI，可使 Cu^{2+} 的还原趋于完全，但是，CuI 沉淀强烈地吸附 I_3^-，又会使测定结果偏低。通常的办法是加入硫氰酸盐，将 CuI（$K_{sp} = 1.1 \times 10^{-12}$）转化为溶解度更小的 CuSCN 沉淀（$K_{sp} = 4.8 \times 10^{-15}$），把吸附的碘释放出来，使反应更趋于完全。但 SCN^- 只能在临近终点时加入，否则 SCN^- 会还原大量存在的 I_2，致使测定结果偏低。另外，还有可能直接将 Cu^{2+} 还原为 Cu^+，致使计量关系发生变化。反应式为 $CuI + SCN^- \Longrightarrow CuSCN\downarrow + I^-$ 和 $6Cu^{2+} + 7SCN^- + 4H_2O \Longrightarrow 6CuSCN\downarrow + SO_4^{2-} + CN^- + 8H^+$。

溶液的 pH 值一般应控制在 3.0～4.0 之间。酸度过低，Cu^{2+} 易水解，使反应不完全，测定结果偏低，而且反应速度慢，终点拖长；酸度过高，则 I^- 被空气中的氧氧化为 I_2（Cu^{2+} 催化此反应），使测定结果偏高。

Fe^{3+} 能氧化 I^-，对测定有干扰，但可加入 NH_4HF_2 掩蔽。NH_4HF_2（即 $NH_4F \cdot HF$）是一种很好的缓冲溶液，因 HF 的 $K_a = 6.6 \times 10^{-4}$（$pK_a = 3.18$），故能使溶液的 pH 值控制在 3.0～4.0 之间。

三、实验药品

① $Na_2S_2O_3$ 溶液（0.1mol·L^{-1}）：称取 25g $Na_2S_2O_3 \cdot 5H_2O$ 于烧杯中，加入 300～500mL 新煮沸经冷却的蒸馏水，溶解后，加入约 0.1g Na_2CO_3，用新煮沸且冷却的蒸馏水稀释至 1L，贮存于棕色试剂瓶中，在暗处放置 3～5d 后标定。

② $K_2Cr_2O_7$ 标准溶液（$c_{\frac{1}{6}K_2Cr_2O_7} = 0.1000$mol·$L^{-1}$）：将 $K_2Cr_2O_7$ 在 150～180℃ 干燥 2h，用指定重量法称取 0.1225g 于小烧杯中，加水溶解，转移至 250mL 容量瓶中，稀释至刻度，摇匀。

③ 其他药品：KI 水溶液（200g·L^{-1}）、淀粉溶液（5g·L^{-1}，配制方法见实验三十二）、NH_4SCN 溶液（100g·L^{-1}）、H_2O_2（30%原装）、纯铜（含量 99.9%以上）、KIO_3 基准物质、H_2SO_4（1mol·L^{-1}）、HCl（1+1）、HCl 溶液（6mol·L^{-1}）、NH_4HF_2 溶液（200g·L^{-1}）、HAc（1+1）、氨水（1+1）、黄铜试样。

四、实验步骤

1. $Na_2S_2O_3$ 溶液的标定

（1）用 $K_2Cr_2O_7$ 标准溶液标定

准确移取 25.00mL $K_2Cr_2O_7$ 标准溶液于锥形瓶中，加入 5mL $6mol \cdot L^{-1}$ HCl 溶液、5mL KI 水溶液，摇匀放在暗处 5min，待反应完全后，加入 100mL 蒸馏水，用待标定的 $Na_2S_2O_3$ 溶液滴定至淡黄色（或浅黄色），然后加入 2mL 淀粉溶液，继续滴定至溶液呈现亮绿色即为终点。记下 $V_{Na_2S_2O_3}$，计算 $c_{Na_2S_2O_3}$。

（2）用纯铜标定

称取 0.2g 左右纯铜，置于 250mL 烧杯中，加入约 10mL HCl（1+1）、2～3mL 30% H_2O_2，加 H_2O_2 时要边滴加边摇动，尽量少加，只要能使金属铜分解完全即可。加热，将多余的 H_2O_2 分解赶尽。然后定量转入 250mL 容量瓶中，加水稀释至刻度，摇匀。

准确移取 25.00mL 纯铜溶液于 250mL 锥形瓶中，滴加氨水（1+1）至沉淀刚刚生成，然后加入 8mL HAc（1+1）、10mL NH_4HF_2 溶液、10mL KI 水溶液，用 $Na_2S_2O_3$ 溶液滴定至呈淡黄色，再加入 3mL 淀粉溶液，继续滴定至浅蓝色。然后加入 10mL NH_4SCN 溶液，继续滴定至溶液的蓝色消失即为终点，记下所消耗的 $Na_2S_2O_3$ 溶液的体积，计算 $Na_2S_2O_3$ 溶液的浓度。

（3）用 KIO_3 基准物质标定

$c_{\frac{1}{6}KIO_3} = 0.1000mol \cdot L^{-1}$ 溶液的配制：准确称取 0.8917g KIO_3 于烧杯中，加水溶解后，定量转入 250mL 容量瓶中，加水稀至刻度，充分摇匀。

吸取 25.00mL KIO_3 标准溶液三份，分别置于 500mL 锥形瓶中，加入 20mL KI 水溶液、5mL $1mol \cdot L^{-1}$ H_2SO_4 溶液，加水稀释至约 200mL，立即用待标定的 $Na_2S_2O_3$ 溶液滴定，当溶液滴定到由棕色转变为浅黄色时，加入 5mL 淀粉溶液，继续滴定至溶液由蓝色变为无色即为终点。

2. 铜合金中铜的含量的测定

称取黄铜试样（含 80%～90% 的铜）0.10～0.15g，置于 250mL 锥形瓶中，加入 10mL HCl 溶液（1+1），滴加约 2mL 30% H_2O_2，加热使试样溶解完全后，再加热使 H_2O_2 分解赶尽。再煮沸 1～2min，冷却后，加约 60mL 水，滴加氨水（1+1）直到溶液中刚刚有稳定的沉淀出现，然后加入 8mL HAc（1+1）、10mL NH_4HF_2 溶液、10mL KI 水溶液，用 $0.1mol \cdot L^{-1} Na_2S_2O_3$ 溶液滴定至浅黄色。再加入 3mL 淀粉溶液，滴定至浅灰色（或浅蓝色），最后加入 10mL NH_4SCN 溶液，继续滴定至蓝色消失。此时因有白色沉淀物存在，终点颜色呈现灰白色（或浅肉色）。根据滴定时所消耗的 $V_{Na_2S_2O_3}$ 以及试样质量 m，计算 Cu 的含量。

五、注意事项

① 用纯铜标定 $Na_2S_2O_3$ 溶液时，所加入的 H_2O_2 一定要赶尽（根据实践的经验，开始冒小气泡，然后冒大气泡，表示 H_2O_2 已赶尽），否则结果无法测准，这是很关键的一步操作。

② 加淀粉溶液不能太早，因滴定反应中产生大量 CuI 沉淀，淀粉与 I_2 过早形成蓝色络合物，大量 I_3^- 被吸附，终点颜色呈较深的灰色，不好观察。

③ 加入 NH_4SCN（或 KSCN）不能过早，而且加入后要剧烈摇动，有利于沉淀的转化和释放出吸附的 I_3^-。

④ 试样如不含 Sn，也可采用 HNO_3 分解试样。但最后应加 H_2SO_4（1+1）蒸发至冒白烟，赶尽 HNO_3，然后按步骤进行。

六、思考题

① 间接碘量法测定铜时，为什么常要加入 NH_4HF_2？为什么临近终点时加入 NH_4SCN（或 KSCN）？

② 已知 $E^\ominus_{Cu^{2+}/Cu^+}=0.159V$，$E^\ominus_{I_3^-/I^-}=0.545V$，为何本实验中 Cu^{2+} 却能使 I^- 氧化为 I_2？

③ 铜合金试样能否用 HNO_3 分解？本实验采用 HCl 和 H_2O_2 分解试样，试写出反应式。

④ 间接碘量法测定铜为什么要在弱酸性介质中进行？用 $K_2Cr_2O_7$ 标定 $S_2O_3^{2-}$ 溶液时，先加入 5mL 6mol·L^{-1} HCl，而用 $Na_2S_2O_3$ 溶液滴定时却要加入 100mL 蒸馏水稀释，为什么？

⑤ 用纯铜标定 $Na_2S_2O_3$ 溶液时，如用 HCl+H_2O_2 分解铜，最后 H_2O_2 未分解尽，对标定 $Na_2S_2O_3$ 的浓度会有什么影响？

⑥ 标定 $Na_2S_2O_3$ 溶液的基准物质有哪些？本实验中选用什么基准物质为好？为什么？

实验三十四　铁矿中全铁含量的测定（无汞定铁法）

一、实验目的

① 掌握 $K_2Cr_2O_7$ 标准溶液的配制及使用。
② 学习矿石试样的酸溶法。
③ 学习 $K_2Cr_2O_7$ 法测定铁的原理及方法。
④ 对无汞定铁法有所了解，增强环保意识。
⑤ 了解二苯胺磺酸钠指示剂的作用原理。

二、实验原理

铁矿中全铁含量测定的经典方法是用 $HgCl_2$ 氧化过量的 $SnCl_2$，除去 Sn^{2+} 的干扰，但 $HgCl_2$ 会造成环境污染。本实验采用无汞定铁法，用 HCl 溶液分解铁矿石后，在热 HCl 溶液中，以甲基橙为指示剂，用 $SnCl_2$ 将 Fe^{3+} 还原至 Fe^{2+}，并过量 1～2 滴。还原反应为：

$$2FeCl_4^- + SnCl_4^{2-} + 2Cl^- \longrightarrow 2FeCl_4^{2-} + SnCl_6^{2-}$$

使用甲基橙指示 $SnCl_2$ 还原 Fe^{3+} 的原理是：Sn^{2+} 将 Fe^{3+} 还原完后，过量的 Sn^{2+} 可将甲基橙还原为氢化甲基橙而褪色，不仅指示了还原的终点，Sn^{2+} 还能继续使氢化甲基橙还原成 N,N-二甲基对苯二胺和对氨基苯磺酸，过量的 Sn^{2+} 则可以消除。反应为：

$$(CH_3)_2NC_6H_4N{=\!=}NC_6H_4SO_3Na \xrightarrow{2H^+} (CH_3)_2NC_6H_4NH{-}NHC_6H_4SO_3Na \xrightarrow{2H^+}$$
$$(CH_3)_2NC_6H_4H_2N + NH_2C_6H_4SO_3Na$$

以上反应为不可逆的，因而甲基橙的还原产物不消耗 $K_2Cr_2O_7$。

HCl 溶液浓度应控制在 4mol·L^{-1}，若大于 6mol·L^{-1}，Sn^{2+} 会先将甲基橙还原为无色，无法指示 Fe^{3+} 的还原反应。HCl 溶液浓度低于 2mol·L^{-1}，则甲基橙褪色缓慢。滴定反应为：

$$6Fe^{2+} + Cr_2O_7^{2-} + 14H^+ \longrightarrow 6Fe^{3+} + 2Cr^{3+} + 7H_2O$$

滴定突跃范围为 0.93～1.34V，使用二苯胺磺酸钠指示剂时，由于它的条件电位为 0.85V，因而需要加入 H_3PO_4 使滴定生成的 Fe^{3+} 生成 $Fe(HPO_4)_2^-$，降低 Fe^{3+}/Fe^{2+} 电对

101

的电位，使突跃范围变成 $0.71\sim1.34\text{V}$，指示剂可以在此范围内变色，同时也消除了 $FeCl_4^-$ 黄色对终点观察的干扰，$Sb(V)$、$Sb(III)$ 干扰本实验，不应存在。

三、实验药品

① $SnCl_2$（$50\text{g}\cdot\text{L}^{-1}$）、$SnCl_2$（$100\text{g}\cdot\text{L}^{-1}$，$10\text{g}\ SnCl_2\cdot2H_2O$ 溶于 40mL 浓热 HCl 溶液中，加水稀释至 100mL）、H_2SO_4-H_3PO_4 混酸（将 15mL 浓 H_2SO_4 缓慢加至 70mL 水中，冷却后加入 15mL 浓 H_3PO_4 混匀）、甲基橙（$1\text{g}\cdot\text{L}^{-1}$）、二苯胺磺酸钠（$2\text{g}\cdot\text{L}^{-1}$）、铁矿石粉、HCl（浓）。

② $K_2Cr_2O_7$ 标准溶液（$c_{\frac{1}{6}K_2Cr_2O_7}=0.0500\text{mol}\cdot\text{L}^{-1}$）：将 $K_2Cr_2O_7$ 在 $150\sim180$℃干燥 2h，置于干燥器中冷却至室温。用指定重量法准确称取 $0.6129\text{g}\ K_2Cr_2O_7$ 于小烧杯中，加水溶解，定量转移至 250mL 容量瓶中，加水稀释至刻度，摇匀。

四、实验步骤

称取铁矿石粉 $1.0\sim1.5\text{g}$ 于 250mL 烧杯中，用少量水润湿，加入 20mL 浓 HCl 溶液，盖上表面皿，在通风橱中低温加热分解试样。若有带色不溶残渣，可滴加 $20\sim30$ 滴 $100\text{g}\cdot\text{L}^{-1}$ $SnCl_2$ 助溶。试样分解完全时，残渣应接近白色（SiO_2），用少量水吹洗表面皿及烧杯壁，冷却后转移至 250mL 容量瓶中，稀释至刻度线并摇匀。

移取试样溶液 25.00mL 于锥形瓶中，加 8mL 浓 HCl 溶液，加热近沸，加入 6 滴甲基橙，趁热边摇动锥形瓶边逐滴加入 $100\text{g}\cdot\text{L}^{-1} SnCl_2$ 还原 Fe^{3+}。溶液由橙变红，再慢慢滴加 $50\text{g}\cdot\text{L}^{-1} SnCl_2$ 至溶液变为粉红色，再摇几下至粉红色褪去。随即用流水冷却，加 50mL 蒸馏水、20mL H_2SO_4-H_3PO_4 混酸、4 滴二苯胺磺酸钠，立即用 $K_2Cr_2O_7$ 标准溶液滴定到稳定的紫红色即为终点，平行测定 3 次，计算铁矿石中铁的含量（质量分数）。

五、注意事项

① 溶样时，若硫酸盐试样难以分解，可加入少许氟化物助溶，但此时不能用玻璃器皿分解试样。

② 测定时加入甲基橙后，如刚加入 $SnCl_2$ 红色立即褪去，说明 $SnCl_2$ 已经过量，可补加 1 滴甲基橙，以除去稍过量的 $SnCl_2$，此时溶液若呈现浅粉色，说明 $SnCl_2$ 已不过量。

六、思考题

① $K_2Cr_2O_7$ 为什么可以直接称量配制准确浓度的溶液？

② 分解铁矿石时，为什么要在低温加热下进行？如果加热至沸对结果产生什么影响？

③ $SnCl_2$ 还原 Fe^{3+} 的条件是什么？怎样控制 $SnCl_2$ 不过量？

④ 以 $K_2Cr_2O_7$ 溶液滴定 Fe^{2+}，加入 H_3PO_4 的作用是什么？

⑤ 本实验中甲基橙起什么作用？

实验三十五　氯化物中氯含量的测定（莫尔法）

一、实验目的

① 学习 $AgNO_3$ 标准溶液的配制和标定方法。

② 掌握沉淀滴定法中以 K_2CrO_4 为指示剂测定氯离子的原理、方法和实验操作。

二、实验原理

某些可溶性氯化物中氯含量的测定常采用莫尔法。此方法是在中性或弱碱性溶液中，以

K_2CrO_4 为指示剂，用 $AgNO_3$ 标准溶液进行滴定。由于 $AgCl$ 沉淀的溶解度比 Ag_2CrO_4 小，因此，溶液中首先析出 $AgCl$ 沉淀，当 $AgCl$ 定量沉淀后，过量一滴 $AgNO_3$ 溶液即与 CrO_4^{2-} 生成砖红色 Ag_2CrO_4 沉淀，指示达到终点。主要反应式如下：

$$Ag^+ + Cl^- \Longrightarrow AgCl\downarrow \text{（白色）} \qquad K_{sp}=1.8\times10^{-10}$$

$$2Ag^+ + CrO_4^{2-} \Longrightarrow Ag_2CrO_4\downarrow \text{（砖红色）} \qquad K_{sp}=2.0\times10^{-12}$$

滴定必须在中性或弱碱性溶液中进行，最适宜 pH 范围为 6.5～10.5。如果有铵盐存在，溶液的 pH 值需控制在 6.5～7.2 之间。

指示剂的用量对滴定有影响，一般以 $5\times10^{-3}\,mol\cdot L^{-1}$ 为宜。凡是能与 Ag^+ 生成难溶性化合物或络合物的阴离子都干扰测定，如 PO_4^{3-}、AsO_3^{2-}、SO_3^{2-}、S^{2-}、CO_3^{2-}、$C_2O_4^{2-}$ 等。其中 H_2S 可加热煮沸除去，将 SO_3^{2-} 氧化成 SO_4^{2-} 后不再干扰测定。大量 Cu^{2+}、Ni^{2+}、Co^{2+} 等有色离子将影响终点观察。凡是能与 CrO_4^{2-} 指示剂生成难溶化合物的阳离子也干扰测定，如 Ba^{2+}、Pb^{2+} 能与 CrO_4^{2-} 分别生成 $BaCrO_4$ 和 $PbCrO_4$ 沉淀。Ba^{2+} 的干扰可加入过量的 Na_2SO_4 消除。

Al^{3+}、Fe^{3+}、Bi^{3+}、Sn^{4+} 等高价金属离子在中性或弱碱性溶液中易水解产生沉淀，会干扰测定。

三、实验药品

① $NaCl$ 试样、K_2CrO_4 溶液（$50g\cdot L^{-1}$）、$AgNO_3$ 溶液（$0.1mol\cdot L^{-1}$，称 $8.5g\ AgNO_3$ 溶解于 $500mL$ 不含 Cl^- 的蒸馏水中，将溶液转入棕色试剂瓶中，置暗处保存，以防光照分解）。

② $NaCl$ 基准物：将 $NaCl$ 在 $500～600℃$ 高温炉中灼烧半小时后，放置干燥器中冷却。也可将 $NaCl$ 置于带盖的瓷坩埚中加热并不断搅拌，待爆炸声停止后，继续加热 $15min$，将坩埚放入干燥器中冷却后使用。

四、实验步骤

1. $AgNO_3$ 溶液的标定

称取 $0.5～0.6g\ NaCl$ 基准物于小烧杯中，用蒸馏水溶解后，转入 $100mL$ 容量瓶中，稀释至刻度，摇匀。

用移液管移取 $25.00mL\ NaCl$ 溶液注入 $250mL$ 锥形瓶中，加入 $25mL$ 水，用吸量管加入 $1mL\ K_2CrO_4$ 溶液，在不断摇动下，用 $AgNO_3$ 溶液滴定至呈现砖红色，即为终点。平行标定三份，根据所消耗 $AgNO_3$ 的体积和 $NaCl$ 的质量，计算 $AgNO_3$ 的浓度。

2. 试样分析

准确称取 $2g\ NaCl$ 试样置于烧杯中，加水溶解后，转入 $250mL$ 容量瓶中，用水稀释至刻度，摇匀。

用移液管移取 $25.00mL$ 试液于 $250mL$ 锥形瓶中，加 $25mL$ 水，用吸量管加入 $1mL$ K_2CrO_4 溶液，在不断摇动下，用 $AgNO_3$ 溶液滴定至溶液出现砖红色，即为终点。平行测定三份，计算试样中氯的含量。

实验完毕后，将装 $AgNO_3$ 溶液的滴定管先用蒸馏水冲洗 2～3 次后，再用自来水洗净，以免 $AgCl$ 残留于管内。

五、注意事项

① 指示剂用量大小对测定有影响，必须定量加入。溶液较稀时，需作指示剂的空白校

正，方法如下：取 1mL K_2CrO_4 指示剂溶液，加入适量水，然后加入无 Cl^- 的 $CaCO_3$ 固体（相当于滴定时 AgCl 的沉淀量），制成相似于实验滴定的浑浊溶液。逐渐滴入 $AgNO_3$ 溶液，至与终点颜色相同为止，记录读数，从滴定试液所消耗的 $AgNO_3$ 体积中扣除此读数。

② 沉淀滴定中，为减少沉淀对被测离子的吸附，一般滴定的体积以大些为好，故需加水稀释试液。

③ 银为贵金属，含 AgCl 的废液应回收处理。

六、思考题

① 莫尔法测氯时，为什么溶液的 pH 必须控制在 6.5～10.5？

② 以 K_2CrO_4 作指示剂时，指示剂浓度过大或过小对测定有何影响？

实验三十六　$BaCl_2 \cdot 2H_2O$ 中钡含量的测定
（$BaSO_4$ 晶形沉淀重量分析法）

一、实验目的

① 了解测定 $BaCl_2 \cdot 2H_2O$ 中钡含量的原理和方法。

② 掌握晶形沉淀的制备、过滤、洗涤、灼烧及恒重等基本操作技术。

二、实验原理

重量分析法是分析化学重要的经典分析方法，是利用沉淀反应，使待测物质转变成一定的称量形式，测定物质含量的方法。沉淀类型主要分成两类，一类是晶形沉淀，另一类是无定形沉淀。对晶形沉淀（如 $BaSO_4$）使用的重量分析法，一般包括如下九个步骤：试样溶解→沉淀→陈化→过滤洗涤→烘干→炭化→灰化→灼烧至恒重→结果计算。

硫酸钡重量法既可用于测定 Ba^{2+} 的含量，也可用于测定 SO_4^{2-} 的含量。

称取一定量 $BaCl_2 \cdot 2H_2O$，用水溶解，加稀 HCl 酸化，加热至微沸，在不断搅动下，慢慢加入稀热的 H_2SO_4，Ba^{2+} 与 SO_4^{2-} 反应，形成晶形沉淀。沉淀经陈化、过滤洗涤、烘干、炭化、灰化、灼烧后，以 $BaSO_4$ 形式称重，可求出 $BaCl_2 \cdot 2H_2O$ 中 Ba^{2+} 的含量。

Ba^{2+} 可生成一系列微溶化合物，如 $BaCO_3$、BaC_2O_4、$BaCrO_4$、$BaHPO_4$、$BaSO_4$ 等，其中以 $BaSO_4$ 溶解度最小。100mL 溶液中，100℃ 时溶解 0.4mg $BaSO_4$，25℃ 时仅溶解 0.25mg $BaSO_4$。当过量沉淀剂存在时，$BaSO_4$ 溶解度大为减小，一般可忽略不计。

硫酸钡重量法一般在 $0.05mol \cdot L^{-1}$ 左右 HCl 介质中进行沉淀，它是为了防止产生 $BaCO_3$、$BaHPO_4$、$BaHAsO_4$ 沉淀以及防止生成 $Ba(OH)_2$ 共沉淀。同时，适当提高酸度，增加 $BaSO_4$ 在沉淀过程中的溶解度，以降低其相对饱和度，有利于获得较好的晶形沉淀。

用硫酸钡重量法测定 Ba^{2+} 时，一般用稀 H_2SO_4 作沉淀剂。为了使 $BaSO_4$ 沉淀完全，H_2SO_4 必须过量。由于 H_2SO_4 在高温下可挥发除去，故沉淀带来的 H_2SO_4 不致引起误差，因此沉淀剂可过量 50%～100%。如果用硫酸钡重量法测定 SO_4^{2-} 时，沉淀剂 $BaCl_2$ 过量只允许 20%～30%，因为 $BaCl_2$ 灼烧时不易挥发除去。

$PbSO_4$、$SrSO_4$ 的溶解度均较小，Pb^{2+}、Sr^{2+} 对钡的测定有干扰。NO_3^-、ClO_3^-、Cl^- 等阴离子和 K^+、Na^+、Ca^{2+}、Fe^{3+} 等阳离子，均可以引起共沉淀现象，故应严格掌握沉淀条件，减少共沉淀现象，以获得纯净的 $BaSO_4$ 晶形沉淀。

三、实验仪器与药品

仪器：瓷坩埚（25mL）2～3个、定量滤纸（慢速或中速）、玻璃漏斗2个、淀帚1把。

药品：H_2SO_4溶液（$1mol \cdot L^{-1}$，$0.1mol \cdot L^{-1}$）、HCl溶液（$2mol \cdot L^{-1}$）、HNO_3溶液（$2mol \cdot L^{-1}$）、$AgNO_3$溶液（$0.1mol \cdot L^{-1}$）、$BaCl_2 \cdot 2H_2O$（分析纯）。

四、实验步骤

1. 称样及沉淀的制备

称取两份0.4～0.6g $BaCl_2 \cdot 2H_2O$试样，分别置于250mL烧杯中，加入约100mL水、3mL $2mol \cdot L^{-1}$HCl溶液，搅拌溶解，加热至近沸。

另取4mL $1mol \cdot L^{-1}$ H_2SO_4两份于两个100mL烧杯中，加水30mL，加热至近沸，趁热将两份H_2SO_4溶液分别用小滴管逐滴加入两份热的钡盐溶液中，并用玻璃棒不断搅拌，直至两份H_2SO_4溶液加完为止。待$BaSO_4$沉淀下沉后，于上层清液中加入1～2滴$0.1mol \cdot L^{-1}$ H_2SO_4溶液，仔细观察沉淀是否完全。沉淀完全后，盖上表面皿（切勿将玻璃棒拿出杯外），放置过夜陈化。也可将沉淀放在水浴或沙浴上（80～90℃），保温40min，陈化。

2. 沉淀的过滤和洗涤

用慢速或中速滤纸采取倾泻法过滤。用稀H_2SO_4（1mL $1mol \cdot L^{-1}$ H_2SO_4加100mL水配成$0.1mol \cdot L^{-1}$）洗涤沉淀3～4次，每次约10mL。然后，将沉淀定量转移到滤纸上，用淀帚由上到下擦拭烧杯内壁，并用折叠滤纸时撕下的小片滤纸擦拭烧杯壁，并将此小片滤纸放于漏斗中，再用稀H_2SO_4洗涤4～6次，直至洗涤液中不含Cl^-为止（检查方法：用小烧杯收集2mL滤液，加1滴$2mol \cdot L^{-1}$ HNO_3酸化，加入2滴$AgNO_3$，若无白色浑浊产生，表示Cl^-已洗净）。

3. 空坩埚的恒重

将两个洁净的瓷坩埚放在800℃±20℃的马弗炉中灼烧至恒重。第一次灼烧40min，第二次后每次只灼烧20min。灼烧也可在煤气灯上进行。

4. 沉淀的灼烧和恒重

将折叠好的沉淀滤纸包置于已恒重的瓷坩埚中，在电炉上经烘干、炭化、灰化后，在800℃±20℃马弗炉中灼烧至恒重。计算$BaCl_2 \cdot 2H_2O$中Ba^{2+}的含量。

五、注意事项

① 滤纸灰化时空气要充足，否则$BaSO_4$易被滤纸的炭还原为灰黑色的BaS，用方程式表达为：$BaSO_4 + 4C \xrightarrow{\quad} BaS + 4CO \uparrow$ 和 $BaSO_4 + 4CO \xrightarrow{\quad} BaS + 4CO_2 \uparrow$。如遇此情况，可加2～3滴$H_2SO_4$（1+1），小心加热，冒烟后重新灼烧。

② 灼烧温度不能太高，如超过950℃，可发生$BaSO_4$分解：$BaSO_4 \xrightarrow{\quad} BaO + SO_3 \uparrow$。

六、思考题

① 为什么要在稀热HCl介质中并不断搅拌下逐滴加入沉淀剂沉淀$BaSO_4$？HCl加入太多有何影响？

② 为什么要在热溶液中沉淀$BaSO_4$，而要在冷却后过滤？晶形沉淀为何要陈化？

③ 什么叫倾泻法过滤？洗涤沉淀时，为什么用洗涤液或水洗涤都要少量多次？

④ 什么叫灼烧至恒重？

实验三十七　钢铁中镍含量的测定
（丁二酮肟沉淀重量分析法）

一、实验目的

1. 了解丁二酮肟沉淀重量分析法测定镍的原理和方法。

2. 掌握用玻璃坩埚过滤等重量分析法基本操作。

二、实验原理

丁二酮肟是二元酸（以 H_2D 表示），解离平衡为 $H_2D \underset{+H^+}{\overset{-H^+}{\rightleftharpoons}} HD^- \underset{+H^+}{\overset{-H^+}{\longrightarrow}} D^{2-}$ 。其分子式为 $C_4H_8O_2N_2$ ，摩尔质量 $116.2g \cdot mol^{-1}$ 。研究表明，只有 HD^- 状态才能在氨性溶液中与 Ni^{2+} 发生沉淀反应：

[红色沉淀Ni(HD)₂]

经过滤、洗涤，在 $120℃$ 下烘干至恒重，称得丁二酮肟镍沉淀的质量 $m_{Ni(HD)_2}$ ，以式（3-15）计算 Ni 的质量分数。

$$w_{Ni} = \frac{m_{Ni(HD)_2} \dfrac{M_{Ni}}{M_{Ni(HD)_2}}}{m_s} \tag{3-15}$$

本法沉淀介质的酸度为 $pH=8 \sim 9$ 的氨性溶液。酸度大，生成 H_2D ，使沉淀溶解度增大；酸度小，由于生成 D^{2-} ，同样将增加沉淀的溶解度。氨浓度太高，会生成 Ni^{2+} 的氨络合物。

丁二酮肟是一种高选择性的有机沉淀剂，它只与 Ni^{2+} 、 Pd^{2+} 、 Fe^{2+} 生成沉淀。 Co^{2+} 、 Cu^{2+} 与其生成水溶性络合物，不仅会消耗 H_2D ，而且会引起共沉淀现象。若 Co^{2+} 、 Cu^{2+} 含量高时，最好进行二次沉淀或预先分离。

由于 Fe^{3+} 、 Al^{3+} 、 Cr^{3+} 、 Ti^{4+} 等离子在氨性溶液中生成氢氧化物沉淀，干扰测定，故在溶液加氨水前，需加入柠檬酸或酒石酸等络合剂，使其生成水溶性的络合物。

三、实验仪器与药品

仪器：G_4 微孔玻璃坩埚。

药品：混合酸（$HCl：HNO_3：H_2O=3：1：2$）、酒石酸或柠檬酸溶液（$500g \cdot L^{-1}$）、丁二酮肟（$10g \cdot L^{-1}$ 乙醇溶液）、氨水（$1+1$）、HCl（$1+1$）、HNO_3（$2mol \cdot L^{-1}$）、$AgNO_3$（$0.1mol \cdot L^{-1}$）、氨-氯化铵洗涤液（每 $100mL$ 水中加 $1mL$ 氨水和 $1g\ NH_4Cl$）、钢铁试样。

四、实验步骤

称取钢铁试样（含 Ni $30 \sim 80mg$）两份，分别置于 $500mL$ 烧杯中，加入 $20 \sim 40mL$ 混

合酸，盖上表面皿，低温加热溶解后，煮沸除去氮的氧化物，加入 5～10mL 酒石酸溶液（每克试样加入 10mL）。然后，在不断搅动下，滴加氨水（1+1）至溶液 pH 为 8～9，此时溶液转变为蓝绿色。如有不溶物，应将沉淀过滤，并用热的氨-氯化铵洗涤液洗涤沉淀数次（洗涤液与滤液合并）。

滤液用 HCl（1+1）酸化，用热水稀释至约 300mL，加热至 70～80℃，在不断搅拌下，加入 $10g \cdot L^{-1}$ 丁二酮肟乙醇溶液沉淀 Ni^{2+}（每毫克 Ni^{2+} 约需 1mL $10g \cdot L^{-1}$ 丁二酮肟溶液），最后再多加 20～30mL，但所加试剂的总量不要超过试液体积的 1/3，以免增大沉淀的溶解度。然后在不断搅拌下，滴加氨水（1+1），使溶液的 pH 为 8～9。在 60～70℃下保温 30～40min。取下稍冷后，用已恒重的 G_4 微孔玻璃坩埚进行减压过滤，用微氨性的 $20g \cdot L^{-1}$ 酒石酸或柠檬酸溶液洗涤烧杯和沉淀 8～10 次，再用温热水洗涤沉淀至无 Cl^- 为止（检查 Cl^- 时，可将滤液以稀 HNO_3 酸化，用 $AgNO_3$ 检查）。将带有沉淀的微孔玻璃坩埚置于 130～150℃烘箱中烘 1h，冷却、称重，再烘干、称重，直到恒重为止。根据丁二酮肟镍的质量，计算试样中镍的含量。

实验完毕，微孔玻璃坩埚用稀盐酸洗涤干净。

五、注意事项

① 试样中 Ni 含量要适当，不能过多，否则沉淀过多，操作不便。

② 在酸性溶液中加入沉淀剂，再滴加氨水使溶液的 pH 逐渐升高，沉淀随之慢慢析出，这样能得到颗粒较大的沉淀。

③ 加入沉淀剂前，溶液温度不宜过高，否则乙醇挥发太多，引起丁二酮肟本身的沉淀，且高温下柠檬酸或酒石酸能部分还原 Fe^{3+} 为 Fe^{2+}，对测定有干扰。

六、思考题

① 溶解试样时加入 HNO_3 的作用是什么？

② 为了得到纯净的丁二酮肟镍沉淀，应选择和控制好哪些实验条件？

③ 重量分析法测定镍，也可将丁二酮肟镍灼烧成氧化镍称量（至恒重）。这与本方法相比较，哪种方法较为优越？为什么？

实验三十八　水样中六价铬的测定

一、实验目的

① 学习用二苯碳酰二肼分光光度法测定水样中六价铬的原理。

② 了解分光光度计的结构，熟练掌握使用方法。

③ 熟练掌握吸量管的使用方法。

二、实验原理

铬能以六价和三价两种形式存在于水中。电镀、制革、制铬酸盐或铬酐等的工业废水，均可污染水源，使水中含有铬。医学研究发现，六价铬有致癌的危害，六价铬的毒性比三价铬强 100 倍。按规定，生活饮用水中六价铬不得超过 $0.05mg \cdot L^{-1}$（GB 5749—2006），地表水中六价铬含量不得超过 $0.1mg \cdot L^{-1}$（GB 3838—2002），污水中六价铬和总铬最高允许排放量分别为 $0.5mg \cdot L^{-1}$ 和 $1.5mg \cdot L^{-1}$（GB 8978—1996）。

测定微量铬的方法很多，常采用分光光度法和原子吸收分光光度法。分光光度法中，选择合适的显色剂，可以测定三价铬，将三价氧化为六价，可以测定总铬。

国家标准采用二苯碳酰二肼（DPCI）分光光度法测定六价铬。在酸性条件下，六价铬与DPCI反应生成紫红色络合物，可以直接用分光光度法测定，也可以用萃取分光光度法测定，最大吸收波长为540nm左右，摩尔吸光系数 ε 为 $2.6 \times 10^4 \sim 4.17 \times 10^4 \text{L} \cdot \text{mol}^{-1} \cdot \text{cm}^{-1}$。

DPCI，又名二苯卡巴肼或二苯氨基脲，它可被氧化为二苯氨基一腙（DPCO）和二苯氨基二腙（DPCDO）。六价铬与DPCI的显色反应是1900年发现的。多年来，人们对该反应机理进行了许多研究，且有激烈的争论。争论的焦点主要是三个问题：a.紫红色物质是铬的络合物还是显色剂DPCI的氧化产物；b.是二价铬络合物还是三价铬络合物；c.是生成铬的一腙络合物还是生成铬的二腙络合物。对于这些问题尚待进一步研究。

六价铬与DPCI的显色酸度为 $0.1\text{mol} \cdot \text{L}^{-1} \text{H}_2\text{SO}_4$ 介质。显色温度以15℃最适宜，温度低了显色慢，温度高了稳定性较差。显色时间在 $2 \sim 3\text{min}$ 内可以完成，络合物在1.5h内稳定。

低价汞离子和高价汞离子与DPCI试剂作用生成蓝色或蓝紫色化合物而产生干扰，但在所控制的酸度下，反应不甚灵敏。铁的浓度大于 $1\text{mg} \cdot \text{L}^{-1}$ 时，将与DPCI试剂生成黄色化合物而引起干扰，可加入 H_3PO_4 与 Fe^{3+} 络合而消除。五价钒的干扰与铁相似，与DPCI试剂形成的棕黄色化合物很不稳定，颜色会很快褪去（约20min），故可不予考虑。少量 Cu^{2+}、Ag^+、Au^{3+} 等在一定程度上会产生干扰。钼与DPCI试剂生成紫红色化合物，但灵敏度低，钼低于 $100\mu\text{g}$ 时不会产生干扰。适量中性盐不产生干扰。还原性物质会干扰测定。

用此法测定水中六价铬时，可用目视比色法，采用50mL比色管可以测出 $0.004\text{mg} \cdot \text{L}^{-1}$ 的铬。用分光光度法（3cm比色皿）可以测量 $0.01\mu\text{g} \cdot \text{L}^{-1}$ 的含量。

三、实验仪器与药品

① 仪器：可见分光光度计。

② 铬标准贮备溶液：准确称取在110℃下干燥过的基准 $\text{K}_2\text{Cr}_2\text{O}_7 0.1415\text{g}$ 于50mL烧杯中，溶解后转至1000mL容量瓶中，稀释至刻度，摇匀。此六价铬溶液的浓度为 $50\text{mg} \cdot \text{L}^{-1}$。

③ 铬标准操作溶液：用吸量管移取铬贮备液5.0mL于50mL容量瓶中，用水稀释至刻度，摇匀，得到 $5.0\text{mg} \cdot \text{L}^{-1}$ 六价铬溶液。临用时配制。

④ DPCI溶液（$1.0\text{g} \cdot \text{L}^{-1}$）：称取0.5g DPCI，溶于丙酮或乙醇后，用硫酸溶液稀释至50mL，摇匀（硫酸的含量为 $2.5\text{mol} \cdot \text{L}^{-1}$），贮于棕色瓶中，低温保存，变色后不能使用。

四、实验步骤

1. 吸收曲线的制作和测量波长的选择

用吸量管吸取0.0mL、4.0mL的 $5.0\text{mg} \cdot \text{L}^{-1}$ 铬标准操作溶液，随后分别加入约30mL水、2.0mL DPCI溶液摇匀，用水稀释至刻度，摇匀，静置5min。用1cm比色皿，以试剂为参比溶液，在 $480 \sim 600\text{nm}$ 之间，每隔10nm测定一次吸光度，在最大吸收峰附近，每隔2nm测定一次吸光度。以吸光度为纵坐标，波长为横坐标，绘制 A 与 λ 关系吸收曲线。测定铬的适宜波长，一般选用最大吸收波长 $\lambda_{\max}$。

2. 铬含量的测定

（1）标准曲线的制作

在6个50mL容量瓶（或比色管）中，用吸量管分别加入0.0mL、1.0mL、2.0mL、4.0mL、6.0mL、8.0mL的 $5.0\text{mg} \cdot \text{L}^{-1}$ 铬标准操作溶液，随后分别加入约30mL水、2.0mL DPCI溶液摇匀，用水稀释至刻度，摇匀，静置5min。用1cm比色皿，以试剂为参比溶液，在 $\lambda_{\max}$ 下测量吸光度。以吸光度为纵坐标，铬含量为横坐标，绘制标准曲线。

（2）试样中铬含量的测定

取适量水样（根据含铬量来定，如 10mL）于 50mL 容量瓶（或比色管）中，加入 2mL DPCI 溶液，用水稀释至刻度，摇匀，放置 5min，然后按（1）的步骤，测量吸光度，从标准曲线上查到相应的六价铬含量，计算水中六价铬的含量（单位为 $mg \cdot L^{-1}$）。

五、注意事项

水样应用洁净的玻璃瓶采集。测定六价铬的水样，采集后，需加入 NaOH 使水样 pH 值调至 8 左右，并尽快测定，放置不能超过 24h。如果水样不含悬浮物且色度低时，可直接进行分光光度测定。如果是浑浊、色度深且有有机物干扰的水样，可用锌盐沉淀分离法或酸性 $KMnO_4$ 氧化法进行预处理（见 GB 7467—1987）。

六、数据处理

用手工法在坐标纸上绘制标准曲线，求出水样中六价铬含量。有条件的学校，可让学生用计算机处理数据，直接打印出有关结果。

七、思考题

① 在制作标准曲线和水样显色时，加入 DPCI 溶液后，为什么要立即摇匀或边加边摇？
② 怎样测定试样中三价铬和六价铬含量？

第二部分　分析化学综合、设计、研究性实验

实验三十九　设计性实验（自选题目十个）

一、食醋中 HAc 浓度的测定

乙酸是有机弱酸，可与 NaOH 反应，生成弱酸强碱盐，滴定的突跃在碱性范围内，可以选用酚酞等碱性范围变色的指示剂，用 NaOH 标准溶液滴定。

二、NH_3-NH_4Cl 混合溶液各组分浓度的测定

用甲基红为指示剂，以盐酸标准溶液滴定 NH_3 至 NH_4^+。用甲醛法将 NH_4^+ 强化后以 NaOH 标准溶液滴定。

三、NaH_2PO_4-Na_2HPO_4 混合液中各组分浓度的测定

以酚酞（或百里酚酞）为指示剂，用 NaOH 标准溶液滴定 $H_2PO_4^-$ 至 HPO_4^{2-}。以甲基橙或溴酚蓝为指示剂，用 HCl 标准溶液滴定 HPO_4^{2-} 至 $H_2PO_4^-$。可以取两份分别滴定，也可以在同一份溶液中连续滴定。

四、蛋壳中钙、镁含量的测定

蛋壳的主要成分为 $CaCO_3$，其中还含有少量 $MgCO_3$、$Mg_3(PO_4)_2$ 和有机物，其含量测定可以采用酸碱滴定法、络合滴定法和氧化还原滴定法。

五、HCl-H_3BO_3 混合溶液各组分浓度的测定

以甲基红为指示剂，用 NaOH 标准溶液滴定 HCl 至 NaCl。用甘油或甘露醇强化 H_3BO_3 后以 NaOH 标准溶液滴定。

六、胃舒平药片中 Al_2O_3 和 MgO 含量的测定

胃舒平药片中的有效成分是 $Al(OH)_3 \cdot 2MgO$。药片每片含有氢氧化铝 0.245g，三硅

酸镁 0.105g。

样品溶解后，分离除去水不溶物，然后取试液加入过量 EDTA 溶液，调节 pH 至 4 左右，煮沸使 EDTA 与铝络合，再以二甲酚橙为指示剂，用 Zn^{2+} 标准溶液回滴过量的 EDTA，测出铝含量。另取试液，调节 pH，将铝沉淀分离后，于 $pH \approx 10$ 条件下以铬黑 T 为指示剂，用 EDTA 标准溶液滴定滤液中的镁。

七、石灰石或白云石中 CaO 和 MgO 含量的测定

用盐酸溶解样品，选择不同的指示剂，控制不同的 pH 值进行测定。在 $pH \approx 12$ 时，用 EDTA 标准溶液滴定 Ca 离子，在 $pH \approx 10$ 时，用 EDTA 标准溶液滴定 Ca 离子和 Mg 离子的总量，然后从总量中减去 Ca 离子的量，即为 Mg 离子的量。

八、黄铜中铜锌含量的测定

用间接碘量法测定铜，络合滴定法测定锌。试样溶解后，在酸性溶液中，加碘化钾与铜反应生成 CuI，同时析出游离的碘，以标准硫代硫酸钠溶液滴定铜。

在微酸性溶液中，以硫脲掩蔽铜，在 pH 为 5～6 的介质中，以二甲酚橙为指示剂，用 EDTA 标准溶液滴定锌。

九、H_2SO_4-$H_2C_2O_4$ 混合液中各组分浓度的测定

以酚酞为指示剂，用 NaOH 标准溶液滴定 H_2SO_4 及 $H_2C_2O_4$ 总酸量。用 $KMnO_4$ 法测定 $H_2C_2O_4$ 的质量分数，总酸量减去 $H_2C_2O_4$ 的含量后，可以求得 H_2SO_4 的量。

十、酱油中 NaCl 含量的测定

可以用福尔哈德法测定。在 0.1～1mol·L^{-1} 的 HNO_3 介质中，加入过量的 $AgNO_3$ 标准溶液，加铁铵矾指示剂，用 NH_4SCN 标准溶液滴定过量的 $AgNO_3$，出现红色 $[Fe(SCN)]^{2+}$ 指示终点。

实验四十　有机阳离子交换树脂交换容量的测定

一、实验目的

① 了解离子交换树脂交换容量的意义。
② 掌握阳离子交换树脂全交换容量和工作交换容量的测定方法。

二、实验原理

离子交换剂可分为无机离子交换剂和有机离子交换剂两大类。有机离子交换剂常称为离子交换树脂。

树脂的交换容量是树脂的重要特性。交换容量有全交换容量和工作交换容量之分。前者是用静态法（树脂和试液在一容器中达到交换平衡的分离法）测定的树脂内所有可交换基团全部发生交换时的交换容量，又称理论交换容量；后者是指在一定操作条件下，用动态法（柱上离子交换分离法）实际所测得的交换容量，它与溶液离子浓度、树脂床高度、流量、粒度大小以及交换形式等因素有关。

离子交换树脂的全交换容量用 Q 表示，它等于树脂所能交换离子的物质的量 n 除以交换树脂体积 V，或除以交换树脂的质量 m，即：

$$Q = \frac{n}{V} \quad 或 \quad Q = \frac{n}{m} \tag{3-16}$$

上述表明，树脂的全交换容量 Q 是单位体积或单位质量干树脂所能交换的物质的量。

一般常用树脂的 Q 约为 $3mmol \cdot mL^{-1}$ 或 $3mmol \cdot g^{-1}$。

本实验是用酸碱滴定法测定强酸性阳离子交换树脂的全交换容量和工作交换容量。阳离子交换树脂可简写为 RH，当一定量的氢型阳离子交换树脂 RH 与一定量过量的 NaOH 标准溶液混合，以静态法放置一定时间，达到交换平衡时的反应为：

$$RH + NaOH \Longrightarrow RNa + H_2O$$

用 HCl 标准溶液滴定过量的 NaOH，即可求出树脂全交换容量 Q。

当一定量的氢型阳离子交换树脂装入交换柱中后，用 Na_2SO_4 溶液以一定的流速通过此交换柱时，Na_2SO_4 中的 Na^+ 将与 RH 发生交换反应：

$$Na^+ + RH \Longrightarrow RNa + H^+$$

交换出来的 H^+ 用 NaOH 标准溶液滴定，可求得树脂的工作交换容量。

三、实验仪器与药品

仪器：玻璃棉（用蒸馏水浸泡洗净）、离子交换柱（可用 25mL 酸式滴定管代替）。

药品：强酸性苯乙烯阳离子交换树脂（001×7 型等均可）、Na_2SO_4 溶液（$0.5mol \cdot L^{-1}$）、HCl（$3mol \cdot L^{-1}$）、NaOH 标准溶液（$0.1mol \cdot L^{-1}$，配制和标定见实验二十四）、HCl 标准溶液（$0.1mol \cdot L^{-1}$，配制见实验二十三）、酚酞指示剂（$2g \cdot L^{-1}60\%$ 乙醇溶液）。

四、实验步骤

1.阳离子交换树脂全交换容量的测定

（1）树脂的预处理

市售的阳离子交换树脂，一般为钠型（RNa），使用前需将树脂用酸处理，使它转变为氢型：

$$RNa + H^+ \Longrightarrow RH + Na^+$$

称取 20g 强酸性苯乙烯阳离子交换树脂于 300mL 烧杯中，加入 150mL $3mol \cdot L^{-1}$ HCl 溶液，搅拌，浸泡 1～2d，期间经常搅拌。倾出上层 HCl 溶液，用蒸馏水漂洗树脂直至中性（用 pH 试纸检测），即得到氢型阳离子交换树脂 RH。

（2）氢型阳离子交换树脂 RH 的干燥

将预处理好的 RH 树脂用滤纸压干后，装于培养皿中，在 105℃下干燥 1h，取出放入干燥器中，冷却至室温后称量得 m_1。然后再将树脂放回 105℃的烘箱中烘 0.5h，取出，冷却，称量得 m_2，直至恒重为止。

（3）静态交换平衡

准确称取干燥恒重的氢型阳离子交换树脂 1.000g，放于 250mL 干燥带塞的锥形瓶中，准确加入 100mL $0.1mol \cdot L^{-1}$ NaOH 标准溶液，摇匀，盖好锥形瓶，放置 24h，使之达到交换平衡。

（4）过量 NaOH 溶液的滴定

用移液管从锥形瓶中准确移取 25.00mL 交换后的 NaOH 溶液，加入 2 滴酚酞指示剂，用 $0.1mol \cdot L^{-1}$ HCl 标准溶液滴定至红色刚好褪去，即为终点，记下消耗的 HCl 标准溶液的体积，平行滴定三份。

2.阳离子交换树脂工作交换容量的测定

（1）装柱

将玻璃棉搓成花生米大小的小球，通过长玻璃棒将其装入酸式滴定管的下部，并使其平整。加入 10mL 左右蒸馏水。将一定量 RH 树脂浸泡在水溶液中，用玻璃棒边搅拌边倒入酸式滴定管中，柱高 20cm 左右。用蒸馏水将树脂洗成中性（用 pH 试纸检查），放出柱中多余的水，使柱的上部余下 1mL 左右水的液面。

（2）交换

向离子交换柱中不断加入 0.5mol·L⁻¹Na₂SO₄ 溶液，用 250mL 容量瓶收集流出液，调节流量为 2~3ml·min⁻¹。流过 100mL Na₂SO₄ 溶液后，经常检查流出液的 pH，直至流出的 Na₂SO₄ 溶液与加入的 Na₂SO₄ 溶液的 pH 相同时，停止加入 Na₂SO₄ 溶液，交换完毕。将收集液稀释至 250mL，摇匀。

（3）工作交换容量的测定

用移液管移取上述收集液 25.00mL 3 份于 3 个 250mL 锥形瓶中，均加入 2 滴酚酞指示剂，用 0.1mol·L⁻¹NaOH 标准溶液滴定至微红色，记下消耗 NaOH 标准溶液的体积，按公式计算 Q。

（4）使用过的树脂回收在一个烧杯中，统一进行再生处理。

五、数据处理

按下式计算树脂的全交换容量（mmol·g⁻¹）和工作交换容量（mmol·g⁻¹）。

$$Q_{全交换容量} = \frac{\left[(cV)_{NaOH} - (cV)_{HCl}\right] \times \dfrac{100mL}{25mL}}{\text{干树脂的质量}} \tag{3-17}$$

$$Q_{工作交换容量} = \frac{(cV)_{NaOH}}{\text{树脂的质量} \times \dfrac{25mL}{250mL}} \tag{3-18}$$

六、注意事项

① 装柱和后面的交换过程中，不能出现树脂床层流干的现象。流干时，形成固-气相，交换不能进行。流干现象容易由产生的气泡看出来。出现流干时，需重新装柱。

② 实验步骤 1 中（1）~（3）需提前进行或与其他实验交错进行。

七、思考题

① 市售树脂使用前应如何处理？

② 交换过程中，柱中产生气泡，有何危害？

③ 根据强酸性阳离子交换树脂交换容量的测定原理，试设计测定强碱性阴离子交换树脂的交换容量测定方法。

实验四十一　邻二氮菲分光光度法测定铁

一、实验目的

① 学习如何选择分光光度法的实验条件。

② 掌握用分光光度法测定铁的原理和方法。

③ 进一步熟练掌握分光光度计使用方法。

④ 掌握吸量管的使用方法。

⑤ 了解分光光度法测定络合物组成的常用方法和原理。

二、实验原理

测定铁的分光光度法所用的显色剂较多，有邻二氮菲（又称邻菲咯啉）及其衍生物、磺基水杨酸、硫氰酸盐、5-Br-PADAP 等。其中邻二氮菲分光光度法的灵敏度高，稳定性好，干扰容易消除，因而是目前普遍采用的一种方法。

在 pH 为 $2\sim9$ 的溶液中，Fe^{2+} 与邻二氮菲（Phen）生成稳定的橘红色络合物 $[Fe(Phen)_3]^{2+}$：

$$Fe^{2+}+3 \quad \rightleftharpoons \quad [(\quad)_3]^{2+} (橘红色)$$

其 $lg\beta_3=21.3$，摩尔吸光系数 $\varepsilon_{508}=1.1\times10^4 L\cdot mol^{-1}\cdot cm^{-1}$。当铁为三价时，可用盐酸羟胺还原：

$$2Fe^{3+}+2NH_2OH\cdot HCl \Longrightarrow 2Fe^{2+}+N_2\uparrow+4H^++2H_2O+2Cl^-$$

Cu^{2+}、Co^{2+}、Ni^{2+}、Cd^{2+}、Hg^{2+}、Mn^{2+}、Zn^{2+} 等离子也能与 Phen 生成稳定络合物，在少量情况下，不影响 Fe^{2+} 的测定，量大时可用 EDTA 掩蔽或预先分离。

分光光度法的实验条件，如测量波长、溶液酸度、显色剂用量、显色时间、温度、溶剂以及共存离子干扰及其消除等，都是通过实验来确定的。本实验在测定试样中铁含量之前，先做部分条件实验，以便掌握确定实验条件的方法。

金属离子 M 和配位体 L 形成络合物的反应为：

$$M+nL \Longrightarrow ML_n (忽略离子的电荷)$$

式中，n 为络合物的配位数，它可用分光光度法按饱和法（摩尔比法）或连续变化法（等摩尔系列法）测定。

1.饱和法（摩尔比法）

配制一系列溶液，维持各溶液的金属离子浓度、酸度、离子强度、温度恒定，只改变配位体的浓度，在络合物的最大吸收波长处测定各溶液的吸光度，以吸光度对摩尔比 R（即 c_L/c_M）作图［图 3-4(a)］。由图 3-4(a) 可见，当 $R<n$ 时，L 全部转变为 ML_n，吸光度随 L 浓度的增大而升高，且与 R 呈线性关系；当 $R>n$ 时，M 全部转变为 ML_n，继续增大 L 的浓度，吸光度不再变化。将曲线的线性部分延长相交于一点，该点对应的 R 值即为 n。本法适用于稳定性较高的络合物组成的测定。

2.连续变化法（等摩尔系列法）

配制一系列溶液，在保持实验条件相同的情况下，使所有溶液中 M 和 L 的总浓度不变，即 $c_M+c_L=c$（常数），只改变 M 或 L 在总浓度中所占的比例（即 c_M/c 或 c_L/c），在络合

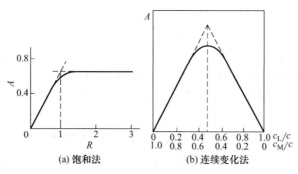

图 3-4 饱和法和连续变化法

物的最大吸收波长处测定吸光度，以吸光度对 c_M/c（或 c_L/c）作图［图 3-4(b)］。吸光度曲线的极大值所对应的 c_L/c_M 即为 n。

为方便起见，实验时配制浓度相同的 M 和 L 的溶液，在维持溶液总体积不变的条件下，按不同体积比配成一系列 M 和 L 的混合溶液，它们的体积比就是 c_L/c_M。

实验数据的记录最好是表格式的。文字式的记录方法或流水账式的记录方式不便进行数据分析。例如，选择测量波长时，要作出吸光度 A 与波长 λ 的关系曲线，选择测量波长实验时应记录为表 3-7。

表 3-7　吸光度 A 与波长 λ 的关系

λ/nm	440	450	460	470	480	…
A						

同理，在制作标准曲线时应翔实记录数据，实验数据汇总表（供参考）见表 3-8。

表 3-8　实验数据汇总表（供参考）

实验编号	1	2	3	4	5	6	7	8
$Fe^{3+},m/\mu g$								
盐酸羟胺,V/mL								
邻二氮菲,V/mL								
NaAc,V/mL								
$H_2O,V/mL$								
A								

其他条件如酸度影响、显色剂用量等亦可以参考表 3-8 进行记录。

三、实验仪器与药品

① 仪器：721 型分光光度计、pH 计。

② 铁标准溶液 A（$100\mu g \cdot mL^{-1}$）：准确称取 0.8634g $NH_4Fe(SO_4)_2 \cdot 12H_2O$（分析纯）于 200mL 烧杯中，加入 20mL $6mol \cdot L^{-1}$ HCl 和少量水，溶解后转移至 1L 容量瓶中，稀释至刻度，摇匀。

③ 其他试剂：邻二氮菲溶液 A（$1.5g \cdot L^{-1}$ 水溶液）、盐酸羟胺（$100g \cdot L^{-1}$ 水溶液，用时配制）、NaAc 溶液（$1mol \cdot L^{-1}$）、NaOH 溶液（$1mol \cdot L^{-1}$）、铁标准溶液 B（$1 \times 10^{-3}mol \cdot L^{-1}$）、邻二氮菲溶液 B（$1 \times 10^{-3}mol \cdot L^{-1}$）。

四、实验步骤

1. 条件实验

（1）吸收曲线的制作和测量波长的选择

用吸量管吸取 0.0mL 和 1.0mL 铁标准溶液 A 分别注入两个 50mL 容量瓶（或比色管）中，各加入 1mL 盐酸羟胺溶液，摇匀。再加入 2mL 邻二氮菲溶液 A、5mL NaAc，用水稀释至刻度，摇匀。放置 10min 后，用 1cm 比色皿，以试剂空白（即 0.0mL 铁标准溶液 A）为参比溶液，在 440～560nm 之间，每隔 10nm 测一次吸光度，在最大吸收峰附近，每隔 5nm 测定一次吸光度。在坐标纸上，以波长 λ 为横坐标，吸光度 A 为纵坐标，绘制 A 与 λ 关系的吸收曲线。从吸收曲线上选择测定 Fe 的适宜波长，一般选用最大吸收波长 λ_{max}。

（2）溶液酸度的选择

取 8 个 50mL 容量瓶（或比色管）分别加入 1mL 铁标准溶液 A、1mL 盐酸羟胺、2mL 邻二氮菲溶液 A，摇匀。然后，分别加入 0.0mL、0.2mL、0.5mL、1.0mL、1.5mL、2.0mL、2.5mL、3.0mL 1mol·L^{-1}NaOH 溶液，用水稀释至刻度，摇匀。放置 10min，用 1cm 比色皿，以蒸馏水为参比溶液，在选择的波长下测定各溶液的吸光度。同时，用 pH 计测量各溶液的 pH 值。以 pH 为横坐标，吸光度 A 为纵坐标，绘制 A 与 pH 关系的酸度影响曲线，得出测定铁的适宜酸度范围。

（3）显色剂用量的选择

取 7 个 50mL 容量瓶（或比色管），各加入 1mL 铁标准溶液 A、1mL 盐酸羟胺，摇匀。再分别加入 0.1mL、0.3mL、0.5mL、0.8mL、1.0mL、2.0mL、4.0mL 邻二氮菲溶液 A 和 5mL NaAc 溶液，以水稀释至刻度，摇匀。放置 10min，用 1cm 比色皿，以蒸馏水为参比溶液，在选择的波长下测定各溶液的吸光度。以所取邻二氮菲溶液体积 V 为横坐标，吸光度 A 为纵坐标，绘制 A 与 V 关系的显色剂用量影响曲线，得出测定铁时显色剂的最适宜用量。

（4）显色时间的确定

在一个 50mL 容量瓶（或比色管）中，加入 1mL 铁标准溶液 A、1mL 盐酸羟胺溶液，摇匀。再加入 2mL 邻二氮菲溶液 A、5mL NaAc 溶液，以水稀释至刻度，摇匀。立刻用 1cm 比色皿，以蒸馏水为参比溶液，在选择的波长下测量吸光度。然后依次测量放置 5min、10min、30min、60min、120min……后的吸光度。以时间 t 为横坐标，吸光度 A 为纵坐标，绘制 A 与 t 的显色时间影响曲线，得出铁与邻二氮菲显色反应完全所需要的适宜时间。

2.铁含量的测定

（1）标准曲线的制作

用移液管吸取 100μg·mL^{-1} 铁标准溶液 A 5mL 于 50mL 容量瓶中，用水稀释至刻度，摇匀。此溶液为铁标准操作液，Fe^{3+} 的浓度为 10μg·mL^{-1}。

在 6 个 50mL 容量瓶（或比色管）中，用吸量管分别加入 0.0mL、2.0mL、4.0mL、6.0mL、8.0mL、10.0mL 10μg·mL^{-1} 铁标准操作液，分别加入 1mL 盐酸羟胺、2mL 邻二氮菲溶液 A、5mL NaAc 溶液，每加入一种试剂后都要摇匀。然后，用水稀释至刻度，摇匀后放置 10min。用 1cm 比色皿，以试剂空白（即 0.0mL 铁标准溶液 A）为参比，在所选择的波长下，测量各溶液的吸光度。以含铁量为横坐标，吸光度 A 为纵坐标，绘制标准曲线。

由绘制的标准曲线，重新查出相应铁浓度的吸光度，计算 Fe^{2+}-Phen 络合物的摩尔吸光系数 ε。

（2）试样中铁含量的测定

吸取适量试液（如 10mL）于 50mL 容量瓶（或比色管）中，按标准曲线的制作步骤，加入各种试剂，测量吸光度。从标准曲线上查出和计算试样中铁的含量。

3.络合物组成的测定

（1）饱和法（摩尔比法）

取 9 只 50mL 的容量瓶，均加入 1mL 1×10^{-3}mol·L^{-1} 铁标准溶液 B、1mL 盐酸羟胺，分别加入 1.0mL、1.5mL、2.0mL、2.5mL、3.0mL、3.5mL、4.0mL、4.5mL、5.0mL 1×10^{-3}mol·L^{-1} 的邻二氮菲溶液 B 和 5mL NaAc 溶液，摇匀。以蒸馏水为参比，用 1cm 比色皿，在最大吸收波长下测定各溶液的吸光度 A，以吸光度对摩尔比 R（即 c_L/c_M）作图。将曲线的两直线部分延长，由交点确定 n 值。

（2）连续变化法（等摩尔系列法）

取 9 只 50mL 的容量瓶，分别加入 0.0mL、1.0mL、2.0mL、3.0mL、4.0mL、5.0mL、6.0mL、7.0mL、8.0mL 的 1×10^{-3} mol·L^{-1} 铁标准溶液 B，然后均加入 1mL 盐酸羟胺，再分别加入 8.0mL、7.0mL、6.0mL、5.0mL、4.0mL、3.0mL、2.0mL、1.0mL、0.0mL 1×10^{-3} mol·L^{-1} 邻二氮菲溶液 B 和 5mL NaAc 溶液，摇匀。以蒸馏水为参比，用 1cm 比色皿，在最大吸收波长下测定各溶液的吸光度 A，以吸光度对 c_M/c（或 c_L/c）作图，将曲线的两侧直线部分延长，由交点确定 n 值。

五、数据处理

手工绘制各种条件实验曲线、标准曲线以及计算试样中物质的含量。如果有条件，学生同时可用计算机进行数据处理。

六、思考题

① 本实验量取各种试剂时应分别采用何种量器量取较为合适？为什么？

② 试对所做条件实验进行讨论并选择适宜的测量条件。

③ 怎样用分光光度法测定水样中的全铁（总铁）和亚铁的含量？试拟出一简单步骤。

④ 制作标准曲线和进行其他条件实验时，加入试剂的顺序能否任意改变？为什么？

⑤ 在什么条件下，才可以使用饱和法、连续变化法测定络合物的组成？

⑥ 酸度对测定络合物的组成有什么影响？如何确定适宜的酸度？

实验四十二　分光光度法测定甲基橙的解离常数

一、实验目的

掌握分光光度法测定一元弱酸（或弱碱）的解离常数的原理、方法、测定步骤及实验数据的处理方法。

二、实验原理

弱酸（或弱碱）的解离常数常用电位滴定法测定，但是在分析化学中常用的指示剂及其他有机试剂，由于溶解度不大，大多不能用电位滴定法测定。因为某些有机弱酸（或弱碱）的不同存在形式对光的吸收不同，故可以用分光光度法测定。甲基橙是有机弱酸，它的酸式和碱式具有不同颜色：

因为
$$K_a = \frac{[H^+][MO^-]}{[HMO]} \tag{3-19}$$

$$c_{HMO} = [HMO] + [MO^-] \tag{3-20}$$

在特定波长下
$$A = A_{HMO} + A_{MO^-} \tag{3-21}$$

合并式(3-19)、式(3-20)、式(3-21)，得到

$$A = \frac{A_{HMO}[H^+] + A_{MO^-}K_a}{K_a + [H^+]} \tag{3-22}$$

整理后得

$$pK_a = \log \frac{A - A_{MO^-}}{A_{HMO} - A} + pH \qquad (3\text{-}23)$$

以上各式中，c_{HMO} 为甲基橙的分析浓度；A 为甲基橙溶液的吸光度；A_{HMO} 为甲基橙全部以酸式（HMO）存在时的吸光度；A_{MO^-} 为甲基橙全部以碱式（MO⁻）存在时的吸光度。维持溶液中甲基橙的分析浓度 c_{HMO} 和离子强度不变，改变溶液的 pH，测得其吸收曲线（图 3-5）。

在最大吸收波长 λ_{max} 处，最高曲线为甲基橙纯酸式（HMO）的吸收曲线，最低曲线为甲基橙纯碱式（MO⁻）的吸收曲线。其他曲线为酸式、碱式共存的溶液的吸收曲线，它们的形状与溶液的 pH 有关。

根据甲基橙在不同 pH 下测得的各吸收曲线，作如下处理以得到甲基橙的解离常数。

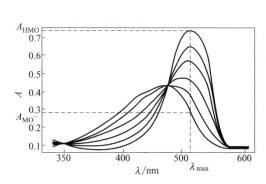

图 3-5　甲基橙溶液吸收曲线

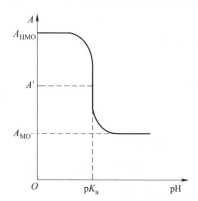

图 3-6　甲基橙溶液的 A-pH 曲线

（1）计算法

在图 3-5 上 HMO 的最大吸收波长（约 510nm）处作一条垂直于波长轴的直线，从直线与各曲线的交点查的 A_{HMO}、A_{MO^-} 及各不同 pH 所对应的 A 值，代入式(3-23)，计算得一组 pK_a 值，其平均值即为测定结果。

（2）作图法

可用两种作图法确定甲基橙的 pK_a 值。

① A-pH 曲线法　以指定波长（取 HMO 的最大吸收波长）的吸光度对溶液的 pH 作图得 A-pH 曲线（图 3-6）。当 $\lg \dfrac{A - A_{MO^-}}{A_{HMO} - A} = 0$ 时，$pK_a = $ pH。也即 $A = \dfrac{A_{HMO} + A_{MO^-}}{2}$ 时，$pK_a = $ pH。

② 线性作图法

$$\lg \frac{A - A_{MO^-}}{A_{HMO} - A} = -pH + pK_a \qquad (3\text{-}24)$$

以 $\lg \dfrac{A - A_{MO^-}}{A_{HMO} - A}$ 对 pH 作图得一直线。当 $\lg \dfrac{A - A_{MO^-}}{A_{HMO} - A} = 0$ 时，直线与 pH 轴的交点的 pH 值，即为 pK_a（图 3-7）

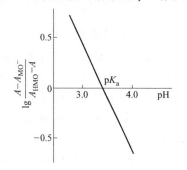

图 3-7　线性作图法确定弱酸的离解常数 pK_a

三、实验仪器与药品

仪器：自动记录式分光光度计或可见分光光度计、pH 计。

药品：甲基橙溶液（0.5g·L^{-1}）、KCl 溶液（2.5mol·L^{-1}）、HCl 溶液（2mol·L^{-1}）、NaAc 溶液（0.5mol·L^{-1}）、氯乙酸-氯乙酸钠缓冲溶液（总浓度为 0.5mol·L^{-1}，pH 值分别为 2.5、3.0、3.5）、HAc-Ac$^-$ 缓冲溶液（总浓度为 0.5mol·L^{-1}，pH 值分别为 4.0、4.5）。

四、实验步骤

① 甲基橙操作液的配制 用吸量管移取浓度为 0.5g·L^{-1} 甲基橙溶液 10mL 于 100mL 容量瓶中，用水稀释至刻度，摇匀备用。

② 取 50mL 容量瓶 7 只，分别加入 5.00mL 甲基橙操作液、2mL KCl 溶液。依次向 7 只容量瓶中加入 HCl、5 种 pH 值缓冲溶液、NaAc 溶液各 2mL，以水稀释至刻度，摇匀。用 pH 计测量 5 个加入缓冲溶液后的溶液的 pH 值。以水为参比，在自动记录式分光光度计上扫描各溶液，得到一系列吸收曲线，按实验原理中介绍的方法处理数据，求得甲基橙的 pK_a 值。

如果无自动记录式分光光度计，可将其他型号的分光光度计波长设定在 510nm，测定各溶液的吸光度，然后按上法处理数据。也可以间歇测量，手工绘制吸收曲线，按前面介绍的方法处理数据，求得甲基橙的 pK_a 值。

五、数据处理

按实验原理部分介绍的三种方法分别处理数据，求得甲基橙的 pK_a 值。

六、思考题

① 测定有机弱酸（弱碱）的解离常数时，纯酸式、纯碱式的吸收曲线是如何得到的？
② 若有机弱酸的酸性太强或太弱时，能否用本法测定？为什么？
③ 试比较电位法和分光光度法测定酸（或碱）解离常数的优缺点。

实验四十三 硅酸盐水泥中 SiO$_2$、Fe$_2$O$_3$、Al$_2$O$_3$、CaO 和 MgO 含量的测定

一、实验目的

① 学习复杂物质的分析测定方法。
② 掌握尿素均匀沉淀法的分离技术。

二、实验原理

水泥主要是由硅酸盐组成的。按我国规定，水泥分成硅酸盐水泥（熟料水泥）、普通硅酸盐水泥（普通水泥）、矿渣硅酸盐水泥（矿渣水泥）、火山灰质硅酸盐水泥（火山灰水泥）、粉煤灰硅酸盐水泥（粉煤灰水泥）等。水泥熟料是由水泥生料经 1400℃ 以上高温煅烧而成。硅酸盐水泥由水泥熟料加入适量石膏而成，其成分与水泥熟料相似，可按水泥熟料化学分析法进行测定。

水泥熟料、未掺混合材料的硅酸盐水泥、碱性矿渣水泥可采用酸分解法进行测定。不溶物含量较高的水泥熟料、酸性矿渣水泥、火山灰水泥等酸性氧化物较高的物质，可采用碱熔融法进行测定。本实验采用的硅酸盐水泥，一般较易被酸所分解。

SiO$_2$ 的测定可分成容量法和重量法。重量法又因使硅酸凝聚所用物质的不同分为盐酸

干涸法、动物胶法、氯化铵法等，本实验采用氯化铵法。将试样与 7～8 倍固体 NH_4Cl 混匀后，再加 HCl 溶液分解试样，HNO_3 氧化 Fe^{2+} 为 Fe^{3+}。经沉淀分离、过滤洗涤后的 $SiO_2 \cdot nH_2O$ 在瓷坩埚中于 950℃灼烧至恒重。本法测定结果较标准法约高 0.2%。若改用铂坩埚在 1000℃灼烧至恒重，经氢氟酸处理后，测定结果与标准法结果比较，误差小于 0.1%。生产上 SiO_2 的快速分析常采用氟硅酸钾容量法。

如果不测定 SiO_2，则试样经 HCl 分解、HNO_3 氧化后，用均匀沉淀法使 $Fe(OH)_3$、$Al(OH)_3$ 与 Ca^{2+}、Mg^{2+} 分离。以磺基水杨酸为指示剂，用 EDTA 络合滴定 Fe^{3+}；以 1-(2-吡啶基偶氮)-2-萘酚（PAN）为指示剂，用 $CuSO_4$ 返滴定法测定 Al^{3+}。Fe^{3+}、Al^{3+} 含量高时，对 Ca^{2+}、Mg^{2+} 测定有干扰。用尿素分离 Fe^{3+}、Al^{3+} 后，Ca^{2+}、Mg^{2+} 是以 GBHA（乙二醛缩双邻氨基酚，又名钙红）或铬黑 T 为指示剂，用 EDTA 络合滴定法测定。若试样中含 Ti^{4+} 时，则 $CuSO_4$ 返滴定法所测得的实际上是 Al^{3+}、Ti^{4+} 含量。若要测定 TiO_2 的含量，可加入苦杏仁酸解蔽剂，TiY 可成为 Ti^{4+}，再用标准 $CuSO_4$ 溶液滴定释放的 EDTA。如 Ti^{4+} 含量较低时可用比色法测定。

三、实验仪器与药品

① 仪器：马弗炉、瓷坩埚、干燥器、长坩埚钳、短坩埚钳。

② EDTA 溶液（$0.02mol \cdot L^{-1}$）：在台秤上称取 4g EDTA，加 100mL 水溶解后，转移至塑料瓶中，稀释至 500mL，摇匀。

③ 铜标准溶液（$0.02mol \cdot L^{-1}$）：准确称取 0.3g 纯铜，加入 3mL $6mol \cdot L^{-1}$ HCl 溶液，滴加 2～3mL H_2O_2，盖上表面皿，微沸溶解，继续加热赶去 H_2O_2（小泡冒完为止）。冷却后转入 250mL 容量瓶中，用水稀释至刻度，摇匀。

④ $CuSO_4$ 溶液（$0.02mol \cdot L^{-1}$）：在台秤上称取 2.5g $CuSO_4 \cdot H_2O$，加 100mL 水溶解后，转移至玻璃瓶中，稀释至 500mL，摇匀。

⑤ 指示剂：溴甲酚绿（$1g \cdot L^{-1}$ 20%乙醇溶液）、磺基水杨酸钠（$100g \cdot L^{-1}$）、PAN（$3g \cdot L^{-1}$ 乙醇溶液）、铬黑 T（按铬黑 T：NaCl＝1：100 配制成固体粉末）、GBHA（$0.4g \cdot L^{-1}$ 乙醇溶液）。

⑥ 缓冲溶液：氯乙酸-乙酸铵缓冲溶液（pH≈2，850mL $0.1mol \cdot L^{-1}$ 氯乙酸与 85mL $0.1mol \cdot L^{-1}NH_4Ac$ 混匀）、氯乙酸-乙酸钠缓冲溶液（pH≈3.5，250mL $2mol \cdot L^{-1}$ 氯乙酸与 500mL $1mol \cdot L^{-1}NaAc$ 混匀）、NaOH 强碱缓冲溶液（pH≈12.6，10g NaOH 与 10g $Na_2B_4O_7 \cdot 10H_2O$ 溶于适量水后，稀释至 1L）、氨水-氯化铵缓冲溶液（pH≈10，67g NH_4Cl 溶于适量水后，加入 520mL 浓氨水，稀释至 1L）。

⑦ 其他药品：水泥试样、NH_4Cl（固体）、氨水（1＋1）、NaOH（$200g \cdot L^{-1}$）、HCl（$2mol \cdot L^{-1}$）尿素（$500g \cdot L^{-1}$ 水溶液）、浓 HNO_3、浓 HCl、$AgNO_3$（$0.1mol \cdot L^{-1}$）、NH_4NO_3（$10g \cdot L^{-1}$）。

四、实验步骤

1.EDTA 溶液的标定

用移液管准确移取 25.00mL 铜标准溶液，加入 15mL pH≈3.5 的氯乙酸-乙酸钠缓冲溶液和 35mL 水，加热至 80℃后，加入 4 滴 PAN 指示剂，趁热用 EDTA 溶液滴定至由红色变为绿色，即为终点，记下消耗 EDTA 溶液的体积。平行测定三次，计算 EDTA 的浓度。

2. $CuSO_4$ 溶液的标定

用移液管准确移取 25.00mL $CuSO_4$ 溶液，加入 15mL pH≈3.5 的氯乙酸-乙酸钠缓冲溶液和 35mL 水，加热至 80℃后，加入 4 滴 PAN 指示剂，趁热用标定好的 EDTA 标准溶液滴定至由红色变为绿色，即为终点，记下消耗 EDTA 溶液的体积。平行测定三次，计算 $CuSO_4$ 的浓度。

3. SiO_2 的测定

准确称取 0.4g 水泥试样，置于干燥的 50mL 烧杯中，加入 2.5～3g 固体 NH_4Cl，用玻璃棒混匀，滴加浓 HCl 至试样全部润湿（一般约需 2mL），并滴加 2～3 滴浓 HNO_3，搅匀。小心压碎块状物，盖上表面皿，置于沸水浴上，加热 10min，加热水约 40mL，搅动，以溶解可溶性盐类。过滤，用热水洗涤烧杯和沉淀，直至滤液中无 Cl^- 为止（用 $AgNO_3$ 检验），弃去滤液。

将沉淀连同滤纸放入已恒重的瓷坩埚中，低温干燥、炭化并灰化后，在马弗炉中于 950℃灼烧 30min 取出，置于干燥器中冷却至室温，称量。再灼烧、称量，直至恒重。计算试样中 SiO_2 的质量分数。

4. Fe_2O_3、Al_2O_3、CaO、MgO 的测定

① 溶样　称取约 2g 水泥试样于 250mL 烧杯中，加入 8g NH_4Cl 固体，用玻璃棒压碎块状物，仔细搅拌 20min。加入 12mL 浓 HCl，使试样全部润湿，再滴加浓 HNO_3 4～8 滴，搅匀，盖上表面皿，置于已预热的沙浴上加热 20～30min，直至无黑色或灰色的小颗粒为止。取下烧杯，稍冷后加热水 40mL，搅拌使盐类溶解。冷却后，连同沉淀一起转移到 500mL 容量瓶中，用水稀释至刻度，摇匀后放置 1～2h，使其澄清。然后用洁净干燥的虹吸管吸取溶液于洁净干燥的 400mL 烧杯中保存，作为测定 Fe、Al、Ca、Mg 等元素之用。

② Fe_2O_3 和 Al_2O_3 含量的测定　准确移取 25.00mL 上述试液于 250mL 锥形瓶中，加入 10 滴磺基水杨酸钠、10mL pH≈2 的氯乙酸-乙酸铵缓冲溶液，将溶液加热至 70℃，用 EDTA 标准溶液缓慢地滴定，溶液由酒红色变为无色时（终点时溶液温度应在 60℃左右），记下消耗的 EDTA 体积。平行滴定三次，计算 Fe_2O_3 含量。

$$w_{Fe_2O_3} = \frac{\frac{1}{2}(cV)_{EDTA} \times M_{Fe_2O_3}}{m_s} \tag{3-25}$$

式中，m_s 为实际滴定的每份试样的质量。

于滴定铁后的溶液中，加入 1 滴溴甲酚绿，用氨水（1+1）调至黄绿色，然后加入 15.00mL 过量的 EDTA 标准溶液，加热煮沸 1min，加入 10mL pH≈3.5 的氯乙酸-乙酸钠缓冲溶液、4 滴 PAN 指示剂，用 $CuSO_4$ 标准溶液滴至茶红色即为终点。记下消耗的 $CuSO_4$ 标准溶液的体积。平行测定三次，计算 Al_2O_3 含量。

$$w_{Al_2O_3} = \frac{\frac{1}{2}\left[(cV)_{EDTA} - (cV)_{CuSO_4}\right] \times M_{Al_2O_3}}{m_s} \tag{3-26}$$

③ CaO 和 MgO 含量的测定　由于 Fe^{3+}、Al^{3+} 干扰 Ca^{2+}、Mg^{2+} 的测定，需将它们预先分离。为此，取试液 100mL 于 200mL 烧杯中，滴加氨水（1+1）至红棕色沉淀生成时，再滴加 2mol·L^{-1} HCl 溶液使沉淀刚好溶解。然后加入 20mL 尿素溶液，加热约 20min，不断搅拌，使 Fe^{3+}、Al^{3+} 完全沉淀，趁热过滤，滤液用 250mL 烧杯盛接，用 1% NH_4NO_3 热水洗涤至无 Cl^- 为止（用 $AgNO_3$ 溶液检查）。滤液冷却后转移至 250mL 容量瓶中，稀释

至刻度，摇匀。滤液用于测定 Ca^{2+}、Mg^{2+}。

用移液管移取 25.00mL 滤液于 250mL 锥形瓶中，加入 2mL GBHA 指示剂，滴加 $200g \cdot L^{-1}$ NaOH 使溶液变为微红色后，加入 10mL pH≈12.6 的 NaOH 强碱缓冲溶液和 20mL 水，用 EDTA 标准溶液滴至由红色变为亮黄色，即为终点。记下消耗 EDTA 标准溶液的体积。平行测定三次，计算 CaO 的含量。

在测定 CaO 后的溶液中，滴加 $2mol \cdot L^{-1}$ HCl 溶液至溶液黄色褪去，此时 pH 约为 10，加入 15mL pH≈10 的氨水-氯化铵缓冲溶液、0.1g 铬黑 T 指示剂，用 EDTA 标准溶液滴至由红色变为纯蓝色，即为终点。记下消耗 EDTA 标准溶液的体积。平行测定三次，计算 MgO 的含量。

五、注意事项

① 试样溶解完全与否，与是否仔细搅拌、是否混匀密切相关。

② 测 Fe^{3+} 时终点颜色与试样成分和 Fe^{3+} 含量有关，终点一般为无色或淡黄色。

③ 测 Al^{3+} 时随着 Cu^{2+} 的滴入，由络合物 Cu-EDTA 的蓝色和 PAN 的黄色转变为绿色，终点时生成 Cu-PAN 红色络合物，使终点呈茶红色。

六、思考题

① 在 Ca^{2+}、Mg^{2+} 共存时，能否用 EDTA 标准溶液控制酸度法滴定 Fe^{3+}？滴定 Fe^{3+} 的介质酸度范围为多大？

② EDTA 滴定 Al^{3+} 时，为什么采用返滴定法？

③ EDTA 滴定 Ca^{2+}、Mg^{2+} 时，怎样消除 Fe^{3+}、Al^{3+} 的干扰？

④ EDTA 滴定 Ca^{2+}、Mg^{2+} 时，怎样利用 GBHA 指示剂的性质调节溶液 pH？

第四章　有机化学实验基本操作及有机物制备和性质

第一部分　有机化学实验常用仪器及基本操作

一、合成实验常用仪器和装配

1.玻璃仪器

（1）烧瓶（图 4-1）

① 圆底烧瓶　能耐热和承受反应物（或溶液）沸腾以后所发生的冲击振动的烧瓶。在有机化合物的合成和蒸馏实验中最常使用，也常用作减压蒸馏的接收器。

(a) 圆底烧瓶　　(b) 梨形烧瓶　　(c) 三口烧瓶　　(d) 锥形烧瓶

图 4-1　烧瓶

② 梨形烧瓶　性能和用途与圆底烧瓶相似。它的特点是在合成少量有机化合物时在烧瓶内保持较高的液面，蒸馏时残留在烧瓶中的液体少。

③ 三口烧瓶　最常用于需要进行搅拌的实验中。中间瓶口装搅拌器，两个侧口装回流冷凝管和滴液漏斗或温度计等。

④ 锥形烧瓶（简称锥形瓶）　常用于有机溶剂进行重结晶的操作，或有固体产物生成的合成实验中，因为生成的固体物容易从锥形烧瓶中取出来。通常也用作常压蒸馏实验的接收器，但不能用作减压蒸馏实验的接收器。

（2）冷凝管（图 4-2）

① 直形冷凝管　蒸馏物质的沸点在 140℃ 以下时，要在夹套内通水冷却；但超过 140℃ 时，冷凝管往往会在内管和外管的接合处炸裂。

② 空气冷凝管　当蒸馏物质的沸点高于 140℃ 时，常用它代替通冷却水的直形冷凝管。

③ 球形冷凝管　其内管的冷却面积较大，对蒸气的冷凝有较好的效果，适用于加热回流的实验。

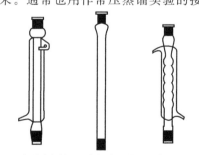

(a) 直形冷凝管 (b) 空气冷凝管 (c) 球形冷凝管

图 4-2　冷凝管

（3）漏斗（图 4-3）

① 长颈漏斗和短颈漏斗　在普通过滤时使用。

② 筒形、梨形和圆形分液漏斗　用于液体的萃取、洗涤和分离，有时也可用于滴加试料。

③ 滴液漏斗　能把液体一滴一滴地加入反应器中，即使漏斗的下端浸没在液面下，也能够明显地看到滴加的快慢。

④ 恒压滴液漏斗　用于合成反应实验的液体加料操作，也可用于简单的连接萃取操作。

⑤ 保温漏斗　也称热滤漏斗，用于需要保温的过滤。它是在普通漏斗的外面装上一个铜质的外壳，外壳与漏斗之间装水，用煤气灯加热侧面的支管，以保持所需要的温度。

⑥ 布氏漏斗　是瓷质的多孔板漏斗，在减压过滤时使用。

⑦ 小型多孔板漏斗　用于减压过滤少量物质。

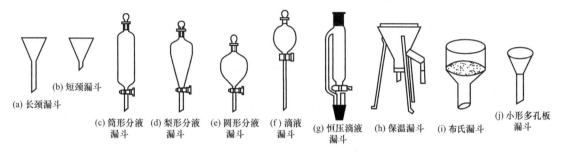

(a) 长颈漏斗　(b) 短颈漏斗　(c) 筒形分液漏斗　(d) 梨形分液漏斗　(e) 圆形分液漏斗　(f) 滴液漏斗　(g) 恒压滴液漏斗　(h) 保温漏斗　(i) 布氏漏斗　(j) 小形多孔板漏斗

图 4-3　漏斗

（4）其他仪器

玻璃仪器常用的配件如图 4-4 所示，这些配件多数用于各种仪器连接。

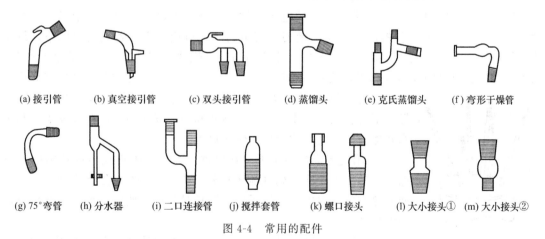

(a) 接引管　(b) 真空接引管　(c) 双头接引管　(d) 蒸馏头　(e) 克氏蒸馏头　(f) 弯形干燥管

(g) 75°弯管　(h) 分水器　(i) 二口连接管　(j) 搅拌套管　(k) 螺口接头　(l) 大小接头①　(m) 大小接头②

图 4-4　常用的配件

2.仪器的清洗和干燥

（1）仪器的清洗

仪器必须经常保持洁净。仪器用毕后即洗刷，不但容易洗净，而且由于了解残渣的成因和性质，也便于找出处理残渣的方法。例如，碱性残渣和酸性残渣分别用酸液和碱液处理，就可能将残渣洗去。搁置久了，就会给洗刷带来很多困难。

洗刷仪器的最简易方法是用毛刷和去污粉擦洗。有时在肥皂粉里掺入一些去污粉或硅藻土，洗刷的效果更好。洗刷后，要用清水把仪器冲洗干净。应该注意，洗刷时，不能用秃顶

123

的毛刷，也不能用力过猛，否则会戳破仪器。焦油状物质和炭化残渣用去污粉、肥皂、强酸或强碱液常常洗刷不掉，需要用铬酸洗液。

铬酸洗液的配制方法如下：在一个 250mL 烧杯内，把 5g 重铬酸钠溶于 5mL 水中，然后在搅拌下慢慢加入 100mL 浓硫酸。加浓硫酸过程中，混合液的温度将升高到 70～80℃。待混合液冷却到 40℃ 左右时，把它倒入干燥的磨口严密的细口试剂瓶中保存起来。

铬酸洗液呈红棕色，经长期使用变成绿色时即失效。铬酸洗液是强酸和强氧化剂，具有腐蚀性，使用时应注意安全。在使用铬酸洗液前，应把仪器上的污物，特别是还原性物质，尽量洗净。尽量把仪器内的水倒净，然后缓缓倒入洗液，让洗液充分地润湿未洗净的地方，放置几分钟后，不断地转动仪器，使洗液能够充分地浸润有残渣的地方，再把洗液倒回原来的瓶中。然后加入少量水，摇荡后，把洗涤液倒入废液缸内。最后用清水把仪器冲洗干净。若污物为炭化残渣，则需加入少量洗液或浓硝酸，把残渣浸泡几分钟，再用游动小火焰均匀地加热该处，到洗液开始冒气泡时为止，然后如上法洗刷。

带旋塞和磨口的玻璃仪器，洗净后擦干，在旋塞和磨口之间垫上纸片。

（2）仪器的干燥

在化学实验中，往往需要用干燥的仪器。因此在仪器洗净后，还应进行干燥。下面介绍几种简单的干燥仪器的方法。

① 晾干　在有机化学实验中，应尽量采用晾干法于实验前使仪器干燥。仪器洗净后，先尽量倒净其中的水滴，然后晾干。例如，烧杯可倒置于柜子内；蒸馏烧瓶、锥形瓶和量筒等可倒套在试管架的小木桩上；冷凝管可用夹子夹住，竖放在柜子里。放置一两天后，仪器就晾干了。

应该有计划地利用实验中的零星时间，把下次实验需用的仪器洗净并晾干，这样在做下一个实验时，就可以节省很多时间。

② 在烘箱中烘干　一般用带鼓风机的电烘箱烘干，鼓风可以加速仪器的干燥。烘箱温度保持在 100～120℃，仪器放入前要尽量倒净其中的水，口应朝上。若仪器口朝下，烘干的仪器虽可无水渍，但从仪器内流出来的水珠滴到别的已烘热的仪器上，易引起后者炸裂。用坩埚钳把已烘干的仪器取出来，放在石棉板上冷却。注意别让烘得很热的仪器骤然碰到冷水或冷的金属表面，以免炸裂。厚壁仪器如量筒、吸滤瓶、冷凝管等，不宜在烘箱中烘干。分液漏斗和滴液漏斗则必须在拔去盖子和旋塞并擦去油脂后，才能放入烘箱烘干。

③ 用气流干燥器吹干　在仪器洗净后，先将仪器内残留的水分甩尽，然后把仪器套到气流干燥器（图 4-5）的多孔金属管上。注意调节热空气的温度。气流干燥不宜长时间连续使用，否则易烧坏电机和电热丝。

图 4-5　气流干燥器

④ 用有机溶剂干燥　体积小的仪器急需干燥时，可采用此法。洗净的仪器先用少量酒精洗涤一次，再用少量丙酮洗涤，最后用压缩空气或用吹风机（不必加热）把仪器吹干。注意用过的溶液应倒入回收瓶中。

3.仪器的连接与装配

（1）仪器的连接

有机化学实验中所用玻璃仪器间的连接一般采用两种形式，一种是靠塞子连接，另一种是靠仪器本身上的磨口连接。

① 塞子连接　连接两件玻璃仪器的塞子有软木塞和橡皮塞两种。塞子应与仪器接口尺

寸相匹配，一般以塞子的 $1/2\sim2/3$ 插入仪器接口内为宜。塞子材质的选择取决于被处理物的性质（如腐蚀性、溶解性等）和仪器的应用范围（如在低温还是高温下操作，在常压下还是减压下操作）。塞子选定后，用适宜孔径的钻孔器钻孔，再将玻璃管等插入塞子孔中，即可把仪器等连接起来。由于塞子具有钻孔费时间、塞子连接处易漏、通道细窄流体阻力大、塞子易被腐蚀、往往污染被处理物等缺点，塞子连接已被磨口连接所取代。

② 标准磨口连接　除了少数玻璃仪器，如分液漏斗的旋塞和磨塞，其磨口部位是非标准磨口外，绝大多数仪器上的磨口是标准磨口。我国标准磨口是采用国际通用技术标准，常用的是锥形标准磨口。根据玻璃仪器的容量大小及用途不同，可采用不同尺寸的标准磨口，见表 4-1。

表 4-1　常用的标准磨口系列

编号	10	12	14	19	24	29	34
大端直径/mm	10.0	12.5	14.5	18.8	24.0	29.2	34.5

编号的数值是磨口大端直径的整数值。每件仪器上带内磨口还是外磨口取决于仪器的用途。带有相同编号的一对磨口可以互相严密连接。带有不同编号的一对磨口需要用一个大小接头或小大接头过渡才能紧密连接。

③ 使用标准磨口仪器时应注意以下事项。

a. 必须保持磨口表面清洁，特别是不能沾有固体杂质，否则磨口不能紧密连接。硬质沙粒还会给磨口表面造成永久性的损伤，破坏磨口的严密性。

b. 标准磨口仪器使用完毕必须立即拆卸、洗净，各个部件分开存放，否则磨口的连接处会发生黏结，难于拆开。非标准磨口部件（如滴液漏斗的旋塞）不能分开存放，应在磨口间夹上纸条以免日久黏结。

c. 盐类或碱类溶液会渗入磨口连接处，蒸发后析出固体物质，易使磨口黏结，所以不宜用磨口仪器长期存放这些溶液。使用磨口装置处理这些溶液时，应在磨口涂润滑剂。

d. 在常压下使用时，磨口一般无需润滑，以免玷污反应物或产物。为防止黏结，也可在磨口靠大端的部位涂敷很少量的润滑脂（凡士林、真空活塞脂或硅脂）。如果要处理盐类溶液或强碱性物质，则应将磨口的全部表面涂上一薄层润滑脂。

减压蒸馏使用的磨口仪器必须涂润滑脂（真空活塞脂或硅脂）。在涂润滑脂之前，应将仪器洗刷干净，磨口表面一定要干燥。

从内磨口涂有润滑脂的仪器中倾出物料前，应先将磨口表面的润滑脂用有机溶剂擦拭干净（用脱脂棉或滤纸蘸石油醚、乙醚、丙酮等易挥发的有机溶剂），以免物料受到污染。

e. 只要正确遵循使用规则，磨口很少会打不开。一旦发生黏结，可采取以下措施：

（a）将磨口竖立，往上面缝隙间滴几滴甘油。如果甘油能慢慢地渗入磨口，最终能使连接处松开。

（b）用热风吹，用热毛巾包裹，或在教师指导下小心地用灯焰烘烤磨口的外部几秒钟（仅使外部受热膨胀，内部还未热起来），再试验能否将磨口打开。

（c）将黏结的磨口仪器放在水中逐渐煮沸，常常也能使磨口打开。

（d）用木板沿磨口轴线方向轻轻地敲外磨口的边缘，振动磨口也会松开。

如果磨口表面已被碱性物质腐蚀，黏结的磨口就很难打开了。

（2）仪器的装配

在有机化学实验室内，学生使用同一号（如表 4-1 中编号 19）的标准磨口仪器，组装起来非常方便，每件仪器的利用率高，互换性强，用较少的仪器即可组装成多种多样的实验装置。

一套磨口连接的实验装置，尤其像装有机械搅拌这样动态操作的实验装置，每件仪器都要用夹子固定在同一个铁架台上，以防止各件仪器振动频率不协调而破损仪器。现以滴加蒸出反应装置（图4-6）为例说明仪器装配过程及注意事项。

首先，选定三口烧瓶的位置，它的高度由热源（如煤气灯或电炉）的高度决定。然后，以三口烧瓶的位置为基准，依次装配分馏柱、蒸馏头、直形冷凝管、接引管和接收瓶。调整两支温度计在螺口接头中的位置并固定好，将螺口接头装配到相应磨口上，再装上恒压滴液漏斗。

除像接引管这种小件仪器外，其他仪器每装配好一件都要求用铁夹固定到铁架台上，然后再装另一件。在用铁夹固定仪器时，既要保证磨口连接处严密不漏，又不要使上件仪器的重力全都压在下件仪器上，即顺其自然将每件仪器固定好，尽量做到各处不产生应力。铁夹的双钳必须有软垫（软木片、石棉绳、布条、橡皮等），决不能让金属与玻璃直接接触。冷凝管与接引管、接引管与接收瓶间的连接最好用磨口接头连接专用的弹簧夹固定，接收瓶底用升降台垫牢。

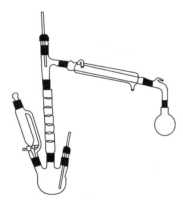

图4-6　滴加蒸出反应装置

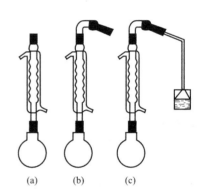

图4-7　回流冷凝装置

一台滴加蒸出反应装置若组装得正确，应该是：从正面看，分馏柱和桌面垂直，其他仪器顺其自然；从侧面看，所有仪器处在同一个平面上。拆卸装置时，按照安装时相反的顺序逐个拆除，在松开一个铁夹时，必须用手托住所夹的仪器，特别是像恒压滴液漏斗等倾斜安装的仪器，决不能让仪器对磨口施加侧向压力，否则仪器就要损坏。在常压下进行操作的仪器装置必须有一处与大气相通。

（3）回流冷凝装置

在室温下，有些反应的反应速率很小或难于进行。为了使反应尽快地进行，常常需要使反应物质较长时间保持沸腾。在这种情况下，就需要使用回流冷凝装置，使蒸气不断地在冷凝管内冷凝而返回反应器中，以防止反应瓶中的物质逃逸损失。图4-7（a）是最简单的回流冷凝装置。将反应物质放在圆底烧瓶中，在适当的热源上或热浴中加热。直立的冷凝管夹管中自下至上通入冷水，使夹套充满水，水流速度不必很快，能保持蒸气充分冷凝即可。加热的程度也需控制，使蒸气上升的高度不超过冷凝管的1/3。

如果反应物怕受潮，可在冷凝管上端口上装接氯化钙干燥管来防止空气中湿气侵入，见图4-7（b）。如果反应中会放出有害气体（如溴化氢），可加接气体吸收装置，如图4-7（c）所示。

有些反应进行剧烈，放热量大，如将反应物一次加入，会使反应失去控制。有些反应为了控制反应物选择性，也不能将反应物一次加入。在这些情况下，可采用带滴液漏斗的回流滴加装置（图 4-8），将一种试剂逐渐滴加进去。可以根据需要，在反应烧瓶外面用冷水浴或冰水浴进行冷却，在某些情况下，也可用热浴加热。

在装配实验装置时，使用的玻璃仪器和配装件应该是洁净干燥的。圆底烧瓶或三口烧瓶的大小应使反应物大约占烧瓶容量的 1/3 至 1/2，最多不超过 2/3。首先将烧瓶固定在合适的高度（下面可以放置煤气灯、电炉、热浴或冷浴），然后逐一安装上冷凝管和其他的配件。需要加热的仪器，应夹住仪器受热最少的部位，如圆底烧瓶靠近瓶口处，冷凝管则应夹住其中央部位。

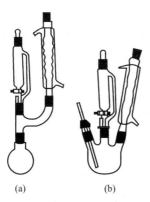

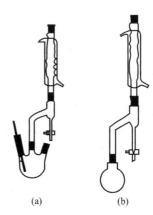

(a)   (b)

图 4-8 　回流滴加装置

(a)   (b)

图 4-9 　回流分水装置

（4）其他常用反应装置

在进行某些可逆平衡反应时，为了使正向反应进行到底，可将反应产物之一不断从反应混合物体系中除去，常用与图 4-6 和图 4-9 类似的反应装置来进行这种操作。在图 4-6 的装置中，反应产物可单独或形成恒沸混合物不断在反应过程中蒸馏出去，并可通过滴液漏斗将一种试剂逐渐滴加进去，以控制反应速率或使这种试剂消耗完全。在图 4-9 的装置中，有一个分水器，回流下来的蒸气冷凝液进入分水器，分层后，有机层自动被送回烧瓶，而生成的水可从分水器中放出去。这样可使某些生成水的可逆反应进行到底。

4. 振荡和搅拌装置

用固体和液体或互不相溶的液体进行反应时，为了使反应混合物能充分接触，需要进行强烈的搅拌或振荡。在反应物量小，反应时间短，而且不需要加热或温度不太高的操作中，用手摇动容器就可达到充分混合的目的。用回流冷凝装置进行反应时，有时需做间歇振荡，可将固定烧瓶和冷凝管的夹子暂时松开，一只手扶住冷凝管，另一只手拿住瓶颈做圆周运动。每次振荡后，应把仪器重新夹好。也可用振荡整个铁架台的方法（这时夹子应夹牢）使容器内的反应物充分混合。

在需要较长时间搅拌的实验中，最好用电动搅拌器。电动搅拌的效率高，节省人力，还可以缩短反应时间。

图 4-10 是适合不同需要的机械搅拌装置。搅拌棒是用电动搅拌器带动的，在装配时，可采用简单的橡皮管密封，如图 4-10（a）（b）所示，或采用液封管，如图 4-10（c）所示。搅拌棒与玻璃管或液封管应配合得合适，不太松也不太紧，搅拌棒能在中间自由地转动。

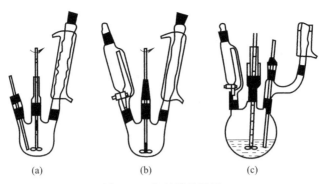

图 4-10　机械搅拌装置

根据搅拌棒的长度（不宜太长）选定三口烧瓶和电动搅拌器的位置。先将搅拌器固定好，用短橡皮管（或连接器）把已插入封管中的搅拌棒连接到搅拌器的轴上，然后小心地将三口烧瓶套上去，至搅拌棒的下端距瓶底约 5mm，将三口烧瓶夹紧。检查这几件仪器安装得是否正直（搅拌器的轴和搅拌棒应在同一直线上）。用手试验搅拌棒转动是否灵活，再以低转速开动搅拌器，试验运转情况。当搅拌棒与封管之间不发出摩擦声时才能认为仪器装配合格，否则需要进行调整。最后装上冷凝管、滴液漏斗（或温度计），用夹子夹紧。整套仪器应安装在同一个铁架台上。

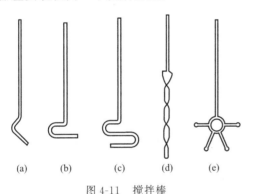

图 4-11　搅拌棒

用橡皮管密封时，在搅拌棒和紧套的橡皮管之间用少量凡士林或甘油润滑。用液封管时，可在封管中装液体石蜡、甘油或浓硫酸。搅拌棒通常用玻璃棒制成。玻璃棒必须选用圆且直的，棒的下端可在火焰上烧制成不同式样，见图 4-11。

有条件的实验室可以选用聚四氟乙烯壳体、橡胶"O"形圈密封的磨口玻璃仪器密封件和通水冷却的不锈钢制的磨口玻璃仪器密封件。

此外，也可以使用电磁搅拌器对反应物进行搅拌。在图 4-7 和图 4-8 的反应烧瓶中加一个长度合适的电磁搅拌子，在烧瓶的下面放电磁搅拌器，调节磁铁转动速度，控制烧瓶中电磁搅拌子转动速度。

二、物质的加热和冷却

1.热浴

玻璃仪器如烧瓶、烧杯，应放在石棉铁丝网上加热。如果直接用火加热，仪器容易受热不均而破裂。如果要控制加热的温度，增大受热面积，使反应物质受热均匀，避免局部过热而分解，最好用适当的热浴加热。

① 水浴　加热温度不超过 100℃时，最好用水浴加热。加热温度在 90℃以下时，可将盛物料的容器部分浸在水中（注意勿使容器接触水浴底部），调节火焰的大小，把水温控制在需要的范围以内。如果需加热到 100℃时，可用沸水浴，也可把容器放在水浴的环上，利用水蒸气来加热。如欲停止加热，只要把浴底的火焰移开，水即停止沸腾，容器的温度就会很快地下降。

② 油浴　加热温度在 100～250℃时，可以用油浴。油浴的优点在于温度容易控制在一定范围内，容器内的反应物受热均匀。容器内反应物的温度一般要比油浴温度低 20℃左右。

常用的油类有液体石蜡、豆油、棉籽油、硬化油（如氢化棉籽油）等。新用的植物油受热到 220℃ 时，往往有一部分分解而易冒烟，所以加热以不超过 200℃ 为宜，用久以后，可加热到 220℃。药用液体石蜡可加热到 220℃，硬化油可加热到 250℃ 左右。

用油浴加热时，要特别当心，防止着火，实验中最好佩戴护目镜。当油的冒烟情况严重时，应停止加热。万一着火，也不要慌张，可首先关闭煤气灯，再移去周围易燃物，然后用石棉板盖住油浴口，火即可熄灭。油浴中应悬挂温度计，以便随时调节灯焰，控制温度。

加热完毕后，把容器提离油浴液面，仍用铁夹夹住，放置在油浴上面。待附着在容器外壁上的油流完后，用纸和干布把容器擦净。

③ 电热包　圆底烧瓶或三口烧瓶用大小相同的电热包加热十分方便和安全。用调压变压器来控制电热包，可任意调节加热的程度。电热包的电阻丝是用玻璃布包裹着的，加热过度会使玻璃布熔融变硬，容易碎裂。更不可让有机液体或酸碱盐溶液流到电热包中，那样将造成电阻丝的短路或腐蚀，使电热包损坏。

2. 冷却剂

最简便的冷却方法是将盛有反应物的容器放在冷水浴中。如果要在低于室温的条件下进行反应，则可用水和碎冰的混合物作冷却剂，它的冷却效果要比单用冰块要好，因为它能和容器更好地接触。如果水的存在并不妨碍反应的进行，则可以把碎冰直接投入反应物中，这样能更有效地保持低温。

如果需要把反应混合物保持在 0℃ 以下，常用碎冰（或雪）和无机盐的混合物作冷却剂。制冰盐冷却剂时，应把盐研细，然后和碎冰（或雪）按一定比例均匀混合。

表 4-2　无机盐与碎冰的混合比例

盐　类	100 份碎冰（或雪）中加入盐的质量分数/%	混合物能达到的最低温度/℃
NH_4Cl	25	−15
$NaNO_3$	50	−18
$NaCl$	33	−21
$CaCl_2 \cdot 6H_2O$	100	−29
$CaCl_2 \cdot 6H_2O$	143	−55

在实验室中，最常用的冷却剂是碎冰和食盐的混合物，它实际上能冷却到 −5～−18℃ 的低温。用固体的二氧化碳（干冰）和乙醇、乙醚或丙酮的混合物，可达到更低的温度（−50～−78℃）。表 4-2 为无机盐与碎冰的混合比例。

三、物质的分离和提纯

1. 蒸馏

蒸馏是分离和提纯液态有机化合物最常用的重要方法之一。应用这一方法，不仅可以把挥发性物质与不挥发性物质分离，还可以把沸点不同的物质以及有色的杂质等分离。

在通常情况下，纯粹的液态物质在大气压力下有确定的沸点。如果在蒸馏过程中，沸点发生变动，那就说明物质不纯。因此可借蒸馏的方法来测定物质的沸点和定性地检验物质的纯度。某些有机化合物往往能和其他组分形成二元或三元恒沸混合物，它们也有一定的沸点。因此，不能认为沸点一定的物质都是纯物质。

（1）蒸馏装置

蒸馏装置主要包括蒸馏烧瓶、冷凝管和接收器三部分。圆底烧瓶是蒸馏时最常用的容器。它与蒸馏头组合习惯上称为蒸馏烧瓶。圆底烧瓶容量应由所蒸馏的液体的体积来决定。通常所蒸馏的原料液体的体积应占圆底烧瓶容量的 1/3～2/3。如果装入的液体量过多，当加热到沸腾时，液体可能冲出，或者液体飞沫被蒸气带出，混入馏出液中；如果装入的液体量太少，在蒸馏结束时，相对地会有较多的液体残留在瓶内蒸不出来。

蒸馏装置的装配方法如下。把温度计插入螺口接头中，螺口接头装配到蒸馏头上磨口。调整温度计的位置，在蒸馏时务必使它的水银球能完全为蒸气所包围，这样才能正确地测量出蒸气的温度。通常水银球的上端应恰好位于蒸馏头的支管底边所在水平线上，如图 4-12 所示。在铁架台上，首先固定好圆底烧瓶的位置，装上蒸馏头，后面在装其他仪器时，不宜再调整蒸馏烧瓶的位置。在另一铁架台上，用铁夹夹住冷凝管的中上部分，调整铁架台与铁夹的位置，使冷凝管的中心线和蒸馏头支管的中心线成一直线。移动冷凝管，把蒸馏头的支管和冷凝管严密地连接起来，铁夹应调节到正好夹在冷凝管的中央部位。再装上接引管和接收器。在蒸馏挥发性小的液体时，也可不用接引管。

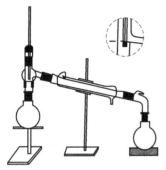

图 4-12　普通蒸馏装置

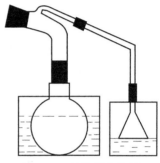

图 4-13　气体吸收装置

在同一实验桌上装置几套蒸馏装置且相互间的距离较近时，每两套装置的相对位置必须或是蒸馏烧瓶对蒸馏烧瓶，或是接收器对接收器。避免使一套装置的蒸馏烧瓶与另一套装置的接收器紧密相邻，否则有着火的危险。

如果蒸馏出的物质易受潮分解，可在接引管上连接一个氯化钙干燥管，以防止湿气的侵入。如果蒸馏的同时还放出有毒气体，则尚需装配气体吸收装置，如图 4-13 所示。如果蒸馏出的物质易挥发、易燃或有毒，则可在接收器上连接一长橡皮管，通入水槽的下水管内或引出室外。

要把反应混合物中挥发性物质蒸出时，可用一根 75°弯管把圆底烧瓶和冷凝管连接起来，用于分离纯化蒸馏，如图 4-14 所示。当蒸馏沸点高于 140℃的物质时，应该换用空气冷凝管，如图 4-15 所示。

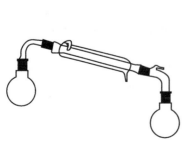

图 4-14　分离纯化的蒸馏装置

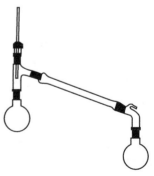

图 4-15　空气冷凝的蒸馏装置

（2）蒸馏操作

蒸馏装置装好后，取下螺口接头，把要蒸馏的液体经长颈漏斗倒入圆底烧瓶里。漏斗的下端需伸到蒸馏头支管的下面。若液体里有干燥剂或其他固体物质，应在漏斗上放滤纸，或放一小撮松软的棉花或玻璃毛等，以滤去固体。也可把圆底烧瓶取下来，把液体小心地倒入瓶里。然后往烧瓶里放入几根毛细管，毛细管的一端封闭，开口的一端朝下，毛细管的长度应足以使其上端贴靠在烧瓶的颈部。也可投入 2～3 粒沸石以代替毛细管。沸石是把未上釉的瓷片敲碎成半粒米大小的小粒。毛细管和沸石的作用都是防止液体暴沸，使沸腾保持平稳。

当液体加热到沸点时，毛细管和沸石均能产生细小的气泡，成为沸腾中心。在持续沸腾时，沸石（或毛细管）可以持续有效，但一旦停止沸腾或中途停止蒸馏，则原有的沸石即失效，在再次加热蒸馏前，应补加新的沸石。如果事先忘记加入沸石，则决不能在液体加热到近沸腾时补加，因为这样往往会引起暴沸，使部分液体冲出瓶外，有时还易发生着火事故。应该待液体冷却一段时间后，再行补加。如果蒸馏液体很黏稠或含有较多的固体物质，加热时很容易发生局部过热和暴沸现象，加入的沸石也往往失效。在这种情况下，可以选用适当的热浴加热，例如可采用油浴或电热套。

是选用合适的热浴加热，还是在石棉铁丝网上加热（烧瓶底部一般应紧贴在石棉铁丝网上），要根据蒸馏液体的沸点、黏度和易燃程度等情况来决定。

用套管式冷凝管时，套管中应通入自来水（或循环冷却水），用橡皮管导入，使水从下端的进水口入，从上端的出水口出。

加热前，应再次检查仪器是否装配严密，必要时，应做最后调整。开始加热时，可以让温度上升稍快些。开始沸腾时，应密切注意蒸馏烧瓶中发生的现象。当冷凝的蒸气环由瓶颈逐渐上升到温度计水银球的周围时，温度计的水银柱就很快地上升。调节火焰或浴温，使从冷凝管流出液滴的速度约为 1～2 滴/s。应当在实验记录本上记录下第一滴馏出液滴入接收器时的温度。当温度计的读数稳定时，另换接收器集取。如果温度变化较大，需多换几个接收器集取。所用的接收器都必须洁净，且事先都应称量过。记录下每个接收器内馏分的温度范围和质量。若要集取的馏分的温度范围已有规定，即可按规定集取。馏分的沸点范围越窄，则馏分的纯度越高。

蒸馏的速度不应太慢，否则易使水银球周围的蒸气短时间中断，致使温度计上的读数有不规则的变动。蒸馏速度也不能太快，否则易使温度计读数不正确。在蒸馏过程中，温度计的水银球上应始终附有冷凝的液滴，以保持气液两相的平衡。

蒸馏低沸点易燃液体（例如乙醚）时，附近应禁止有明火，绝不能用灯火直接加热，也不能用正在灯火上加热的水浴加热，而应该用预先热好的水浴。用灯火加热水浴时，要把易挥发、易燃物质远离灯火。为了保持必需的温度，可以适时地向水浴中添加热水。

当烧瓶中仅残留少量液体时，应停止蒸馏。

2. 分馏

液体混合物中的各组分，若其沸点相差很大，可用普通蒸馏法分离开；若其沸点相差不太大，则用普通蒸馏法就难以精确分离，而应当用分馏的方法分离。

如果将两种挥发性液体的混合物进行蒸馏，在沸腾温度下，其气相与液相达成平衡，出来的蒸气中含有较多易挥发物质的组分。将此蒸气冷凝成液体，其组成与气相组成等同，即含有较多的易挥发组分，而残留物中却含有较多的高沸点组分。这就是进行了一次简单的蒸馏。如果将蒸气凝成的液体重新蒸馏，即又进行一次气液平衡，再度产生的蒸气中所含的易挥发物质的组分当然也高。这样，我们可以利用一连串的有系统的重复蒸馏，最后能得到接近纯组分的两种液体。

应用这样反复多次的简单蒸馏，虽然可以得到接近纯组分的两种液体，但是这样做既费时间，且在重复多次蒸馏操作中的损失又很大，所以通常利用分馏来进行分离。

利用分馏柱进行分馏，实际上就是在分馏柱内使混合物进行多次汽化和冷凝。当上升的蒸气与下降的冷凝液互相接触时，上升的蒸气部分冷凝放出热量使下降的冷凝液部分汽化，两者之间发生了热量交换。其结果，上升蒸气中易挥发组分增加，而下降的冷凝液中高沸点组分增加。如果继续多次，就等于进行了多次的气液平衡，即达到了多次蒸馏的效果。这样，靠近分馏柱顶部易挥发物质的组分的比例高，而在烧瓶里高沸点组分的比例高。当分馏柱的效率足够高时，开始从分馏柱顶部出来的几乎是纯净的易挥发组分，而最后在烧瓶里残留的则几乎是纯净的高沸点组分。

实验室最常用的分馏柱如图 4-16 所示。球形分馏柱的分馏效率较差，分馏柱中的填充物通常为玻璃环。玻璃环可用细玻璃管割制而成，它的长度相当于玻璃管的直径。若分馏柱长为 30cm，直径为 2cm，则可用直径 4～6mm 玻璃管制成的玻璃环。一般说来，上述的三种分馏柱的分馏效率都是很差的。但若将 300W 电炉丝切割成单圈或用金属丝网绕制成型（直径 3～4mm）填料装入 Hempel 分馏柱，可显著提高分馏效率。若欲分离沸点相距很近的液体混合物，必须用精密分馏装置。

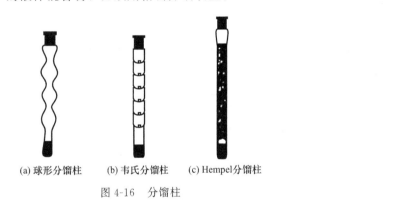

(a) 球形分馏柱　　(b) 韦氏分馏柱　　(c) Hempel分馏柱

图 4-16　分馏柱

图 4-17　分馏装置

（1）简单的分馏装置和操作

简单的分馏装置如图 4-17 所示。分馏装置的装配原则和蒸馏装置完全相同。在装配及操作时，更应注意勿使分馏头的支管折断。

把待分馏的液体倒入烧瓶中，其体积以不超过烧瓶容量的 1/2 为宜，投入几根上端封闭的毛细管或几粒沸石。安装好的分馏装置，经过检查合格后，可开始加热。

（2）简单分馏操作时的注意事项

① 应根据待分馏液体的沸点范围，选用合格的热浴加热，不要直接在石棉铁丝网上用火加热。用小火加热热浴，以便使浴温缓慢而均匀地上升。

② 待液体开始沸腾，蒸气进入分馏柱中时，要注意调节浴温，使蒸气环缓慢而均匀地沿分馏柱壁上升。若由于室温低或液体沸点较高，为减少柱内热量的散发，宜将分馏柱用石棉绳和玻璃布等包缠起来。

③ 当蒸气上升到分馏柱顶部，开始有液体馏出时，更应密切注意调节浴温，控制馏出液的速度为每 2～3s 一滴。如果分馏速度太快，馏出物纯度将下降；但也不宜太慢，否则上

升的蒸气时断时续，馏出温度有所波动。

④ 根据实验规定的要求，分段收集馏分。实验完毕时，应称量各段馏分。

（3）精密分馏

精密分馏的原理与简单分馏相同。为了提高分馏效率，在操作上采取了两项措施。一是柱身装有保温套，保证柱身温度与待分馏的物质的沸点相近，以利于建立平衡。二是控制一定的回流比（上升的蒸气在柱头经冷凝后，回入柱中的量和出料的量之比）。一般说来，对同一分馏柱，平衡保持得好，回流比大，则效率高。

图 4-18　精密分馏装置

精密分馏装置如图 4-18 所示。在烧瓶中加入待分馏的物料，投入几粒沸石。在柱头的回流冷凝器中通水，关闭出料旋塞（但不得密闭加热）。对保温套及烧瓶通电加热，控制保温套温度略低于待分馏物料组分中最低的沸点。调节电炉温度使物料沸腾，蒸气升至柱中，冷凝、回流而形成液泛（柱中保持着较多的液体，使上升的蒸气受到阻塞，整个柱子失去平衡）。降低电炉温度，待液体流回烧瓶，液泛现象消除后，提高炉温，重复液泛 1~2 次，充分润湿填料。若用玻璃填料，可省去预液泛操作。

经过上述操作后，调节柱温，使之与物料组分中最低沸点相同或稍低。控制电炉温度，使蒸气缓慢地上升至柱顶，冷凝而全回流（不出料）。经一定时间后，柱及柱顶温度均达到恒定，表示平衡已建立。此后逐渐旋开出料旋塞，在稳定的情况下（不液泛），按一定回流比连续出料。收集一定沸点范围的各馏分，记下每一馏分的沸点范围及质量。

3. 减压蒸馏

很多有机化合物，特别是高沸点的有机化合物，在常压下蒸馏往往发生部分或全部分解。在这种情况下，采用减压蒸馏方法最为有效。一般的高沸点有机化合物，当压力降低到 2666Pa（20mmHg）时，其沸点要比常压下的沸点低 100~120℃。物质的沸点和压力是有一定关系的，可通过如图 4-19 所示的有机液体的沸点-压力的经验计算图近似地推算出高沸点物质在不同压力下的沸点。例如，水杨酸乙酯常压下的沸点为 234℃，现欲找其在 20mmHg 的沸点为多少摄氏度，可在图 4-19 的 B 线上找相当于 234℃的点，将此点与 C 线上 20mmHg 处的点联成一直线，把此线延长与 A 线相交，其交点所示的温度就是水杨酸乙酯在 20mmHg 时的沸点，约为 118℃。

（1）减压蒸馏装置

减压蒸馏装置通常由蒸馏烧瓶、冷凝管、接收器、水银压力计、干燥塔、缓冲用的吸滤瓶和减压泵等组成。简便的减压蒸馏装置如图 4-20 所示。

减压蒸馏烧瓶通常用克氏蒸馏烧瓶。它也可以由圆底烧瓶和蒸馏头之间装配二口连接管 A 组成（图 4-20），或由圆底烧瓶和克氏蒸馏头组成。它有两个瓶颈，带支管的瓶口装配插有温度计的螺口接头，而另一瓶口则装配插有毛细管 C 的螺口接头。毛细管的下端调整到离烧瓶底约 1~2mm 处，其上端套一段短橡皮管，最好在橡皮管中插入一根直径约为 1mm 的金属丝，用螺旋夹 D 夹住，以调节进入烧瓶的空气量，使液体保持适当程度的沸腾。在减压蒸馏时，空气由毛细管进入烧瓶，冒出小气泡，成为液体沸腾的汽化中心，同时又起一定的搅拌作用。这样可以防止液体暴沸，使沸腾保持平稳。这对减压蒸馏是非常重要的。

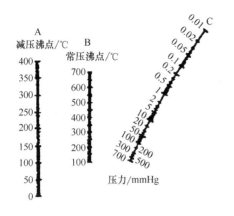

图 4-19　有机液体的沸点-压力的
经验计算图

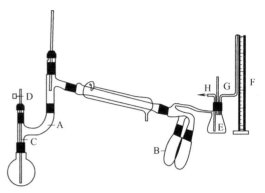

图 4-20　减压蒸馏装置
A—二口连接管；B—接收器；C—毛细管；
D—螺旋夹；E—缓冲用的吸滤瓶；F—水银压力计；
G—二通旋塞；H—导管

　　减压蒸馏装置中的接收器 B 通常用蒸馏烧瓶或带磨口的厚壁试管等，因为它们能耐外压，但不要用锥形瓶作接收器。蒸馏时，若要集取不同的馏分而又要不中断蒸馏，则可用多头接引管（图 4-21）。多头接引管的上部有一个支管，仪器装置由此支管抽真空。多头接引管与冷凝管的连接磨口要涂有少许甘油或凡士林，以便转动多头接引管，使不同的馏分流入指定的接收器中。

　　接收器（或带支管的接引管）用耐压的厚橡皮管与作为缓冲用的吸滤瓶 E 连接起来。吸滤瓶的瓶口上装一个三孔橡皮塞，一孔连接水银压力计 F，一孔接二通旋塞 G，另一孔插导管 H。导管的下端应接近瓶底，上端与水泵相连接。

　　减压泵可用水泵、循环水泵或油泵。水泵和循环水泵所能达到的最低的压力为当时水温下的水蒸气压。若水温为 18℃，则水蒸气压为 20kPa（155mmHg），这对一般减压蒸馏已经可以了。使用油泵要注意油泵的防护保养，不能使有机物质、水、酸等的蒸气侵入泵内。易挥发有机物质的蒸气可被泵内的油所吸收，把油污染，这会严重地降低泵的效率；水蒸气凝结在泵里，会使油乳化，也会降低泵的效率；酸会腐蚀泵。

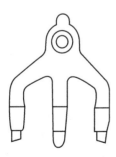

图 4-21　多头接引管

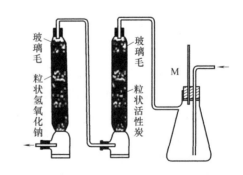

图 4-22　吸除酸气、水蒸气和有机物蒸气的净化塔

　　为了保护油泵，应在泵前面装设净化塔（图 4-22），里面放粒状氢氧化钠（或钠石灰）和活性炭（或分子筛）等以除去水蒸气、酸气和有机物蒸气。因此，用油泵进行减压蒸馏时，在接收器和油泵之间，应顺次装上冷阱、水银压力计、净化塔和缓冲用的吸滤瓶，其中

缓冲瓶的作用是使仪器装置内的压力不发生太突然的变化以及防止泵油的倒吸。冷阱可放在广口保温瓶内，用冰-盐或干冰-乙醇冷却剂冷却。

减压蒸馏装置内的压力，可用水银压力计来测定。一般用如图 4-20 所示的水银压力计。装置中的压力是这样来测定的：先记录下压力计中两臂水银柱高度的差值（mmHg），然后从当时的大气压力（mmHg）减去这个差值，即得蒸馏装置内的压力。

另外一种很常用的水银压力计是一端封闭的 U 型管水银压力计（图 4-23）。管后木座上装有可滑动的刻度标尺。测定压力时，通常把滑动标尺的零点调整到 U 型管右臂的水银柱顶端上，根据左臂的水银柱顶端线所指示的刻度，可以直接读出装置内的压力。这种水银压力计的缺点是：a.填装水银比较困难和费时，必须细心地将封闭管内和水银中的空气排除干净；b.使用一段时间，空气和其他脏物会进入 U 型管中，严重地影响其准确性；c.由于毛细管作用，读数不够精确；d.若突然放入空气，水银迅猛上升，会把压力计冲破。为了维护 U 型管水银压力计，避免水银受到污染，在蒸馏系统与水银压力计之间放一冷阱。在蒸馏过程中，待系统内的压力稳定后，还可经常关闭压力计上的旋塞，使之与减压系统隔绝，当需要观察压力时再临时开启旋塞。改进的 U 型管水银压力计如图 4-24 所示，这种压力计填装水银方便，清洗也较容易，若空气突然进入也不会冲破压力计。

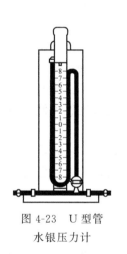

图 4-23　U 型管
水银压力计

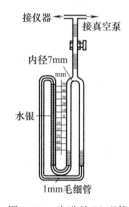

图 4-24　改进的 U 型管
水银压力计

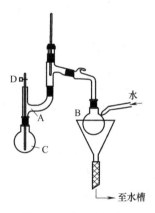

图 4-25　减压蒸馏装置
A—克氏蒸馏头；B—接收器；
C—毛细管；D—螺旋夹

若蒸馏小量液体，可把冷凝管省掉，而采用如图 4-25 所示的装置。克氏蒸馏头的支管通过真空接引管连接到圆底烧瓶（作为接收器）上。液体沸点在减压下低于 140～150℃时，可使水流到接收器上面进行冷却，冷却水经过下面的漏斗，由橡皮管引入水槽。

（2）操作方法

仪器装置完毕，在开始蒸馏以前，必须先检查装置的气密性，以及装置能减压到何种程度。在圆底烧瓶中放入约占其容量 1/3～1/2 的蒸馏物质。先用螺旋夹 D 把套在毛细管 C 上的橡皮管完全夹紧，打开旋塞 M（或旋塞 G），见图 4-22（或图 4-20），然后开动泵。逐渐关闭旋塞，从水银压力计观察仪器装置所能达到的减压程度。如果需要严格检查整个系统的气密情况，可以在泵与缓冲瓶之间接一个三通旋塞。检查时，先开动油泵，待达到一定的真空度后，关闭三通旋塞，这时螺旋夹 D 应完全夹紧（橡皮管内不插入金属丝），空气不能进入烧瓶内，使仪器装置与泵隔绝（此时泵应与大气相通）。如果仪器装置十分严密，则压力计上的水银柱高度应保持不变。如有变化，仔细观察可能有漏气的地方，找出漏气部位。恢复常压后，才能进行修整。

经过检查，如果仪器装置完全合乎要求，可开始蒸馏。加热蒸馏前，尚需调节螺旋夹 D 和旋塞 M，使毛细管 C 中有适量的气泡冒出，同时使仪器达到所需要的压力。如果压力低于所需要的压力，可以小心地旋转旋塞 M，慢慢地引入空气，把压力调整到所需要的压力。如果达不到所需要的压力，可从蒸气压-温度曲线查出在该压力下液体的沸点，据此进行蒸馏。然后用油浴加热，烧瓶的球形部分浸入油浴中的部分应占其体积的 2/3，应注意不要使瓶底和浴底接触。逐渐升温，油浴温度一般要比被蒸馏液体的沸点高出 20℃ 左右。液体沸腾后，再调节油浴温度，使馏出液流出的速度不超过 1 滴/s。在蒸馏过程中，应注意水银压力计的读数，记录下时间、压力、液体沸点、油浴温度和馏出液流出的速度等数据。

蒸馏完毕时，停止加热，撤去油浴，旋开螺旋夹 D，慢慢地打开旋塞 M，使仪器装置与大气相通（注意，这一操作需特别小心，一定要慢慢地旋开旋塞，使压力计中的水银柱慢慢地恢复到原位，如果引入空气太快，水银柱会很快地上升，有冲破 U 型管压力计的可能）。然后关闭油泵，待仪器装置内的压力与大气压力相等后方可拆卸仪器。

4. 水蒸气蒸馏

水蒸气蒸馏操作是将水蒸气通入不溶或难溶于水但有一定挥发性的有机物质（近 100℃ 时其蒸气压至少为 1333.2Pa）中，使该有机物质在低于 100℃ 的温度下，随着水蒸气一起蒸馏出来。

两种互不相溶的液体混合物的蒸气压，等于两液体单独存在时的蒸气压之和。当组成混合物的两液体的蒸气压之和等于大气压力时，混合物就开始沸腾。互不相溶的液体混合物的沸点，要比每一物质单独存在时的沸点低。因此，在不溶于水的有机物质中，通入水蒸气进行水蒸气蒸馏时，在比该物质的沸点低得多的温度，而且比 100℃ 还要低的温度就可使该物质蒸馏出来。

在馏出物中，随水蒸气一起蒸馏出的有机物质同水的质量（m_A 和 m_{H_2O}）之比，等于两者的分压（P_A 和 P_{H_2O}）分别和两者的分子量（M_A 和 18）的乘积之比，所以馏出液中有机物质同水的质量之比可按下式计算：

$$\frac{m_A}{m_{H_2O}} = \frac{M_A P_A}{18 P_{H_2O}} \qquad (4-1)$$

例如，苯胺和水的混合物用水蒸气蒸馏时，苯胺的沸点是 184.4℃，苯胺和水的混合物在 98.4℃ 就沸腾。在这个温度下，苯胺的蒸气压是 5599.5Pa，水的蒸气压是 95725.5Pa，两者相加等于 101325Pa。苯胺的分子量为 93，所以馏出液中苯胺与水的质量比为：

$$\frac{93 \times 5599.5}{18 \times 95725.5} \approx \frac{1}{3.3} \qquad (4-2)$$

由于苯胺略溶于水，这个计算所得的仅是近似值。

水蒸气蒸馏是用以分离和提纯有机化合物的重要方法，常用于下列各种情况。

① 混合物中含有大量的固体或树脂状物，通常的蒸馏、过滤、萃取等方法都不适用。

② 混合物中含有焦油状物质，采用通常的蒸馏、萃取等方法非常困难。

③ 在常压下蒸馏会发生分解的高沸点有机物质。

水蒸气蒸馏装置如图 4-26(a) 所示，主要由水蒸气发生器 A、三口烧瓶 D 和长的直型冷凝管 F 组成。若反应在圆底烧瓶内进行，可在圆底烧瓶上装配蒸馏头（或克氏蒸馏头）代替三口烧瓶，如图 4-26(b) 所示。

水蒸气发生器 A 通常可用两口或三口烧瓶代替，器内盛水约占其容量的 1/2，可从其侧面的玻璃水位管察看器内的水平面。长玻璃管为安全管 B，管的下端接近器底，根据管中水柱的高低，可以估计水蒸气压力的大小。三口烧瓶 D 应当用铁夹夹紧，中间口通过螺口接头插入水蒸气导管 C，侧口插入馏出液导管 E。水蒸气导管 C 外径一般不小于 7mm，以保证水蒸气畅通，末端应接近烧瓶底部，以便水蒸气和蒸馏物质充分接触并起搅动作用。馏出液导管 E 应略微粗一些，其外径约为 10mm，以便蒸气能畅通地进入冷凝管中。若馏出液导管 E 的直径太小，蒸气的导出将会

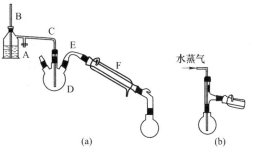

图 4-26 水蒸气蒸馏装置
A—水蒸气发生器；B—安全管；C—水蒸气导管；
D—三口烧瓶；E—馏出液导管；F—直型冷凝管

受到一定的阻碍，这会增加三口烧瓶 D 中的压力。馏出液导管 E 在弯曲处前的一段应尽可能短一些，在弯曲处后一段则允许稍长一些，可起部分的冷凝作用。用长的直型冷凝管 F 可以使馏出液充分冷却。由于水的蒸发潜热较大，所以冷却水的流速也宜稍大一些。水蒸气发生器 A 的支管和水蒸气导管 C 之间用一个 T 形管相连接。在 T 型管的支管上套一段短橡皮管，用螺旋夹旋紧，它可以用以除去水蒸气中冷凝下来的水分。在操作中，如果发生不正常现象，应立刻打开夹子，使其与大气相通。

把要蒸馏的物质倒入三口烧瓶 D 中，其量约为烧瓶容量的 1/3。操作前，水蒸气蒸馏装置应经过检查，必须严密不漏气。开始蒸馏时，先把 T 形管上的夹子打开，用直接火把水蒸气发生器里的水加热到沸腾。当有水蒸气从 T 形管的支管冲出时，再旋紧夹子，让水蒸气通入烧瓶中，这时可以看到瓶中的混合物翻腾不息，不久在冷凝管中就出现有机物质和水的混合物。调节火焰，使瓶内的混合物不致飞溅得太厉害，并控制馏出液的速度约为 2～3 滴/s。为了使水蒸气不致在烧瓶内过多地冷凝，在蒸馏时通常也可用小火将烧瓶加热。在操作时，要随时注意安全管中的水柱是否发生不正常的上升现象，以及烧瓶中的液体是否发生倒吸现象。一旦发生上述现象，应立刻打开夹子，移去火焰，找出发生故障的原因，必须把故障排除后，方可继续蒸馏。当馏出液澄清透明不再含有有机物质的油滴时，可停止蒸馏。这时应首先打开夹子，然后移去火焰。

5.萃取和洗涤

萃取和洗涤是利用物质在不同溶剂中的溶解度不同来进行分离的操作。萃取和洗涤在原理上是一样的，只是目的不同。从混合物中抽取的物质，如果是我们所需要的，这种操作叫作萃取或提取，如果是我们所不要的，这种操作叫作洗涤。

（1）从液体中萃取（或洗涤）

通常用分液漏斗来进行液体的萃取或洗涤。必须事先检查分液漏斗的盖子和旋塞是否严密，以防分液漏斗在使用过程中发生泄漏而造成损失，检查的方法通常是先用水试验。

在萃取或洗涤时，先将液体与萃取用的溶剂（或洗液）由分液漏斗的上口倒入，盖好盖子，振荡漏斗，使两液层充分接触。振荡的操作方法一般是先把分液漏斗倾斜，使漏斗的上口略朝下，如图 4-27 所示，右手捏住漏斗上口颈部，并用食指根部压紧盖子，以免盖子松开，左手握住旋塞，握

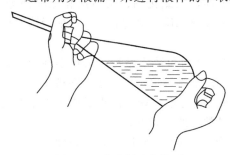

图 4-27 分液漏斗的使用

持旋塞的方式既要能防止振荡时旋塞转动或脱落，又要便于灵活地旋开旋塞。振荡后，令漏斗仍保持倾斜状态，旋开旋塞，放出蒸气或产生的气体，使内外压力平衡。若在漏斗内盛有易挥发的溶剂，如乙醚、苯等，或用碳酸钠溶液中和的酸液，振荡后，更应注意及时旋开旋塞，放出气体。振荡数次以后，将分液漏斗放在铁环上（最好把铁环用石棉绳缠扎起来），静置，使乳液分层。有时有机溶剂和某些物质的溶液一起振荡，如果已形成乳液，且一时又不易分层，则可加入食盐等电解质，使溶液饱和，以减低乳液的稳定性。轻轻地旋转漏斗，也可使其加速分层。在一般情况下，长时间静置分液漏斗，可达到使乳液分层的目的。

分液漏斗中的液体分成清晰的两层以后，就可以进行分离。分离液层时，下层液体应经旋塞放出，上层液体应从上口倒出。如果上层液体也经旋塞放出，则漏斗旋塞下面颈部所附着的残液就会把上层液体弄脏。

先把顶上的盖子打开（或旋转盖子，使盖子上的凹缝或小孔对准漏斗上口颈部的小孔，以使其与大气相通），把分液漏斗的下端靠在接收器的壁上。旋开旋塞，让液体流下，当液面间的界限接近旋塞时，关闭旋塞，静置片刻，这时下层液体往往会增多一些。再把下层液体仔细地放出，然后把剩下的上层液体从上口倒到另一个容器里。

在萃取或洗涤时，上下两层液体都应该保留到实验完毕时。否则，如果中间的操作发生错误，便无法补救和检查。在萃取过程中，将一定量的溶剂分多次萃取，其效果比一次萃取要好。

图 4-28 索氏提取器

（2）从固体混合物中萃取

从固体混合物中萃取所需要的物质，最简单的方法是把固体混合物先行研细，放在容器里，加入适当溶剂，用力振荡，然后用过滤或倾析的方法把萃取液和残留的固体分开。若被提取的物质特别容易溶解，也可以把固体混合物放在放有滤纸的锥形玻璃漏斗中，用溶剂洗涤。这样，所要萃取的物质就可以溶解在溶剂里而被滤取出来。如果萃取物质的溶解度很小，则用洗涤方法要消耗大量的溶剂和很长的时间。在这种情况下，一般用索氏提取器（图 4-28）来萃取。将滤纸做成与提取器大小相适应的套袋，然后把固体混合物放置在纸套袋内，装入提取器内。溶剂的蒸气从烧瓶进到冷凝管中，冷凝后，回流到固体混合物里，溶剂在提取器内到达一定的高度时，就和所提取的物质一同从侧面的虹吸管流入烧瓶中。溶剂就这样在仪器内循环流动，把所要提取的物质集中到下面的烧瓶里。

6.干燥及干燥剂

（1）液体的干燥

在有机化学实验中，在蒸掉溶剂和进一步提纯所提取的物质之前，常常需要除掉溶液或液体中含有的水分，一般可用某种无机盐或无机氧化物作为干燥剂来达到干燥的目的。

① 干燥剂的分类　a.和水能结合成水合物的干燥剂，如氯化钙、硫酸镁和硫酸钠等；b.和水起化学反应，形成另一种化合物的干燥剂，如五氧化二磷、氧化钙等；c.能吸附水的干燥剂，如分子筛、硅胶等。

② 干燥剂的选择　选择干燥剂时，首先必须考虑干燥剂和被干燥物质的化学性质。能和被干燥物质起化学反应的干燥剂，通常是不能使用的。干燥剂也不应该溶解在被干燥的液体里。各类有机化合物常用干燥剂如表 4-3 所示。其次还要考虑干燥剂的干燥能力、干燥速度、价格和被干燥液体的干燥程度等。下面介绍几种最常用的干燥剂。

a.无水氯化钙：由于它吸水能力大（在 30℃ 以下形成 $CaCl_2 \cdot 6H_2O$），价格便宜，所以在实验室中被广泛地使用。它的吸水速度不快，因而用于干燥的时间较长。

表 4-3　各类有机化合物常用干燥剂

有机化合物	干燥剂	有机化合物	干燥剂
烃	氯化钙、金属钠、分子筛	酮	碳酸钾、氯化钙(高级酮干燥用)
卤	氯化钙、硫酸镁、硫酸钠	酯	硫酸镁、硫酸钠、氯化钙、碳酸钾
醇	碳酸钾、硫酸镁、硫酸钠、氧化钙	硝基化合物	氯化钙、硫酸镁、硫酸钠
醚	碳酸镁、金属钠	有机酸、酚	硫酸镁、硫酸钠
醛	碳酸镁、硫酸钠	胺	氢氧化钠、氢氧化钾、碳酸钾

工业上生产的无水氯化钙往往还含有少量的氢氧化钙，因此这一干燥剂不能用于酸或酸性物质的干燥。同时氯化钙还能和醇、酚、酰胺、胺以及某些醛和酯等形成络合物，所以也不能用于这些化合物的干燥。

b. 无水硫酸镁：它是很好的中性干燥剂，价格不太贵，干燥作用快，可用于干燥不能用氯化钙来干燥的许多化合物，如某些醛、酯等。

c. 无水硫酸钠：它是中性干燥剂，吸水能力很大（在 32.4℃ 以下，形成 $Na_2SO_4 \cdot 10H_2O$），使用范围也很广。但它的吸水速度较慢，且最后残留的少量水分不易被它吸收。因此，这一干燥剂常适用于含水量较多的溶液的初步干燥，残留水分再用更强的干燥剂来进一步干燥。硫酸钠的水合物（$Na_2SO_4 \cdot 10H_2O$）在 32.4℃ 就要分解而失水，所以温度在 32.4℃ 以上时不宜用它作干燥剂。

d. 碳酸钾：吸水能力一般（形成 $K_2CO_3 \cdot 2H_2O$），可用于腈、酮、酯等的干燥。但不能用于酸、酚和其他酸性物质的干燥。

e. 氢氧化钠和氢氧化钾：用于胺类的干燥比较有效。因为氢氧化钠（或氢氧化钾）能和很多有机化合物起反应（例如酸、酚、酯和酰胺等），也能溶于某些液体有机化合物中，所以它的使用范围很有限。

f. 氧化钙：适用于低级醇的干燥。氧化钙和氢氧化钙均不溶于醇类，对热都很稳定，又均不挥发，故不必从醇中除去，即可对醇进行蒸馏。由于它具有碱性，所以它不能用于酸性化合物和酯的干燥。

g. 金属钠：用于干燥乙醚、脂肪烃和芳烃等。这些物质在用钠干燥以前，首先要用氯化钙等干燥剂把其中的大量水分去掉。使用时，金属钠要用刀切成薄片，最好是用金属钠压丝机（图 4-29）把钠压成细丝后投入溶液中，以增大钠和液体的接触面。

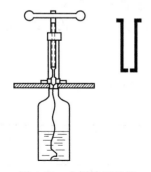

图 4-29　金属钠压丝机

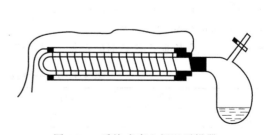

图 4-30　手枪式真空恒温干燥器

h. 分子筛（4A、5A）：用于中性物质的干燥。它的干燥能力强，一般用于要求含水量很低的物质的干燥。分子筛价格很贵，常常是使用后在真空加热下活化，再重新使用。

③ 操作方法　把干燥剂放入溶液或液体里，一起振荡，放置一定时间，然后将溶液和干燥剂分离。干燥剂的用量不能过多，否则由于固体干燥剂的表面吸附，被干燥物质会有较多的损失。如果干燥剂用量太少，则加入的干燥剂便会溶解在所吸附的水中，在此情况下，可用吸管除去水层，再加入新的干燥剂。所用的干燥剂颗粒不要太大，但也不要呈粉状。颗粒太大，表面积减小，吸水作用不大；粉状干燥剂在干燥过程中容易成泥浆状，分离困难。温度越低，干燥剂的干燥效果越大，所以干燥宜在室温下进行。在蒸馏之前，必须把干燥剂和溶液分离。

（2）固体的干燥

固体在空气中自然晾干是最简便、最经济的干燥方法。把要干燥的物质先放在滤纸上面或多孔性的瓷板上面压干，再在一张滤纸上薄薄地摊开并覆盖起来，然后放在空气中慢慢地晾干。

烘干可以很快地使物质干燥。把要烘干的物质放在表面皿或蒸发皿中，再放在水浴上、沙浴上或两层隔开的石棉铁丝网的上层烘干，也可放在恒温烘箱中或用红外线灯烘干。在烘干过程中，要注意防止过热。容易分解或升华的物质，最好放在干燥器或真空干燥器中干燥。如烘干少量物质，也可用图 4-30 所示的手枪式真空恒温干燥器干燥，手枪把内可装入合适的干燥剂。

7. 重结晶和过滤

从有机化学反应中制得的固体产物，常含有少量杂质。除去这些杂质的最有效方法之一就是用适当的溶剂来进行重结晶。重结晶的一般过程是使待重结晶物质在较高的温度（接近溶剂沸点）下溶于合适的溶剂里，趁热过滤以除去不溶物质和有色的杂质（加活性炭煮沸脱色），将滤液冷却，使晶体从过饱和溶液里析出，而可溶性杂质仍留在溶液里。然后进行减压过滤，把晶体从母液中分离出来，洗涤晶体以除去吸附在晶体表面上的母液。

下面从重结晶和过滤两方面进行讨论。

（1）重结晶

首先，要正确地选择溶剂，这对重结晶操作有很重要的意义。在选择溶剂时，必须考虑被溶解物质的成分和结构，相似的物质相溶。几种重结晶溶剂的沸点如表 4-4 所示。例如，含羟基的物质一般都能或多或少地溶解在水里，高级醇（由于碳链的增长）在水中的溶解度就显著地减小，而在乙醇和烃类化合物中的溶解度就相应地增大。

重结晶的溶剂必须符合下列条件：

① 不与重结晶的物质发生化学反应。

② 在高温时，重结晶物质在溶剂中的溶解度较大，而在低温时则很小。

③ 杂质的溶解度或是很大（待重结晶物质析出时，杂质仍留在母液内）或是很小（待重结晶物质溶解在溶剂里，借过滤除去杂质）。

④ 容易和重结晶物质分离。

此外，也需适当地考虑溶剂的毒性、易燃性、价格和溶剂回收等因素。

表 4-4　几种重结晶溶剂的沸点

溶剂	沸点/℃	溶剂	沸点/℃	溶剂	沸点/℃
水	100	乙酸乙酯	77	氯仿	61.7
甲醇	65	冰乙酸	118	四氯化碳	76.5
乙醇	78	二硫化碳	46.5	苯	80
乙醚	34.5	丙酮	56	粗汽油	90～150

为了选择合适的溶剂，除需要查阅《化学手册》外，有时还需要采用试验的方法。取几个小试管，各放入约 0.2g 待重结晶的物质，分别加入 0.5～1mL 不同种类的溶剂，加热到完全溶解，冷却后，能析出最多量晶体的溶剂，一般可认为是最合适的。如果固体物质在 3mL 热溶剂中仍不能全溶，可以认为该溶剂不适用于重结晶。如果固体在热溶剂中能溶解，而冷却后，无晶体析出，这时可用玻璃棒在液面下的试管内壁上摩擦，可以促使晶体析出，若还得不到晶体，则说明此固体在该溶剂中的溶解度很大，这样的溶剂不适用于重结晶。如果物质易溶于某一溶剂而难溶于另一溶剂，且该两溶剂能互溶，那么就可以用二者配成的混合溶剂来进行试验。常用的混合溶剂有乙醇与水、甲醇与乙醚、苯与乙醚等。

其次，重结晶的操作，通常在锥形瓶中进行，因为这样便于取出生成的晶体。使用易挥发或易燃的溶剂时，为了避免溶剂的挥发和发生着火事故，把待重结晶的物质放入锥形瓶中，锥形瓶上应装上回流冷凝管，溶剂可由冷凝管上口加入。先加入少量溶剂，加热到沸腾，然后逐渐地添加溶剂（加入后，再加热煮沸），直到固体全部溶解为止。但应注意，不要因为重结晶的物质中含有不溶解的杂质而加入过量的溶剂。除高沸点溶剂外，一般都在水浴上加热。不要忘记在加入可燃性溶剂时，要先把灯火熄灭。要注意安全，防止着火事故的发生。

所得到的热饱和溶液，如果含有不溶的杂质，应趁热把这些杂质过滤除去。溶液中存在的有色杂质，一般可利用活性炭脱色。活性炭的用量，以能完全除去颜色为度。为了避免过量，应分成小量，逐次加入。需在溶液的沸点以下加活性炭，并不断搅动，以免发生暴沸。每加一次后，都需再把溶液煮沸片刻，然后用保温漏斗或布氏漏斗趁热过滤。应选用优质滤纸，或用双层滤纸，以免活性炭透过滤纸进入滤液中。过滤时，可用表面皿覆盖漏斗（凸面向下），以减少溶剂的挥发。

静置等待结晶时，必须使过滤的热溶液慢慢地冷却，这样，所得的晶体比较纯净。一般地讲，溶液浓度较大、冷却较快时，析出的晶体较细，所得的晶体也不够纯净。热的滤液在碰到冷的吸滤瓶壁时，往往很快析出晶体，但其质量往往不好，常需把滤液重新加热使晶体完全溶解，再让它慢慢冷却下来。有时晶体不易析出，则可用玻璃棒摩擦器壁或投入晶种（同一物质的晶体），可促使晶体较快地析出。为了使晶体更完全地从母液中分离出来，最后可用冰水浴将盛溶液的容器冷却。待晶体全部析出后，需用布氏漏斗于减压下将晶体滤出。

在重结晶操作中，一般都需要用相当量的溶剂。用有机液体作溶剂时，应考虑溶剂的回收，把使用过的溶剂倒入指定的溶剂回收瓶里。

（2）过滤

① 普通过滤　普通过滤通常用 60° 的圆锥形玻璃漏斗。放进漏斗的滤纸，其边缘应该比漏斗的边缘略低。先把滤纸润湿，然后过滤。倾入漏斗的液体，其液面应比滤纸的边缘低 1cm。

过滤有机液体中的大颗粒干燥剂时，可在漏斗颈部的上口轻轻地放少量疏松的棉花或玻璃毛，以代替滤纸。如果过滤的沉淀物粒子细小或具有黏性，应该首先使溶液静置，然后过滤上层的澄清部分，最后把沉淀移到滤纸上，这样可以使过滤速度加快。

② 减压过滤（抽气过滤）　减压过滤通常使用瓷质的布氏漏斗，漏斗配以橡皮塞，装在玻璃的吸滤瓶上（图 4-31）。注意漏斗下端斜口的位置，吸滤瓶的支管则用橡皮管与抽气装置连接。若用水泵，吸滤瓶与水泵之间宜连接一个缓冲瓶（配有二通旋塞的吸滤瓶，调节旋塞，可以防止水的倒吸），使用移动式或手提式的水环真空泵最为方便。最好不要用油泵，若用油泵，吸滤瓶与油泵之间应连接吸收水气的干燥装置和缓冲瓶。滤纸应剪成比漏斗的内

径略小，但能完全盖住所有的小孔的尺寸。

过滤时，应先用溶剂把平铺在漏斗上的滤纸润湿，然后开动泵，使滤纸紧贴在漏斗上。小心地把要过滤的混合物倒入漏斗中，为了加快过滤速度，可先倒入清液，后使固体均匀地分布在整个滤纸面上，一直抽气到几乎没有液体滤出时为止。为了尽量把液体除净，可用玻璃瓶塞压挤过滤的固体——滤饼。

在漏斗上洗涤滤饼的方法如下。把滤饼尽量地抽干、压干，拔掉抽气的橡皮管，使其恢复常压，把少量溶剂均匀地洒在滤饼上，使溶剂恰能盖住滤饼。静置片刻，使溶剂渗透滤饼，待有滤液从漏斗下端滴下时，重新抽气，再把滤饼尽量抽干、压干。这样反复几次，就可把滤饼洗净。必须记住，在停止抽滤时，应该先拔去抽气的橡皮管，然后关闭抽气泵。

减压过滤的优点为：过滤和洗涤的速度快，液体和固体分离得较完全，滤出的固体容易干燥。

强酸性或强碱性溶液过滤时，应在布氏漏斗上铺上玻璃布或涤纶布、氯纶布来代替滤纸。

③ 加热过滤　用锥形的玻璃漏斗过滤热的饱和溶液时，常在漏斗中或其颈部析出晶体，使过滤产生困难。这时可以用保温漏斗来过滤。保温漏斗的外壳是铜制的，里面插一个玻璃漏斗，在外壳与玻璃漏斗之间装水，在外壳的支管处加热，即可把夹层中的水烧热而使漏斗保温，见图 4-3(h)。

图 4-31　布氏漏斗和吸滤瓶

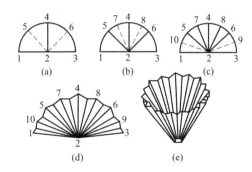

图 4-32　折叠式滤纸

为了尽量利用滤纸的有效面积以加快过滤速度，过滤热的饱和溶液时，常使用折叠式滤纸，其折叠方法如图 4-32 所示。

先把滤纸折成半圆形，再对折成圆形的四分之一，展开如图 4-32(a) 所示。再以 1 对 4 折出 5，3 对 4 折出 6，1 对 6 折出 7，3 对 5 折出 8，如图 4-32(b) 所示。以 3 对 6 折出 9，1 对 5 折出 10，如图 4-32(c) 所示。然后在 1 和 10，10 和 5，5 和 7……9 和 3 间各反向折叠，如图 4-32(d) 所示。把滤纸打开，在 1 和 3 的地方各向内折叠一个小叠面，最后做成如图 4-32(e) 的折叠滤纸。每次折叠时，在折纹近集中点处切勿重压对折纹，否则在过滤时滤纸的中央易破裂。使用前宜将折好的折叠滤纸翻转并作整理后放入漏斗中。

过滤时，把热的饱和溶液逐渐倒入漏斗中，在漏斗中的液体不宜积得太多，以免析出晶体，堵塞漏斗。

也可用布氏漏斗趁热进行减压过滤。为了避免漏斗破裂和在漏斗中析出晶体，最好先用热水浴或水蒸气浴，或在电烘箱中把漏斗预热，然后再进行减压过滤。

8.升华

固体物质具有较高的蒸气压时，往往不经过熔融状态就直接变成蒸气，蒸气遇冷，再直接变成固体，这种过程叫作升华。

容易升华的物质含有不挥发性杂质时，可以用升华方法进行精制。用这种方法制得的产品，纯度较高，但损失较大。

把待精制的物质放入蒸发皿中，用一张穿有若干小孔的圆滤纸把锥形漏斗的口包起来。把此漏斗倒盖在蒸发皿上，漏斗颈部塞一团疏松的棉花，如图 4-33(a) 所示。

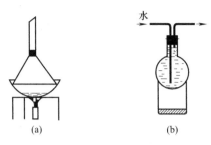

图 4-33　常压升华装置　　　　　　　　　图 4-34　减压升华装置

在沙浴上或石棉铁丝网上加热蒸发皿，逐渐地升高温度，使待精制的物质气化，蒸气通过滤纸孔，遇到冷的漏斗内壁，又凝结为晶体，附在漏斗的内壁和滤纸上。在滤纸上穿小孔可防止升华后形成的晶体落回到下面的蒸发皿中。

较大量物质的升华，可在烧杯中进行。烧杯上放置一个通冷水的烧瓶，使蒸气在烧瓶底部凝结成晶体并附着在瓶底上，如图 4-33(b) 所示。减压下的升华可用如图 4-34 所示的装置进行。升华前，必须把待精制的物质充分干燥。

9. 薄层色谱和纸色谱

色谱分析是 20 世纪初在研究植物色素分离时发现的一种物理的分离分析方法，借以分离及鉴定结构和物理化学性质相近的一些有机物质。由于它具有高效、灵敏、准确等特点，已广泛地应用于有机化学、生物化学的科学研究和有关的化工生产等领域内。

色谱分析是基于分析试样各组分在不相混溶并作相对运动的两相（流动相和固定相）中的溶解度的不同，或在固定相上的物理吸附程度的不同等而使各组分分离。分析试样可以是液体、固体（溶于合适的溶剂中）或气体。流动相可以是有机溶剂、惰性载气等。固定相则可以是固体吸附剂、水或涂渍在载体表面的低挥发性有机化合物的液膜（即固定液）。

目前常用的色谱分析法有：薄层色谱法、纸色谱法、柱色谱法、气相色谱法、高效液相色谱法。在本节中介绍前两种。

（1）薄层色谱法

薄层色谱法是一种微量、快速和简便的色谱分析方法。它可用于分离混合物，鉴定和精制化合物，是近代有机分析化学中用于定性和定量的一种重要手段。它展开时间短（几十分钟就能达到分离目的），分离效率高（可达到 300～4000 块理论塔板数），需要样品少（数微克）。如果把吸附层加厚，试样点成一条线时，又可用作制备色谱，用以精制样品。薄层色谱特别适用于挥发性小的化合物，以及那些在高温下易发生变化、不宜用气相色谱分析的化合物。

薄层色谱属于固-液吸附色谱。样品在涂于玻璃板上的吸附剂（固定相）和溶剂（流动相）之间进行分离。由于各种化合物的吸附能力各不相同，在展开剂上移时，它们进行不同程度的解吸，从而达到分离的目的。

① R_f 值　　R_f 值是表示色谱图中斑点位置（图 4-35）的一个数值，它可以按下式计算：

$$R_f = \frac{a}{b} \qquad\qquad (4-3)$$

式中，a 为溶质的最高浓度中心至样点中心的距离；b 为溶剂前沿至样点中心的距离。良好分离的 R_f 值应在 $0.15\sim0.75$ 之间，否则应该调换展开剂重新展开。

② 吸附剂　薄层色谱的吸附剂最常用的是硅胶和氧化铝，其颗粒大小一般为 260 目以上。颗粒太大，展开时溶剂移动速度快，分离效果不好；颗粒太小，溶剂移动太慢，斑点不集中，效果也不理想。吸附剂的活性与其含水量有关，含水量越低，活性越高。化合物的吸附能力与分子极性有关，分子极性越强，吸附能力越强。

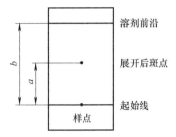

图 4-35　色谱图中斑点位置的鉴定

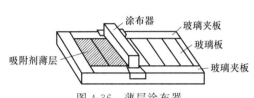

图 4-36　薄层涂布器

国产硅胶有：硅胶 G（含有烧石膏作黏合剂）、硅胶 H（不含烧石膏，使用时需加入少量聚乙烯醇、淀粉等作黏合剂）和硅胶 F254（含有荧光物质）。硅胶 F254 使用之后可在紫外光下观察，有机化合物在亮的荧光板上呈暗色斑点。硅胶经常用于湿法铺层。

③ 铺层及活化　实验室常用玻璃板来铺层，玻璃板预先洗净擦干，将吸附剂调成糊状进行涂布。例如，称取硅胶 G 20～50g，放入研钵中，加入水 40～50mL，调成糊状。此糊大约可涂 5cm×20cm 的板 20 块左右，涂层厚 0.25mm。注意，硅胶 G 糊易凝结，必须现用现配，不宜久放。

为了得到厚度均匀的涂层，可以用薄层涂布器铺层。将洗净的玻璃板在薄层涂布器中间摆好并夹紧，在涂布槽中倒入糊状物，将薄层涂布器自左向右迅速推进，糊状物就均匀涂于玻璃板上（图 4-36）。如果没有薄层涂布器也可以进行手工涂布，但这样涂的板厚不易控制。

涂好的薄层板在室温晾干后，置于烘箱内进行活化，在 105～110℃ 保持 30min。活化之后的板应放在干燥箱内保存。硅胶板的活性可以用二甲氨基偶氮苯、靛酚蓝和苏丹三个染料的氯仿溶液，以乙烷∶乙酸乙酯＝9∶1（体积比）为展开剂进行测定。

④ 展开　薄层色谱的展开需要在密闭的容器中进行。将选择好的展开剂放入展开缸中，使缸内空气饱和几分钟，再将点好试样的板放入展开（图 4-37）。

薄层色谱展开剂的选择也要根据样品的极性、溶解度和吸附剂活性等因素来考虑，绝大多数采用有机溶剂。

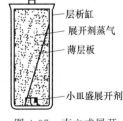

图 4-37　直立式展开

⑤ 显色　被分离物质如果是有色组分，展开后薄层板上即呈现出有色斑点。如果化合物本身无色，则可在紫外灯下观察有无荧光斑点，或是用碘蒸气熏的方法来显色。将薄层板放入装有少量碘的密闭容器中，许多有机化合物都能和碘形成棕色斑点。但当薄层板取出之后，在空气中碘逐渐挥发，谱图上的棕色斑点就消失。所以显色之后，要立即用铅笔将斑点位置画出。此外，还可以根据化合物的特性采用试剂进行喷雾显色，如芳族伯胺可与二甲氨基苯甲醛

生成黄-红色的席夫碱，羧酸可以用酸碱指示剂显色，等。

⑥ 实验示例

a. 对硝基苯胺和邻硝基苯胺的分析　试样分别用乙醇溶解。吸附剂：硅胶 G。展开剂：甲苯：乙酸乙酯＝4：1（体积比）。展开时间：20min。展开距离：10.5cm。显色方法：白底浅黄色斑点，若用碘蒸气熏后，斑点呈黄棕色。R_f 值：对位，0.66；邻位，0.44。

b. 圆珠笔芯油的分离　将圆珠笔芯在点滴板上摩擦，然后用乙醇将残留在点滴板上的油溶解，点样。吸附剂：硅胶 G。展开剂：丁醇：乙醇：水＝9：3：1（体积比）。展开时间：35min。展开距离：4.5cm。分离结果：按 R_f 值大小依次得到天蓝色（碱性艳蓝）、紫色（碱性紫）和翠蓝色（铜酞菁）三个斑点。

（2）纸色谱法

纸色谱是属于分配色谱的一种，样品溶液点在滤纸上，通过层析而相互分开。在这里滤纸仅是惰性载体，吸附在滤纸上的水作为固定相，而含有一定比例水的有机溶剂（通常称为展开剂）为流动相。展开时，被层析样品内的各组分由于它们在两相中的分配系数不同而可达到分离的目的。所以，纸色谱是液-液分配色谱。

纸色谱的优点是操作简便、便宜，所得色谱图可以长期保存。其缺点是展开时间较长，一般需要几小时，因为溶剂上升的速度随着高度增加而减慢。

纸色谱所用的滤纸与普通滤纸不同，两面要比较均匀，不含杂质。通常作定性实验时，可采用国产 1 号层析滤纸，大小可根据需要自由选择。一般上行法所用滤纸的长度约为20～30cm，宽度视样品个数而定。

纸色谱的点样、展开及显色与薄层色谱类似。由于影响 R_f 值的因素较多，所以都是通过与已知物对比的方法进行未知物的鉴定。

实验示例

① 氨基酸的分离　将各为 1％的甘氨酸、酪氨酸和苯丙氨酸溶液混合点样，在混合样的两侧分别点已知标准样，用以对照和鉴定混合物中的氨基酸。展开剂：正丁醇：乙酸：水＝4：1：1（体积比）。显色剂：0.2％茚三酮乙醇溶液，氨基酸与之生成紫红色斑点。

② 间苯二酚及 β-萘酚的分析　试样用乙醇溶解。展开剂：正丁醇：苯：水＝1：19：20（体积比）。显色剂：1％三氯化铁乙醇溶液。注意，用显色剂喷雾或浸润后，需先在红外灯下烘烤（或用其他方法稍稍加热），然后才能显色。如果仅仅晾干，则不易看到色点。斑点颜色：间苯二酚为紫色，β-萘酚为蓝色。

四、熔点及沸点的测定

有机化合物的熔点通常用毛细管法来测定。实际上由此法测得的不是一个温度点，而是熔化范围，即试料从开始熔化到完全熔化为液体的温度范围。纯粹的固态物质通常都有固定的熔点（熔化范围约在 0.5℃ 以内）。如有其他物质混入，则其对熔点有显著的影响，不但使熔化温度的范围增大，而且往往使熔点降低。因此，熔点的测定常可以用来识别物质和定性地检验物质的纯度。

在测定熔点以前，要把试料研成细末，并放在干燥器或烘箱中充分干燥。

1. 熔点的测定

（1）熔点管的准备

把试样装入熔点管中。把干燥的粉末状试料在表面皿上堆成小堆，将熔点管的开口端插入试料中，装取少量粉末。然后把熔点管竖立起来，在桌面上顿几下（熔点管的下落方向必须和桌面垂直，否则熔点管极易折断），使试料掉入管底。这样重复取试料几次，使试料紧

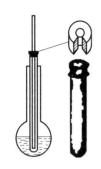

图 4-38 双浴式
熔点测定器

聚在管底。试料必须装得均匀且结实，高度约为 2～3mm。

用如图 4-38 所示的双浴式熔点测定器来测定熔点，效果较好。它由 250mL 长颈圆底烧瓶、有棱缘的试管（试管的外径稍小于瓶颈的内径）和温度计组成。烧瓶内盛着约占烧瓶容量 1/2 的合适的易导热的液体作为热浴。把装试料的熔点管（其下端用少许热浴液如浓硫酸润湿）黏附在温度计上，或用橡皮圈将其套在温度计上（橡皮圈应置于热浴液面之上），使装试料的部分正靠在温度计水银球的中部。温度计用一个刻有沟槽的单孔塞固定在试管中，热浴隔着空气（空气浴）把温度计和试料加热，使它们受热均匀。试管内也可装热浴液。

（2）测定方法

为了准确地测定熔点，加热的时候，特别是在加热到接近试料的熔点时，必须使温度上升的速度缓慢而均匀。每一种试料，至少要测定两次。第一次升温可较快，每分钟可上升 5℃左右。这样可得到一个近似的熔点。然后把热浴冷却下来，换一根装试料的熔点管（每一根装试料的熔点管只能用一次）做第二次测定。

进行第二次熔点测定时，开始时升温可稍快（开始时每分钟上升 10℃，以后减为 5℃），待温度比近似熔点低约 10℃时，再调小火焰，使温度缓慢而均匀地上升（每分钟上升 1℃），注意观察熔点管中试料的变化，记录下熔点管中刚有小滴液体出现和试料恰好完全熔融这两个温度读数。物质越纯粹，这两个温度的差距就越小。如果升温太快，测得的熔点范围不正确的程度就加大。

记录熔点时，要记录开始熔融和完全熔融时的温度，例如 123～125℃，绝不可仅记录这两个温度的平均值，例如 124℃。测定熔点时，需用校正过的温度计。

（3）微量熔点测定法

用毛细管测定熔点，其优点是仪器简单，方法简便，但缺点是不能观察晶体在加热过程中的变化情况。为了克服这一缺点，可用放大镜式微量熔点测定装置，如图 4-39 所示。

这种熔点测定装置的优点是可测微量及高熔点（室温至 350℃）样品的熔点。通过放大镜可以观察样品在加热中变化的全过程，如结晶的失水、多晶的变化及分解等。

具体操作法是测定熔点时，先将玻璃载片洗净擦干，放在一个可移动的支持器内，将微量样品研细放在载片上，注意不可堆积，从镜孔可以看到一个晶体外形。使载片上样品位于电热板的中心空洞上，用一载片盖住样品。调节镜头，使显微镜焦点对准样品，开启加热器，用变压器调节加热速度。当温度接近样品熔点时，控制温度上升的速度为 1～2℃/min。当样品的结晶棱角开始变圆时，为熔化的开始，结晶形状完全消失时，则是熔化的终了。

测定熔点后，停止加热，稍冷，用镊子拿走载片，将一厚铝板盖放在热板上，加快冷却，然后清洗载片，以备再用。

（4）温度计的校正

用以上方法测定熔点时，温度计上的熔点读数与真实熔点之间常有一定的偏差，这可能是由于温

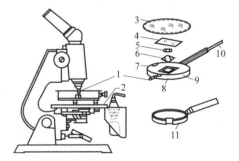

图 4-39　放大镜式微量熔点测定装置

1—调节载片支持器的把手；2—显微镜台；3—有磨砂边的圆玻璃盖；4—桥玻璃；5—薄的覆盖；6—特殊玻璃载片；7—可移动的载片支持器；8—中心有孔的加热板；9—与电阻箱相连的接头；10—校正过的温度计；11—冷却加热板用的玻片

度计的误差引起的。校正温度计，常采用纯粹有机化合物的熔点作为校正的标准，如表 4-5 所示。校正时只要选择数种已知熔点的纯粹化合物作为标准，测定它们的熔点，以观察到的熔点为横坐标，与已知熔点的差值为纵坐标，画成曲线。在任一温度时的读数即可直接从曲线上读出。

表 4-5　校正时可以选用的标准样品的熔点

样品	熔点/℃	样品	熔点/℃
冰-水混合物	0	尿素	132
萘胺	50	3,5-二硝基苯甲酸	204～205
二苯胺	53	偶苯酰	95
对二氯苯	53	α-萘酚	96
苯甲酸苯酯	70	二苯基羟基乙酸	150
萘	80	水杨酸	159
间二硝基苯	90	蒽	216
乙酰苯胺	114	酚酞	215
苯甲酸	122	蒽醌	286

零摄氏度的测定最好用蒸馏水和纯冰的混合物。在一个 15cm×25cm 的试管中放置蒸馏水 20mL，将试管浸在冰盐浴中冷却至蒸馏水部分结冰，用玻璃棒搅动使其成冰-水混合物，将试管自冰盐浴中移出，然后将温度计插入冰-水混合物中，轻轻搅动混合物，温度恒定后（2～3min）读数。

2.沸点的测定

通常用蒸馏或分馏方法来测定液体的沸点。但是，若仅有少量试料（甚至少到几滴），用微量法测定可以得到较满意的结果。

（1）沸点管的准备

用破试管拉成内径约为 3mm 的细管，截取长约 6～8cm 的一段，将其一端封闭（可在扁灯头上封管，管底要薄），作为装试料的外管。另取长 20cm、内径约 1mm 的毛细管，制作一根内管。内管的制作方法：将毛细管在中间部位封闭，自封闭处一端截取约 4～5mm 作为沸点管内管的下端，另一端约长 8cm，总长度约 9cm。

装试料时，把外管略微温热，迅速地把开口一端插入试料中，这样就有少量液体吸入管内。将管直立，使液体流到管底，试料高度应为 6～8mm。也可用细吸管把试料装入外管，然后把内管插入外管里。将外管用橡皮圈或细铜丝固定在温度计上（图 4-40）。像熔点测定时一样，把沸点测定管和温度计放入熔点测定装置内。

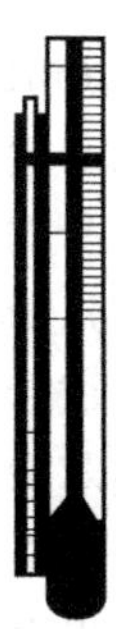

图 4-40　微量法
沸点测定管

（2）测定方法

将热浴慢慢地加热，使温度均匀地上升。当温度达到比沸点稍高的时候，可以看到从内管中有一连串的小气泡不断地逸出。停止加热，让热浴慢慢冷却。当液体开始不冒气泡和气泡将要缩入内管时的温度即为该液体的沸点，记录下这一温度。这时液体的蒸气压和外界大气压相等。

第二部分　有机化学常规实验

实验四十四　有机化合物的性质实验（Ⅰ）醇和酚的性质

一、实验目的

① 学习醇、酚有机化合物的性质，进一步认识醇类的一般性质，并比较醇和酚之间化学性质上的差异，认识羟基和烃基的相互影响。

② 掌握鉴别醇、酚的基本方法。

二、实验内容

1. 醇的性质

（1）比较醇的同系物在水中的溶解度

在四支试管中各加入 2mL 水，然后分别滴加甲醇、乙醇、丁醇、辛醇各 10 滴，振摇并观察溶解情况，若已溶解，则再加 10 滴样品，观察之，从而可得出什么结论？

（2）醇钠的生成及水解

在干燥的试管中，加入 1mL 无水乙醇，然后将表面新鲜的金属钠 1 小粒投入试管中，观察现象，有什么气体放出？怎样检验？待金属钠完全消失后[1]，向试管中加水 2mL，滴加酚酞指示剂，将观察到的现象进行解释。

（3）醇与 Lucas 试剂的作用

在三支干燥的试管中，分别加入 0.5mL 正丁醇、仲丁醇和叔丁醇，每个试管中各加入 2mL Lucas 试剂[2]，立即用塞子将管口塞住，充分振荡后静置，温度最好保持在 26～27℃，注意最初 5min 及 1h 后混合物的变化，记录混合物变浑浊和出现分层的时间。

（4）醇的氧化

向盛有 1mL 乙醇的试管中滴加 1% $KMnO_4$ 溶液 2 滴，充分振荡后将试管置于水浴中微热，观察溶液颜色的变化，写出有关的化学反应式。以异丙醇作同样实验，其结果如何？

（5）多元醇与氢氧化铜的作用

用 6mL 5% 氢氧化钠及 10 滴 10% $CuSO_4$ 溶液，配置成新鲜的氢氧化铜，然后一分为二，取 5 滴多元醇样品（乙二醇、甘油）滴入新鲜的氢氧化铜中，记录观察到的现象。

2. 酚的性质

（1）苯酚的酸性

在试管中盛放苯酚的饱和水溶液 6mL，用玻璃棒蘸取一滴于 pH 试纸上检验其酸性。将上述苯酚饱和水溶液一分为二，一份作空白对照，另一份中逐滴滴入氢氧化钠溶液，边加边振荡，直至溶液呈清亮为止（解释溶液变清的理由）。通入 CO_2 至酸性，又有何现象发生？写出有关反应式。

（2）苯酚与溴水作用

取苯酚饱和水溶液 2 滴，用水稀释至 2mL，逐滴滴入饱和溴水，当溶液中开始析出的白色沉淀转变为淡黄色时，立即停止滴加，然后将混合物煮沸 1～2min，以除去过量的溴，冷却后又有沉淀析出，再在此混合物中滴入 1%KI 溶液数滴及 1mL 苯，用力振荡，沉淀溶于苯中，析出的碘使苯层呈紫色[3]，观察现象如何。

（3）苯酚的硝化

取苯酚 0.5g 置于干燥的试管中，滴加 1mL 浓 H_2SO_4 摇匀[4]，在沸水浴中加热 5min，并不断振荡，使其反应完全，冷却后加水 3mL，小心地逐滴加入 2mL 浓 HNO_3 振荡均匀，置于沸水浴上加热至溶液呈黄色，取出试管，冷却[5]，观察有无黄色结晶析出。如果有结晶，是什么物质？

（4）苯酚的氧化

取苯酚的饱和水溶液 3mL 置于试管中，加 5％碳酸钠 0.5mL 及 0.5％高锰酸钾溶液 1mL，边加边振荡，观察现象。

（5）苯酚与 $FeCl_3$ 作用

取苯酚的饱和水溶液 2 滴放入试管中，加入 2mL 水，并逐滴滴入 $FeCl_3$ 溶液[6]，观察颜色变化。

三、注释

［1］如果反应停止后溶液中仍有残余的钠，应该先用镊子将钠取出放在酒精中破坏，然后加水。否则，金属钠遇水，反应剧烈，不但影响实验结果，而且不安全。

［2］此试剂可用作各种醇的鉴别和比较。含六个碳以下的低级醇均溶于 Lucas 试剂，作用后生成不溶性的氯代烷，使反应液出现浑浊，静置后分层明显。Lucas 试剂又称盐酸-氯化锌试剂。

［3］苯酚与溴水作用，生成微溶于水的 2,4,6-三溴苯酚白色沉淀。滴加过量溴水，则白色的 2,4,6-三溴苯酚就转化为淡黄色的难溶于水的四溴化物。该四溴化物易溶于苯，它能氧化氢碘酸，本身则又被还原成 2,4,6-三溴苯酚。

［4］由于苯酚中羟基的邻、对位氢易被浓 HNO_3 氧化，故在硝化前先进行磺化，利用磺酸基将邻、对位保护起来，然后，用—NO_2 置换—SO_3H，故本实验顺利完成的关键是磺化这一步要较完全。

［5］加浓 HNO_3 前溶液必先充分冷却。否则，溶液会有冲出的危险！

［6］酚类或含有酚羟基的化合物，大多数能与 $FeCl_3$ 溶液发生各种特有的颜色反应，产生颜色的原因主要是由于生成了电离度很大的酚铁盐。

$$FeCl_3 + 6C_6H_5OH \longrightarrow [Fe(OC_6H_5)_6]^{3-} + 6H^+ + 3Cl^-$$

加入酸、酒精或过量的 $FeCl_3$ 溶液，均能减少酚铁盐的电离度，有颜色的阴离子浓度也就相应降低，反应液的颜色就将褪去。

四、附注

Lucas 试剂的配制：将 34g 熔化过的无水氯化锌溶于 23mL 纯浓盐酸中，同时冷却以防氯化氢逸出，约得 35mL 溶液，放冷后存于玻璃瓶中塞紧。

五、思考题

① 用 Lucas 试剂检验伯、仲、叔醇的实验成功的关键何在？对于六个碳以上的伯、仲、叔醇是否能用 Lucas 试剂进行鉴别？

② 与氢氧化铜反应产生绛蓝色是邻羟基多元醇的特征反应，此外，还有什么试剂能起类似的鉴别作用？

实验四十五　有机化合物的性质实验（Ⅱ）羧酸的性质

一、实验目的

① 验证羧酸及其衍生物的性质。

② 了解肥皂的制备原理及其性质。

二、实验内容

1.羧酸的性质

（1）酸性实验

将甲酸、冰乙酸各 5 滴及草酸 0.2g 分别溶于 2mL 水中。然后用洗净的玻璃棒分别蘸取相应的酸液，在同一条刚果红试纸[1] 上画线，比较各线条的颜色和深浅程度。

（2）成盐反应

取 0.2g 苯甲酸晶体放入盛有 1mL 水的试管中，加入 10％的氢氧化钠溶液数滴，振荡并观察现象。接着再加数滴 10％的盐酸，振荡并观察所发生的变化。

（3）加热分解作用

将甲酸和冰乙酸各 1mL 及草酸 1g 分别放入三支带导管的小试管中，导管的末端分别伸入三支各自盛有 1～2mL 石灰水的试管中（导管要插入石灰水中）。加热试样，当有连续气泡发生时观察现象。

（4）氧化作用

在三支试管中分别放置 0.5mL 甲酸、0.5mL 冰乙酸以及 0.5mL 由 0.2g 草酸和 1mL 水所配成的溶液，然后分别加入 1mL 稀硫酸（1＋5）和 2～3mL 0.5％的高锰酸钾溶液，加热至沸，观察现象，比较反应速率。

（5）成酯反应

在一干燥的试管中加入 1mL 无水乙醇和 1mL 冰乙酸，再加入 0.2mL 浓硫酸，振荡均匀后浸在 60～70℃的热水浴中约 10min。然后将试管浸入冷水中冷却，最后向试管内再加入 5mL 水。这时试管中有酯层析出并浮于液面上，注意所生成的酯的气味。

2.酰氯和酸酐的性质

（1）水解作用

在试管中加入 2mL 蒸馏水，再加入数滴乙酰氯[2]，观察现象。反应结束后在溶液中滴加数滴 2％的硝酸银溶液，观察现象。

（2）醇解作用

在一干燥的小试管中放入 1mL 无水乙醇，慢慢滴加 1mL 乙酰氯，同时用冷水冷却试管并不断振荡。反应结束后，先加入 1mL 水，然后小心地用 20％的碳酸钠溶液中和反应液使之呈中性，即有一酯层浮于液面上。如果没有酯层浮起，可在溶液中加入粉状的氯化钠至溶液饱和为止，观察现象并闻其气味。

（3）氨解作用

在一干燥的小试管中放入新蒸馏过的淡黄色苯胺 5 滴，然后慢慢滴加乙酰氯 8 滴，待反应结束后再加入 5mL 水并用玻璃棒搅匀，观察现象。

用乙酸酐代替乙酰氯重复做上述三个实验。注意，这些反应较乙酰氯难进行，需要在热水浴加热的情况下，较长时间才能完成。

3.酰胺的水解作用

（1）碱性水解

取 0.1g 乙酰胺和 1mL 20％的氢氧化钠溶液一起放入一小试管中，混合均匀并用小火加热至沸。用湿润的红色石蕊试纸在试管口检验所产生的气体的性质。

（2）酸性水解

取 0.1g 乙酰胺和 2mL 10％的硫酸一起放入一小试管中，混合均匀，沸水浴加热沸腾

2min，注意有乙酸味产生。放冷并加入 20％的氢氧化钠溶液至反应液呈碱性，再次加热。用湿润的红色石蕊试纸检验所产生气体的性质。

4. 油脂的性质

（1）油脂的不饱和性

取 0.2g 熟猪油和数滴近于无色的植物油分别放入两支小试管中，分别加入 1～2mL 四氯化碳，振荡使其溶解。然后分别滴加 3％的溴的四氯化碳溶液。随加随振荡，观察所发生的变化。

（2）油脂的皂化

取 3g 油脂、3mL 95％的乙醇[3] 和 3mL 30％～40％的氢氧化钠溶液放入一大试管内，摇匀后在沸水中加热煮沸。待试管中的反应物成一相后，继续加热 10min 左右，并时时加以振荡。皂化完全后[4]，将制得的黏稠液体倒入盛有 15～20mL 温热的饱和食盐水的小烧杯中，不断搅拌，肥皂逐渐凝固析出，用玻璃棒将制得的肥皂取出，作下面的实验。

① 脂肪酸的析出 取 0.5g 新制的肥皂放入一试管中，加入 4mL 蒸馏水，加热使肥皂溶解。再加入 2mL 稀硫酸（1＋5），然后在沸水浴中加热，观察所发生的现象（液面上浮起的一层油状液体为何物？）。

② 钙离子与肥皂的作用 在试管中加入 2mL 制得的肥皂溶液（取 0.2g 新制的肥皂加 20mL 蒸馏水制成），然后加入 2～3 滴 10％的氯化钙溶液，振荡并观察所发生的变化。

③ 肥皂的乳化作用 取两支试管各加入 1～2 滴液体油脂。在一支试管中加入 2mL 水，在另一支试管中加入 2mL 制得的肥皂溶液。同时用力振荡两支试管，比较现象。

三、附注

[1] 刚果红试纸变色范围为 pH 3.0～5.0，也可用 pH 试纸。

[2] 若乙酰氯纯度不够，则往往含有 $CH_3COOPCl_2$ 等磷化物。久置将产生浑浊或析出白色沉淀，从而影响到本实验结果。为此必须使用无色透明的乙酰氯进行有关的性质实验。

[3] 所用油脂可选用硬化油和适量猪油混合后使用。若单纯使用硬化油，则制得的肥皂太硬；若只用植物油，则制得的肥皂太软。皂化时加入乙醇的目的是使油脂和碱液能混为一相，加速皂化反应的进行。

[4] 皂化是否完全的测定：取几滴皂化液放入一试管中，加入 2mL 蒸馏水，加热并不断振荡。若此时无油滴分出，表示皂化已经完全。如果皂化尚未完全，则需将油脂再皂化数分钟，并再次检验皂化是否完全。

四、思考题

① 羧酸成酯反应为什么必须控制在 60～70℃？温度偏高或偏低会有什么影响？

② 写出甲酸、冰乙酸、草酸加热分解的反应式，并试用电子效应解释实验现象。

③ 列表比较酯、酰氯、酸酐、酰胺的反应活性。

实验四十六 工业乙醇的蒸馏

一、实验目的

① 熟悉蒸馏装置及装配方法。

② 用蒸馏法检验物质的纯度，测出化合物的沸点。

二、实验原理

将液体加热至沸，使之变为蒸气，然后使蒸气冷却再凝结为液体，这两个过程的联合操作称为蒸馏。蒸馏是分离和提纯液态有机化合物常用方法之一。在通常情况下，纯粹液态物质在大气压力下有确定的沸点，故可用蒸馏的方法来测定物质的沸点和定性检验物质的纯度。

三、实验仪器与药品

仪器：控温电热套、蒸馏装置、玻璃气流烘干器。

药品：工业乙醇。

四、实验步骤

按图 4-12 装配仪器。在 100mL 蒸馏瓶中，放入 25mL 的工业乙醇[1]。加料时用玻璃漏斗或沿着面对蒸馏瓶支管口的瓶颈壁将蒸馏液体小心倒入，加入 2～3 粒沸石，塞好带有温度计的塞子，通入冷凝水[2]，然后加热。开始时调节电热套温度可稍高些，并注意观察蒸馏瓶中的现象和温度计读数的变化。当瓶内液体开始沸腾时，蒸气前沿逐渐上升，待到达温度计时，温度计读数急剧上升。这时应适当调低温度，使温度略为下降，让水银球上的液滴和蒸气达到平衡，然后再稍微调高温度进行蒸馏。调节电压，控制流出的液滴，速度以 1～2 滴/s 为宜。当温度计读数上升至 77℃ 时，换一个已称量过的干燥的锥形瓶作接收器[3]，收集 77～79℃ 的馏分。当瓶内只剩下少量（约 0.5～1mL）液体时，若维持原来的加热速度，温度计的读数会突然下降，即可停止蒸馏。不应将瓶内液体完全蒸干。称量所收集馏分的质量或量其体积，并计算回收率。

五、附注

[1] 95％乙醇为一共沸混合物，而非纯粹物质，它具有一定的沸点和组成，不能借普通蒸馏法进行分离。工业乙醇是乙醇和水的二元恒沸混合物，其中含乙醇 95.6％，含水 4.4％。

[2] 冷凝水的流速以保证蒸气充分冷凝为宜。通常只需保持缓缓的水流即可。

[3] 蒸馏有机溶剂均应用小口接收器，如锥形瓶等。

六、思考题

① 什么叫沸点？液体的沸点和大气压有什么关系？文献上记载的某物质的沸点温度是否即为实验地点的沸点温度？

② 蒸馏时为什么蒸馏瓶所盛液体的量不应超过容积的 2/3 也不应少于 1/3？

③ 蒸馏时加入沸石的作用是什么？如果蒸馏前忘加沸石，能否立即将沸石加至将近沸腾的液体中？当重新进行蒸馏时，用过的沸石能否继续使用？

④ 为什么蒸馏时最好控制馏出液的速度为 1～2 滴/s 为宜？

⑤ 如果液体具有恒定的沸点，那么能否认为它是纯粹物质？

实验四十七 甲苯和四氯化碳的分馏

一、实验目的

① 掌握对几种沸点相近的混合物进行分离的方法。

② 了解分馏原理，学习分馏操作技术。

二、实验原理

分馏的原理与蒸馏相类似。不同的是在装置上多一个分馏柱，使混合物在通过分馏柱时进行多次部分气化和冷凝，即多次重复蒸馏过程。它可分离沸点相差不太大的物质，是分离提纯沸点很接近的有机液体混合物的重要方法之一。

三、实验仪器与药品

仪器：控温电热套、分馏装置、玻璃气流烘干器。

药品：甲苯、四氯化碳（分析纯）。

四、实验步骤

① 本实验用 30mL 四氯化碳及 30mL 甲苯[1]，几块素烧瓷片放在 250mL 圆底烧瓶里，如图 4-17 所示把仪器装配完毕后，用石棉绳包裹分馏柱身，尽量减少散热。本实验中准备五个 50mL 磨口三角烧瓶，分别标上 1、2、3、4、5 的字样。

把 1 号三角烧瓶作为接收器，接收器与周围热源要有相当的距离。选择好热浴，开始用小火加热，以便加热均匀，防止过热。当液体开始沸腾时，即见到一圈圈气液沿分馏柱慢慢上升，待其停止上升后，调节热源，提高温度。当蒸气上升到分馏柱顶部，开始有馏液流出时，马上记下第一滴分馏液落到接收器时的温度。此时更应控制好温度，使蒸馏的速度以 1mL/min 为宜。

以 1 号接收器收集 76～81℃的馏分，依次更换接收器，分段收集以下温度范围的四段分馏液，如表 4-6 所示。

表 4-6　四氯化碳和甲苯混合物分馏液的温度范围

接收器的编号	1	2	3	4
温度范围/℃	76～81	81～88	88～98	98～108

当蒸气温度达到 108℃时停止蒸馏，撤去热源，让圆底烧瓶冷却（约几分钟），使分馏柱内的液体回流到瓶内，将圆底烧瓶内的残液倾入 5 号接收器里，分别量出并记录各接收器馏液的体积（量准至 0.1mL）。操作时要注意防火，应在离灯焰较远的地方进行。

② 为了分出较纯的组分，依照下面的方法进行第二次的分馏。

先将第一次的馏液 1（1 号接收器）倒入空圆底烧瓶里[2]，按前述装置进行分馏，仍用 1 号接收器收集 76～81℃馏液。当温度升至 81℃时，停止分馏，冷却圆底烧瓶，将第一次的馏液 2（2 号接收器）加入圆底烧瓶内残液中继续加热分馏。把 81℃以前的馏液收集在 1 号接收器中，而 81～88℃的馏液收集于原 2 号接收器中，待温度上升到 88℃时终止加热，冷却后，将第一次的馏液 3 加入圆底烧瓶残液中，继续分馏，分别以 1 号、2 号和 3 号接收器收集 76～81℃、81～88℃和 88～98℃的馏液，操作同上。至分馏 5 号接收器的馏液时，残留在烧瓶中的则为第二次分馏的第 5 部分馏分。

记录第二次分馏得到的各段馏液的体积。将两次分馏得到的各段馏液的体积填入表 4-7。

表 4-7　四氯化碳和甲苯混合物分馏的馏分表

序号	温度/℃	各馏出液的体积/mL	
		第一次	第二次
1	76～81		
2	81～88		
3	88～98		
4	98～108		
5	＞108（残液）		

③ 为了定性地估计分馏的效率，可将两端的馏液（1号和5号）做气味和其他的性质实验。

a.分别取 1~2 滴馏液放入有水的试管中，观察是上浮还是下沉。为什么？

b.分别取几滴馏液于瓷蒸发皿中，点火观察能否燃烧，有没有火焰。

④ 完成实验后，把所有的馏液均倾入指定的瓶中。

用观察到的温度为纵坐标，馏液的体积为横坐标，作图得分馏曲线。

注意事项：甲苯蒸气有毒，属中度危害品，四氯化碳属高度危害品，分馏过程注意通风，倒取药品要在通风橱中进行。

五、附注

[1] 四氯化碳为无色液体，沸点为 76.8℃，不能燃烧。甲苯为无色液体，沸点为 110.6℃，能燃烧。

[2] 将各段馏分倒入圆底烧瓶中必须先熄灭灯焰，让圆底烧瓶冷却几分钟。否则，会容易使甲苯的蒸气遇到火源造成事故。

六、思考题

① 若加热太快，馏出液每秒的滴数超过要求量，用分馏法分离两种液体的能力会显著下降，为什么？

② 用分馏法提纯液体时，为了取得较好的分离效果，为什么分馏柱必须保持回流液？

③ 在分离两种沸点相近的液体时，为什么装有填料的分馏柱比不装填料的效率高？

④ 什么是共沸混合物？为什么不能用分馏法分离共沸混合物？

⑤ 在分馏时通常用水浴或油浴加热。它相比直接火加热有什么优点？

实验四十八　环己烯的制备

一、实验目的

① 通过环己醇在浓硫酸催化下脱水制备环己烯，加深对消去反应的理解。

② 初步掌握分馏、分液、液体干燥、水浴蒸馏等基本操作技能。

二、实验原理

烯烃是重要的有机化工原料。工业上主要通过石油裂解的方法制备烯烃，有时也利用醇在氧化铝等催化剂作用下，进行高温催化脱水来制取。实验室则主要用醇的脱水或卤代烃的脱卤化氢来制备烯烃。脱水剂可以用硫酸、磷酸等。

环己醇制备环己烯的反应式如下。

三、实验仪器与药品

仪器：电热套、圆底烧瓶、韦氏分馏柱、克氏蒸馏头、直形冷凝管、接引管、接收器、分液漏斗。

药品：环己醇、浓硫酸、饱和食盐水、10%碳酸钠水溶液、无水氯化钙。

四、实验步骤

① 在 25mL 干燥的圆底烧瓶中加入 10mL 环己醇，慢慢滴加 1mL 浓硫酸，边加边摇边

冷却烧瓶，使其混合均匀，加入两粒沸石。在烧瓶上口安装好韦氏分馏柱，分馏柱接普通蒸馏装置，接收器置于冰水浴中，待接收产品。

② 将烧瓶在石棉网上小火（或用电热套）加热，控制分馏柱顶温度不超过 90℃，收集85℃以下的馏出液（含水的浑浊液），直至无馏出液滴出，反应即完成。

③ 将上述蒸馏液倒入分液漏斗中，用饱和食盐水溶液洗涤，分出有机相，再用 10％的碳酸钠水溶液中和微量的酸，分出有机相，并转入一干燥的锥形瓶中，用无水氯化钙干燥。将干燥后的粗产品倾入 25mL 圆底烧瓶中，加入两粒沸石，水浴加热，常压蒸馏纯化产品，接收器仍浸在冰水浴中，收集 82～84℃馏分。称量产品，计算产率，测定折射率及红外光谱等。

纯环己烯为无色透明液体，沸点为 83℃，相对密度为 0.8102，折射率为 1.4465，红外光谱图如图 4-41 所示，核磁共振谱图见图 4-42。

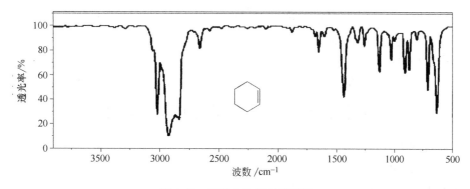

图 4-41　环己烯的红外光谱图

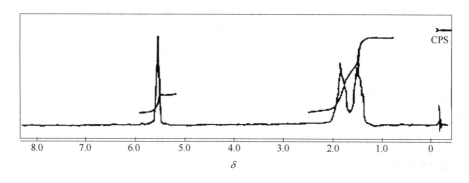

图 4-42　环己烯的核磁共振谱图

五、注意事项

① 环己醇在室温下是黏稠液体（熔点为 24℃），用量筒量取体积时误差较大，故称其质量。

② 硫酸与环己醇混合时，应充分振荡，使其混合均匀，防止加热时发生局部炭化或聚合。本实验也可在 85％的磷酸催化下进行脱水反应，效果也很好，但磷酸的用量必须是硫酸的一倍以上。

③ 环己醇和水、环己烯和水皆形成二元共沸物，见表 4-8。

表 4-8　环己醇和水、环己烯和水的二元共沸物沸点及组分

组分	沸点/℃		共沸物的组分/%
	单一组分	共沸物	
环己醇	161.5	97.8	20.0
水	100.0		80.0
环己烯	83.0	70.8	90
水	100.0		10

④ 在收集和转移环己烯时，应保持其充分冷却，以避免因挥发而造成的损失。

⑤ 在蒸馏已干燥的产物时，所用仪器均需干燥无水。

六、思考题

① 本实验采取什么措施提高产率？哪一步操作不当会降低产率？本实验成功的关键是什么？

② 在粗产品环己烯中，加入氯化钠饱和水溶液于馏出液中的目的是什么？

③ 用无水氯化钙作干燥剂有何优点？

④ 反应时柱顶温度控制在何值最佳？

⑤ 试写出环己醇在酸催化下脱水形成环己烯的反应机理。

实验四十九　苯甲醛的水蒸气蒸馏

一、实验目的

① 学习水蒸气蒸馏的原理及应用。

② 掌握水蒸气蒸馏的装置及操作。

二、实验原理

水蒸气蒸馏常用于以下几种情况：某些高沸点有机物在其自身的沸点温度时容易被破坏，用水蒸气蒸馏时可以在 100℃ 以下的温度蒸出；从固体多的反应混合物中分离被吸附的液体产物。用此方法时，被提纯的物质应具备以下几个条件：不溶或难溶于水；共沸腾下与水不发生化学反应。

三、实验仪器与药品

仪器：电热套、水蒸气蒸馏装置。

药品：苯甲醛（分析纯）。

四、实验步骤

按图 4-26 连接反应装置。

水蒸气发生器（150mL 三口烧瓶）内加入 80mL 水，量取 20mL 苯甲醛加入 100mL 烧瓶内。如苯甲醛发生结晶，可水浴加热至结晶消失，趁热量取 20mL 试剂加入烧瓶。操作步骤见本章第一部分"有机化学实验常用仪器及基本操作"中"物质的分离和提纯"的"4. 水蒸气蒸馏"。

实验结束后将馏出液倒入分液漏斗轻轻振荡，静置一会，从底部放出苯甲醛，用量筒量出体积，水从上部倒入量筒量出体积，最后计算苯甲醛与水的质量比。

五、思考题

① 水蒸气蒸馏苯甲醛和水的混合物，试计算馏出液中苯甲醛和水所占的质量分数。

② 进行水蒸气蒸馏时，蒸气导管的末端为什么要插入到接近于容器底部？水蒸气蒸馏时，馏出液中水的含量总是高于理论值，为什么？

③ 进行水蒸气蒸馏时发生下列情况如何处理？

a. 接收器冒蒸气。

b. 冷凝管有固体析出或被固体堵塞。

c. 冷凝管水源断水。

d. 安全管中的水柱持续上升。

e. 加热水蒸气发生器的热源中断。

六、附注

当温度达到 97.9℃ 时，苯甲醛的蒸气压为 7532.7Pa（56.5mmHg），水的蒸气压为 93792Pa（703.5mmHg），两者之和为 101324.7Pa（760mmHg），等于大气压。这时苯甲醛和水的混合液就发生沸腾，水与苯甲醛同时被蒸出。此时被蒸出气体冷凝液中，苯甲醛与水相对质量的关系可由下式算出：

$$\frac{m_{有机物}}{m_{水}} = \frac{p_{有机物} M_{有机物}}{p_{水} M_{水}} \quad (p \text{ 的单位为 mmHg}) \tag{4-4}$$

$$\frac{m_{苯甲醛}}{m_{水}} = \frac{p_{苯甲醛} M_{苯甲醛}}{p_{水} M_{水}} = \frac{56.5 \times 106}{703.5 \times 18} = \frac{5989}{12663} \tag{4-5}$$

所以，苯甲醛在馏出液中的含量 $= \frac{5989}{5989 + 12663} = 32.1\%$

实验五十　1-溴丁烷的制备

一、实验目的

① 学习掌握卤代烃的合成方法。

② 掌握回流冷凝和分液漏斗的使用操作。

二、实验原理

正丁醇与氢溴酸（溴化钠与硫酸反应制得）作用制备 1-溴丁烷属于双分子亲核取代反应（$S_N 2$ 反应）。为提高产率，增加了溴化钠的用量，同时加入过量的浓硫酸。反应式如下：

主反应

$$NaBr + H_2SO_4 \longrightarrow HBr + NaHSO_4$$
$$C_4H_9OH + HBr \Longrightarrow C_4H_9Br + H_2O$$

副反应

$$C_4H_9OH \xrightarrow{H_2SO_4} C_4H_8 + H_2O$$
$$2C_4H_9OH \xrightarrow{H_2SO_4} C_4H_9OC_4H_9 + H_2O$$

三、实验仪器与药品

仪器：圆底烧瓶、回流冷凝管、直形冷凝管、锥形瓶、分液漏斗、蒸馏头、烧杯、长颈漏斗。

药品：正丁醇、溴化钠（无水）[1]、浓硫酸、10%碳酸钠溶液、无水氯化钙。

四、实验步骤

在 50mL 圆底烧瓶中放入 6.2mL 正丁醇、8.3g 研细的溴化钠和 1～2 粒沸石。烧瓶上装一回流冷凝管。在一个小锥形瓶内放入 10mL 水，将其放在冷水浴中冷却，一边摇荡，一边慢慢地加入 10mL 浓硫酸。将稀释的硫酸分 4 次从冷凝管上端加入烧瓶，每加一次都要充分振荡烧瓶，使反应物混合均匀。在冷凝管上口，用弯玻璃管按图 4-7(c) 连接一气体吸收装置[2]。将圆底烧瓶放在石棉网上，用小火加热到沸腾，保持回流 30min[3]。

反应完成后，将反应物冷却 5min，卸下回流冷凝管，再加入 1~2 粒沸石，用 75°弯管连接直形冷凝管（图 4-14）进行蒸馏。仔细观察馏出液，直到无油滴蒸出为止[4]。将馏出液倒入小分液漏斗中，将油层[5] 从下面放入一个干燥的小锥形瓶中，然后用 3mL 浓硫酸分两次加入瓶内，每加一次都要摇匀锥形瓶。如果混合物发热，可用冷水浴冷却。将混合物慢慢倒入分液漏斗中，静置分层，放出下层的浓硫酸[6]。油层依次用 10mL 水[7]、5mL 10%碳酸钠溶液和 10mL 水洗涤。将下层的粗 1-溴丁烷放入干燥的小锥形瓶中，加 1~2g 粒状的无水氯化钙，间歇振荡锥形瓶，直到液体澄清为止。（若一次实验课不能完成此实验，可在此处停下来。）

通过长颈漏斗将液体倒入 30mL 蒸馏烧瓶中（注意勿使氯化钙掉入蒸馏烧瓶中）。投入 1~2 粒沸石，安装好蒸馏装置（图 4-15），在石棉网上用小火加热蒸馏，收集 99~102℃的馏分。称量产品，计算产率。

纯 1-溴丁烷为无色透明液体，沸点为 101.6℃，相对密度为 1.275[8]。

五、附注

[1] 如用含结晶水的溴化钠（NaBr·2H₂O），可按物质的量进行换算，并相应地减少加入的水量。

[2] 在本实验中，由于采用 1:1 的硫酸（即 62%硫酸），回流时如果保持缓和的沸腾状态，很少有溴化氢气体从冷凝管上端逸出。如果在通风橱中操作，气体吸收装置可以省去。

[3] 回流时间太短，则反应物中残留正丁醇量增加。但将回流时间继续延长，产率也不能再提高多少。

[4] 用盛清水的试管收集馏出液，看有无油滴。粗 1-溴丁烷约 7mL。

[5] 馏出液分为两层，通常下层为粗 1-溴丁烷（油层），上层为水。若未反应的正丁醇较多，或因蒸馏过久而蒸出一些氢溴酸恒沸液，则液层的相对密度发生变化，油层可能悬浮或变为上层。如遇此现象，可加清水稀释使油层下沉。

[6] 粗 1-溴丁烷中所含的少量未反应的正丁醇也可以用 3mL 浓盐酸完全洗去。使用浓盐酸时，1-溴丁烷在下层。

[7] 油层如呈红棕色，系含有游离的溴。此时可用溶有少量亚硫酸氢钠的水溶液洗涤以除去溴。其反应式为：

$$Br_2 + NaHSO_3 + H_2O \longrightarrow 2HBr + NaHSO_4$$

[8] 本实验制备的 1-溴丁烷经气相色谱分析，均含有 1%~2% 2-溴丁烷。制备时如回流时间较长，2-溴丁烷含量较高，但回流到一定时间后，2-溴丁烷的量就不再增加。原料正丁醇经气相色谱分析不含仲丁醇。气相色谱的固定液可用磷酸三甲酚酯或邻苯二甲酸二壬酯。

六、思考题

① 本实验有哪些副反应？如何减少副反应？

② 反应时硫酸的浓度太高或太低会有什么结果？

③ 试说明各步洗涤的作用。

实验五十一　溴乙烷的制备

一、实验目的

① 通过溴乙烷的制备，加深对双分子亲核取代反应的理解。
② 学习处理低沸点有机化合物的方法。
③ 进一步熟练掌握蒸馏、液体的干燥及洗涤与分离技术。

二、实验原理

实验室制备卤代烷最常用的方法是将结构对应的醇通过亲核取代反应转变为卤代物。如以溴化钠与95%乙醇为原料制备溴乙烷，生成溴乙烷的反应为可逆反应，但过量浓硫酸能将生成的水吸去，可使平衡向右移动。若将生成的溴乙烷及时蒸出，使它离开反应系统，也有利于反应的完成。为使溴化氢充分被利用，乙醇的量可稍多些。

主反应

$$NaBr + H_2SO_4 \longrightarrow HBr + NaHSO_4$$
$$C_2H_5OH + HBr \longrightarrow C_2H_5Br + H_2O$$

副反应

$$2C_2H_5OH \xrightarrow{H_2SO_4} C_2H_5OC_2H_5 + H_2O$$
$$C_2H_5OH \xrightarrow{H_2SO_4} C_2H_4 + H_2O$$

三、实验仪器与药品

仪器：电热套、蒸馏装置、研钵、分液漏斗。
药品：乙醇（95%）、溴化钠（无水）、浓硫酸、饱和亚硫酸氢钠溶液。

四、实验步骤

在100mL圆底烧瓶中加入13g研细的溴化钠[1]，然后放入9mL水，振荡使之溶解，再加入10mL 95%乙醇，在冷却和不断摇荡下，慢慢地加入19mL浓硫酸，同时用冰水浴冷却烧瓶。再投入2~3粒沸石。将烧瓶用75°弯管与直形冷凝管相连，冷凝管下端连接引管。溴乙烷的沸点很低，极易挥发。为了避免挥发损失，在接收器中加冷水及5mL饱和亚硫酸氢钠溶液[2]，放在冰水浴中冷却，并使接引管的末端刚浸没在接收器的水溶液中[3]，装置见图4-43。

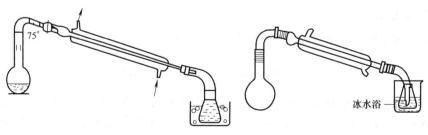

图4-43　制备溴乙烷的装置

在石棉网上用很小的火焰加热烧瓶（或用电热套加热），瓶中物质开始发泡。控制火焰大小，使油状物质逐渐蒸馏出去。约30min后慢慢加大火焰，到无油滴蒸出为止[4]。馏出物为乳白色油状物，沉于瓶底。

将接收器中的液体倒入分液漏斗中。静置分层后，将下层的粗制溴乙烷放入干燥的小锥形瓶中[5]。将锥形瓶浸于冰水浴中冷却，逐滴往瓶中加入浓硫酸（约需 4mL 浓硫酸），同时振荡，直到溴乙烷变得澄清透明，而且瓶底有液层分出。用干燥的分液漏斗仔细地分去下面的硫酸层，将溴乙烷层从分液漏斗的上口倒入 30mL 蒸馏瓶中。

装配蒸馏装置，加 2～3 粒沸石，用水浴加热，蒸馏溴乙烷。收集 37～40℃ 的馏分。收集产物的接收器要用冰水浴冷却。称量产品，计算产率。

纯溴乙烷为无色液体，沸点为 38.4℃，相对密度为 1.4604，折射率为 1.4239。

五、附注

[1] 溴化钠要先研细，在搅拌下加入，以防止结块而影响反应进行。亦可用含结晶水的溴化钠（$NaBr \cdot 2H_2O$），其用量按物质的量进行换算，并相应地减少加入的水量。

[2] 加热不均或过热时，会有少量的溴分解出来，使蒸出的油层带棕黄色。加亚硫酸氢钠可除去此棕黄色。

[3] 在反应过程中应密切注意防止接收器中的液体发生倒吸而进入冷凝管。一旦发生此现象，应暂时把接收器放低，使接引管的下端露出液面，然后稍稍加大火焰，待有馏出液出来时再恢复原状。反应结束时，先移开接收器，再停止加热。

[4] 整个反应过程需 0.5～1h。反应结束时，烧瓶中残液由浑浊变为清亮透明。应趁热将残液倒出，以免硫酸氢钠冷后结块，不易倒出。

[5] 要避免将水带入分出的溴乙烷中，否则加硫酸处理时将产生较多的热量而使产物挥发损失。

六、思考题

① 在制备溴乙烷时，反应混合物中如果不加水，会有什么结果？

② 粗产物中可能有什么杂质？是如何除去的？

③ 如果你的实验结果产率不高，试分析其原因。

实验五十二　正丁醚的制备

一、实验目的

① 掌握醇分子间脱水制醚的反应原理和方法。

② 学习分水器的实验操作。

③ 巩固分液漏斗的实验操作。

二、实验原理

脂肪族低级单醚通常由两分子醇在酸性脱水剂的存在下共热来制备：

$$R{-}O\underline{H \; + \; HO}{-}R \xrightarrow{\triangle} ROR + H_2O$$

在实验室中常用浓硫酸作脱水剂。例如，乙醇先同等物质的量的硫酸反应，生成酸式硫酸乙酯，后者再同乙醇反应，生成乙醚。生成的乙醚不断地从反应器中蒸出。制备沸点较高的单醚——正丁醚时，可利用一特殊的分水器将生成的水不断从反应物中除去。但是醇类在较高温度下还能被浓硫酸脱水生成烯烃，为了减少副反应，在操作时必须特别控制好反应温度。用浓硫酸作脱水剂时，由于其氧化作用，往往还生成少量氧化产物和二氧化硫，为了避免氧化反应，有时用芳磺酸作脱水剂。

上述方法适用于由低级伯醇制备单醚。用仲醇制醚的产量不高。用叔醇则主要发生脱水反应生成烯烃。

主反应

$$2CH_3CH_2CH_2CH_2OH \underset{134\sim135℃}{\overset{H_2SO_4}{\rightleftharpoons}} (CH_3CH_2CH_2CH_2)_2O + H_2O$$

副反应

$$CH_3CH_2CH_2CH_2OH \underset{>135℃}{\overset{H_2SO_4}{\rightleftharpoons}} CH_3CH_2CH = CH_2 + H_2O$$

三、实验仪器和药品

仪器：两口烧瓶（或三口烧瓶）、分水器、回流冷凝管、分液漏斗等。

药品：正丁醇、浓硫酸、50％硫酸、无水氯化钙。

四、实验步骤

在干燥的 100mL 两口烧瓶（或三口烧瓶）中加入 10.4mL 正丁醇，加入 1.6mL 浓硫酸，边加边摇边冷却，混合均匀，加入两粒沸石。一瓶口装上温度计，温度计的水银球必须浸入液面以下。另一瓶口装上分水器，分水器上端接回流冷凝管。先在分水器内加入 1.4mL 水，然后将烧瓶在石棉网上先用小火加热 10min，使瓶内液体微沸，但不到回流温度（约 100～115℃），然后加热保持回流。随着反应的进行，分水器中液面不断升高，反应液的温度也不断上升。分水器中液面升高是由于反应生成的水以及未反应的正丁醇经冷凝管冷凝后聚集于分水器内，因相对密度不同，水在下层，而较水轻的有机相浮于上层，积至分水器支管时即可返回到反应瓶中。继续加热至瓶内温度升高到 134～135℃。待分水器全部被水充满时，表示反应已基本完成（约需 2h），停止加热。反应物冷却后，把混合物连同分水器里的水一起倒入内盛 16mL 水的分液漏斗中，充分振摇，静置后，分出产物粗正丁醚。用 50％硫酸洗涤两次（6mL×2），再用 10mL 水洗涤一次。分出有机层，用无水氯化钙干燥产品。

将干燥后的粗产品倒入圆底烧瓶中蒸馏（注意：不要把氯化钙倒入瓶中），收集 139～142℃的馏分。称量产品，计算产率，测定折射率及红外光谱。

纯正丁醚为无色透明液体，沸点为 142℃，相对密度为 0.773，折射率为 1.3992。

五、注意事项

① 加料时，正丁醇和浓硫酸如不充分摇动混匀，硫酸局部过浓，加热后易使反应溶液变黑。

② 按反应式计算，生成水的量约为 0.5g 左右，但是实际分液出水的体积要略大于理论计算量，因为有单分子脱水的副产物生成。所以，在实验前预先在分水器中加入 0.7mL 水，加上反应生成的水正好充满分水器，而使气化冷凝后的醇正好溢流返回反应瓶中，从而达到自动分离的目的。

③ 本实验通过恒沸混合物蒸馏方法，采用分水器将反应生成的水不断从反应中除去。在反应液中，正丁醇、正丁醚和水可能形成以下几种恒沸物，如表 4-9 所示。

这些含水的恒沸物冷凝后，在分水器中分层，上层主要是正丁醇和正丁醚，下层主要是水。利用分水器可以使分水器中上层的有机物回流到反应器中。

④ 反应开始回流时，因为有恒沸物的存在，温度不可能马上达到 135℃。但随着水被蒸出，温度逐渐升高，最后达到 135℃以上，即可停止加热。如果温度升得太高，反应溶液会炭化变黑，并有大量副产物丁烯生成。

表 4-9　正丁醇、正丁醚和水形成的恒沸物

恒沸物		共沸点/℃	组成的质量分数/％		
			正丁醚	正丁醇	水
二元	正丁醇-水	93.0		55.5	44.5
	正丁醚-水	94.1	66.6		33.4
	正丁醇-正丁醚	117.6	17.5	82.5	
三元	正丁醇-正丁醚-水	90.6	35.5	34.6	29.9

⑤ 50％硫酸的配制方法：将 20mL 浓硫酸缓慢加入 34mL 水中。

⑥ 正丁醇能溶于 50％硫酸，而正丁醚溶解很少。因此，用 50％硫酸可以除去粗正丁醚中的正丁醇。

六、思考题

① 计算理论上分出的水量。若实验中分出的水量超过理论数值，试分析其原因。

② 怎样得知反应已经比较完全了？

③ 反应结束后为什么要将混合物倒入 16mL 水中？各步洗涤的目的是什么？

④ 如果最后蒸馏前的粗产品中含有丁醇，能否用分馏的方法将它除去？这样做好不好？

实验五十三　乙酸乙酯的制备

一、实验目的

① 了解有机酸合成酯的一般原理及方法。

② 掌握用阿贝折射仪测定有机化合物折射率的方法。

二、实验原理

羧酸酯是工业和商业上用途广泛的一类化合物。可由羧酸和醇在酸性催化剂作用下直接酯化来制备。酸催化的直接酯化是实验室制备乙酸乙酯的重要方法。酯化反应可逆，通常采取一种原料过量或反应过程中去除一种产物的方法提高酯的产率。本实验采取加入过量的乙醇不断把反应中生成的酯和水蒸出的方法提高产率。

主反应

$$CH_3COOH + C_2H_5OH \xrightarrow{120 \sim 125℃} CH_3COOC_2H_5 + H_2O$$

副反应

$$2C_2H_5OH \xrightarrow{H_2SO_4} C_2H_5OC_2H_5 + H_2O$$

三、实验仪器与药品

仪器：控温电热套、恒压滴液漏斗、分液漏斗、长颈漏斗、蒸馏装置、阿贝折射仪。

药品：冰乙酸、乙醇（95％）、浓硫酸、饱和碳酸钠溶液、饱和氯化钙溶液、无水碳酸钾、饱和食盐水。

四、实验步骤

在 100mL 三口烧瓶的一侧口装配一恒压滴液漏斗，另一侧口固定一温度计，中口装配一分馏柱、蒸馏头、温度计及直形冷凝管（类似图 4-6）。冷凝管末端连接接引管及锥形瓶，锥形瓶用冰水浴冷却。

在一小锥形瓶内放入 3mL 95％乙醇，一边摇动，一边慢慢地加入 3mL 浓硫酸，将此溶液倒入三口烧瓶中。配制 20mL 95％乙醇和 14.3mL 冰乙酸的混合液，倒入恒压滴液漏斗中。用控温电热套加热三口烧瓶，保持温度在 140℃，这时反应混合物的温度为 120℃左右[1]，把滴液漏斗中的乙醇和冰乙酸的混合液慢慢地滴入三口烧瓶中。调节加料的速度，使其和酯蒸出的速度大致相等，加料时间约需 90min，保持反应混合物的温度为 120～125℃。滴加完毕后，继续加热约 10min，直到不再有液体馏出为止。

反应完毕后，将饱和碳酸钠溶液很缓慢地加入馏出液中，直到无二氧化碳气体逸出为止。饱和碳酸钠溶液要小量分批地加入，并要不断地摇动接收器（为什么？）。把混合液倒入分液漏斗中，静置，放出下面的水层。用 pH 试纸检验酯层。如果酯层仍显酸性，再用饱和碳酸钠溶液洗涤，直到酯层不显酸性为止。用等体积的饱和食盐水洗涤（为什么？），再用等体积的饱和氯化钙溶液洗涤两次，放出下层废液。从分液漏斗上口将乙酸乙酯倒入干燥的小锥形瓶内，加入无水碳酸钾干燥[2]。放置约 30min，在此期间要间歇振荡锥形瓶。

通过长颈漏斗（漏斗上放折叠式滤纸）把干燥的粗乙酸乙酯滤入 60mL 蒸馏烧瓶中。装配蒸馏装置（图 4-15），在水浴上加热蒸馏，收集 74～80℃的馏分[3]。称量产品，计算产率。用阿贝折射仪测量折射率。

注：本实验也可采用半微量制备，药品减至一半。

纯乙酸乙酯是具有果香味的无色液体，沸点为 77.2℃，相对密度为 0.901，折射率为 1.3723。

五、附注

[1] 也可在石棉网上加热，保持反应混合物的温度为 120～125℃。

[2] 也可用无水硫酸镁作干燥剂。

[3] 乙酸乙酯与水形成沸点为 70.4℃的二元恒沸混合物（含水 8.1％），乙酸乙酯、乙醇与水形成沸点为 70.2℃的三元恒沸混合物（含乙醇 8.4％，水 9％）。如果在蒸馏前不把乙酸乙酯中的乙醇和水除尽，就会有较多的前馏分。

六、思考题

① 在本实验中浓硫酸起什么作用？

② 为什么要用过量的乙醇？

③ 蒸出的粗乙酸乙酯中主要有哪些杂质？

④ 能否用浓氢氧化钠溶液代替饱和碳酸钠溶液来洗涤蒸馏液？

⑤ 用饱和氯化钙溶液洗涤，能除去什么？为什么先要用饱和食盐水洗涤？是否可用水代替？

实验五十四　苯甲酸的制备

一、实验目的

① 学习用芳香烃的氧化来制备芳香族羧酸的方法。

② 掌握减压过滤、洗涤、烘干操作技术。

二、实验原理

氧化反应是制备羧酸的常用方法。当含有 α-H 的烷基苯进行氧化时，烷基侧链为羧基，而苯环侧链保持不变，故芳香族羧酸通常用芳香烃的氧化来制备。制备苯甲酸的反应式为：

$$C_6H_5-CH_3 + 2KMnO_4 \longrightarrow C_6H_5-COOK + KOH + 2MnO_2 + H_2O$$
$$C_6H_5-COOK + HCl \longrightarrow C_6H_5-COOH + KCl$$

三、实验仪器与药品

仪器：控温电热套、回流滴加装置、循环水真空泵、抽滤装置。

药品：甲苯、高锰酸钾、浓盐酸、亚硫酸氢钠。

四、实验步骤

在 250mL 圆底烧瓶中放入 2.7mL 甲苯和 100mL 水，瓶口装回流冷凝管，在控温电热套上加热至沸。从冷凝管上口分批加入 8.5g 高锰酸钾，黏附在冷凝管内壁的高锰酸钾最后用 25mL 水冲洗入瓶内。继续煮沸并间歇摇动烧瓶，直到甲苯层几乎近于消失，回流液不再出现油珠（约需 4～5h）。

将反应混合物趁热减压过滤[1]，用少量热水洗涤滤渣二氧化锰。合并滤液和洗涤液，放在冰水浴中冷却，然后用浓盐酸酸化（用 pH 试纸检验 pH 为 3），至苯甲酸全部析出为止。

将析出的苯甲酸减压过滤，用少量冷水洗涤，压去水分。把制得的苯甲酸放在沸水浴上干燥。称量产品，计算产率。若要得到纯净产物，可在水中进行重结晶[2]。

纯苯甲酸为无色针状晶体，熔点为 122.4℃。

五、附注

[1] 滤液如果呈紫色，可加入少量亚硫酸氢钠使紫色褪去，重新减压过滤。

[2] 苯甲酸在 100g 水中于不同温度下的溶解度分别为 0.18g（4℃）、0.27g（18℃）、2.2g（75℃）。

六、思考题

① 在氧化反应中，影响苯甲酸产量的主要因素是哪些？

② 反应完毕后，如果滤液呈紫色，为什么要加亚硫酸氢钠？

③ 精制苯甲酸还有什么方法？

实验五十五　有机化合物的重结晶及结构表征

一、实验目的

① 掌握用重结晶纯化固体有机化合物的方法。

② 学习浓缩、热过滤、洗涤及干燥操作技术。

③ 学习使用显微熔点测定仪测定苯甲酸的熔点。

④ 熟悉红外光谱仪工作原理，掌握制作固体试样晶片的方法。

⑤ 了解苯甲酸的红外光谱各基团的特征吸收峰。

二、实验原理

重结晶是利用溶剂对被纯化的物质及杂质的溶解度不同而进行分离提纯的方法。一般是温度升高溶解度增大，温度降低溶解度减小。若把固体溶解在热的溶剂中达到饱和，而冷却时溶解度下降，溶液就变成过饱和，从而析出结晶。重结晶的物质根据其熔点可判断化合物的纯度，通过红外光谱分析可鉴别有机化合物中所含化学键与官能团。

三、实验仪器与药品

仪器：控温电热套、循环水式真空泵、减压抽滤装置、烘箱、X-5 显微熔点测定仪（数显控温型）、红外光谱仪、压片机、玛瑙研钵、红外干燥灯。

药品：苯甲酸（制备粗品）、活性炭、溴化钾（优级纯）。

四、实验步骤

取 2g 粗苯甲酸，放于 150mL 锥形瓶中，加入 35mL 水。石棉网上加热（或用控温电热套加热）至沸，并用玻璃棒不断搅动，使固体溶解，这时若有尚未完全溶解的固体，可继续加入少量热水[1]，至完全溶解后，再多加 2～3mL 水[2]（总量约 50mL）。移去火源，稍冷后加入少许活性炭[3]，稍加搅拌后继续加热微沸 5～10min。

事先在烘箱中烘热无颈漏斗[4]，过滤时趁热从烘箱中取出，把漏斗安置在铁圈上，于漏斗中放一预先叠好的折叠滤纸，并用少量热水润湿。将上述热溶液通过折叠滤纸，迅速地滤入 150mL 烧杯中。每次倒入漏斗中的液体不要太满，也不要等溶液全部滤完后再加。在过滤过程中，应保持溶液的温度不变。为此将未过滤的部分继续用小火加热以防冷却。待所有的溶液过滤完毕后，用少量热水洗涤锥形瓶和滤纸。

滤毕，用表面皿将盛滤液的烧杯盖好，放置一旁，稍冷后，用冷水冷却以使结晶完全。如要获得较大颗粒的结晶，可在滤完后将滤液中析出的结晶重新加热溶解，于室温下放置，让其慢慢冷却。

结晶完成后，用布氏漏斗抽滤（滤纸先用少量冷水润湿，抽气吸紧），使结晶与母液分离，并用玻璃塞挤压，使母液尽量除去。拔下抽滤瓶上的橡皮管（或打开安全瓶上的活塞），停止抽气。加少量冷水至布氏漏斗中，使晶体润湿（可用刮刀使结晶松动），然后重新抽干，如此重复 1～2 次，最后用刮刀将结晶移至表面皿上，摊开成薄层，置空气中晾干或在红外干燥灯下干燥。测定干燥后精制产物的熔点，并与粗产物熔点作比较，称重并计算产率。

将合成的苯甲酸重结晶产物的红外光谱图（图 4-44）与标准样的红外光谱图对比，如果两者一致，则可确定产物为苯甲酸。

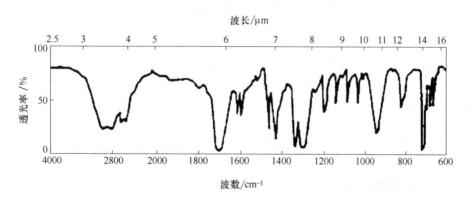

图 4-44　合成的苯甲酸重结晶产物的红外光谱图（固态，KBr 压片）

苯甲酸红外光谱图中特征振动频率：3000～2500cm^{-1} 为羧基上 O—H 的伸缩振动，1690cm^{-1} 为 C=O 的伸缩振动，940cm^{-1} 为羧基上 C—OH 的弯曲振动，690cm^{-1} 为单取代苯环上的 C—H 弯曲振动，710cm^{-1} 为单取代苯环上的 C—H 弯曲振动。

五、附注

[1] 苯甲酸在水中的溶解度如表 4-10 所示。

表 4-10　苯甲酸在水中的溶解度

$T/℃$	18	20	75	90	100
溶解度/$[g \cdot (100mL)^{-1}]$	0.27	0.29	2.2	4.6	5.9

[2] 每次加入 3～5mL 热水，若加入溶剂加热后并未能使未溶物减少，则可能是不溶性杂质，此时可不必再加溶剂。但为了防止过滤时有晶体在漏斗中析出，溶剂用量可比沸腾时饱和溶液所需的用量适当多一些。

[3] 活性炭绝对不可加到正在沸腾的溶液中，否则将造成暴沸现象。加入活性炭的量约相当于样品量的 1％～5％。

[4] 无颈漏斗，即截去颈的普通玻璃漏斗。也可用预热好的热滤漏斗，漏斗夹套中充水约为其容积的 2/3 左右。

六、思考题

① 简述有机化合物重结晶的步骤和各步的目的。

② 某一有机化合物进行重结晶时，最适合的溶剂应该具有哪些性质？

③ 加热溶解重结晶粗产物时，为何先加入比计算量（根据溶解度数据）略少的溶剂，然后渐渐添加至恰好溶解，最后再多加少量溶剂？

④ 为什么活性炭要在固体物质完全溶解后加入？又为什么不能在溶液沸腾时加入？

⑤ 溶液进行热过滤时，为什么要尽可能减少溶剂的挥发？如何减少其挥发？

⑥ 用抽气过滤收集固体时，为什么在关闭水泵前，先要拆开水泵和抽滤瓶之间的连接或先打开安全瓶通大气的活塞？

⑦ 在布氏漏斗中用溶剂洗涤固体时应注意些什么？

⑧ 用有机溶剂重结晶时，在哪些操作上容易着火？应该如何防范？

实验五十六　肉桂酸的制备

一、实验目的

① 掌握通过珀金反应制备肉桂酸的原理及实验操作方法。

② 学习水蒸气蒸馏操作。

二、实验原理

$$\text{C}_6\text{H}_5\text{—CHO} + (\text{CH}_3\text{CO})_2\text{O} \xrightarrow[150\sim170℃]{\text{CH}_3\text{COOK}} \text{C}_6\text{H}_5\text{—CH}=\text{CHCOOH} + \text{CH}_3\text{COOH}$$

三、实验仪器和药品

仪器：圆底烧瓶、温度计、蒸馏头、空气冷凝管、二口连接管、水蒸气发生器、直形冷凝管、吸滤瓶、布氏漏斗、熔点测定仪。

药品：苯甲醛、无水乙酸钾、乙酐、饱和碳酸钠溶液、浓盐酸、活性炭、$w=0.30$ 的乙醇水溶液。

四、实验步骤

在干燥的 50mL 圆底烧瓶中放入 3g 新熔融并研细的无水乙酸钾粉末、3mL 新蒸馏过的苯甲醛和 5.5mL 乙酐，振荡使三者混合。在圆底烧瓶上装一个二口连接管，正口装一支

250℃温度计，其水银球插入反应混合物液面下但不要碰到瓶底，侧口装配空气冷凝管。在石棉网上加热回流 1h，反应液的温度保持在 150～170℃。

将反应混合物趁热（100℃左右）倒入盛有 25mL 水的 250mL 圆底烧瓶内。用 20mL 热水分两次洗涤原烧瓶，洗涤液也并入圆底烧瓶内。一边充分摇动圆底烧瓶，一边慢慢地加入饱和碳酸钠溶液，直到反应混合物呈弱碱性。然后进行水蒸气蒸馏，直到馏出液中无油珠为止。

在剩余液体中加入少许活性炭，加热煮沸 10min，趁热过滤。将滤液小心地用浓盐酸酸化，使其呈明显酸性，再用冷水浴冷却。待肉桂酸完全析出后，减压过滤。晶体用少量水洗涤，挤压去水分，在 100℃ 以下干燥。产物可在水中或 $w=0.30$ 的乙醇水溶液中进行重结晶。

称量产品，计算产率，用熔点测定仪测定产品熔点。肉桂酸有顺反异构体，通常以反式形式存在，为无色晶体，熔点为 135～136℃，其标准红外光谱图如图 4-45 所示。

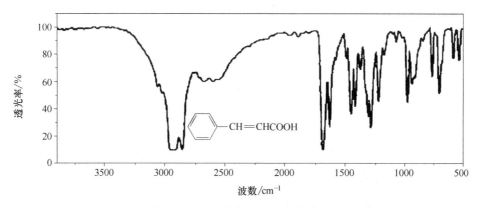

图 4-45　反式肉桂酸的红外光谱图

五、注意事项

① 实验所用仪器必须是干燥的。

② 久置的苯甲醛含苯甲酸，故需蒸馏除去苯甲酸后使用。

③ 肉桂酸可用多种溶剂进行重结晶，参见表 4-11。

表 4-11　肉桂酸在不同溶剂中的溶解度

温度/℃	肉桂酸在水中的溶解度/ $[g \cdot (100g)^{-1}]$	肉桂酸在无水乙醇中的溶解度/ $[g \cdot (100g)^{-1}]$	肉桂酸在糠醛中的溶解度/ $[g \cdot (100g)^{-1}]$
0			0.6
25	0.06	22.03	4.1
40			10.9

六、思考题

① 具有何种结构的醛能进行珀金反应？

② 为什么不能用氢氧化钠代替碳酸钠溶液来中和水溶液？

③ 用水蒸气蒸馏除去什么？能否不用水蒸气蒸馏？

④ 粗产物的重结晶除去什么杂质？

实验五十七　环己酮的制备

一、实验目的

① 掌握铬酸氧化法制备环己酮的原理和方法。

② 巩固萃取、分离、干燥、水蒸气蒸馏以及蒸馏的基本操作。

二、实验原理

$$3 \bigcirc\!\!\!-OH + Na_2Cr_2O_7 + 4H_2SO_4 \longrightarrow 3 \bigcirc\!\!\!=O + Cr_2(SO_4)_3 + Na_2SO_4 + 7H_2O$$

实验室制备脂肪或脂环醛酮最常用的方法是将伯醇或仲醇用铬酸氧化。铬酸是重铬酸盐与 40%～50%硫酸的混合物。

环己酮制备流程图如图 4-46 所示。

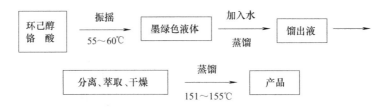

图 4-46　环己酮制备流程图

第一次蒸馏的反应装置如图 4-14 所示，第二次蒸馏的反应装置如图 4-15 所示。

三、实验仪器与药品

仪器：圆底烧瓶、分液漏斗、温度计、蒸馏装置。

试剂：重铬酸钠、浓硫酸、环己醇、草酸、食盐、无水硫酸镁。

环己醇和环己酮的物理参数如表 4-12 所示。

表 4-12　环己醇和环己酮的物理参数

名称	分子量	性状	折射率	相对密度	熔点/℃	沸点/℃	水中溶解度/g
环己醇	100.16	无色液体	1.4648	0.9493	25.5	161.1	3.621
环己酮	98.14	无色液体	1.4507	0.9478	−31.2	155.65	微溶

四、实验步骤

1.环己醇硫酸溶液的制备

在 100mL 圆底烧瓶内放置 15mL 冰水，在搅拌下慢慢加入 5.5mL 浓硫酸，充分混匀，在上述混合液内插入一支温度计，将溶液冷却至 30℃以下，小心加入 5.3mL 环己醇。

2.重铬酸钠溶液的制备

在烧杯中将 5.5g 重铬酸钠（$Na_2Cr_2O_7 \cdot 2H_2O$，0.01mol)（或用重铬酸钾 0.01mol）溶解于 5mL 水中。

3.粗环己酮的制备

取 1mL 重铬酸钠溶液加入装有环己醇硫酸溶液的圆底烧瓶中，充分振摇，这时可观察到反应温度上升和反应液由橙红色变为墨绿色，表明氧化反应已经发生。继续向圆底烧瓶中滴加剩余的重铬酸钠溶液，同时不断振摇烧瓶，每加一次重铬酸钠溶液都要振荡烧瓶，将溶液转为墨绿色后方能加入下一批的重铬酸钠溶液。控制滴加速度，保持烧瓶内反应液温度在55～60℃之间。若超过此温度，立即在冰水浴中冷却。滴加完毕，继续振摇烧瓶，直至观察到温度自动下降1～2℃以上。然后再加入少量的草酸（约0.3g），使反应液完全变成墨绿色，以破坏过量的重铬酸盐。

4.纯化

在反应瓶内加入20mL水，再加几粒沸石，装成蒸馏装置（实际上是一种简化的水蒸气蒸馏装置），将环己酮与水一起蒸馏出来。环己酮与水能形成沸点为95℃的共沸混合物。直至馏出液不再浑浊后再多蒸约8～10mL（共收集馏液20mL左右），加4g食盐，搅拌使食盐溶解。将此饱和液移入分液漏斗中，静置后分出有机层，用无水硫酸镁（或无水碳酸钾）干燥。蒸馏，收集150～156℃馏分。称重，计算产率（产量约3～3.5g，产率约62%～67%）。

纯环己酮的沸点为156.6℃，折射率为1.4507，相对密度为0.9478。

五、注意事项

① 重铬酸盐为橙红色，低价铬盐为墨绿色。

② 若氧化反应没有发生，不要继续加入氧化剂，因为过量的氧化剂能使反应过于激烈而难以控制。故滴加重铬酸钠溶液时要少量多次，每次都要在上一次的溶液变绿后再滴加。反应中控制好温度，温度过低反应困难，过高则副反应增多。

③ 蒸馏之前，确保重铬酸钠均已反应完。

④ 水的馏出量不宜过多，否则即使使用盐析，仍不可避免有少量环己酮溶于水中而损失掉（环己酮在水中的溶解度在31℃时为2.4g）。

⑤ 要在硫酸溶液冷至30℃以下，方可加入环己醇。

⑥ 不能将食盐固体倒入分液漏斗中。

⑦ 反应物不宜过于冷却，以免积累未反应的氧化剂。当氧化剂达到一定浓度时，氧化反应会进行得非常剧烈，有失控的危险。

⑧ 废酸液不要触及皮肤，也不可随意乱倒，以防污染环境。

六、思考题

① 本实验的氧化剂能否改用硝酸或高锰酸钾，为什么？

② 本实验为什么要严格控制反应温度在55～60℃之间，温度过高或过低有什么不好？

③ 蒸馏产物时为何使用空气冷凝管？

④ 盐析的作用是什么？

⑤ 能否用铬酸氧化法把2-丁醇和2-甲基-2-丙醇区别开来？说明原因，并写出有关反应式。

实验五十八　双酚A的制备

一、实验目的

① 掌握缩合反应制备双酚A的方法。

② 学习机械搅拌操作方法。

③ 巩固重结晶操作。

二、实验原理

双酚A［2,2-二(4-羟基苯基)丙烷］是制备环氧树脂、聚砜及聚碳酸酯的重要原料，在催化剂硫酸及助剂巯基乙酸存在下，可用苯酚与丙酮进行缩合反应制得。反应过程中以甲苯为分散剂，防止双酚 A 结块。反应式如下。

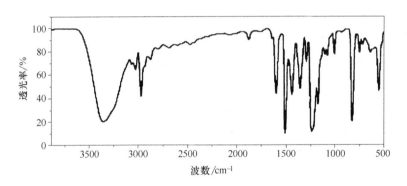

三、实验仪器和药品

仪器：机械搅拌器、三口烧瓶、球形冷凝管、吸滤瓶、布氏漏斗、恒压滴液漏斗、烧杯、温度计等。

药品：丙酮、苯酚、$w = 0.80$ 硫酸水溶液、巯基乙酸、甲苯。

四、实验步骤

按照图 4-10(c) 安装反应装置。在 100mL 三口烧瓶中，加入 10g 苯酚及 17mL 甲苯，在搅拌下将 7mL $w = 0.80$ 硫酸水溶液滴加入烧瓶中，然后加入 1.0g 巯基乙酸，最后迅速滴加 4mL 丙酮，控制反应温度不超过 35℃。滴加完毕后，在 35～40℃下搅拌 2h。将产物倒入 50mL 冷水中，静置。待完全冷却后，减压过滤，用冷水将固体产物洗涤至滤液不显酸性，即得粗产物。从滤液中分出甲苯，把甲苯倒入回收瓶中。将粗产物干燥后，用甲苯进行重结晶，每克粗产物约需 8～10mL 甲苯。

称量产物，计算产率。纯双酚 A 是白色针状晶体，熔点为 155～156℃，其标准红外光谱如图 4-47 所示。

图 4-47　双酚 A 的标准红外光谱图

注意事项：反应温度不超过 35℃是反应的关键之一。温度过高，反应物色深，产物难分离。

五、思考题

① 在硫酸的催化下，两分子苯酚与一分子丙酮进行缩合反应时，可能生成哪几种异构的产物？写出它们的结构式。

② 已知浓硫酸（98%）相对密度为 1.84，$w = 0.80$ 硫酸水溶液相对密度为 1.73。今欲用 98% 的浓硫酸配制 20mL $w = 0.80$ 的硫酸水溶液，应怎样配制？

③ 粗产物用甲苯重结晶，可除去什么杂质？

第三部分 有机化学综合、设计、研究性实验

综合设计性实验是把有机物的制备（含天然产物的提取）、分离、提纯、鉴定和结构表征等内容结合在一起的实验。它包括制备、分离技术的综合，分离与鉴定、制备与鉴定、制备与结构表征的综合，重要反应的综合（多步合成）以及新的合成技术的应用，等。综合性实验是在完成一定量的基本实验后，由学生来独立完成的实验。通过综合性实验，有助于学生对有机化学实验的内容、操作技术全面地了解和掌握，培养学生的动手能力和创新意识，锻炼思维方法。

实验五十九　二苯酮的制备——由苯甲酰氯和无水苯在无水三氧化铝催化下合成

一、实验目的

① 学习用芳烃进行 Friedel-Crafts 反应合成芳酮的重要方法。

② 熟练掌握蒸馏、合成、分离、提纯、重结晶、减压过滤及实验装置的设计安装。

二、实验原理

三、实验仪器与药品

仪器：电热套、蒸馏装置、机械搅拌装置、冷凝管、滴液漏斗、氯化钙干燥管、气体吸引装置、分液漏斗、抽滤装置、真空循环水泵。

药品：无水三氯化铝、无水苯、苯甲酰氯、浓盐酸、5.5%氢氧化钠、无水硫酸镁、石油醚。

四、实验步骤

在 250mL 三口烧瓶上分别装置机械搅拌器、冷凝管和滴液漏斗，冷凝管上端装一氯化钙干燥管，后者再接气体吸引装置。

迅速称取 7.5g 无水三氯化铝放入三口烧瓶中，再加入 30mL 无水苯。开动机械搅拌装置，自滴液漏斗滴加 6mL 新蒸馏过的苯甲酰氯，反应液由无色变为黄色，三氯化铝逐渐溶解。加完后（约 10min），在 50℃ 水浴上加热 1.5～2h，至无氯化氢气体逸出，此时反应液为深棕色。将三口烧瓶浸入冰水浴中，慢慢滴加 50mL 冰水和 25mL 浓盐酸的混合液，分解反应产物。分解完成后，用分液漏斗分出苯层，依次用 15mL 5.5% 的氢氧化钠及 15mL 水各洗一次，粗产物用无水硫酸镁干燥。

干燥后的液体冷却固化，然后用石油醚（50～60℃）进行重结晶。

纯二苯酮的熔点为 49℃[1]。

五、附注

[1] 二苯酮有多种晶体，α 型熔点 49℃，β 型熔点 26℃，γ 型熔点 45～48℃，δ 型熔点 51℃。

六、思考题

反应完成后，加入浓盐酸与冰水混合液的目的是什么？

实验六十　绝对乙醇的制备

一、实验目的

① 了解氧化钙法制备无水乙醇的原理和方法。

② 掌握回流装置的安装和使用方法。

二、实验原理

乙醇中的少量水，可以与生石灰反应，生成氢氧化钙，这样可以达到除水的目的。制备无水乙醇的纯度最高约 99.5%。纯度更高的无水乙醇可用金属镁或金属钠进行处理。反应式如下。

$$H_2O + Na \longrightarrow NaOH + \frac{1}{2}H_2$$

$$CH_3CH_2OH + Na \longrightarrow CH_3CH_2ONa + \frac{1}{2}H_2$$

$$CH_3CH_2ONa + H_2O \longrightarrow CH_3CH_2OH + NaOH$$

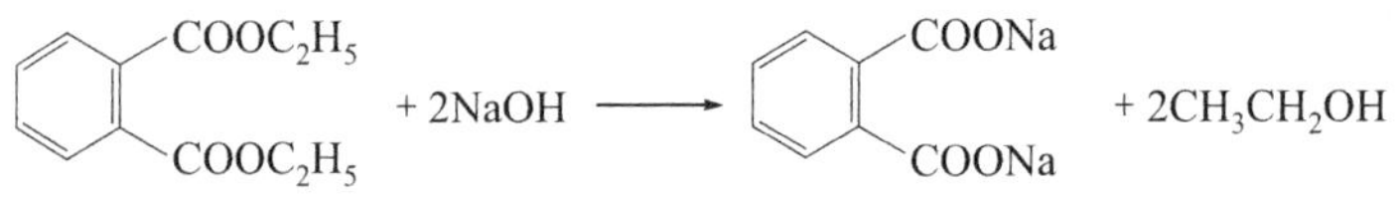

三、实验仪器与药品

仪器：电热套、回流冷凝管、蒸馏装置。

药品：95.5% 的工业乙醇、生石灰、高锰酸钾晶体、无水乙醇、金属钠、邻苯二甲酸二乙酯。

四、实验步骤

1.无水乙醇（99.5%）的制备

在 100mL 圆底烧瓶中，加入 10g 生石灰和 30mL 95.5% 的工业乙醇，装上回流冷凝管 [图 4-7(a)]，加热回流 2～3h。取 0.5mL 回流液放到干燥的试管中，加入一粒高锰酸钾晶体，液体不呈紫色表示乙醇中水含量不超过 0.5%。用蒸馏装置蒸出无水乙醇。放到密封性好的干燥试剂瓶中保存[1]。

2.绝对乙醇（99.95%）的制备

在 50mL 干燥的三口烧瓶中[1] 加入 30mL 无水乙醇[2]，参照图 4-7(a) 安装回流装置，放几粒沸石，分批加入切成片状的 1g 金属钠[3]。加热回流 30min 后，加入 2g 邻苯二甲酸二乙酯继续回流 1h。冷却后，用蒸馏装置进行蒸馏，用干燥的 50mL 锥形瓶接收。蒸馏后，立即用玻璃塞塞紧瓶口[4]。

五、附注

[1] 无水乙醇很易吸湿，试剂瓶密封要严密。实验仪器需彻底干燥，操作中严防水进入。

[2] 需用 99.5% 以上的无水乙醇。

[3] 金属钠遇水爆炸、燃烧，易与空气中水、氧反应。切金属钠片最好在惰性溶剂中，或用钠丝机压入惰性溶剂中再用。

[4] 可在塞柱上绕一层聚四氟乙烯膜，然后转动盖紧。

实验六十一 三苯甲醇的制备

一、实验目的

① 学习超声波辐射法进行有机合成的原理，掌握利用超声波辐射法合成格氏试剂及三苯甲醇的方法。

② 了解格氏试剂的制备、应用和进行格氏反应的条件。

③ 掌握电动搅拌器的使用方法，巩固回流、萃取、蒸馏和重结晶等基本操作。

二、实验原理

有机金属化合物性质活泼，能与多种化合物发生反应，许多有机金属化合物可用作有机合成试剂，在有机合成中具有重要用途。卤代烃与金属镁在无水乙醚或四氢呋喃中反应，生成有机镁化合物，又称格氏试剂。格氏试剂生成后不需要分离提纯，可直接进行下一步反应。格氏试剂可用来合成烷烃、醇、醛、羧酸等各类化合物。

在格氏试剂的合成中，传统的方法需要使用绝对干燥的乙醚，且需要加入少量碘作诱导剂。而在超声波辐射下该反应可使用无需特殊处理的无水乙醚，而且反应速率快，没有诱导期，产率良好。三苯甲醇的合成既可以由二苯甲酮与苯基溴化镁反应制备，又可以由苯甲酸乙酯与苯基溴化镁反应制备。本实验采用二苯甲酮与苯基溴化镁反应制备。反应式如下。

三、实验仪器与药品

仪器：三口烧瓶、SK5200LH 型超声波清洗器、回流冷凝管、恒压滴液漏斗、电动搅拌器、分液漏斗、抽滤装置。

药品：溴苯、镁（表面明亮的镁屑）、二苯甲酮、无水乙醚、20%硫酸、碘晶体、95%乙醇、石油醚（90～120℃）。

四、实验步骤

将 250mL 三口烧瓶放入超声波清洗器中，清洗槽中加入水（约 5～8cm 高）。三口烧瓶上分别安装回流冷凝管和恒压滴液漏斗。瓶内加入 0.7g 镁屑和 5mL 无水乙醚（新开瓶的），再自恒压滴液漏斗先滴入含 2.7mL 溴苯和 10mL 无水乙醚的混合液约 1mL。超声波辐射约 1～2min 后停止，向反应瓶内加入一小粒碘晶体，此时反应即被引发（若不反应可用温水浴温热），液体沸腾，碘的颜色逐渐消失。当反应变缓慢时，开始滴加剩余的溴苯和无水乙醚的混合液，并适当进行间歇式超声波辐射，滴加完混合液体（约 40min）后，再继续超声波辐射 5min 左右，以使反应完全。这样即得到了灰白色的苯基溴化镁格氏试剂。向格氏试剂的反应液中缓慢滴加含 4.5g 二苯甲酮和 13mL 无水乙醚的混合液，在此期间进行间歇式超声波辐射，并不时地补加无水乙醚溶剂。滴加完毕，再继续超声波辐射 10min 左右，以使反应完全（注意：以上超声波辐射时，清洗器中水温不得超过 25℃）。

撤去超声波清洗器，并将反应瓶置于冰水浴中，在电动搅拌下，滴加 20%硫酸（约 25mL），使加成物分解成三苯甲醇。然后用分液漏斗分出醚层，水浴蒸去溶剂乙醚，剩余物中加入 10mL 石油醚（90～120℃），电动搅拌约 10min，此过程中有白色晶体析出，抽滤收集粗产品。用石油醚（90～120℃）-95％乙醇重结晶后，冷却，抽滤，干燥，得到白色片状晶体。称量，测熔点，计算产率。

纯三苯甲醇为白色片状晶体，熔点为 164.2℃。

五、注意事项

① 超声波辐射过程中，清洗器中水温不得超过 25℃，否则超声空化效应减弱，产率降低，并且乙醚也易挥发。

② 实验中所用的无水乙醚无需特殊处理，使用新开瓶的无水乙醚即可满足制备格氏试剂的要求。实验中所用仪器必须充分干燥。

③ 保持卤代烃在反应液中局部高浓度，有利于引发反应，因而在反应初期不用超声波辐射。但是，如果整个反应过程中都保持高浓度卤代烃，则容易发生如下的偶联副反应。因此，反应开始后要保持间歇式超声波辐射，卤代烃的滴加速率也不宜过快。

$$RMgBr + RBr \longrightarrow R{-}R + MgBr_2$$

④ 副产物易溶于石油醚而被除去。

六、思考题

① 格氏反应在有机合成中有哪些应用？

② 本反应中可能发生什么副反应？

③ 如果实验中溴苯滴加速率太快或一次加入，对反应有何影响？

④ 合成化学利用超声波的什么特点来加速反应进程？

⑤ 超声波辐射法合成三苯甲醇与经典法合成三苯甲醇相比有何优点？

实验六十二　苯亚甲基苯乙酮的合成

一、实验目的

① 掌握超声波辐射技术合成有机物的原理，学习超声波清洗器的使用。

② 学习利用超声波辐射技术合成苯亚甲基苯乙酮的方法。

③ 掌握红外光谱仪的操作，对合成的苯亚甲基苯乙酮进行红外表征，利用显微熔点测定仪测定苯亚甲基苯乙酮的熔点。

④ 巩固重结晶操作。

二、实验原理

超声波作为活化和促进化学反应的高新技术，是在 20 世纪 80 年代中期以后才发展起来的。这是对有机化学研究的一种新思维、新技术、新方法。目前这项技术已应用到有机化学实验教学中。超声波能大幅度提高化学反应速率，易于引发反应，降低苛刻的反应条件，而且可以改变反应的途径和选择性。因此，有机声化学合成这一技术一经用于具有重要经济价值的反应即显示出巨大的应用前景。

羟醛缩合反应是有机合成中典型的重要反应，是合成 α,β-不饱和羰基化合物的重要方法，也是有机合成中增长碳链的重要反应。本实验根据羟醛缩合反应制备苯亚甲基苯乙酮，合成技术采用超声波辐射技术，以期望达到了解现代有机合成新技术、新方法的目的。反应式如下。

$$PhCHO + CH_3COPh \xrightarrow[25\sim30℃,\ 超声波]{NaOH（10\%），乙醇} PhCH{=\!=}CHCOPh + H_2O$$

三、实验仪器和药品

仪器：超声波清洗器、锥形瓶、抽滤装置、红外光谱仪、显微熔点测定仪。

药品：苯乙酮、新蒸馏的苯甲醛、10％NaOH 水溶液、95％乙醇。

四、实验步骤

在 50mL 锥形瓶中依次加入 2.1mL 10％NaOH 水溶液、2.5mL 95％乙醇、1.00mL 苯乙酮，冷却至室温，再加入 0.8mL 新蒸馏的苯甲醛。启动超声波清洗器，将反应瓶置于超声波清洗槽中，并使清洗槽中水面略高于反应瓶中的液面，控制清洗槽中水温 25～30℃，超声波辐射 30～35min，停止反应。然后将反应瓶置于冰水浴中冷却，使其结晶完全。抽滤，用少量冷水洗涤产品至滤液呈中性。

粗产品用 95％乙醇重结晶。称量产物，计算产率。测定苯亚甲基苯乙酮的红外光谱和熔点。

纯苯亚甲基苯乙酮的熔点为 55～57℃。

五、注意事项

① 反应温度高于 30℃或低于 15℃对反应不利。

② 久置的苯甲醛，由于自动氧化而生成较多量的苯甲酸。故实验中所需的苯甲醛要重新蒸馏。

③ 由于产物熔点较低，重结晶回流时产品可能会出现熔融状态，这时应补加溶剂使其成均相。

④ 氢氧化钠的量不宜过多，以免产生大量聚合物，降低产率。

⑤ 关闭超声波清洗器之后，才能用温度计测试清洗槽内的水温。

六、思考题

通过查阅有关参考书或文献，得出超声波辐射法合成苯亚甲基苯乙酮的优点。

实验六十三　7,7-二氯二环 [4.1.0] 庚烷的合成

一、实验目的

① 学习利用相转移催化剂提高反应速率的原理和方法。

② 学习利用季铵盐相转移催化剂，通过卡宾反应合成目标分子。

③ 掌握减压蒸馏操作。

二、实验原理

在有机合成中，通常均相反应容易进行，而非均相反应则难以发生。但有机合成中常常遇到两种反应物处于不同相的非均相反应，由于反应物不能彼此靠拢，其反应速率慢，产率低，甚至很难发生。此时利用相转移催化法，即使用一种催化剂使得互不相溶的两相物质发生反应或者加速反应，这种反应就称为相转移催化反应。作为相转移催化剂应具备两个基本条件：a.能够将一个试剂由一相转移到另一相中；b.被转移的试剂处于较活泼的状态。

常用的相转移催化剂有三类：季铵盐类、冠醚类和非环多醚类。

本实验以 TEBA（苄基三乙基氯化铵）季铵盐为相转移催化剂，以环己烯为原料，通过卡宾反应合成目标分子。反应式如下。

三、实验仪器和药品

仪器：电磁搅拌器、回流冷凝管、温度计、恒压滴液漏斗、三口烧瓶、分液漏斗、减压蒸馏装置。

药品：环己烯、TEBA、氯仿、NaOH、无水硫酸镁。

四、实验步骤

在装有电磁搅拌器、回流冷凝管、温度计和恒压滴液漏斗的 250mL 三口烧瓶中，加入 4.0mL 新蒸馏的环己烯、0.6g 相转移催化剂 TEBA 和 20mL 氯仿，在快速搅拌下，由滴液漏斗滴加 8.0g 氢氧化钠溶于 8mL 水中的溶液，此时有放热现象。滴加完毕后，在剧烈搅拌下水浴加热回流 60min。反应液为黄色，并有固体析出。

待反应液冷却至室温，加入 20mL 水使固体溶解。将混合液转移到分液漏斗中，分出有机层，水层用 20mL 氯仿提取一次，将提取液与有机层合并，有机层用水洗涤 3 次（20mL×3）至中性。有机层用无水硫酸镁干燥，水浴蒸出氯仿后，进行减压蒸馏，收集 80～82℃ 或 2.13kPa（16mmHg）的馏分。称量产品，计算产率。产品为无色透明液体。

纯 7,7-二氯二环［4.1.0］庚烷为无色透明液体，沸点为 197～198℃，折射率为 1.5014。

五、注意事项

① 本实验属于卡宾反应，应用相转移催化反应来合成目标分子。所用相转移催化剂可有多种选择，如四丁基溴化铵、聚乙二醇 400（PEG-400）等，效果相同。本实验相转移循环式如下。

② 环己烯最好用新蒸馏过的。

③ 反应温度必须控制在 50～55℃，低于 50℃ 则反应不完全，高于 60℃ 反应液颜色加深、黏稠，产率低，原料或中间体卡宾均可能挥发损失。

④ 此反应在两相中进行，反应过程中必须剧烈搅拌反应物，否则影响产率。

⑤ 反应液在分层时，常出现较多絮状物，可用布氏漏斗过滤处理。

⑥ 分液时，水层要分尽，有机层干燥要彻底，才不会影响蒸馏。

六、思考题

① 本实验中有水存在，为什么二氯卡宾还能与环己烯进行加成反应？

② 相转移催化剂在本实验中起什么作用？

③ 本实验中，滴加氢氧化钠溶液时，剧烈搅拌的目的是什么？

实验六十四　从茶叶中提取咖啡碱

一、实验目的

① 掌握利用索氏提取器进行固-液萃取的原理和方法。

② 学习升华法提纯有机物的实验操作。

二、实验原理

咖啡碱的化学名称为 1,3,7-三甲基-2,6-二氧嘌呤，是具有绢丝光泽的无色针状结晶，含一个结晶水，在 100℃时失去结晶水开始升华，在 120℃时升华相当显著，至 178℃时升华很快，升华为针状晶体。无水咖啡碱的熔点为 235℃，是弱碱性物质，味苦。易溶于热水（约 80℃）、乙醇、乙醚、丙酮、二氯甲烷、氯仿，难溶于石油醚。

可可碱的化学名称为 3,7-二甲基-2,6-二氧嘌呤，在茶叶中约含 0.05%，是无色针状晶体，味苦，熔点为 342～343℃，于 290℃升华。能溶于热水，难溶于冷水、乙醇，不溶于醚。

茶碱的化学名称为 1,3-二甲基-2,6-二氧嘌呤，是可可碱的同分异构体，白色微小粉末结晶，味苦，熔点为 273℃。易溶于沸水、氯仿，微溶于冷水、乙醇。

茶叶中的生物碱对人体具有一定程度的药理功能。咖啡碱可兴奋神经中枢，消除疲劳，有强心作用；茶碱功能与咖啡碱相似，兴奋神经中枢较咖啡碱弱，而强心作用则比咖啡碱强；可可碱功能也与咖啡碱类似，兴奋神经中枢较前两者弱，而强心作用则介于前两者之间。

咖啡碱在医学上用作心脏、呼吸器官和神经系统的兴奋剂，也是治感冒药 APC（阿司匹林-非那西丁-咖啡碱）组成成分之一。过度使用咖啡碱会增加抗药性和产生轻度上瘾。

咖啡碱不仅可以通过测定熔点和光谱法加以鉴别，还可以通过制备咖啡碱水杨酸盐衍生物进一步得到确认。作为弱碱性化合物，咖啡碱可与水杨酸作用生成熔点为 137℃的水杨酸盐。咖啡碱的结构式如下：

三、实验仪器和药品

仪器：索氏提取器、蒸馏装置、控温电热套、玻璃漏斗、蒸发皿等。

药品：茶叶、95%乙醇、生石灰粉。

四、实验步骤

称取 3g 茶叶放入索氏提取器的滤纸筒中，加入 40mL 95%乙醇，在圆底烧瓶中再加入 20mL 乙醇，水浴加热回流提取，直到提取液颜色较浅时为止。待冷凝液刚刚虹吸下去时，立即停止加热。稍冷后改成蒸馏装置，回收提取液中的大部分乙醇。趁热把瓶中残液倾倒入蒸发皿中，拌入 1～1.5g 生石灰粉，与萃取液拌和成茶砂，在蒸气浴上蒸干成粉状（不断搅拌，压碎块状物），最后将蒸发皿移至石棉网上，用控温电热套加热片刻，务必使水分全部除去。冷却后，擦去沾在蒸发皿壁上的粉末，以免升华时污染产物。

在上述蒸发皿上盖一张刺有许多小孔且孔刺向上的滤纸，再在滤纸上罩一个大小合适的玻璃漏斗，漏斗颈部塞一小团疏松的棉花，用沙浴小心加热升华。当滤纸上出现白色毛状结晶时，暂停加热，冷却至100℃左右，揭开漏斗和滤纸，仔细地把附在滤纸上及器皿周围的咖啡碱用刮刀刮下。若残渣为绿色，可将残渣经拌和后用较大的火再加热片刻，使升华完全，直至残渣为棕色。合并两次升华收集到的咖啡碱，称量所得的产物，测其熔点，计算咖啡碱在茶叶中的含量。

五、注意事项

① 滤纸套筒大小要适中，既要紧贴器壁，又要方便取放，并且其高度不得超过虹吸管。

② 萃取液和生石灰焙烧时，务必将溶剂全部除去。若不除净，在下一步加热升华时，在漏斗内会出现水珠。若遇此情况，则用滤纸迅速擦干漏斗内的水珠并继续升华。

③ 在升华过程中，要始终严格控制温度，温度太高会使被烘物冒烟炭化，导致产品不纯和损失。

④ 在粗咖啡碱中拌入生石灰，起中和作用，与丹宁等酸性物质反应生成钙盐，游离的咖啡碱就可通过升华纯化。

六、思考题

① 提取咖啡碱时，加入氧化钙和碳酸钙的目的是什么？

② 用升华法提纯固体有什么优点和局限性？

实验六十五　从菠菜中提取叶绿素铜钠盐

一、实验目的

① 通过绿色植物色素的提取和分离，了解天然物质分离提纯方法。

② 学习超声波法提取有机物的实验操作。

二、实验原理

绿色植物如菠菜叶中含有叶绿素（绿）、胡萝卜素（橙）和叶黄素（黄）等多种天然色素。

叶绿素存在两种结构相似的形式——叶绿素 a（$C_{55}H_{72}O_5N_4Mg$）以及叶绿素 b（$C_{55}H_{70}O_6N_4Mg$），其差别仅是叶绿素 a 中一个甲基被叶绿素 b 中的甲酰基所取代。它们都是吡咯衍生物与金属镁的络合物，是植物进行光合作用所必需的催化剂。植物中叶绿素 a 的含量通常是叶绿素 b 的 3 倍。尽管叶绿素分子中含有一些极性基团，但大的烃基结构使它易溶于醚、石油醚等一些非极性的溶剂。

胡萝卜素（$C_{40}H_{56}$）是具有长链结构的共轭多烯。它有三种异构体，即 α-、β- 和 γ-胡萝卜素，其中 β-胡萝卜素异构体含量最多，也最重要。在生物体内，β-胡萝卜素受酶催化氧化即形成维生素 A。目前 β-胡萝卜素已可进行工业生产，可作为维生素 A 使用，也可作为食品工业中的色素。

叶黄素（$C_{40}H_{56}O_2$）是胡萝卜素的羟基衍生物，它在绿叶中的含量通常是胡萝卜素的两倍。与胡萝卜素相比，叶黄素较易溶于醇而在石油醚中溶解度较小。

CH$_2$

叶绿素a(R=CH$_3$)

叶绿素b(R=CHO)

H$_3$C

R

CH$_2$CH$_3$

N

N

Mg

N

N

H$_3$C

CH$_3$

H$_3$C

CH$_2$

CO$_2$CH$_3$

CH$_2$

O

O

CH$_3$ CH$_3$ CH$_3$ CH$_3$

CH$_3$

H$_3$C CH$_3$ CH$_3$ CH$_3$ H$_3$C R

R CH$_3$ CH$_3$ CH$_3$ H$_3$C CH$_3$

β-胡萝卜素(R=H) 叶黄素(R=OH)

H$_3$C CH$_3$ CH$_3$ CH$_3$ CH$_2$OH

CH$_3$ 维生素A

超声波辅助提取技术是近年来广泛应用于天然植物提取领域的一种最新的、较为成熟的手段。超声波在液体介质中传播时，介质质点振动的频率很高，因而能量很大。当用足够大振幅的超声波作用于液体介质时，介质分子间的平均距离会超过使液体介质保持不变的临界分子距离，液体介质就会发生断裂，形成微泡。这些小空洞迅速胀大和闭合，会使液体微粒之间发生猛烈的撞击作用，从而产生几千到上万个大气压的压强。微粒间这种剧烈的相互作用，会使液体的温度骤然升高，起到了很好的搅拌作用，从而使两种不相容的液体（如水和油）发生乳化，且加速溶质的溶解，加速化学反应。这种由超声波作用在液体中所引起的各种效应称为超声波的空化作用。

三、实验仪器和药品

仪器：超声波清洗器、电热套、研钵、球形冷凝管、布氏漏斗、减压抽滤装置等。

药品：菠菜叶、95％乙醇、10％NaOH、HCl（1+5）、20％CuSO$_4$。

四、实验步骤

称取 5g 洗净用滤纸吸干的新鲜（或冷冻）的菠菜叶，用剪刀剪成 1mm 左右碎条，并与 10mL 95％乙醇（分批次加入菠菜碎叶中）拌匀，在研钵中研磨约 5min，然后转移至锥形瓶中，用乙醇溶剂定容到 25mL（固液比为 1∶5），安装球形冷凝管，室温下放入超声波清洗器中，控制水浴温度不超过 50℃，超声萃取 60min。然后用布氏漏斗减压抽滤菠菜汁，弃去滤渣。

将菠菜汁放入圆底烧瓶中，用胶头滴管加入 10％NaOH 溶液，调节 pH 为 12。加入 2mL 20％CuSO$_4$ 溶液，在电热套上水浴下加热回流 1h。将滤液转移到锥形瓶中，用胶头滴管向滤液中加入 HCl（1+5）溶液，调节 pH 为 2，将叶绿素铜钠盐酸化。盖上玻璃塞，填上标签，写上名字，静置 48h 进行结晶析出。用布氏漏斗减压抽滤，获得墨绿色叶绿素铜钠盐粗产品晶体。水浴烘干称量所得产品，并测试其红外光谱。

粗产品也可用水进行重结晶。

五、注意事项

研磨时应尽量研细。通过研磨，使溶剂与色素充分接触，并将其浸取出来。

实验六十六　槐米中芦丁和槲皮素的提取、分离和鉴定

一、实验目的

① 以芦丁为实例学习黄酮类成分的提取分离方法。
② 初步掌握黄酮类成分的主要性质及黄酮苷和苷元的薄层鉴定。

二、实验原理

芦丁也称芸香苷，广泛存在于植物界中，其中槐米和荞麦叶中芦丁含量较高，可作为提取芦丁的原料。槲皮素为芸香苷的苷元，可经芦丁水解制得。

槐米是豆科植物的花蕾，古时候用作止血药。槐米的主要成分芸香苷有减少毛细血管通透性的作用，临床上主要作为防治高血压的辅助治疗药物。此外，芦丁对于放射线伤害引起的出血症有一定的作用。

芦丁（$C_{27}H_{30}O_{16}$）：淡黄色细小针状结晶，含 3 个结晶水，熔点为 177～178℃。芦丁溶于热水、甲醇、乙醇（1：60～1：650），难溶于冷水、乙酸乙酯、丙酮，不溶于苯、氯仿、乙醚及石油醚等溶剂，易溶于碱液中呈黄色，酸化后又析出。

槲皮素（$C_{15}H_{10}O_7$）：黄色结晶，熔点为 313～314℃。槲皮素可溶于热乙醇（1：23）、无水乙醇（1：29）、冰乙酸、乙酸乙酯、丙酮等，不溶于石油醚、氯仿和水。

芦丁分子中有较多的酚羟基，具有弱酸性，可与碱成盐而溶于水中呈黄色，加酸酸化后可沉淀析出，故可采用碱提取酸沉淀的方法得到芦丁粗品。芦丁的精制是利用它在冷热水中的溶解差异进行的。芦丁在冷水中不溶（1：10000），在热水中微溶（1：200），此方法可获得纯度高的微细针状晶体，最后利用芦丁、槲皮素的性质予以鉴定。通常用芦丁作中草药制剂中分析黄酮类化合物的标准对照品。

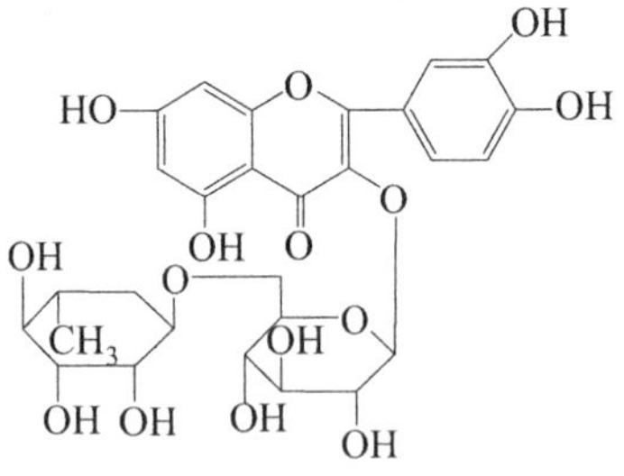

芦丁(rutin) 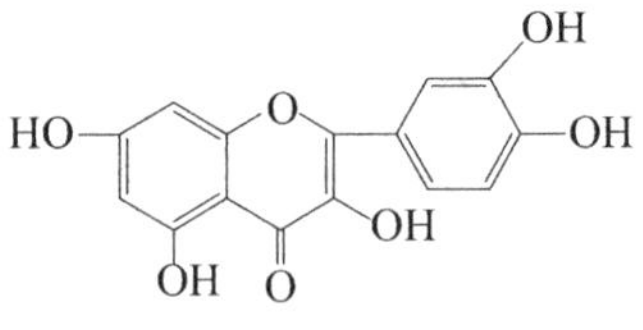　　　　槲皮素(quercetin)

三、实验仪器与药品

仪器：研钵、烧杯、圆底烧瓶、新华 1 号滤纸、普通滤纸、脱脂棉、pH 试纸、抽滤装置、冷凝管、紫外灯、层析缸、铁架台等。

药品：槐米、稀 HCl、硼砂、石灰乳[1]、2％硫酸、无水乙醇、1％$AlCl_3$乙醇液、正丁醇：冰乙酸：水（4：1：5，取上层液体）、标准品（芦丁，槲皮素）。

四、实验步骤

1.芦丁的提取

方法一：称取槐米 20g，在研钵中稍加研碎后，置 500mL 烧杯中，向其中加入 250mL

水，加热搅拌下添加石灰乳，保持 pH8～8.5。加热至 80℃ 左右时加入硼砂 0.3g，搅拌下加热至沸约 30min，稍置，倾出上清液，用脱脂棉过滤。对残渣再用 200mL 水重复提取一次。弃去残渣，合并滤液。用稀 HCl[2] 调节其 pH 值为 4～5，静置过夜，抽滤，少量冷蒸馏水洗 2～3 次，抽干即得芦丁粗品。

方法二：称取槐米 20g，在研钵中稍加研碎后[3]，置 500mL 烧杯中，向其中加入沸蒸馏水 250mL，搅拌下继续加热煮沸 30min，趁热倾出上清液，以脱脂棉过滤，残渣再加水提取 1 次，趁热过滤，合并滤液。用稀 HCl 调节其 pH 值为 4～5[4]，静置过夜，抽滤，少量冷蒸馏水洗 2～3 次，抽干即得芦丁粗品。

2.芦丁的精制

方法一：取粗品 2g 转入烧杯中，加入适量蒸馏水（350mL 左右），加热至沸，再添加适量蒸馏水，使之刚好溶解完全，趁热抽滤，静置过夜，使结晶析出。抽滤，少量冷水洗 2 次，抽干，在 70～80℃ 干燥，即得精制芦丁（纯品），称重后计算芦丁产率。

方法二：取粗芦丁 2g，加无水乙醇 50～60mL 加热溶解，趁热抽滤，将滤液浓缩至 20～30mL，放置，析出结晶，母液再浓缩一半，又析出结晶。合并结晶，再用无水乙醇重结晶一次。

3.芦丁的水解

取芦丁精品 0.5g，置 100mL 圆底烧瓶中，加入 2% 硫酸水溶液 40mL，用小漏斗盖住瓶口，加热至微沸，约 30min，及时补加蒸发损失的水分。在加热过程中，开始时溶液呈浑浊状态，约 10min 后，则由浑浊逐渐转为澄清，并析出黄色小针状晶体，即为水解产物槲皮素。继续加热 20min 左右，抽滤，收集结晶，用于检测槲皮素。

4.芦丁和槲皮素的鉴定——纸色谱定性分析

点样：取新华 1 号滤纸，距下端 3cm 处用铅笔划线，为起始线，隔 1.5cm 处点样品。将点好样品的滤纸挂在层析缸中饱和半小时，再上行展开。

样品：自制芦丁、槲皮素。

对照品：标准芦丁、槲皮素。

展开剂：正丁醇-冰乙酸-水（4:1:5，取上层液体）。

显色：a.可见光下观察，再在紫外光下观察；b.喷 1%AlCl₃ 乙醇液，再观察荧光斑点。

五、附注

[1] 石灰乳：Ca(OH)₂。

[2] 稀 HCl：取盐酸 234mL，加水稀释至 1000mL，即得。本溶液含 HCl 应为 9.5%～10.5%。

[3] 在研钵中研碎槐米时不宜过细，以免妨碍后续过滤。

[4] 碱液提取时 pH 不宜过高，以免破坏黄酮分子结构。酸化沉淀时，pH 不宜过低，以免沉淀重新溶解而降低产率。

六、思考题

① 在芦丁提取的过程中，加入石灰乳的目的是什么？

② 提取时不加硼砂，会有什么后果？

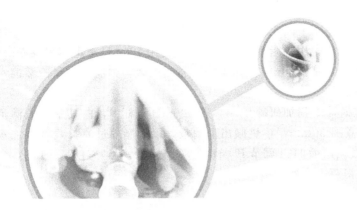

第五章　物理化学实验

第一部分　物理化学常规实验

实验六十七　燃烧热的测定——氧弹式量热计测定蔗糖的燃烧热

一、实验目的

① 通过蔗糖的燃烧热测定，了解氧弹式量热计各主要部件的作用，掌握燃烧热的测定技术。

② 了解等压燃烧热与等容燃烧热的差别及相互关系。

③ 学会应用雷诺图解法校正温度改变值。

二、实验原理

燃烧热是指 1mol 物质完全燃烧时所放出的热量。在等容条件下测得的燃烧热称为等容燃烧热（Q_V），等容燃烧热等于这个过程的内能变化（ΔU）。在等压条件下测得的燃烧热称为等压燃烧热（Q_p），等压燃烧热等于这个过程的焓变化（ΔH）。若把参加反应的气体和反应生成的气体作为理想气体处理，则有下列关系式：

$$Q_p = Q_V + \Delta nRT \tag{5-1}$$

式中，Δn 为产物与反应物中气体物质的量之差；R 为气体常数；T 为反应的热力学温度。

若测得某物质等容燃烧热或等压燃烧热中的任何一个，就可根据式(5-1)计算另一个数据。化学反应的热效应（包括燃烧热）通常是用 ΔH 来表示。

测量化学反应热效应的仪器称为量热计。本实验采用氧弹式量热计测量蔗糖的燃烧热。由于用氧弹式量热计（图 5-1）测定物质的燃烧热是在等容条件下进行的，所以测得的燃烧热为等容燃烧热（Q_V）。测量的基本原理是将一定量待测样品在氧弹中完全燃烧，燃烧时放出的热量使量热计本身及氧弹周围介质（本实验用水）的温度升高。通过测定燃烧前后量热计（包括氧弹周围介质）温度的变化值，就可以求出该样品的燃烧热。其关系式如下：

$$\frac{m}{M_r}Q_V = C_卡 \, \Delta T - Q_{点火丝} \, m_{点火丝} \tag{5-2}$$

式中，m 为待测样品的质量；M_r 为待测样品的分子量；Q_V 为待测样品的等容燃烧热；$Q_{点火丝}$ 为点火丝的燃烧热（本实验采用镍铬点火丝，则 $Q_{点火丝}=3.316\text{kJ}\cdot\text{g}^{-1}$）；$m_{点火丝}$ 为反应中燃烧的点火丝的质量；ΔT 为样品燃烧前后量热计温度的变化值；$C_卡$ 为量热计（包括量热计中的水）的热容，又称为热当量或水当量，它表示量热计（包括介质）每升高 1℃ 所需要吸收的热量。量热计的热容可以通过已知燃烧热的标准物（如苯甲酸，它的等容燃烧热 $Q_V=3230\text{kJ}\cdot\text{mol}^{-1}$ 或 $Q_V=26.46\text{kJ}\cdot\text{g}^{-1}$）来标定。已知量热计的热容，就可以利用式(5-2) 经实验测定其他物质的燃烧热。

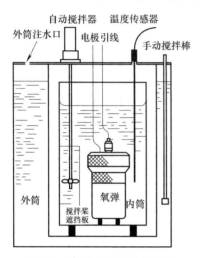

图 5-1　氧弹式量热计示意图

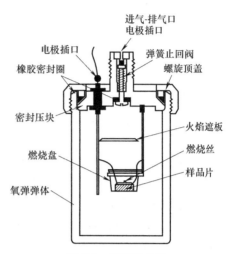

图 5-2　氧弹的构造

氧弹是一个特制的不锈钢容器，如图 5-2 所示。为了保证样品在其中完全燃烧，氧弹中应充以高压氧气（或者其他氧化剂），因此要求氧弹密封、耐高压、抗腐蚀。测定粉末样品时必须将样品压成片状，以免充气时冲散样品或者在燃烧时飞散开来，造成实验误差。本实验成功的首要关键是样品必须完全燃烧。其次，还必须使燃烧后放出的热量尽可能全部传递给量热计本身和其中盛放的水，而几乎不与周围环境发生热交换。为了做到这一点，量热计在设计制造上采取了几项措施，例如在量热计外面设置一个套壳，此套壳有的是恒温的，有的是绝热的，因此量热计又可分为外壳恒温量热计和绝热量热计两种。本实验采用外壳恒温量热计。另外，量热计壁高度抛光，这是为了减少热辐射。量热计和套壳间设置一层挡屏，以减少空气的对流。但是，热量的散失仍然无法完全避免，这可能是由于环境向量热计辐射进热量而使其温度升高，也可能是由于量热计向环境辐射出热量而使量热计的温度降低。因此燃烧前后温度的变化值不能直接准确测量，而必须经过作图法进行校正，校正的方法如下。

当适量待测物质燃烧后使量热计中的水温升高 1.5～2.0℃。将燃烧前后历次观测到的水温记录下来，并作图连成 $abcd$ 线。如图 5-3 所示，b 点相当于开始燃烧之点，c 点为观测到的最高温度读数点，由于量热计和外界的热量交换，曲线 ab 及 cd 常常发生倾斜。取 b 点所对应的温度为 T_1，c 点对应的温度为 T_2，其平均温度 $(T_1+T_2)/2$ 为 T，经过 T 点作横坐标的平行线 TO，与折线 $abcd$ 相交于 O 点，然后过 O 点作垂线 AB，此线与 ab 线和 cd 线的延长线交于 E、F 两点，则 E 点和 F 点所表示的温度差即为欲求温度的升高值 ΔT。EE' 表示环境辐射进来的热量所造成量热计温度的升高，这部分是必须扣除的；FF' 表示量热计向环境辐射出热量而造成量热计温度的降低，这部分是必须加入的。经过这样校正后的温度差表示由于样品燃烧使量热计温度升高的数值。

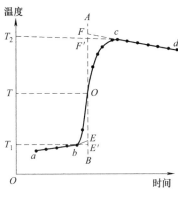

图 5-3 绝热较差时的温度校正图

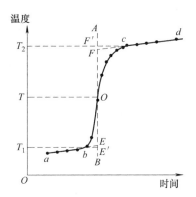

图 5-4 绝热良好时的温度校正图

有时量热计的绝热情况良好，热量散失少，而搅拌器的功率又比较大，这样往往不断引进少量热量，使得燃烧后的温度最高点不明显出现，这种情况下 ΔT 仍然可以按照同法进行校正（图 5-4）。

必须注意，应用这种作图法进行校正时，量热计的温度和外界环境的温度不宜相差太大（最好不超过 2～3℃），否则会引进误差。

三、实验仪器和药品

仪器：BH-ⅢS 氧弹量热计、WYP-S 螺旋式压片机、WLS 立式充氧器、温度传感器（0～100℃）、电子天平、氧气钢瓶及减压阀（公用）、万用表（公用）、镍铬点火丝、量筒（1000mL）。

药品：蔗糖（分析纯）、苯甲酸（分析纯）。

四、实验步骤

1. 量热计的热容（$C_卡$）测定

① 样品压片　利用压片机［图 5-5(a)］进行压片。首先，检查压片用的钢模，如发现钢模有铁锈、油污和尘土等，必须擦净再使用。在天平上粗称 0.4g 左右苯甲酸，用电子天平准确称量一段镍铬点火丝（约 12cm）的质量，按图 5-5(b) 所示将点火丝穿在钢模的底板内，然后将钢模底板装进模子中，从上面倒入已称好的苯甲酸样品，徐徐旋紧压片机的螺杆，直到将样品压成片状为止。抽去模底的托板，再继续向下压，使模底和样品一起脱落。压好的样品形状如图 5-5(c) 所示，将此样品表面的碎屑除去，在电子天平上准确称量后，待用。

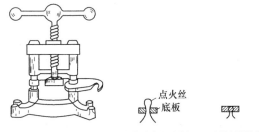

(a) 压片机　　(b) 点火丝穿入底板　　(c) 压好的样品

图 5-5　压片机及压片过程示意图

② 装置氧弹　旋开氧弹，把氧弹的弹头放在弹头架上，将金属燃烧盘放置在弹头环形架上，将氧弹内壁擦干净，特别是电极下端的不锈钢接线柱更应擦干净。小心地将压好的片状试样的点火丝两端分别紧绕在电极的下端。旋紧弹头，用万用表检查两电极是否通路。若通路，就可以充氧气了；若断路，需要旋开氧弹，检查线路重新连接。

③ 充氧　按图5-6所示，先逆时针打开氧气钢瓶上端氧气出口阀，此时表1所指示压力即为氧气瓶中的氧气压力。再顺时针旋紧减压阀（即打开减压阀出口），至表2指示压力为1.0MPa。将氧弹置于充氧器下，进气口对准充氧嘴，压下充氧器手柄，将充氧嘴顶入氧弹进气口，待进气的"嘶嘶"声消失后，保持充氧30s。而后松开手柄，取下氧弹，将氧弹放气顶针压入进气口（顶针放气指向空处），放出空气。充氧-排气反复三次，以保证将氧弹中的空气全部交换掉。再次充氧并保持充氧状态约2min，使氧弹内充满氧气，记录氧气的压力值。用万用表检查两电极是否通路。若通路，即可下一步操作；若断路，检查线路。充氧完毕，先顺时针关闭氧气钢瓶上端的出口阀，再逆时针打开减压阀，放掉管道和氧气表中的余气，使表1、表2归零（压缩气体钢瓶的安全使用，详见第一章实验安全中的第5点）。

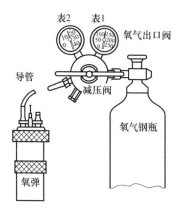

图5-6　氧弹充氧示意图

④ 点火和测量温度　将充好氧气的氧弹放入量热计的内筒内，如图5-1所示。用量筒从实验室内的水箱中准确量取自来水3000mL，倒入内筒内。将电极线分别插在氧弹两电极插孔里，此时点火指示灯亮，盖上筒盖，插入搅拌桨和温度传感器。按搅拌键，开始搅拌，设定为30s观察温差的变化。待内筒内温度基本稳定后，按置零键，将当前筒内温度设定为零点。点开燃烧热数据采集软件界面，进行参数设定，而后点击开始，进行温差数据采集。持续5～10min，确定获得稳定的起始温度曲线。按下点火键，此时点火指示灯灭，停顿一会点火指示灯又亮，直到燃烧丝烧断，点火指示灯再次熄灭，氧弹内样品一经燃烧，水温很快上升，说明点火成功。继续采集温差-时间数据，直至稳定终态温度曲线出现。测量结束，保存实验数据文件。

⑤ 整理　取下搅拌桨和温度传感器，打开内筒盖，拔去电极线，取出氧弹，放出氧弹内的余气。旋下弹头，测量燃烧后残余的点火丝的质量，检查样品燃烧情况。若氧弹中没有未燃尽的剩余物，表示燃烧完全；反之，则表示燃烧不完全，实验失败。

按照同样的操作方法，用第二份苯甲酸样品再做一次实验。

2.蔗糖的燃烧热测定

称取0.5g左右蔗糖，按上法进行压片、燃烧等实验操作。

实验完毕后，洗净氧弹，倒出量热计内筒中的自来水，并擦干待下次实验用。

五、数据记录和处理

① 按作图法求出苯甲酸燃烧引起量热计温度的变化值。计算量热计的热容$C_卡$，并求两次实验所得热容的平均值。

② 按作图法求出蔗糖燃烧引起的量热计温度变化值。计算蔗糖的等容燃烧热Q_V（两次实验的平均值）。

③ 根据式(5-1)，由蔗糖的等容燃烧热Q_V，计算蔗糖的等压燃烧热Q_p。

④ 由《物理化学数据手册》查出蔗糖的等压燃烧热Q_p，计算本次实验的误差。

六、思考题

① 说明等容燃烧热（Q_V）和等压燃烧热（Q_p）的差别和相互关系。

② 简述装置氧弹和拆开氧弹的操作过程。

③ 为什么实验测量得到的温度差值要经过作图法校正？

④ 使用氧气钢瓶和减压阀时有哪些注意事项？

七、扩展

氧弹式量热计是一种较为精确的经典实验仪器，在生产实际中广泛应用于测定可燃物的热值，还可以利用燃烧热判断燃料的质量。本实验装置可测绝大部分固态可燃物质，如萘、高活性铝粉、面粉等，也可用来测定液态可燃物质，例如油类、蜂蜜等。以药用胶囊作样品管，将液态可燃物质装入样品管内，胶囊的平均燃烧热值应预先标定加以扣除。

有些精密的测定，需对氧弹中所含氮气的燃烧热作校正。可预先在氧弹中加入 5mL 蒸馏水，样品燃烧以后，将所生成的稀溶液倒出，用少量蒸馏水洗涤氧弹内壁，一并收集于 150mL 锥形瓶中，微沸 5min 后，加酚酞指示剂，用浓度为 $0.1 mol \cdot L^{-1}$ 的 NaOH 溶液标定，这部分热值应从燃烧热中扣除。

实验六十八　电极制备、处理及电池电动势的测定

一、实验目的

① 学会铜电极、锌电极和甘汞电极的制备和处理方法。

② 掌握电位差计的测量原理和测定电池电动势的方法。

③ 理解原电池、电极电位等概念。

二、实验原理

电池由正、负两个电极组成，电池的电动势等于两个电极电位的差值：

$$E = \varphi^+ - \varphi^-$$

式中，φ^+ 是正极的电极电位；φ^- 是负极的电极电位。

以丹聂尔电池为例：

电池符号：$(-)Zn(s)|ZnSO_4(a_{Zn^{2+}})||CuSO_4(a_{Cu^{2+}})|Cu(s)(+)$。

负极反应：$Zn(s) \longrightarrow Zn^{2+} + 2e^-$。

正极反应：$Cu^{2+} + 2e^- \longrightarrow Cu(s)$。

电池中总的反应：$Zn(s) + Cu^{2+} == Zn^{2+} + Cu(s)$。

Zn 电极的电极电位

$$\varphi_{(Zn^{2+}/Zn)} = \varphi^{\ominus}_{(Zn^{2+}/Zn)} - \frac{RT}{2F} \ln \frac{a_{Zn}}{a_{Zn^{2+}}}$$

Cu 电极的电极电位

$$\varphi_{(Cu^{2+}/Cu)} = \varphi^{\ominus}_{(Cu^{2+}/Cu)} - \frac{RT}{2F} \ln \frac{a_{Cu}}{a_{Cu^{2+}}}$$

所以，丹聂尔电池的电池电动势为

$$E = \varphi_{(Cu^{2+}/Cu)} - \varphi_{(Zn^{2+}/Zn)} = \varphi^{\ominus}_{(Cu^{2+}/Cu)} - \varphi^{\ominus}_{(Zn^{2+}/Zn)} - \frac{RT}{2F} \ln \frac{a_{Cu} a_{Zn^{2+}}}{a_{Cu^{2+}} a_{Zn}} = E^{\ominus} - \frac{RT}{2F} \ln \frac{a_{Cu} a_{Zn^{2+}}}{a_{Cu^{2+}} a_{Zn}}$$

纯固体的活度为 1，$a_{Cu} = a_{Zn} = 1$，所以

$$E = E^{\ominus} - \frac{RT}{2F} \ln \frac{a_{Zn^{2+}}}{a_{Cu^{2+}}} \tag{5-3}$$

式中，$a_{Zn^{2+}}$ 和 $a_{Cu^{2+}}$ 分别为 Zn^{2+} 和 Cu^{2+} 的活度。

活度是反映实际溶液与理想溶液在溶液热力学性质上偏差的一个概念，它可以当作实际溶液相对于理想溶液的校正浓度。若实际溶液中离子的浓度为 c_+ 或 c_-，则其相应的活度为 $a_+=\gamma_+ c_+$ 与 $a_-=\gamma_- c_-$。式中，γ_+、γ_- 为离子的活度系数。实际溶液的一切非理想性都概括在 γ 之中。

由于溶液中正负离子总是同时存在，难以求得单独离子的活度，因此常用离子平均活度 $a_\pm$ 代替 a_+ 或 a_-，即 $a_\pm=\gamma_\pm c_\pm$。式中，$\gamma_\pm$ 为离子平均活度系数，$c_\pm$ 为离子平均浓度。对于如 $ZnSO_4$、$CuSO_4$ 等 2-2 型电解质，$c_\pm=c$。所以，式（5-3）改写成

$$E=E^\ominus-\frac{RT}{2F}\ln\frac{(\gamma_\pm c)_{Zn^{2+}}}{(\gamma_\pm c)_{Cu^{2+}}} \tag{5-4}$$

在一定温度下，电极电位的大小取决于电极的性质和溶液中有关离子的活度。由于电极电位的绝对值不能测量，在电化学中，通常将标准氢电极的电极电位定为零，其他电极的电极电位值是与标准氢电极比较而得到的相对值，即假设标准氢电极与待测电极组成一个电池，并以标准氢电极为负极，待测电极为正极，这样测得的电池电动势数值就作为该电极的电极电位。由于使用标准氢电极条件要求苛刻，难以实现，故常用一些制备简单、电位稳定的可逆电极作为参考电极来代替，如甘汞电极、银-氯化银电极等。这些电极与标准氢电极比较而得到的电位值已精确测出，在《物理化学数据手册》中可以查到。

电池电动势不能用伏特计直接测量。因为当把伏特计与电池接通后，由于电池放电，不断发生化学变化，电池中溶液的浓度将不断改变，因而电动势值也会发生变化。另一方面，电池本身存在内电阻，所以伏特计所量出的只是两极上的电位降，而不是电池的电动势，只有在没有电流通过时的电位降才是电池真正的电动势。电位差计是可以利用对消法原理进行电位差测量的仪器，即能在电池无电流（或极小电流）通过时测得其两极的电位差，这时的电位差就是电池的电动势。

另外，当两种电极的不同电解质溶液接触时，在溶液的界面上总有液体接界电位存在。在电动势测量时，常应用盐桥使原来产生显著液体接界电位的两种溶液彼此不直接接界，降低液体接界电位到毫伏数量级以下。用得较多的盐桥是由 KCl（$3mol\cdot L^{-1}$ 或饱和）、KNO_3、NH_4NO_3 等溶液制得的。

三、实验仪器与药品

仪器：电位差计、检流计、标准电池、铜电极、锌电极、甘汞电极。

药品：稀硝酸（$1mol\cdot L^{-1}$）、稀硫酸（$1mol\cdot L^{-1}$）、硫酸铜溶液（$0.1000mol\cdot L^{-1}$）、硫酸锌溶液（$0.1000mol\cdot L^{-1}$）、氯化钾溶液（饱和）、硝酸亚汞。

四、实验步骤

1. 电极处理及制备

（1）铜、锌电极处理

金属电极（如 Zn、Cu 等），其电极电位往往由于金属表面的活性变化而不稳定。为了使其电极电位稳定，常用电极电位较高的汞将电极表面汞齐化，即形成汞合金。

汞齐化的操作如下：将 $Hg_2(NO_3)_2$ 溶于 10% 稀硝酸中配成饱和溶液，将洁净的金属电极（锌电极用 $1mol\cdot L^{-1}$ 稀硫酸洗净表面的氧化物；铜电极用 $1mol\cdot L^{-1}$ 稀硝酸洗净表面的氧化物，并用蒸馏水洗净）浸入其中，几秒后取出，用去离子水冲洗干净后，用滤纸在电极表面仔细揩擦，使汞齐均匀地盖满电极的表面。

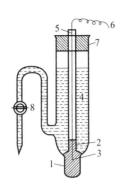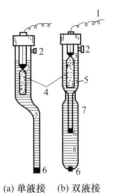

(a) 单液接　(b) 双液接

图 5-7　甘汞电极（Ⅰ）

1—汞；2—甘汞糊状物；3—铂丝；

4—饱和氯化钾溶液；5—玻璃管；

6—导线；7—橡皮塞；8—活塞

图 5-8　甘汞电极（Ⅱ）

1—导线；2—加液口；3—汞；4—甘汞；

5—KCl溶液；6—素瓷塞；7—外管；

8—外充满液（KCl或KNO$_3$溶液）

（2）甘汞电极的制备

实验室中最常用的参比电极是甘汞电极，如图 5-7 所示可自行制作。作为商品出售的有单液接与双液接两种，其构造如图 5-8 所示。

甘汞电极的电极反应为：$Hg_2Cl_2(s)+2e^- \longrightarrow 2Hg(l)+2Cl^-(a_{Cl^-})$。

其电极电位可表示为：

$$\varphi_{甘汞}=\varphi_{甘汞}^{\ominus}-\frac{RT}{F}\ln a_{Cl^-} \tag{5-5}$$

由式（5-5）可见，$\varphi_{甘汞}$ 值仅与温度 T 及氯离子活度 a_{Cl^-} 有关。甘汞电极中所用的 KCl 溶液有 $0.1\,mol \cdot L^{-1}$、$1.0\,mol \cdot L^{-1}$ 和饱和等三种浓度，其中以饱和式最为常用（使用时溶液内应保留少许 KCl 晶体以保证饱和）。不同甘汞电极的电极电位与温度关系见表 5-1。

表 5-1　甘汞电极在不同温度下的电极电位 $\varphi_{甘汞}$

KCl浓度/(mol·L^{-1})	电极电位 $\varphi_{甘汞}(T/℃)/V$
饱和	$0.2412-7.6\times10^{-4}(T-25℃)$
1.0	$0.2801-2.4\times10^{-4}(T-25℃)$
0.1	$0.3337-7.0\times10^{-5}(T-25℃)$

甘汞电极在实验中的自制方法：在一个干净的研钵中放一定量甘汞（Hg_2Cl_2）、数滴汞与少量饱和 KCl 溶液，仔细研磨后得到白色的糊状物（在研磨过程中，如果发现汞粒消失，应再加一点汞；如果汞粒不消失，则再加一些甘汞，以保证汞与甘汞相饱和）。随后在此糊状物中加入饱和 KCl 溶液，搅拌均匀成悬浊液。将此悬浊液小心地倾入电极容器中，见图 5-7，待糊状物沉淀在汞面上后，打开活塞 8，用虹吸法使上层饱和 KCl 溶液充满 U 形支管，再关闭活塞 8，即制成甘汞电极。

2.电池电动势的测量

① 按规定接好电位差计的测量电池电动势线路（UJ-25 型电位差计的原理和应用，请见附录 1 中第九个仪器的介绍）。

② 以饱和 KCl 溶液为盐桥，按图 5-9，分别将上面制备好的电极组成电池，并接入电位差计的测量端，测量其电动势。这些电池有如下三种。

a. $Zn(s) | ZnSO_4(0.1000mol \cdot L^{-1}) \| KCl(饱和) | Hg_2Cl_2(s) | Hg$

b. $Hg | Hg_2Cl_2(s) | KCl(饱和) \| CuSO_4(0.1000mol \cdot L^{-1}) | Cu(s)$

c. $Zn(s) | ZnSO_4(0.1000mol \cdot L^{-1}) \| CuSO_4(0.1000mol \cdot L^{-1}) | Cu(s)$

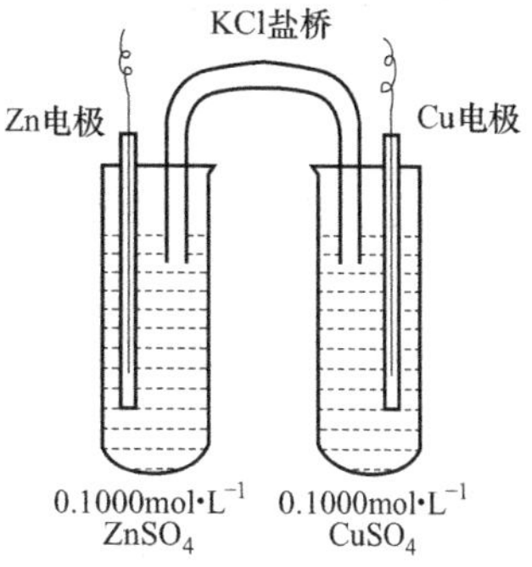

图 5-9　丹聂尔电池组合

五、数据记录和处理

① 记录上述三组电池的电动势测定值。

② 根据表 5-1 中饱和甘汞电极的电极电位数据，以及 a、b 两组电池的电动势测定值，计算实验条件下铜电极和锌电极的电极电位。

③ 已知在 25℃ 时 0.1000mol · L⁻¹ CuSO₄ 溶液中，铜离子的平均离子活度系数为 0.16，在 0.1000mol · L⁻¹ ZnSO₄ 溶液中，锌离子的平均离子活度系数为 0.15，根据上面所得的铜电极和锌电极的电极电位，计算铜电极和锌电极的标准电极电位，并与《物理化学数据手册》上所列的标准电极电位数据进行比较。

六、思考题

① 为什么不能用伏特计测量电池电动势？

② 对消法测量电池电动势的主要原理是什么？

③ 应用 UJ-25 型电位差计测量电动势过程中，若检流计光点总往一个方向偏转，这可能是什么原因？

实验六十九　电动势的测定及其应用

（Ⅰ）难溶盐氯化银溶度积的测定

一、实验目的

① 掌握用电动势法测定难溶盐溶度积的方法和原理。

② 理解液接电位的概念，掌握克服液接电位的方法。

二、实验原理

电池电动势法是测定难溶盐溶度积的常用方法之一。测定氯化银的溶度积，可以设计下列电池：

$$Ag(s) | AgCl(s) | KCl(0.1000mol \cdot L^{-1}) \| AgNO_3(0.1000mol \cdot L^{-1}) | Ag(s)$$

负极反应为：$Ag(s) + Cl^- \longrightarrow AgCl(s) + e^-$。

正极反应为：$Ag^+ + e^- \longrightarrow Ag(s)$。

电池总的反应为：$Ag^+ + Cl^- \longrightarrow AgCl(s)$。

电池电动势：$E = \varphi_正 - \varphi_负 = \left[\varphi_{Ag^+/Ag}^{\ominus} + \dfrac{2.303RT}{F} \lg a_{Ag^+} \right] - \left[\varphi_{Cl^-/AgCl/Ag}^{\ominus} - \dfrac{2.303RT}{F} \lg a_{Cl^-} \right] =$

$E^{\ominus} + \dfrac{2.303RT}{F} \lg a_{Ag^+} a_{Cl^-}$。

进一步转换为：

$$E = E^{\ominus} - \frac{2.303RT}{F} \lg \frac{1}{a_{\mathrm{Ag^+}} a_{\mathrm{Cl^-}}} \quad (5\text{-}6)$$

在纯水中 AgCl 溶解度极小，活度积等于溶度积，AgCl 的溶度积 K_{sp}：

$$K_{\mathrm{sp}} = a_{\mathrm{Ag^+}} a_{\mathrm{Cl^-}}$$

由吉布斯自由能，可知：

$$\Delta_r G^{\ominus} = -nE^{\ominus} F = -RT \ln \frac{1}{K_{\mathrm{sp}}} = -2.303RT \lg \frac{1}{K_{\mathrm{sp}}} \quad (5\text{-}7)$$

式中，$n=1$。将式(5-7) 转换为：

$$E^{\ominus} = -2.303 \frac{RT}{F} \lg K_{\mathrm{sp}} \quad (5\text{-}8)$$

所以，将式(5-8) 代入到式(5-6) 中，整理可得：

$$\lg K_{\mathrm{sp}} = -\frac{EF}{2.303RT} + \lg a_{\mathrm{Ag^+}} a_{\mathrm{Cl^-}} \quad (5\text{-}9)$$

若已知银离子和氯离子的活度，测定了电池的电动势值就能求出氯化银的溶度积 K_{sp}。

三、实验仪器和药品

仪器：UJ-25 型电位差计及附件、直流稳压电源、超级恒温槽、Ag 电极、粗试管、Ag-AgCl 电极、铂丝、烧杯（50mL）、盐桥（饱和 KNO_3 溶液）。

药品：KCl（$0.1000\mathrm{mol} \cdot L^{-1}$）、$AgNO_3$（$0.1000\mathrm{mol} \cdot L^{-1}$）。

四、实验步骤

1.电池的组合

按图 5-10 所示，将 Ag-AgCl 电极、Ag 电极组合成下列电池。

$$\mathrm{Ag(s) | AgCl(s) | KCl(0.1000mol \cdot L^{-1}) \| AgNO_3(0.1000mol \cdot L^{-1}) | Ag(s)}$$

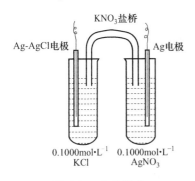

KNO₃盐桥

Ag-AgCl电极　　　Ag 电极

$0.1000\mathrm{mol} \cdot L^{-1}$　$0.1000\mathrm{mol} \cdot L^{-1}$
KCl　　　　　AgNO₃

图 5-10　电池组合

2.电池电动势的测量

用 UJ-25 型电位差计测量 25℃时电池的电动势值。电池电动势的测定可将电池置于 25℃的超级恒温槽中进行。测定时，电池电动势值初期可能不稳定，每隔一定时间测定一次，直到测得稳定值为止。

五、数据记录和处理

① 记录上述电池的电动势值。

② 已知 25℃时 $0.1000\mathrm{mol} \cdot L^{-1}$ $AgNO_3$ 溶液中银离子的平均活度系数为 0.731，$0.1000\mathrm{mol} \cdot L^{-1}$ KCl 溶液中氯离子的平均活度系数为 0.769，并将测得的电池电动势值代入式(5-9)，求出氯化银的溶度积 K_{sp}。

③ 将本实验测得的氯化银溶度积与文献值比较。

六、思考题

① 试分析有哪些因素影响实验结果？

② 简述消除液体接界电位的方法。

七、附注

1. Ag-AgCl 电极制备

Ag-AgCl 电极与甘汞电极相似，都是属于金属-微溶盐-负离子型的电极。其电极反应与电极电位表示如下：

$$AgCl(s) + e^- \longrightarrow Ag(s) + Cl^-$$

$$\varphi_{Cl^-|AgCl(s)|Ag(s)} = \varphi^{\ominus}_{Cl^-|AgCl(s)|Ag(s)} - \frac{RT}{F}\ln a_{Cl^-}$$

可见，$\varphi_{Cl^-|AgCl(s)|Ag(s)}$ 也只决定于温度与氯离子活度。

制备氯化银电极方法很多。较简便的方法是取一根洁净的银丝与一根铂丝，插入 $0.1mol \cdot L^{-1}$ 的盐酸溶液中，外接直流电源与可调电阻进行电镀。控制电流密度（$5mA \cdot cm^{-2}$）与通电时间（约 $300s$），在作为阳极的银丝表面即镀上一层 AgCl。用去离子水洗净，为防止 AgCl 层因干燥而剥落，可将其浸于适当浓度的 KCl 溶液中，保存待用。

氯化银电极的电极电位在高温下较甘汞电极稳定。但 AgCl（s）是光敏性物质，应避免强光照射而分解。当 Ag 的黑色微粒析出时，AgCl 将略呈紫黑色。

2. 盐桥

盐桥的作用在于减小原电池的液体接界电位。常用盐桥的制备方法如下。

在烧杯中配制一定量的 KCl 饱和溶液，再按溶液质量的 1% 称取琼脂浸入溶液中，加热并不断搅拌，直至琼脂全部溶解。随后用吸管将其灌入 U 形玻璃管中（注意，U 形管中不可夹有气泡），待冷却后即凝成冻胶。将此盐桥浸于饱和 KCl 溶液中，保存待用。

盐桥内除用 KCl 外，也可用其他正负离子电迁移率相接近的盐类，如 KNO_3、NH_4NO_3 等。具体选择时应防止盐桥中离子与原电池溶液发生反应，如原电池溶液中含有 Ag^+ 或 Hg_2^{2+}，为避免沉淀产生，则不能使用 KCl 盐桥，应选用 KNO_3 或 NH_4NO_3 盐桥。

（Ⅱ）测定溶液的 pH 值

一、实验目的

① 掌握通过测定可逆电池电动势测定溶液的 pH 值。

② 了解氢离子指示电极的构成。

二、实验原理

利用各种氢离子指示电极与参比电极组成电池，即可从电池电动势算出溶液的 pH 值。常用指示电极有：氢电极、醌-氢醌电极和玻璃电极。本实验讨论醌-氢醌（$Q \cdot QH_2$）电极。$Q \cdot QH_2$ 为醌（Q）与氢醌（QH_2）等摩尔混合物，在水溶液中部分分解。

醌-氢醌
$(Q \cdot QH_2)$ (Q) (QH_2)

它在水中溶解度很小。将待测 pH 溶液用 $Q \cdot QH_2$ 使其饱和后，再插入一只光亮 Pt 电极就构成了 Q·QH$_2$ 电极，可用它构成如下电池：

Hg│Hg$_2$Cl$_2$(s)│KCl(饱和)‖由 Q·QH$_2$ 饱和的待测 pH 溶液（H$^+$）│Pt(s)

电极反应为：Q＋2H$^+$＋2e$^-$ $\longrightarrow$ QH$_2$。

因为，在稀溶液中 $a_{H^+}=c_{H^+}$，所以

$$E_{Q·QH_2}=E^\ominus_{Q·QH_2}-\frac{2.303RT}{F}pH$$

可见，Q·QH$_2$ 电极的作用相当于一个氢电极，电池的电动势为：

$$E=\varphi_+-\varphi_-=\varphi^\ominus_{Q·QH_2}-\frac{2.303RT}{F}pH-\varphi_{甘汞}$$

$$pH=(\varphi^\ominus_{Q·QH_2}-E-\varphi_{甘汞})\div\frac{2.303RT}{F} \tag{5-10}$$

式中，$\varphi^\ominus_{Q·QH_2}=0.6994-7.4\times10^{-4}$ （$T-25℃$）；$\varphi_{甘汞}$ 见"实验六十八"。

三、实验仪器和试剂

仪器：电位差综合测试仪、Pt 电极、饱和甘汞电极、盐桥（饱和 KNO$_3$ 溶液）。

试剂：饱和 KCl 溶液、Q·QH$_2$ 饱和的待测 pH 值溶液。

四、实验步骤

测定以下电池的电动势三次，取平均值。

　　Hg│Hg$_2$Cl$_2$(s)│饱和 KCl 溶液‖由 Q·QH$_2$ 饱和的待测 pH 溶液│Pt(s)

五、数据记录和处理

根据式(5-10) 计算 Q·QH$_2$ 饱和的待测溶液的 pH 值。

六、思考题

简述盐桥的作用及选择盐桥应遵守的原则。

实验七十　蔗糖水解反应速率常数的测定

一、实验目的

① 根据物质的光学性质研究蔗糖水解反应，测定其反应速率常数、半衰期以及活化能。

② 掌握一级反应速率常数的测量原理，了解旋光仪的基本原理及使用方法。

二、实验原理

蔗糖在水中水解成葡萄糖与果糖的反应为：

$$C_{12}H_{22}O_{11}（蔗糖）+H_2O\xrightarrow{H^+}C_6H_{12}O_6（葡萄糖）+C_6H_{12}O_6（果糖）$$

此反应的反应速率与蔗糖的浓度、水的浓度以及催化剂 H$^+$ 的浓度有关。在催化剂 H$^+$ 的浓度一定的条件下，反应速率与蔗糖的浓度、水的浓度成正比，即为二级反应。但是水解反应中，水是大量的，反应达终点时，虽有部分水分子参加反应，但与溶质浓度相比可认为它的浓度没有改变，故此反应速率可近似为只与蔗糖的浓度成正比，为准一级反应，遵循一级反应的一切特征，其动力学方程式为：

$$-\frac{dc}{dt}=kc \quad 或 \quad k=\frac{2.303}{t}\lg\frac{c_0}{c} \tag{5-11}$$

式中，c_0 为反应开始时蔗糖的浓度；c 为时间 t 时蔗糖的浓度。

当 $c = c_0/2$ 时，t 可用 $t_{1/2}$ 表示，即为反应的半衰期。

$$t_{1/2} = \frac{\ln 2}{k} \tag{5-12}$$

上式说明一级反应的半衰期只取决于反应速率常数 k，而与起始浓度无关，这是一级反应的一个特点。

蔗糖及其水解产物均为旋光物质，利用这一特性，可在反应持续进行的过程中，快速分析出反应物的浓度。当反应进行时，如以一束偏振光通过溶液，则可观察到偏振面的转移，故可以利用体系在反应进程中旋光度的变化来度量反应的进程。蔗糖是右旋的，水解的混合物中有左旋的，所以偏振面将由右边旋向左边。偏振面的转移角度称之为旋光度，以 α 表示。因此可利用体系在反应过程中旋光度的改变来量度反应的进程。溶液的旋光度与溶液中所含旋光物质的种类、浓度、液层厚度、光源的波长以及反应时的温度等因素有关。

为了比较各种物质的旋光能力，引入比旋光度 $[\alpha]$ 这一概念，并以下式表示：

$$[\alpha]_D^t = \frac{\alpha}{lc} \tag{5-13}$$

式中，t 为实验时的温度；D 为所用光源的波长；α 为旋光度；l 为液层厚度（常以 10cm 为单位）；c 为浓度（常用 100mL 溶液中溶有质量为 m 的物质来表示）。式(5-13) 可写成：

$$[\alpha]_D^t = \frac{\alpha}{lm/100} \tag{5-14}$$

或

$$\alpha = [\alpha]_D^t lc \tag{5-15}$$

由式(5-15) 可以看出，当其他条件不变时，旋光度 α 与反应物浓度成正比，即

$$\alpha = K'c \tag{5-16}$$

式中，K' 是与物质的旋光能力、溶液层厚度、溶剂性质、光源波长、反应温度等有关系的常数。

蔗糖是右旋性物质（比旋光度 $[\alpha]_D^{20} = 66.6°$），产物中葡萄糖也是右旋性物质（比旋光度 $[\alpha]_D^{20} = 52.5°$），果糖是左旋性物质（比旋光度 $[\alpha]_D^{20} = -91.9°$）。因此当水解反应进行时，右旋角不断减小，当反应终了时体系将经过零变成左旋。

上述蔗糖水解反应中，反应物与生成物都具有旋光性。旋光度与浓度成正比，且溶液的旋光度为各组成旋光度之和（加和性）。若反应时间为 0、t、∞ 时，溶液的旋光度各为 α_0、α_t、α_∞，设蔗糖尚未转化时，体系最初的旋光度为：

$$\alpha_0 = K_{反} c_0 \tag{5-17}$$

最终系统的旋光度为：

$$\alpha_\infty = K_{生} c_0 \tag{5-18}$$

式中，$K_{反}$、$K_{生}$ 分别为反应物和生成物的比例常数；c_0 为反应开始时蔗糖的浓度，也是生成物的最后浓度。当时间为 t 时，蔗糖浓度为 c，此时旋光度为 α_t。

$$\alpha_t = K_{反} c + K_{生} (c_0 - c) \tag{5-19}$$

由式(5-17) 和式(5-18) 相减，可得：

$$c_0 = \frac{\alpha_0 - \alpha_\infty}{K_{反} - K_{生}} = K(\alpha_0 - \alpha_\infty) \tag{5-20}$$

由式(5-17) 和式(5-19) 相减，可得：

$$c = \frac{\alpha_t - \alpha_\infty}{K_{反} - K_{生}} = K(\alpha_t - \alpha_\infty) \tag{5-21}$$

将式(5-20)、式(5-21) 代入式(5-11) 中可得：

$$k=\frac{2.303}{t}\lg\frac{\alpha_0-\alpha_\infty}{\alpha_t-\alpha_\infty} \tag{5-22}$$

将式(5-22) 改写成：

$$\lg(\alpha_t-\alpha_\infty)=-\frac{k}{2.303}t+\lg(\alpha_0-\alpha_\infty) \tag{5-23}$$

由式(5-23) 可以看出，实验中，利用旋光仪测定 α_t、α_∞ 值，以 $\lg(\alpha_t-\alpha_\infty)$ 对 t 作图，可得一直线，由直线的斜率即可求得反应速率常数 k，由截距可得到 α_0。

三、实验仪器和药品

仪器：WZZ-1 自动指示旋光仪、旋光管（20cm）、电子天平、恒温水浴锅、容量瓶（50mL）、锥形瓶（100mL）、移液管（25mL）、烧杯（50mL）、量杯（25mL）、滤纸。

药品：HCl 溶液（2mol·L^{-1}）、蔗糖（分析纯）。

四、实验步骤

1.准备工作

依次打开旋光仪电源和光源开关，使其在直流供电下工作。若直流开关扳上后，灯熄灭，则再将直流开关上下重复扳动 1~2 次，确保钠光灯在直流下点亮。5min 后，钠光灯发光稳定，开始工作。

2.旋光仪零点的校正

洗净旋光管各部分零件，将旋光管一端的盖子旋紧，向管内注入去离子水，取玻璃盖片

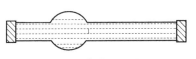

图 5-11　旋光管示意图

沿管口轻轻推入盖好，再旋紧套盖，勿使其漏水，如图 5-11 所示。旋紧套盖时不要用力过猛，以免压碎玻璃片。用滤纸擦净旋光管两端玻璃片，放入旋光仪中，盖上箱盖，打开旋光仪示数开关，用调零旋钮调零点。调好后，不要再动，取出旋光管，倒出去离子水。

3.蔗糖水解过程中 α_t 的测定

称取 10g 蔗糖，溶于去离子水中，用 50mL 容量瓶配制成溶液。如溶液浑浊需进行过滤，用移液管取 25mL 蔗糖溶液于干燥的锥形瓶中，用量杯量取 25mL HCl（2mol/L）溶液。把 HCl 溶液加到装有蔗糖溶液的锥形瓶中混合，并在 HCl 溶液加入一半时开始计时，作为反应的开始时间，记作 $t=0$min。不断振荡摇动锥形瓶，使溶液均匀混合，迅速取极少量混合液清洗旋光管一次，然后以此混合液注满旋光管，盖好玻璃片，旋紧套盖，擦净旋光管两端玻璃片，立刻置于旋光仪中，盖上箱盖，在时间 $t=5$min、10min、15min、20min、25min、30min、35min、40min、45min、50min、55min、60min 时，测定溶液的旋光度 α_t，测定时要迅速准确。示数盘上黑色示值为右旋，记为正值；红色示值为左旋，记为负值。

4.α_∞ 的测定

为了得到反应终了时的旋光度 α_∞，将实验步骤 3 中的混合液保留好，48h 后重新测定其旋光度，此值即为 α_∞。也可将剩余的混合液置于 60℃ 左右的水浴中加热 30min，以加速水解反应，然后冷却至实验温度。按上述操作，测其旋光度，此值即可认为是 α_∞。

5.实验结束时，按照示数、光源、电源的顺序，依次关闭开关。整理仪器，清理实验台面。

五、数据记录和处理

① 将实验数据记录于表 5-2 中。

表 5-2　蔗糖水解反应中不同时间旋光度的变化

实验温度：＿＿＿＿＿＿　大气压：＿＿＿＿＿＿　盐酸浓度：＿＿＿＿＿＿　α_∞：＿＿＿＿＿＿

反应时间/min	α_t	$\alpha_t-\alpha_\infty$	$\lg(\alpha_t-\alpha_\infty)$	k

② 以 $\lg(\alpha_t-\alpha_\infty)$ 对 t 作图，由所得直线的斜率求 k 值。也可以由式(5-22)求各个时间的 k 值，再取 k 的平均值。

③ 由截距求得 α_0。

④ 计算蔗糖水解反应的半衰期 $t_{1/2}$。

六、注意事项

① 尽可能将旋光管内充满液体，以便光线在液体中通过。但若有气泡，应将气泡赶到凸颈处，且不可有较大气泡，影响光线通过，造成误差。

② 在调零和测定旋光度时，旋光管安放时应注意标记的位置和方向，保持一致性。

③ WZZ-1 自动指示旋光仪测试值由整数和小数两部分组成，仔细观察小数部分的最小刻度，正确读取旋光度值。

④ 实验结束时应立刻将旋光管洗净擦干，防止碳化液污染旋光管。

⑤ 如样品超过测量范围，仪器在 ±45 处自动停止。此时，取出旋光管，按复位按钮，仪器即转回零位。

⑥ 钠光灯在直流供电系统出现故障不能使用时，仪器也可在钠光灯交流供电的情况下测试，但仪器的性能可能略有降低。若长时间使用旋光仪，每次测量间隔时应将钠光灯熄灭，以免因长期过热使用而损坏。但下一次测量之前提前 10min 打开钠光灯，使光源稳定。

七、思考题

① 为什么可用蒸馏水来校正旋光仪的零点？

② 在旋光度的测量中为什么要对零点进行校正？它对旋光度的精确测量有什么影响？在本实验中，若不进行校正对结果是否有影响？

八、扩展

① 应用物理量的变化测定反应动力学有关数据是常用的方法，该方法配以仪器可以自动检测与记录。

② 测定不同温度下的反应速率常数，利用阿伦尼乌斯方程可求得反应的活化能。

实验七十一　恒温槽性能测试及液体黏度的测定

一、实验目的

① 了解恒温槽的构造及恒温原理。

② 绘制恒温槽的灵敏度曲线（温度-时间曲线），学会分析恒温槽的性能。

③ 了解 1/10℃温度计、接触温度计、贝克曼温度计的使用。

④ 掌握用品氏毛细管黏度计测定乙醇水溶液黏度的方法。

二、基本原理

1. 恒温槽

在物理化学实验中所测得的数据，如折射率、黏度、蒸气压、表面张力、电导、反应速

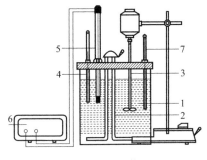

图 5-12 恒温槽装置图

1—浴槽；2—加热器；3—搅拌器；
4—温度计；5—电接点温度计；
6—继电器；7—贝克曼温度计

率常数等都与温度有关，所以许多物理化学实验必须在恒温下进行。通常用恒温槽来控制温度，维持实验温度的恒定。恒温槽之所以能维持恒温，主要是依靠恒温控制器来控制恒温槽的热平衡。当恒温槽因对外散热而使水温降低时，恒温控制器就使恒温槽内的加热器工作，待加热到所需的温度时停止加热，如此反复，使槽温保持恒定。以一款老式恒温槽为例，说明其构造，如图 5-12 所示。

恒温槽一般由浴槽、加热器、搅拌器、温度计、感温元件、恒温控制器等部分组成，分别介绍如下。

① 浴槽　通常采用玻璃槽以利于观察，其容量和形状视需要而定。物理化学实验一般采用 10L 圆形玻璃缸作为浴槽。浴槽内的液体一般采用蒸馏水，恒温超过 100℃ 时可采用液体石蜡或甘油等。

② 加热器　常用的是电热器。根据恒温槽的容量、恒温温度以及与环境的温差大小来选择电热器的功率。为满足容量 20L、恒温 25℃ 的大型恒温槽的效率和精度，有时可采用两套加热器。开始时，用功率较大的加热器加热，当温度达恒定时，再用功率较小的加热器来维持恒温。

③ 搅拌器　一般采用 40W 的电动搅拌器，用变速器来调节搅拌速度。

④ 温度计　常用 1/10℃ 温度计作为观察温度用。为了测定恒温槽的灵敏度，可用 1/1000℃ 温度计或贝克曼温度计。所用温度计在使用前需进行校正。

⑤ 感温元件　它是恒温槽的感觉中枢，是提高恒温槽精度的关键所在。感温元件的种类很多，如接触温度计、热敏电阻感温元件等。老式恒温槽一般用的是接触温度计（又称水银导电表），接触温度计的构造如图 5-13 所示。它的构造与普通温度计类似，只是在水银上面有一个可上下移动的钨丝（触针），并利用磁铁的旋转来调节触针的位置。另外，接触温度计上下两段均有刻度，上段由标铁指示温度，它焊接上一根钨丝，钨丝下端所指的位置与上段标铁所指的温度相同。它依靠顶端上部的一块磁铁来调节钨丝的上下位置。当旋转磁铁时，就带动内部螺旋杆转动，使标铁上下移动，下面水银槽和上面螺旋杆引出两根线作为导电与断电用。当恒温槽温度未达到上端标铁所指示的温度时，水银柱与触针不接触；当温度上升并达到标铁所指示的温度时，钨丝与水银柱接触，并使两根导线导通。

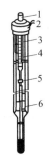

图 5-13　接触温度计的构造图

1—磁性螺旋调节器；2—电极引出线；

3—上标尺；4—标铁；5—可调电极；6—下标尺

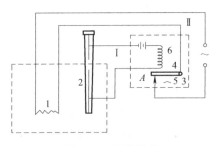

图 5-14　控温原理

1—电热棒；2—接触温度计；3—固定点；

4—衔铁；5—弹簧；6—线圈

⑥ 继电器　常用的是各种形式的晶体管继电器，它是自动控温的关键设备。其简明控温原理见图 5-14。

插在浴槽中的接触温度计 2，在没有达到所要求控制的温度时，水银柱与上钨丝之间断路，即回路 I 中没有电流。衔铁 4 由弹簧 5 拉住与 A 点接触，从而在回路 II 中有电流通过电热棒 1，继电器上红灯亮表示加热。随着电热棒 1 加热使浴槽温度升高，当接触温度计 2 中水银柱上升到要求的温度时就与上钨丝接触，回路 I 中的电流使线圈 6 有了磁性将衔铁 4 吸起，回路 II 断路。此时，继电器上绿灯亮表示停止加热。浴槽温度由于向周围环境散热而下降，水银柱又与上钨丝脱开，继电器重复前一动作，回路 II 又接通……如此不断进行，使浴槽内的介质控制在某一要求的温度。

在上述控温过程中，电热棒处于两种可能的状态，即加热或停止加热。所以，这种控温属于二位控制作用。

由于这种温度控制装置属于"通""断"类型，当加热器接通后传热质温度上升并传递给接触温度计，使它的水银柱上升。传质、传热都需要有一个速度，因此，出现温度传递的滞后状态。即当接触温度计的水银柱触及钨丝时，实际上电热器附近的水温已超过了指定温度，此时恒温槽温度高于指定温度。同理，降温时也会出现滞后状态。

由此可知，恒温槽控制的温度是有一个波动范围的，而不是控制在某一固定不变的温度，并且恒温槽内各处的温度也会因搅拌效果的优劣而不同。控制温度的波动范围越小，各处的温度越均匀，恒温槽的灵敏度越高。灵敏度是衡量恒温槽好坏的主要标志。它除与感温元件、继电器有关，还与搅拌器的效率、加热器的功率等因素有关。

恒温槽灵敏度的测定是在指定温度下，观察温度的波动情况。用较灵敏的温度计，如贝克曼温度计，记录温度随时间的变化，最高温度为 T_1，最低温度为 T_2，则恒温槽的灵敏度 T_E 为：

$$T_E = \pm \frac{T_1 - T_2}{2} \tag{5-24}$$

灵敏度曲线常以温度为纵坐标，以时间为横坐标，绘制成温度-时间关系曲线来表示。在图 5-15 中，曲线（a）表示恒温槽灵敏度较高，曲线（b）表示灵敏度较低，曲线（c）表示加热器功率太大，曲线（d）表示加热器功率太小或散热太快。

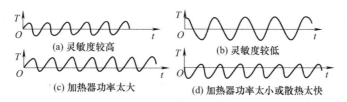

图 5-15　温度-时间关系曲线

为了提高恒温槽的灵敏度，在设计恒温槽时要注意以下几点。

① 恒温槽的热容要大些，传热介质的热容越大越好。

② 尽可能加快电热器与接触温度计间传热的速度。为此要使：a. 感温元件的热容尽可能小，感温元件与电热器距离要近一些；b. 搅拌器效率要高。

③ 作调节温度用的加热器功率要小些。

2. 利用恒温装置可测定溶液的黏度

当液体以层流形式在管道中流动时，可以看作是一系列不同半径的同心圆筒以不同速度向前移动。愈靠中心的流层速度愈快，愈靠管壁的流层速度愈慢。取面积为 A、相距为 dr、相对速度为 dv 的相邻液层进行分析。

由于两液层速度不同，液层之间表面出现内摩擦现象，慢层以一定的阻力拖着快层。显然内摩擦力与两液层间接触面积 A 成正比，也与两液层间的速度梯度 dv/dr 成正比，即

$$f = \eta A \frac{dv}{dr} \tag{5-25}$$

式中，比例系数 η 称为黏度系数（或黏度）。可见，液体的黏度是液体内摩擦力的度量。在国际单位制中，黏度的单位为 $N \cdot m^{-2} \cdot s$，即 $Pa \cdot s$。

黏度测定可在毛细管黏度计中进行。设有液体在一定的压力差 p 推动下，以层流的形式流过半径为 R、长度为 l 的毛细管。对于其中半径为 r 的圆柱形液体，促使流动的推动力 $F = \pi r^2 p$，它与相邻的外层液体之间的内摩擦力为：

$$f = \eta A \frac{dv}{dr} = 2\pi r l \eta \frac{dv}{dr}$$

所以当液体稳定流动时，$F + f = 0$，即

$$\pi r^2 p + 2\pi r l \eta \frac{dv}{dr} = 0 \tag{5-26}$$

在管壁处，即 $r = R$ 时，$v = 0$，对式(5-26) 积分

$$\int_0^v dv = -\frac{p}{2\eta l} \int_R^r r \, dr$$

得到

$$v = -\frac{p}{4\eta l}(R^2 - r^2) \tag{5-27}$$

对于厚度为 dr 的圆管形流层，时间 t 内流过液体的体积为 $2\pi r v t \, dr$，所以 t 内流过这一段毛细管的液体总体积为：

$$V = \int_0^R 2\pi r v t \, dr = \frac{\pi R^4 p t}{8\eta l}$$

由此可得

$$\eta = \frac{\pi R^4 p t}{8Vl} \tag{5-28}$$

上式称为泊肃叶方程，式中 R、p 等数值不易精准测定，所以 η 值一般用相对法求得，其方法如下。

取相同体积的两种液体（一为被测液体 i；一为参考液体 o，如水、甘油等），在本身重力作用下，分别流过同一支毛细管黏度计，如图 5-16 所示的品氏毛细管黏度计。若测得流过相同体积 $V_{m_1-m_2}$ 所需的时间为 t_i 与 t_o，则：

$$\eta_i = \frac{\pi R^4 p_i t_i}{8l V_{m_1-m_2}}$$

$$\eta_o = \frac{\pi R^4 p_o t_o}{8l V_{m_1-m_2}} \tag{5-29}$$

由于 $p = h\rho g$（h 为液柱高度，ρ 为液体密度，g 为重力加速度），若用同一支黏度计，根据式(5-29)，可得：

$$\frac{\eta_i}{\eta_o} = \frac{\rho_i t_i}{\rho_o t_o} \tag{5-30}$$

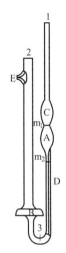

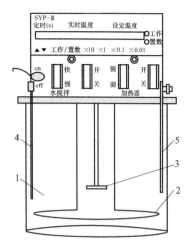

图 5-16　品氏毛细管黏度计

m_1，m_2—环形测定线；

1—主管；2—宽管；3—弯管；

A—测定球；B—储器；C—缓冲球；

D—毛细管；E—支管

图 5-17　SYP-Ⅲ玻璃恒温

水浴槽装置结构

1—玻璃缸体；2—加热器；3—搅拌器；

4—温度传感器；5—可固定支架

依据表 5-3，已知某温度下各液体的 η_o、ρ_i、ρ_o，并测得 t_i、t_o，即可求得该温度下的 η_i。

三、实验仪器与药品

仪器：SYP-Ⅲ玻璃恒温水浴槽、SWC-Ⅱ$_D$ 精密数字温度温差仪、秒表、品氏毛细管黏度计、移液管（10mL）、洗耳球、铁架台、万用夹。

药品：20％乙醇溶液、去离子水。

四、实验步骤

① 按图 5-17 所示，打开恒温槽电源开关，设置控制温度。按"工作/置数"键至置数灯亮，依次按"×10""×1""×0.1"键，设定实验温度，本次实验温度为 35℃。接着，打开搅拌器开关，按"工作/置数"键至工作灯亮，转换到工作条件，此时指示灯常亮为红色，恒温槽开始加热，待温度达到设定温度 35℃后，指示灯闪烁，恒温槽间断性加热，系统处于恒温状态。

② 打开精密数字温度温差仪电源开关，将温度感应元件插到水浴中，注意不要碰触加热器和浴槽壁，对比恒温槽自身温度计，观察温差仪的 1/10℃ 温度计及贝克曼温度计读数是否正常；设定读取温度时间段，待用。

③ 待恒温槽已处于 35℃ 恒温后，观察贝克曼温度计的读数，利用秒表，每 60s 记录一次贝克曼温度计的读数。测定约 40min，温度变化范围要求在 ±0.15℃ 之内。改变恒温槽中温度感温元件的相对位置，按同样方法测定恒温槽内其他位置的灵敏度。

④ 在洗净烘干的品氏毛细管黏度计中用移液管移入 10mL 20％ 乙醇溶液，在毛细管端装上橡皮管，将黏度计垂直固定于恒温槽内，并使水浴的液面高于球 C 中部，放置 15min。

⑤ 恒温后，用洗耳球通过橡皮管将液体吸到高于刻度线 m_1，放开橡皮管口，使液体在管内由于自身重力下降，用秒表准确记录液面从测定线 m_1 流到 m_2 的时间 t_i。重复三次，偏差应小于 0.3s，取其平均值。

⑥ 洗净此黏度计并烘干，冷却后用移液管移入 10mL 去离子水，用同实验步骤⑤的方法再测得去离子水从测定线 m_1 流到 m_2 的时间 t_o 的平均值。

表 5-3　20%乙醇溶液和水在不同温度下的密度与黏度

温度 $T/℃$	20%乙醇密度 $\rho_o/(g \cdot cm^{-3})$	水的密度 $\rho_o/(g \cdot cm^{-3})$	水的黏度 $\eta_o/(mPa \cdot s)$
20	0.9686	0.9982	1.002
25	0.9664	0.9971	0.8904
30	0.9640	0.9957	0.7975
35	0.9614	0.9941	0.7194

五、数据记录和处理

① 将实验步骤③的实验数据记录于表 5-4 中。

表 5-4　贝克曼温度计在恒温水浴中不同位置测得的温差

时　间/min	贝克曼温度计读数（位置 1）	贝克曼温度计读数（位置 2）
t_1		
t_2		
…		

② 以时间为横坐标，温度为纵坐标，绘制 35℃时温度-时间曲线。

③ 由式(5-24)计算恒温槽的灵敏度。

④ 由式(5-30)计算 20%乙醇溶液黏度。

六、思考题

① 对于提高恒温槽的灵敏度，可从哪些方面进行改进？

② 如果所需恒定的温度低于室温，如何装备恒温槽？

③ 黏度计在使用时为何必须烘干？是否可用两支黏度计分别测得待测液体和参比液体的流经时间？

④ 为什么在黏度计中加入被测液体与参比液体的体积要相同？

实验七十二　表面张力测定——最大气泡压力法测定乙醇溶液的表面张力

一、实验目的

① 掌握最大气泡压力法测定表面张力的原理和技术。

② 通过对不同浓度乙醇溶液表面张力的测定，加深对表面张力、表面自由能、表面张力和吸附量关系的理解。

二、基本原理

在一个液体的内部，任何分子周围的吸引力都是平衡的，可是在液体表面层的分子受力却不相同。因为表面层的分子，一方面受到液体内层的邻近分子的吸引，另一方面受到液面外部气体分子的吸引，而且前者的作用要比后者大。因此在液体表面层中，每个分子都受到垂直于液面并指向液体内部的不平衡力（图 5-18）。这种吸引力使表面上的分子向内挤，促成液体的最小面积。要使液体的表面积增大，就必须要反抗分子的内向力而做功，增加分子的势能。所以说分子在表面层

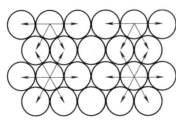

图 5-18　分子间吸引示意图

比在液体内部有更大的势能，这势能就是表面自由能。通常把增大 $1m^2$ 表面所需的最大功 W，或增大 $1m^2$ 所引起的表面自由能的变化 ΔG，称为单位表面的表面能，其单位为 $J \cdot m^{-2}$。把液体限制其表面及力图使它收缩的单位直线长度上所作用的力，称为表面张力，其单位是 $N \cdot m^{-1}$。液体单位表面的表面能和它的表面张力在数值上是相等的。

如欲使液体表面面积增加 ΔS 时，所消耗的可逆功 W 应该是：

$$-W = \Delta G = \sigma \Delta S \tag{5-31}$$

液体的表面张力与温度有关，温度愈高，表面张力愈小。到达临界温度时，液体与气体不分，表面张力趋近于零。液体的表面张力也与液体的纯度有关，在纯净的液体（溶剂）中如果掺进杂质（溶质），表面张力就要发生变化，其变化的大小，取决于溶质的性质和加入量的多少。

对纯溶剂而言，其表面层与内部的组成是相同的，但对溶液来说却不然。当加入溶质后，溶剂的表面张力要发生变化。根据能量最低原则，若溶质能减小溶剂的表面张力，则表面层中溶质的浓度应比溶液内部的浓度高；如果所加溶质能使溶剂的表面张力增大，那么溶质在表面层中的浓度应比溶液内部的浓度低。这种表面浓度与溶液内部浓度不同的现象叫作溶液的表面吸附。在一定的温度和压力下，溶液表面吸附溶质的量与溶液的表面张力和加入的溶质量（即溶液的浓度）有关，它们之间的关系可用吉布斯吸附公式表示：

$$\Gamma = -\frac{c}{RT}\left(\frac{\partial \sigma}{\partial c}\right)_T \tag{5-32}$$

式中，Γ 为吸附量，$mol \cdot m^{-2}$；σ 为表面张力，$J \cdot m^{-2}$；T 为绝对温度，K；c 为溶液浓度，$mol \cdot L^{-1}$；R 为气体常数，$8.314J \cdot K^{-1} \cdot mol^{-1}$。$\left(\frac{\partial \sigma}{\partial c}\right)_T$ 表示在一定温度下表面张力随溶液浓度而改变的变化率。如果 σ 随浓度的增加而减小，也即 $\left(\frac{\partial \sigma}{\partial c}\right)_T < 0$，则 $\Gamma > 0$，此时溶液表面层的浓度大于溶液内部的浓度，称为正吸附作用。如果 σ 随浓度的增加而增大，即 $\left(\frac{\partial \sigma}{\partial c}\right)_T > 0$，则 $\Gamma < 0$，此时溶液表面层的浓度小于溶液本身的浓度，称为负吸附作用。从式(5-32)可看出，只要测定溶液的浓度和表面张力，就可求得各种不同浓度下溶液的吸附量 Γ。

在本实验中，溶液浓度的测定是利用浓度与折射率的对应关系，表面张力的测定是采用最大气泡压力法。

图 5-19 是最大气泡压力法测定表面张力的装置示意图。将待测表面张力的液体装于样品管中，使毛细管的底端端面与液面相切，液面即沿着毛细管上升。打开滴液瓶的活塞进行缓慢抽气，此时由于毛细管内液面上所受的压力（$p_{大气}$）大于样品管中液面上的压力（$p_{系统}$），故毛细管内的液

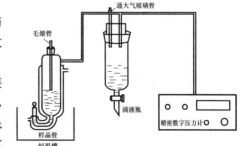

图 5-19　最大气泡压力法测定表面张力的装置

面逐渐下降，并从毛细管管端缓慢地逸出气泡。在气泡形成过程中，由于表面张力的作用，凹液面产生了一个指向液面外的附加压力 Δp，因此有下述关系：

$$p_{大气} = p_{系统} + \Delta p \quad 或 \quad \Delta p = p_{大气} - p_{系统} \tag{5-33}$$

在弯曲的液面下，由于表面张力的作用，产生附加压力 Δp，如图 5-20 所示，由杨-拉普拉斯公式得：

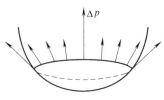

图 5-20　弯曲液面的附加压力

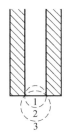

图 5-21　气泡形成过程示意图
1—呈平面，R 极大；2—呈半球形，
$R=r$；3—继续增大，$R>r$

$$\Delta p = \frac{2\sigma}{R} \tag{5-34}$$

式中，Δp 为弯曲液面的附加压力；σ 为溶液的表面张力；R 为弯曲液面的曲率半径。从式(5-34) 可见，附加压力 Δp 和溶液的表面张力 σ 成正比，与气泡的曲率半径 R 成反比。

若毛细管管径较小，则形成的气泡可视为球形。气泡刚形成时，由于表面几乎是平的，所以液面曲率半径 R 极大。随着气泡的形成，曲率半径逐渐变小，当气泡形成半球形时，气泡的曲率半径 R 等于毛细管半径 r，此时 R 值为最小。气泡进一步增大，R 又趋于增大（图 5-21），直至脱离毛细管逸出液面。

根据式(5-34) 可知，当 $R=r$ 时，附加压力最大，为

$$\Delta p_{\mathrm{m}} = \frac{2\sigma}{r} \tag{5-35}$$

此过程中，在精密压力计上可以看到数值不断变化，读出最大附加压力值。

若以 Δh_{m} 表示精密数字压力计上最大压差值，ρ 为压力计内工作介质的密度，g 为重力加速度，则：

$$\Delta p_{\mathrm{m}} = \Delta h_{\mathrm{m}} \rho g \tag{5-36}$$

由式(5-35) 和式(5-36)，可得：

$$\frac{2\sigma}{r} = \Delta h_{\mathrm{m}} \rho g$$

$$\sigma = \frac{1}{2} r \Delta h_{\mathrm{m}} \rho g \tag{5-37}$$

在实验中，若使用同一支毛细管和压力计，则 $\frac{1}{2} r\rho g$ 是一个常数，称作仪器常数，用 K 来表示。所以，将式(5-37) 转化为：

$$\sigma = K \Delta h_{\mathrm{m}} \tag{5-38}$$

用已知表面张力的液体作为标准，测定 Δh_{m}，带入式(5-38) 中，求出 K。本实验以水作为标准（查附表 2-8 得实验温度下水的表面张力），则仪器常数为：

$$K = \frac{\sigma_{\mathrm{H_2O}}}{\Delta h_{\mathrm{m, H_2O}}} \tag{5-39}$$

把式(5-39) 带入式(5-38)，则待测液体表面张力为：

$$\sigma = \frac{\sigma_{\mathrm{H_2O}}}{\Delta h_{\mathrm{m, H_2O}}} \Delta h_{\mathrm{m}} \tag{5-40}$$

三、实验仪器和药品

仪器：阿贝折射仪、恒温槽装置、表面张力测定装置。

药品：无水乙醇（分析纯）、丙酮（分析纯）、待测乙醇溶液样品。

四、实验步骤

1. 作工作曲线

用体积法配制 5％、10％、15％、20％、25％、30％、40％、50％的标准乙醇溶液，并测定各溶液的折射率，作出浓度-折射率的工作曲线。

2. 仪器常数的测定

将测定表面张力的各仪器和毛细管先用洗液洗净，再顺次用自来水和蒸馏水漂洗，烘干后按图 5-19 接好。接通恒温槽电源，调节恒温槽至 25℃。

在滴液瓶中盛入水，将毛细管插入样品管中，打开卸压开关，从侧管中加入去离子水，使毛细管管口刚好与液面相切，接入恒温水恒温 5min，系统调零，然后关闭卸压开关。接着，将滴液瓶的滴水开关打开放水，观察液面有气泡产生即可关闭滴水开关。待压力数值趋于稳定，观察压力应无变化，保持定值，说明系统气密性良好；如不能保持则需重新连接管路系统。系统气密性确定后，即可缓慢打开滴水开关，调节滴水开关使精密数字压力计显示值逐个递增，尽可能让气泡从毛细管底部慢慢地放出，待气泡均匀稳定放出时，读取压力计上的数值，连续读取三次，取出平均值。

3. 待测样品表面张力的测定

按上述方法将待测乙醇溶液从小到大的序号样品分别测定最大压差 Δh_m。实验完毕，关掉电源，洗净玻璃仪器。

4. 待测样品浓度的测定

用阿贝折射仪测定待测样品的折射率，并从工作曲线上找出其相应的浓度值。

五、数据记录和处理

① 用表格列出各溶液的折射率与最大压力差值，并求得仪器常数和溶液表面张力。

② 作出浓度-折射率的工作曲线，确定未知液浓度。如图 5-22 所示，以浓度 c 为横坐标，表面张力 σ 为纵坐标，作 σ-c 关系图（横坐标浓度从零开始）。

③ 如图 5-22 所示，在 σ-c 曲线上任取一点 a，过 a 点作切线 ba，其斜率设为 m，即

$$m = \frac{Z}{0-c} = -\frac{Z}{c} \tag{5-41}$$

$$m = \left(\frac{\partial \sigma}{\partial c}\right)_T \tag{5-42}$$

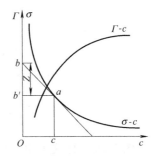

图 5-22　表面张力及吸附等温线

所以，吉布斯吸附公式 $\Gamma = -\dfrac{c}{RT}\left(\dfrac{\partial \sigma}{\partial c}\right)_T$ 简化为：$\Gamma = \dfrac{Z}{RT}$，求算各浓度的吸附量，并画出吸附量与浓度（Γ-c）的关系图（图 5-22）。

六、思考题

① 表面张力为什么必须在恒温槽中进行测定？温度变化对表面张力有何影响？为什么？

② 最大气泡法测定表面张力时为什么要读最大压力差？如果气泡逸出得很快，或几个气泡一齐出，对实验结果有无影响？

实验七十三　极化曲线的测定

一、实验目的

① 掌握用恒电位法测定金属极化曲线的原理和方法。

② 了解极化曲线的意义和应用。

③ 掌握恒电位仪的使用方法。

二、实验原理

1. 极化曲线

为了探索电极过程的机理及影响电极过程的各种因素，必须对电极过程进行研究，其中极化曲线的测定是重要的方法之一。众所周知，在研究可逆电池的电动势和电池反应时，电极上几乎没有电流通过，每个电极反应都是在接近于平衡下进行的，因此电极反应是可逆的。但当有电流明显地通过电池时，电极的平衡状态被破坏，电极电位偏离平衡值，电极反应处于不可逆状态，而且随着电极上电流密度的增加，电极反应的不可逆程度也随之增大。由于电流通过电极而导致电极电位偏离平衡值的现象称作电极的极化，描述电流密度与电极电位之间关系的曲线称作极化曲线，如图 5-23 所示。

金属的阳极过程是指金属作为阳极时在一定的外电位下发生的阳极溶解过程，如下式所示：$M = M^{n+} + ne^-$。

此过程只有在电极电位正于其平衡（可逆）电位时才能发生。阳极的溶解速度随电极电位变正而逐渐增大，这是正常的阳极溶出。但当阳极电位正到某一数值时，其溶解速度达到最大值，此后阳极溶解速度随电位变正反而大幅度降低，这种现象称为金属的钝化现象。

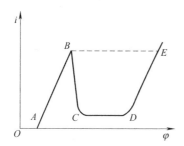

图 5-23　阳极极化曲线

AB—活性溶解区；*B*—临界钝化点；

BC—过渡钝化区；*CD*—稳定钝化区；

DE—过钝化区

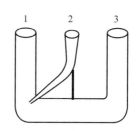

图 5-24　电解池结构示意图

1—研究电极；2—参比电极；3—辅助电极

图 5-23 中曲线表明，从 *A* 点开始，随着电位向正方向移动，电流密度也随之增加，电位超过 *B* 点以后，电流密度随电位增加迅速减至很小，这是因为在金属表面上生成了一层电阻高、耐腐蚀的钝化膜。*B* 点对应的电位称为临界钝化电位，对应的电流称为临界钝化电流。电位到达 *C* 点以后，随着电位的继续增加，电流却保持在一个基本不变的很小的数值上，该电流称为维钝电流，直到电位升到 *D* 点，电流才又随电位的上升而增大，表示阳极又发生了氧化过程，可能是高价金属离子产生，也可能是水分子放电析出氧气，*DE* 段称为过钝化区。

2.极化曲线的测定

（1）恒电位法

恒电位法就是将研究电极上的电极电位依次恒定在不同的数值上，然后测量对应于该电位下的电流。极化曲线的测量应尽可能接近稳态体系。稳态体系指被研究体系的极化电流、电极电位、电极表面状态等基本上不随时间而改变。在实际测量中，常采用的控制电位测量方法有以下两种。

① 阶跃法（静态法） 将电极电位恒定在某一数值，测定相应的稳定电流值，如此逐点地测量一系列电极电位下的稳定电流值，以获得完整的极化曲线。对某些体系，达到稳态可能需要很长时间，为节省时间，提高测量重现性，往往人们自行规定每次电位恒定的时间。

② 慢扫描法（动态法） 控制电极电位以较慢的速度连续地改变（扫描），并测量对应电位下的瞬时电流值，以瞬时电流与对应的电极电位作图，获得整个的极化曲线。一般来说，电极表面建立稳态的速度愈慢，则电位扫描速度也应愈慢。因此对不同的电极体系，极化曲线也不相同。为测得稳态极化曲线，人们通常依次减小扫描速度测定若干条极化曲线，当测至极化曲线不再明显变化时，可确定此扫描速度下测得的极化曲线即为稳态极化曲线。同样，为节省时间，对于那些只是为了比较不同因素对电极过程影响的极化曲线，则选取适当的扫描速度绘制准稳态极化曲线就可以了。

上述两种方法都已获得了广泛的应用。尤其是慢扫描法，由于可以自动检测，扫描速度可控，因而测量结果重现性好，特别适用于对比实验。

（2）恒电流法

恒电流法就是控制研究电极上的电流密度依次恒定在不同的数值下，同时测定相应的稳定电极电位值。采用恒电流法测定极化曲线时，由于种种原因，给定电流后，电极电位往往不能立即达到稳态。不同的体系，电极电位趋于稳态所需要的时间也不相同，因此在实际测量时，一般电极电位接近稳定（如 $1 \sim 3min$ 内无大的变化）即可读值，或人为自行规定每次电流恒定的时间。

三、实验仪器和药品

仪器：HDV-7C 恒电位仪、饱和甘汞电极（参比电极）、碳钢电极（研究电极）、铂电极（辅助电极）、三室电解槽、金相砂纸。

药品：$(NH_4)_2CO_3$ 溶液（$2mol \cdot L^{-1}$）、H_2SO_4 溶液（$1.0mol \cdot L^{-1}$）、丙酮（分析纯）。

四、实验步骤

1.用金相砂纸将研究电极擦至镜面光亮，放入丙酮溶液中 10s 除去油污，在 $1.0mol \cdot L^{-1}$ 的 H_2SO_4 溶液中 5s 去除氧化层，备用。

2.将 $2mol \cdot L$ 的 $(NH_4)_2CO_3$ 溶液倒入电解池内，按图 5-24 所示，将电极放置在三室电解槽中，通电前在溶液中通氮气 $5 \sim 10min$，以除去溶液中的氧。

3.恒电位采用阶跃法（静态法）测定阴极和阳极的极化曲线。

① 仪器开启前，"电位量程"选择"20V"，"电流量程"选择最大挡，"补偿衰减"和"补偿增益"置于最小挡，"工作选择"置于"恒电位"，"电位测量选择"置于"参比"。

② 接通仪器电源，"工作电源"置于"自然"，仪器打开，指示灯亮，电流显示为0，仪器预热 $5 \sim 15min$。

③ 将电极依次连接于"研究""参比""辅助"接线柱上，"研究"与"接地"线串联。"电位测量选择"置于"参比"，"工作电源"选择"自然"时，电位窗口显示的电位 $V_{参比}$ 为

"研究电极"相对于"参比电极"的稳定电位，称作自腐电位，其绝对值大于 0.8V 方为合格，否则需要重新处理研究电极。

④ "电位测量选择"置于"给定"，调节恒电位"粗调""细调"旋钮，使电位显示窗口的给定电位为自腐电位，即 $V_{给定} = V_{参比}$。

⑤ "工作电源"选择"极化"，调节恒电位"粗调""细调"旋钮，每次加 $-0.02V$ 直到 $-1.2V$ 左右，记录每次对应的电流值，测得阴极极化曲线。

⑥ 重复③~④步骤，调节恒电位"粗调""细调"旋钮，每次加 0.02V 直到 1.2V 左右，记录每次对应的电流值，测得阳极极化曲线。

4. 实验完成后，清洗三个电极，甘汞电极加盖保护套，电解液回收，仪器"电位测量选择"置于"参比"，"工作电源"置于"关"。

五、数据记录和处理

① 记录实验时的室温和大气压。

② 记录实验数据，以电流密度为纵坐标，电极电位为横坐标，分别绘出阴极和阳极的极化曲线。

③ 讨论实验结果及阳极极化曲线的意义，指出钝化曲线中的活性溶解区、过渡钝化区、稳定钝化区、过钝化区，并标出临界钝化电流密度、维钝电流密度等数值。

六、注意事项

① 按照实验要求，严格进行电极处理。

② 研究电极与卢金毛细管之间的距离应尽量靠近，但管口离电极表面的距离不能小于毛细管本身的直径，每次实验要保持一致。

③ 每次完成实验后，应在确认恒电位仪在非工作的状态下，关闭电源，取出电极。

七、思考题

① 测定极化曲线，为何需要三个电极？在恒电位仪中，电位与电流哪个是自变量？哪个是因变量？

② 通过极化曲线的测定，对极化过程和极化曲线的应用有何进一步的理解？

八、扩展

1. 三电极体系

极化曲线描述的是电极电位与电流密度之间的关系。被研究电极过程的电极称为研究电极或工作电极。与工作电极构成电流回路，以形成对研究电极极化的电极称为辅助电极，也叫对电极。其面积通常要较研究电极更大，以降低该电极上的极化。参比电极是测量研究电极电位的比较标准，与研究电极组成测量电池。参比电极应是一个电极电位已知且稳定的可逆电极，该电极的稳定性和重现性要好。为减少电极电位测定过程中的溶液电位降，通常两者之间以卢金毛细管相连。卢金毛细管应尽量但也不能无限制靠近研究电极表面，以防止对研究电极表面的电力线分布造成屏蔽效应。

2. 影响金属钝化过程的几个因素

金属钝化现象是常见的，人们已对它进行了大量的研究工作。影响金属钝化过程及钝化性质的因素，可归纳为以下几点。

① 溶液的组成　溶液中存在的 H^+、卤素离子以及某些具有氧化性的阴离子，对金属的钝化现象起着颇为显著的影响。在中性溶液中，金属一般比较容易钝化，而在酸性或某些

碱性的溶液中，钝化则困难得多，这与阳极反应产物的溶解度有关系。卤素离子，特别是氯离子的存在，则明显地阻滞了金属的钝化过程，已经钝化了的金属也容易被它活化，而使金属的阳极溶解速度重新增大。溶液中存在某些具有氧化性的阴离子（如 CrO_4^{2-}）则可以促进金属的钝化。

② 金属的化学组成和结构　各种纯金属的钝化能力不尽相同，以铁、镍、铬三种金属为例，铬最容易钝化，镍次之，铁较差些。因此，添加铬、镍可以提高钢铁的钝化能力及钝化的稳定性。

③ 外界因素（如温度、搅拌等）　一般来说，温度升高以及搅拌加剧，可以推迟或防止钝化过程的发生，这显然与离子扩散有关。

3. 为了明确表示出电极极化的状况，通常把某一电流密度下的某一电极的可逆电极电位与不可逆电极电位的差值称为超电位。超电位的存在使电解时需要多消耗能量。但从另一角度来看，正因为有超电位的存在，才能使某些本来在 H^+ 之后在阴极上还原的反应，能顺利地较 H^+ 先在阴极上进行。例如，可以在阴极镀上 Zn、Cd、Ni 等而不会有氢气析出。在金属活动性顺序表中氢以前的金属即使是 Na，也可以用汞作为电极使 Na^+ 在电极上放电，生成钠汞齐而不会放出氢气（因为氢气在汞上有很大的超电位）。又如铅蓄电池在充电时，如果氢没有超电位就不能使铅沉积到电极上，而只会放出氢气。在铅蓄电池的阳极上，OH^- 先氧化而放出氧气，而 SO_4^{2-} 氧化则比较困难。

实验七十四　电动势法测定化学反应的热力学函数变化值

一、实验目的

① 测定可逆电池在不同温度下的电动势值，从而计算电池反应的热力学函数变化值 ΔG、ΔH 和 ΔS。

② 掌握电动势法测定化学反应热力学函数变化值的有关原理和方法。

二、基本原理

如果原电池内进行的化学反应是可逆的，且电池在可逆条件下工作，则此电池反应在定温定压下的吉布斯自由能变化 ΔG 和电池的电动势 E 有以下关系式：

$$\Delta G = -nEF \tag{5-43}$$

从热力学可知：

$$\Delta G = \Delta H - T\Delta S \tag{5-44}$$

$$\Delta S = \left(\frac{\partial \Delta G}{\partial T}\right)_p = nF\left(\frac{\partial E}{\partial T}\right)_p \tag{5-45}$$

将式（5-45）代入式（5-44），变换后可得：

$$\Delta H = \Delta G + nFT\left(\frac{\partial E}{\partial T}\right)_p \tag{5-46}$$

在定压下（通常是 101325Pa）测定一定温度时的电池电动势，即可根据式（5-43）求得该温度下电池反应的 ΔG。从不同温度时的电池电动势值可求出 $\left(\frac{\partial E}{\partial T}\right)_p$，根据式（5-45）可求出该电池反应的 ΔS，根据式（5-46）可求出 ΔH。

如电池反应中作用物和生成物的活度都是 1，测定时的温度为 298.15K，则所得热力学函数以 $\Delta G_{298}^{\ominus}$、$\Delta H_{298}^{\ominus}$、$\Delta S_{298}^{\ominus}$ 表示。

本实验测定电池 $Ag(s)|AgCl(s)|KCl$ 溶液$||Hg_2Cl_2(s)|Hg$ 的电动势。其电动势可从

两个电极的电位来计算，即

$$E = \varphi_{甘汞} - \varphi_{银-氯化银}$$

其中

$$\varphi_{甘汞} = \varphi_{甘汞}^{\ominus} - \frac{RT}{F}\ln a_{Cl^-} \qquad (5\text{-}47)$$

$$\varphi_{银-氯化银} = \varphi_{银-氯化银}^{\ominus} - \frac{RT}{F}\ln a_{Cl^-} \qquad (5\text{-}48)$$

因此

$$E = \varphi_{甘汞}^{\ominus} - \frac{RT}{F}\ln a_{Cl^-} - \left(\varphi_{银-氯化银}^{\ominus} - \frac{RT}{F}\ln a_{Cl^-}\right)$$

$$= \varphi_{甘汞}^{\ominus} - \varphi_{银-氯化银}^{\ominus} \qquad (5\text{-}49)$$

由此可知，该电池电动势与 KCl 溶液浓度无关。如在 298.15K 测得该电池电动势 $E^{\ominus}$，即可求得此电池反应的 $\Delta G_{298}^{\ominus}$。改变温度测定其电池电动势，求得 $\left(\frac{\partial E}{\partial T}\right)_p$ 后，就可以求出 $\Delta H_{298}^{\ominus}$ 和 $\Delta S_{298}^{\ominus}$。考虑到浓 KCl 溶液对银-氯化银电极上 AgCl 的溶解作用等原因，本实验中所用 KCl 溶液浓度约为 $0.1\text{mol}\cdot L^{-1}$。

三、实验仪器和药品

仪器：UJ-25 型电位差计及附件、空气恒温箱（或超级恒温槽）、银-氯化银电极、烧杯（50mL）、甘汞电极（$0.1\text{mol}\cdot L^{-1}$ KCl）。

药品：KCl 溶液（$0.1\text{mol}\cdot L^{-1}$）。

四、实验步骤

1. 电极制备

银-氯化银电极和甘汞电极的制备，请见实验六十八"电极制备、处理及电池电动势的测定"。

2. 电池的组合

将银-氯化银电极和甘汞电极按图 5-25 进行电池组合，即得下列电池：

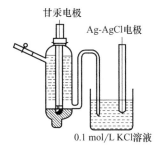

图 5-25　电池组合

$$Ag(s)\,|\,AgCl(s)\,|\,KCl\ 溶液(0.1\text{mol}\cdot L^{-1})\,\|\,Hg_2Cl_2(s)\,|\,Hg$$

3. 电池电动势的测量

用 UJ-25 型电位差计测量温度为 298.15K 以及 308.15K（或 288.15K）时上述电池的电动势。电池用空气恒温箱（或超级恒温槽）恒温。测定时，电池电动势值开始时较不稳定，每隔一定时间测定一次，直到其稳定为止。

五、数据记录和处理

① 写出上述电池中，正极和负极上的电极反应以及电池反应。

② 根据 298.15K 时测得的 E_{298}，计算电池反应的 $\Delta G_{298}^{\ominus}$。

③ 根据 298.15K 和 308.15K 时测得的 E_{298} 和 E_{308}，求出 $\left(\frac{\partial E}{\partial T}\right)_p$，并计算该反应的 ΔS 和 ΔH。

④ 将本实验所得的电池反应的热力学函数变化值与文献值进行比较。

① 为什么用本法测定电池反应的热力学函数变化值时，电池内进行的化学反应必须是可逆的，电动势又必须用对消法测定？

② 上述电池的电动势与 KCl 溶液浓度是否有关？为什么？

七、扩展

① 用热分解法制备的 Ag-AgCl 电极，其电极电位重现性和稳定性好。将用热分解法制得的 Ag-AgCl 电极数个置于 $0.05\,mol \cdot L^{-1}$ HCl 中放置过夜后，用电位差计测量各个电极间的电位差，剔去值大于 0.1mV 的电极，然后选其中任一电极进行实验。也可采用电池 $Ag(s)|AgCl(s)|KCl(饱和溶液)\|Hg_2Cl_2(s)|Hg$ 进行实验。其中甘汞电极可采用市售饱和甘汞电极。由于浓氯化钾溶液中，电极上的 AgCl 与溶液中的 Cl^- 易发生反应生成络离子 $AgCl_2^-$ 而溶解。为此，可预先在饱和氯化钾溶液中滴加 $AgNO_3$ 溶液数滴，使生成 AgCl 沉淀，以保护 Ag-AgCl 电极。

② 电动势的测定在物理化学中占有重要地位，应用非常广泛。通过测定电动势，可以间接地求得电池反应的标准平衡常数、电解质溶液的活度因子、pH 值、解离常数、难溶盐的溶度积等。

除了上述提到的各种应用以外，电动势的测定还可以应用于化学物质的定量分析，如氧化还原反应的电位滴定。

实验七十五　异丙醇-环己烷双液系相图

一、实验目的

① 了解绘制双液系相图的基本原理和方法。绘制常压下环己烷-异丙醇双液系的 T-x 图，并找出恒沸点混合物的组成和最低恒沸点。

② 学会阿贝折射仪的使用。

二、实验原理

在常温下，任意两种液体混合组成的体系称为双液体系。若两液体能按任意比例相互溶解，则称完全互溶双液体系；若只能部分互溶，则称部分互溶双液体系。

液体的沸点是指液体的蒸气压与外界大气压相等时的温度。在一定的外界大气压下，纯液体有确定的沸点。而双液体系的沸点不仅与外界大气压有关，还与双液体系的组成有关。恒压下将完全互溶双液体系蒸馏，测定气相馏出液和液相蒸馏液的组成，就能找出平衡时气液两相的成分并绘出 T-x 图（图 5-26），图中纵轴是温度（沸点）T，横轴是液体 B 的摩尔分数 x_B（或质量分数）。上面一条是气相线，下面一条是液相线，对于某一沸点温度所对应的两条曲线上的两个点，就是该温度下气液平衡时的气相点和液相点，其相应的组成可从横

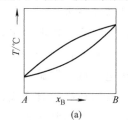

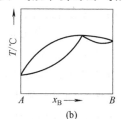

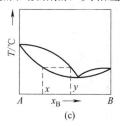

图 5-26　完全互溶双液系的相图

轴上获得，即 x、y。

通常，如果液体与拉乌尔定律的偏差不大，在 T-x 图上溶液的沸点介于 A、B 两纯液体的沸点之间，见图 5-26(a)。而实际溶液由于 A、B 两组分的相互影响，常与拉乌尔定律有较大偏差，在 T-x 图上会有最高或最低点出现，这些点称为恒沸点，其相应的溶液称为恒沸点混合物。如图 5-26(b) 和图 5-26(c) 所示，恒沸点混合物蒸馏时，所得的气相与液相组成相同，因此通过蒸馏无法改变其组成。如 HCl 与水的体系具有最高恒沸点，异丙醇-环己烷双液系属于具有最低恒沸点的体系。

为了绘制沸点-组成图，可采取不同的方法。比如取该体系不同组成的溶液，用化学分析方法分析沸腾时该组成的气液组成，从而绘制出完整的相图。可以想象，对于不同的体系要用不同的化学分析方法来确定其组成，这种方法是很繁杂的。特别是对于一些体系还无法建立起精确、有效的化学分析方法，其相图的绘制就更为困难。物理学的方法为物理化学的实验手段提供了方便的条件，如光学方法。在本实验中对折射率的测定，就是一种间接获取组成的办法。它具有简捷、准确的特点。

本实验就是利用回流及分析的方法绘制相图。取不同组成的溶液在沸点仪中回流，测定其沸点及气液相组成。沸点数据可直接由温度计获得，气液相组成可通过测其折射率，然后在组成-折射率曲线中最后确定。

三、实验仪器和药品

仪器：玻璃沸点测定仪、精密数字温度计或水银温度计、WLS 数字恒流源、阿贝折射仪（包括恒温装置）、移液管（1mL，10mL，25mL）、吸液管。

药品：异丙醇（分析纯）、环己烷（分析纯）。

四、实验步骤

1. 调节恒温槽温度比室温高 5℃，通恒温水于阿贝折射仪，备用。

2. 测定折射率与组成的关系，绘制工作曲线

将六个小滴瓶编号，依次装入环己烷摩尔分数分别为 0.0、0.2、0.4、0.6、0.8、1.0 六种组成的溶液，在设定温度下，用阿贝折射仪测定其折射率。以折射率对浓度作图，绘制组成-折射率的关系曲线。

3. 测定沸点与组成的关系

（1）连线

将传感器插头插入玻璃沸点测定仪后面板上的传感器插座，将 220V 电源接入后面板上的电源插座。按图 5-27 连好沸点测定仪实验装置，传感器勿与加热丝相碰，接通冷凝水。

（2）测定

本实验是以恒沸点为界，把相图分成左右两半，分两次来绘制相图的。具体方法如下。

① 左一半沸点-组成关系的测定　量取 40mL 异丙醇从侧管加入蒸馏瓶内，并使传感器浸入溶液内。打开电源开关，调节"加热电源调节"旋钮，使加热丝将液体缓慢加热至沸腾，因最初在冷凝管下端内的液体不能代表平衡气相的组成，为加速达到平衡，需连同支架一起倾斜蒸馏瓶，使小槽中气相冷凝液倾回蒸馏瓶内，重

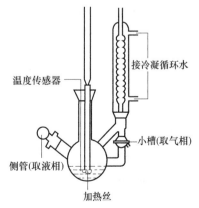

图 5-27　玻璃沸点测定仪

温度传感器

接冷凝循环水

小槽(取气相)

侧管(取液相)

加热丝

复三次（注意，加热时间不宜太长，以免物质挥发）。待温度稳定后，记下异丙醇的沸点及环境气压。而后通过侧管加 2.0mL 环己烷于蒸馏瓶中，加热至沸腾，待温度变化缓慢时，同上法回流三次，温度基本不变时记下沸点，用吸液管从小槽中取出气相冷凝液，从侧管处吸出少许液相混合液分别测定折射率。同理依次再加入 3.0mL、4.0mL、5.0mL、6.0mL、12.0mL、16.0mL 环己烷，同上法测定溶液的沸点和气液相的折射率。最后将溶液倒入回收瓶，用吹风机吹干蒸馏瓶。

② 右一半沸点-组成关系的测定　在蒸馏瓶中加入 40mL 环己烷，依次加入 0.3mL、0.5mL、0.7mL、1.0mL、2.5mL、5.0mL、12.0mL 的异丙醇，分别按①的方法进行测定。

4. 关闭仪器和冷凝水，将溶液倒入回收瓶。

五、数据记录和处理

① 将实验数据记录于表 5-5、表 5-6 中。

表 5-5　25℃时异丙醇-环己烷已知组成的折射率

环己烷的摩尔分数	0.0	0.2	0.4	0.6	0.8	1.0
折　射　率						

表 5-6　溶液的沸点、折射率及组成

药品加入量		气相冷凝液		残液		沸点
异丙醇/mL	环己烷/mL	折射率	组成	折射率	组成	
恒沸温度：		恒沸组成：		大气压：		

② 由表 5-5 中的数据，绘制出异丙醇-环己烷已知组成在 25℃时的工作曲线。

③ 从工作曲线上确定各沸点下气相冷凝液及残液组成，填入表 5-6，从而获得溶液沸点与组成的关系。

④ 绘制沸点-组成图（即相图），并标明最低恒沸点和组成。

六、注意事项

① 被测液体必须浸没加热丝，否则通电加热时可能会引起有机液体燃烧。加热功率不能太大，加热丝上有小气泡逸出即可。温度传感器不要直接碰到加热丝。

② 实验中应避免过热现象。每加两次样品后，可加入一小块沸石，同时要控制好液体的回流速度，不宜过快或过慢（回流速度的快慢可通过调节加热温度来控制）。

③ 在每一份样品的蒸馏过程中，由于整个体系的成分不可能保持恒定，因此平衡温度会略有变化，特别是当溶液中两种组成的量相差较大时，变化更为明显。为此每加入一次样品后，只要待溶液沸腾，正常回流 1～2min 后，即可取样测定，不宜等待时间过长。

④ 每次取样量不宜过多，取样时毛细滴管一定要干燥，不能留有上次的残液，气相取样口的残液亦要擦干净。

⑤ 整个实验过程中，通过折射仪的水温要恒定，使用折射仪时，棱镜不能触及硬物（如滴管），擦拭棱镜用擦镜纸。

七、思考题

① 在该实验中，测定工作曲线时折射仪的恒温温度与测定样品时折射仪的恒温温度是

否需要保持一致？为什么？

② 过热现象对实验产生什么影响？如何在实验中尽可能避免？

③ 在测定实验中，样品的加入量应十分精确吗？为什么？

④ 试估计哪些因素是本实验的误差主要来源。

⑤ 正确使用阿贝折射仪要注意些什么？

八、扩展

双液系相图的实际意义在于只有掌握了双液系相图，才有可能利用蒸馏方法使液态混合物有效分离。在石油工业和溶剂、试剂的生产过程中，常利用双液系相图来指导并控制分馏、精馏的操作。

在一定压力下，恒沸混合物的组成恒定，利用恒沸点盐酸溶液，可以配制容量分析用的标准盐酸溶液。

精馏是最常用的一种分离方法。对一个混合物系统设计精馏装置，要求计算精馏塔所需的理论塔板数，系统的气液平衡数据是必不可少的。工业生产中遇到的系统，其气液平衡数据往往很难由理论计算，可以由本实验装置直接测定。

实验七十六　乙酸乙酯皂化反应的反应速率常数的测定

一、实验目的

① 通过电导法测定乙酸乙酯皂化反应的反应速率常数。

② 了解反应活化能的测定方法。

③ 理解二级反应的特点。

④ 掌握电导率仪的使用方法。

二、基本原理

乙酸乙酯的皂化反应是一个典型的二级反应。

$$CH_3COOC_2H_5 + OH^- \longrightarrow CH_3COO^- + C_2H_5OH$$

设反应物乙酸乙酯与碱的起始浓度相同，则反应速率方程为：$-dc/dt = kc^2$，积分后可得反应速率常数表达式：

$$k = \frac{1}{tc_0} \cdot \frac{c_0 - c}{c} \tag{5-50}$$

式中，c_0 为反应物的起始浓度；c 为反应进行中任一时刻反应物的浓度。为求得某温度下的 k 值，需知该温度下反应过程中任一时刻 t 时反应物的浓度 c。测定这一浓度的方法很多，本实验采用电导法。

本实验中乙酸乙酯和乙醇不具有明显的导电性，它们的浓度变化不致影响电导的数值。反应中 Na^+ 的浓度始终不变，它对溶液的电导具有固定的贡献，而与电导的变化无关。体系中 OH^- 和 CH_3COO^- 的浓度变化对电导的影响较大，由于相同条件下，OH^- 的迁移速率约是 CH_3COO^- 的五倍，所以溶液的电导随着 OH^- 的消耗而逐渐降低。

溶液在时间 $t = 0$、$t = t$ 和 $t = \infty$ 时的电导可分别以 G_0、G_t 和 G_∞ 来表示。实质上，G_0 是 NaOH 溶液浓度为 c_0 时的电导，G_t 是 NaOH 溶液浓度为 c 时的电导 G_{NaOH} 与 CH_3COONa 溶液浓度为 $c_0 - c$ 时的电导 G_{CH_3COONa} 之和，而 G_∞ 则是产物 CH_3COONa 溶液浓度为 c_0 时的电导。由于溶液的电导与电解质的浓度成正比，所以有：

$$G_{NaOH} = G_0 \frac{c}{c_0} \quad \text{和} \quad G_{CH_3COONa} = G_\infty \frac{c_0 - c}{c_0}$$

由此，G_t 可以表示为：

$$G_t = G_0 \frac{c}{c_0} + G_\infty \frac{c_0 - c}{c_0}$$

则：

$$G_0 - G_t = (G_0 - G_\infty) \frac{c_0 - c}{c_0}$$

$$G_t - G_\infty = (G_0 - G_\infty) \frac{c}{c_0}$$

所以

$$\frac{G_0 - G_t}{G_t - G_\infty} = \frac{c_0 - c}{c} \tag{5-51}$$

将式(5-51) 代入式(5-50)，得：

$$k = \frac{1}{tc_0} \cdot \frac{G_0 - G_t}{G_t - G_\infty} \tag{5-52}$$

实验设计为电导法，通常所用仪器是电导率仪，测得的数据即为电导率。电导率 χ 表示放在相距 1m、面积为 $1m^2$ 的两个电极之间溶液的电导，单位为 $S \cdot m^{-1}$。电导与电导率的关系详见实验二十。由此，式(5-52) 转变为：

$$k = \frac{1}{tc_0} \cdot \frac{\chi_0 - \chi_t}{\chi_t - \chi_\infty} \tag{5-53}$$

由式(5-53) 可见，利用作图法$\left(\text{以} \dfrac{\chi_0 - \chi_t}{\chi_t - \chi_\infty} \text{对} t \text{作图}\right)$或计算法均可求此反应的反应速率常数 k。亦可将式(5-53) 变为如下形式：

$$\chi_t = \frac{1}{kc_0} \cdot \frac{\chi_0 - \chi_t}{t} + \chi_\infty \tag{5-54}$$

以 χ_t 对 $\dfrac{\chi_0 - \chi_t}{t}$ 作图，由直线斜率可求得反应速率常数 k，截距即为 χ_∞。由式(5-50) 可知，本反应的半衰期 $t_{1/2}$ 为：

$$t_{1/2} = \frac{1}{kc_0} \tag{5-55}$$

可见，反应物起始浓度相同的二级反应，其半衰期 $t_{1/2}$ 与起始浓度成反比。由式(5-55) 可知，$t_{1/2}$ 为作图所得直线的斜率。

若由实验求得两个不同温度下的反应速率常数 k，则可利用下式计算出反应的活化能 E_a。

$$\lg \frac{k'}{k} = \frac{E_a}{2.303R} \left(\frac{1}{T} - \frac{1}{T'} \right) \tag{5-56}$$

三、实验仪器和药品

仪器：水浴锅、DDS-307A 型数显电导率仪、移液管（0.2mL）、秒表、烧杯（250mL）、移液管（25mL）、容量瓶（100mL）、锥形瓶（250mL）。

药品：$0.02mol \cdot L^{-1}$ NaOH 溶液、$0.02mol \cdot L^{-1} CH_3COOC_2H_5$ 溶液、$0.01mol \cdot L^{-1}$ NaOH 溶液、$0.01mol \cdot L^{-1} CH_3COONa$ 溶液、乙酸乙酯。

四、实验步骤

1. 了解和熟悉电导率仪的构造和使用注意事项。

2. 配制浓度与 NaOH 准确浓度相等的乙酸乙酯溶液

先计算配制 100mL 与所给 NaOH 浓度一致的乙酸乙酯溶液所需的乙酸乙酯的量。在干净的 100mL 容量瓶中加入少量蒸馏水，准确计算其用量，然后用 $100\mu L$ 微量进样器滴加乙酸乙酯，乙酸乙酯要直接滴加到液面上，避免因沾到瓶壁挥发造成称量不准。

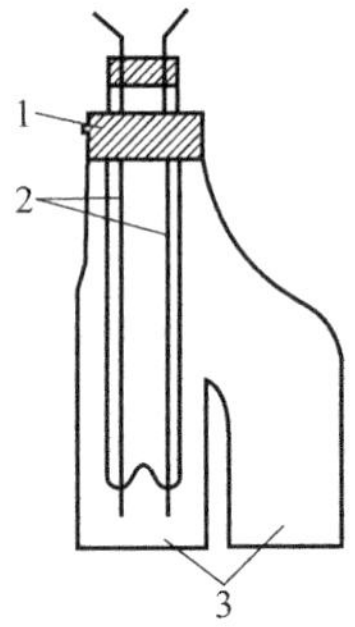

图 5-28　电导池

1—橡皮塞；2—电导电极；3—双叉管

3. 准备测量

调节恒温槽至 25℃，调试好电导率仪。将电导池（图 5-28）及 $0.02mol \cdot L^{-1}$ 的 NaOH 溶液和 $0.02mol \cdot L^{-1}$ $CH_3COOC_2H_5$ 溶液浸入水浴锅中恒温待用。

4. χ_0、χ_∞ 的测定

取适量 $0.01mol \cdot L^{-1}$ 的 NaOH 溶液注入干燥的双叉管中，插入电极，溶液面必须浸没铂黑电极。置于水浴中恒温 15min，待恒温后测其电导率，此值即为 χ_0，记下数据。若由式（5-53）求 k，则需知 χ_∞，此值即为 $0.01mol \cdot L^{-1}$ 的 CH_3COONa 溶液的电导率值，测量方法与测 χ_0 时相同。

5. χ_t 的测定

用移液管取 25.00mL $0.02mol \cdot L^{-1}$ 的 $CH_3COOC_2H_5$ 溶液和 25.00mL $0.02mol \cdot L^{-1}$ 的 NaOH 溶液，分别注入双叉管的两个叉管中（注意勿使二溶液混合），插入电极并置于水浴中恒温 10min。然后摇动双叉管，使二种溶液均匀混合并完全导入装有电极一侧的叉管之中，并同时开动秒表，作为反应的起始时间。从计时开始，在第 5min、10min、15min、20min、25min、30min、40min、50min 和 60min 各测一次电导率值。

6. 在 35℃下按上述 4、5 步骤进行实验。

五、数据记录和处理

① 将测得的数据记录于表 5-7 中。

表 5-7　溶液在不同时间下的电导率及相关计算

实验温度：_____　　　χ_0：_____

t	$\chi_t/(S \cdot m^{-1})$	$(\chi_0 - \chi_t)/(S \cdot m^{-1})$	$[(\chi_0 - \chi_t)/t]/[S \cdot (m \cdot s)^{-1}]$

② 利用表 5-7 中数据，以 χ_t 对 $(\chi_0 - \chi_t)/t$ 作图，求两个温度下的 k。

③ 利用所作之图求两个温度下的 χ_∞。

④ 求此反应在 25℃ 和 35℃ 时的半衰期 $t_{1/2}$。

⑤ 计算此反应的活化能 E_a。

⑥ 测量 25℃ 和 35℃ 时的 χ_∞，与作图法所得 χ_∞ 进行比较。

六、思考题

① 为什么以 $0.01mol \cdot L^{-1}$ 的 NaOH 溶液和 $0.01mol \cdot L^{-1}$ 的 CH_3COONa 溶液测得的电导率，就可以认为是 χ_0 和 χ_∞？

② 配制乙酸乙酯溶液时，为什么在容量瓶中要事先加入适量的蒸馏水？

③ 将 NaOH 稀释一倍的目的是什么？

④ 若乙酸乙酯与 NaOH 溶液的起始浓度不等时，应如何计算 k 值？

七、扩展

电导率测量在工业上常用于浓度自动检测，在物理化学实验中，常用于反应级数、反应速率常数以及平衡常数的测定等。

测定反应速率常数的方法可分为化学分析法和物理分析法两类。化学分析法是在一定时间内从反应系统中取出一部分样品，并使反应立即终止（例如使用骤冷、稀释或除去催化剂等方法），直接测量其浓度。这种方法虽然设备简单，但时间长、操作麻烦。物理分析法有测量体积、压力、电导、旋光率、折射率等方法，根据不同的系统可用不同的方法。这些方法的优点是实验时间短，速度快，操作简便，不中断反应，并可采用自动化装置，但是需要一定的设备，并只能测量间接的数据，且不是所有的反应能够找到合适的物理分析法。

实验七十七　丙酮碘化反应

一、实验目的

① 采用初始速率法测定用酸作催化剂时丙酮碘化反应的反应级数、反应速率常数和活化能。

② 掌握测量原理和分光光度计的使用方法。

二、实验原理

酸溶液中丙酮碘化反应是一个复杂反应，反应式为：

$$
\underset{\substack{\parallel\\O}}{CH_3-C-CH_3} + I_2 \xrightleftharpoons[]{H^+} \underset{\substack{\parallel\\O}}{CH_3-C-CH_2I} + H^+ + I^-
$$

该反应由氢离子催化，假定反应速率方程为：

$$
v = \frac{dc_A}{dt} = \frac{dc(I_2)}{dt} = kc_A^p c^q(I_2)c^r(H^+) \tag{5-57}
$$

式中，v 为反应速率；c_A、$c(I_2)$、$c(H^+)$ 分别为丙酮、碘、氢离子的浓度；k 为反应速率常数；指数 p、q、r 分别为丙酮、碘和氢离子的反应级数。反应速率、反应速率常数以及反应级数均可由实验测定。

因为碘在可见光区有一个吸收带（510nm），而在这个吸收带中盐酸和丙酮没有明显的吸收，所以可采用分光光度法直接观察碘浓度的变化，以跟踪反应的进程。在本实验的条件下，实验将证明丙酮碘化反应对碘是零级反应，即 q 为零。由于反应并不停留在一元碘化丙酮上，还会继续反应下去，故采用初始速率法，测量开始一段的反应速率。因此，丙酮和酸应大大的过量，而用少量的碘来限制反应程度。这样，在碘完全消耗前，丙酮和酸的浓度基本保持不变。由于反应速率与碘的浓度无关（除非在很高的酸度下），因而直到全部碘消耗完以前，反应速率都是常数，即

$$
v = kc_A^p c^r(H^+) = 常数 \tag{5-58}
$$

因此，将 $c(I_2)$ 对时间 t 作图为一直线，其斜率即为反应速率。

为了测定指数 p，至少需进行两次实验，在这两次实验中，丙酮初始浓度不同，而氢离子的初始浓度相同。若用脚注 Ⅰ、Ⅱ 分别表示这两次实验，则 $c(A_{II}) = uc(A_I)$，$c(H_{II}^+) =$

$c(H_I^+)$。由式(5-58) 可以得到：

$$\frac{v_\mathrm{II}}{v_\mathrm{I}} = \frac{kc^p(A_\mathrm{II})c^r(H_\mathrm{II}^+)}{kc^p(A_\mathrm{I})c^r(H_\mathrm{I}^+)} = \frac{u^p c^p(A_\mathrm{I})}{c^p(A_\mathrm{I})} = u^p \tag{5-59}$$

$$\lg\frac{v_\mathrm{II}}{v_\mathrm{I}} = p\lg u \tag{5-60}$$

$$p = \lg\frac{v_\mathrm{II}}{v_\mathrm{I}}/\lg u \tag{5-61}$$

同理，可求得指数 r。假设 $c(A_\mathrm{III}) = c(A_\mathrm{I})$，而 $c(H_\mathrm{III}^+) = wc(H_\mathrm{I}^+)$，可得出：

$$r = \lg\frac{v_\mathrm{III}}{v_\mathrm{I}}/\lg w \tag{5-62}$$

根据式(5-57)，由指数、反应速率和浓度数据可以算出反应速率常数 k。由两个或两个以上温度的反应速率常数，根据阿伦尼乌斯关系式可以估算反应的活化能 E_a。

$$E_a = 2.303R\frac{T_1 T_2}{T_2 - T_1}\lg\frac{k_2}{k_1} \tag{5-63}$$

本实验中，通过测定溶液对 510nm 光的吸收来确定碘的浓度。溶液的吸光度 A 与浓度 c 的关系为

$$A = Kcd \tag{5-64}$$

式中，A 为吸光度；K 为吸收系数；d 为溶液厚度；c 为溶液的浓度。在一定的溶质、溶剂、波长以及溶液厚度下，K、d 均为常数，所以式(5-64) 可以变为

$$A = Bc \tag{5-65}$$

式中，常数 B 可由已知浓度的碘溶液求出。

对复杂反应，知道反应速率方程的具体形式后，就可以对反应机理作推测。

三、实验仪器和药品

仪器：7200 分光光度计、比色皿、5mL 和 10mL 移液管、50mL 容量瓶、100mL 锥形瓶、秒表、超级恒温槽。

药品：丙酮溶液（$4.000\,\mathrm{mol \cdot L^{-1}}$）、盐酸溶液（$1.000\,\mathrm{mol \cdot L^{-1}}$）、碘溶液（$0.0200\,\mathrm{mol \cdot L^{-1}}$，含 4%KI）。

四、实验步骤

1. 调节 7200 分光光度计

将超级恒温槽温度准确调至 25℃。接通分光光度计电源 20min 后，将 0%T 校具（黑体）置入光路中，在 T 方式下按"0%T"键，此时显示器显示"000.0"。然后将参比样品推（拉）入光路中，按"0A/100%T"键调 0A/100%T，此时显示器显示的"BLA"直至显示"100.0"%T 或"0.000" A 为止。

取 10mL 经标定的 $0.0200\,\mathrm{mol \cdot L^{-1}}$ 碘溶液至 50mL 容量瓶中并稀释到刻度，而后将稀释的碘溶液装入厚度为 1cm 的比色皿并放入分光光度计中。将分光光度计的功能钮设在浓度挡，调节吸收光波长至 510nm，转动浓度调节钮直至在数字窗中显示出溶液的实际浓度值。

2. 测定四组溶液的反应速率

反应前，将锥形瓶用气流烘干器烘干，容量瓶洗净。准确移取表 5-8 中的丙酮溶液和盐酸溶液到锥形瓶中，移取碘溶液和水到容量瓶中，其中加水的体积需少于应加体积约 2mL，以便将溶液总体积准确稀释到 50mL。将装有液体的锥形瓶和容量瓶放入恒温水浴中恒温

$10\sim15\mathrm{min}$，而后将锥形瓶中液体倒入容量瓶中，用少量水将锥形瓶中剩余的丙酮溶液和盐酸溶液洗入容量瓶中，并加水到刻度后混匀。当将锥形瓶中液体一半倒入容量瓶中时开始计时，作为反应的初始时间。

表 5-8　待测反应速率的四组溶液配比

序号	$V_{碘溶液}/\mathrm{mL}$	$V_{丙酮溶液}/\mathrm{mL}$	$V_{盐酸溶液}/\mathrm{mL}$	$V_{水}/\mathrm{mL}$
1	10.0	3.0	10.0	27.0
2	10.0	1.5	10.0	28.5
3	10.0	3.0	5.0	32.0
4	5.0	3.0	10.0	32.0

将反应液装入另一个厚度为 1cm 比色皿并放入分光光度计中。每隔 2min 测定一次反应液中碘的浓度。每次测定反应液中碘浓度之前，均需将标准碘溶液的浓度值调准。每组反应液需测定 $10\sim15$ 个碘浓度的数值。

将超级恒温槽温度调节至 35℃，重复上述实验。测定时，每隔 1min 测定一次反应液中碘的浓度。

五、数据记录和处理

① 将 $c(\mathrm{I}_2)$ 对时间 t 作图，求出反应速率。

② 依据式(5-61)、式(5-62)计算丙酮和氢离子的反应级数。用表 5-8 中第 1 和第 4 号溶液的数据，用类似的方法计算碘的反应级数。

③ 按表 5-8 中的实验条件，依据式(5-58)求算 25℃时丙酮碘化反应的反应速率常数 k。

④ 求出 35℃时的 k。

⑤ 由式(5-63)求出丙酮碘化反应的活化能 E_a。

六、思考题

① 在本实验中，若将碘加到含有丙酮、盐酸的容量瓶中时，并不立即开始计时，而是当混合物稀释到 50mL，摇匀，并倒入样品池测吸光度时再开始计时，这样处理是否可以？为什么？

② 影响本实验结果精确度的主要因素有哪些？

实验七十八　二组分金属相图的绘制

一、实验目的

① 学会用热分析法测定冷却曲线，测绘二元合金固-液平衡相图。

② 了解温度-时间曲线上的转折、平台等特征形状对应的相变过程的含义。

③ 学会较高温度实验设备的控制与测量。

二、实验原理

热分析法是在程序控温下测量物质的物理性质与温度关系的一类技术。本实验利用热分析法测定冷却曲线来绘制合金体系相图。将一种金属或两种以上金属熔融后，使之均匀冷却，每隔一定时间记录一次温度，表示温度与时间关系的曲线称为冷却曲线。当熔融体系在均匀冷却过程中无相变时，其温度将连续均匀下降，得到一平滑的冷却曲线；当体系内发生相变，有固相析出时，冷却速率会变得比较慢，这归因于固相析出时释放的相变热抵消了向低温环境辐射和传导的热量，冷却曲线上就会出现转折或水平线段，其对应温度为体系的相变温度。检测冷却曲线的斜率变化，得到不同组成的合金熔融体在冷却过程中析出固相的温度，即相变温度，以横轴表示合金体系的组成，纵轴标注开始出现相变的温度，把这些点连接起来，就可绘出固-液平衡相图。二元简单低共融体系的冷却曲线及相图如图 5-29 所示。

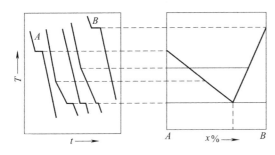
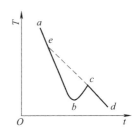

图 5-29　二元简单低共融体系的冷却曲线及相图　　图 5-30　有过冷现象时的冷却曲线

用热分析法测绘相图时，被测体系必须时时处于或接近相平衡状态，因此必须保证冷却速度足够慢才能得到较好的效果。此外，在冷却过程中一个新的固相出现以前，常常发生过冷现象。轻微过冷则有利于测量相变温度，但严重过冷现象却会使转折点发生起伏，使相变温度的确定产生困难，见图 5-30。遇此情况，可延长 dc 线与 ab 线相交，交点 e 即为转折点。

三、实验仪器和药品

仪器：金属相图实验炉（10 头）、JX-3D 型金属相图控制器、温度传感器（PT100）、不锈钢样品管、温度传感器套管（不锈钢）、电子天平（感量 0.01g）。

药品：Sn（化学纯）、Bi（化学纯）、石墨粉。

四、实验步骤

1. 试样配制

在 6 只不锈钢样品管中，用感量 0.01g 的电子天平分别称入纯铋 100g、80g、60g、38.1g、20g、0g，再依次称入纯锡 0g、20g、40g、61.9g、80g、100g。在样品上方各加少量石墨粉，以隔绝空气，防止金属过度氧化。在试管端部贴上标签，注明成分、比例及年月日。实践证明，样品在高温下容易氧化和挥发，100g 的试样使用 1～2 年后其质量只有 60g 左右，用该试样作出的曲线有时平台温度低很多，有的甚至作不出平台，如果发现这些问题应该更换试样。平时工作中应避免试样长期处于高温状态。

2. 连接和检查装置

连接好金属相图实验炉的加热装置，检查 JX-3D 型金属相图控制器各接口连线，确认连线已接好，插上电源插头，打开电源开关，仪器预热 10min。JX-3D 型金属相图控制器后面板示意图如图 5-31 所示。将温度传感器插入温度传感器套管中，如图 5-32 所示，再把不锈钢样品管依次放入炉中。

3. 设置工作参数

① JX-3D 型金属相图控制器前面板如图 5-33 所示，"温度切换"按钮是在各个温度探头之间切换，并使测定的温度显示在温度显示器中，如需四个探头温度自动循环显示，依次按下"温度切换"按钮走完四个通道，再按一次"温度切换"按钮，可看到四个指示灯同时亮起一次即可。如需停止循环，按一次"温度切换"按钮，重新开始单通道测定温度状态。

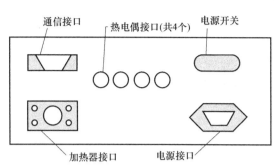

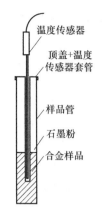

图 5-31　JX-3D 型金属相图控制器后面板示意图

图 5-32　样品管和温度传感器

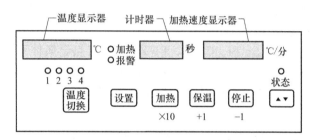

图 5-33　JX-3D 型金属相图控制器前面板示意图

② 按"设置"按钮，加热速度显示器显示"0"，设置目标温度，按"＋1""－1"按钮，可升高和降低温度，按"×10"温度以 10 倍增加，设定的目标温度显示在显示器上。温度控制原则是高于试样最高熔点温度约 50℃，但要考虑加热器停止加热后温度上浮现象，对于锡-铋合金体系，将目标温度设定为 300℃（Sn 熔点为 231.86℃；Bi 熔点为 271.3℃），温度上浮后试样达到最高温度约在 320～330℃，其他体系根据实际情况确定。若试样第一次使用，应在试样完全熔融后，用温度传感器套管轻轻搅动，使管内各处试样均匀一致。

③ 再按"设置"按钮，加热速度显示器显示"b"，设置保温功率，同样可按动"＋1""－1""×10"按钮调整设定功率值，大小可根据实验室的环境温度而定，如实验室温度过冷可将功率值设定高些，保证试样的缓慢降温。

④ 再按"设置"按钮，加热速度显示器显示"c"，设置加热速度，方法同上。设定值不宜过高，一般设定为 30～35℃/min，温度升高过快，加热停止后温度上浮幅度也随之增加，温度过高加快试样损耗，增加实验时长。样品管和温度传感器结构如图 5-32 所示，加热过程中，不得将温度传感器拔出，否则会导致炉温失控，后果严重。

⑤ 按"▲▼"按钮，调整时钟计数在 0～99s 范围内循环。设定采样时间为 60s。完成以上设置后，按下"加热"按钮，加热器开始加热。调整"温度切换"按钮，同时监控四个试样升温状态。

4. 降温记录

当温度升至最高时，依靠炉体的自然散热开始降温，降温速度控制在 5～8℃/min，如果降温速度太慢，可调整炉体上的风扇，也可增加或减少保温功率值，观察数分钟，待降温稳定后，按"▲▼"按钮，开始循环计时，60s 采录一次试样温度，温度降至平台以下，停止记录。降温中不允许有急剧的空气对流。

五、数据记录和处理

1.绘制冷却曲线

以时间为横坐标，以温度为纵坐标，绘制冷却曲线。找出各组分试样冷却曲线中的转折点和水平线段所对应的温度值。

2.Sn-Bi 金属相图的绘制

根据称样所得试样的准确组成及其相应相变的温度（以物质组成为横坐标，以温度为纵坐标），绘出 Sn-Bi 金属相图。从相图上找出最低共熔点坐标。

六、注意事项

① 本实验成败的关键是冷却曲线上转折点和水平线段是否明显。冷却曲线上温度变化的速率取决于体系与环境间的温差、体系的热容量、体系的热传导率等因素，若体系析出固体放出的热量抵消散失热量的大部分，转折变化明显，否则转折就不明显。故控制好试样的降温速度很重要，一般控制在 $5\sim8℃/min$，在冬季室温较低时，可用控制器调整保温功率的大小，以减缓炉体降温速度。

② 实验所用体系一般为 Sn-Bi、Cd-Bi、Pb-Zn 等低熔点金属体系，但它们的蒸气对人体健康有害，因而要在试样上方覆盖石墨粉或石蜡油，防止试样的挥发和氧化。石蜡油的沸点较低（大约为 $300℃$），故加热试样时不宜升温过高，以防止石蜡油的挥发和炭化。

七、思考题

① 总质量相同但组成不同的 Sn-Bi 合金其冷却曲线水平段的长度有何不同？为什么？

② 冷却曲线上为什么会出现转折点？纯金属、低共熔混合物及合金的转折点共有几个？曲线形状为何不同？

③ 某 Sn-Bi 合金试样已失去标签，用什么方法可以确定其组成？

八、扩展

① 固-液相图类型很多，二组分间可形成固溶体、化合物等，其相图可能会比较复杂。一个完整相图的绘制，除热分析法外，还需借用测量电阻、测量转变潜热、化学分析、金属显微镜、X 射线衍射等方法共同解决。

② 测定合金相图，有助于了解合金的成分、结构和性能之间的关系。二组分固-液相图对确定分离混合物的操作条件和决定分离的极限有很重要的意义。此外，二组分固-液相图在低熔合金制造、机械加工等方面也得到了广泛的应用。

实验七十九 固体在溶液中的吸附

一、实验目的

① 测定活性炭在乙酸水溶液中对乙酸的吸附作用，并推算活性炭的比表面积。

② 了解溶液吸附法测定比表面积的基本原理。

二、实验原理

对于比表面积很大的多孔性或高度分散的吸附剂，像活性炭、硅胶、天然沸石等，在溶液中有较强的吸附能力。由于吸附剂表面结构的不同，对不同的吸附质有着不同的相互作用，因而，吸附剂能够从混合溶液中有选择地把某一溶质吸附，这种吸附能力的选择性在工业上有着广泛的应用，如糖的脱色、天然沸石去除工业废水中的重金属等。

吸附能力的大小常用吸附量 Γ 表示，Γ 通常指每克吸附剂上吸附溶质的量。在恒定的温度下，吸附量与吸附质在溶液中的平衡浓度 c 有关，Freundlich 从吸附量和平衡浓度的关系曲线，得一经验方程：

$$\Gamma = \frac{x}{m} = kc^{\frac{1}{n}} \tag{5-66}$$

式中，Γ 为吸附量，$mol \cdot g^{-1}$；x 为吸附质的量，mol；m 为吸附剂的量，g；c 为吸附平衡时溶液的浓度，$mol \cdot L^{-1}$；k 和 n 都是经验常数，由温度、溶剂、吸附质的性质决定（一般 $n > 1$）。将式(5-66)取对数，可得下式：

$$\lg\Gamma = \frac{1}{n}\lg c + \lg k \tag{5-67}$$

因此，根据方程以 $\lg\Gamma$ 对 $\lg c$ 作图，可得一直线，由斜率和截距可求得 n 及 k。式(5-66)为经验方程，只适用于浓度不太大和不太小的溶液。从表面上看，k 为 $c = 1 mol \cdot L^{-1}$ 时的 Γ，但这时式(5-66)可能已不适用。一般吸附剂和吸附质改变时，n 改变不大而 k 值则变化很大。

朗缪尔（Langmuir）吸附方程系基于吸附过程的考虑，认为吸附是单分子层吸附，即吸附剂一旦被吸附质占据之后，就不能再吸附，在吸附平衡时，吸附和脱附达成平衡。设 Γ 为饱和吸附量，即表面被吸附质铺满单分子层时的吸附量。在平衡浓度为 c 时的吸附量 Γ 由式(5-68)表示：

$$\Gamma = \Gamma_{\infty}\frac{ck}{1 + kc} \tag{5-68}$$

将式(5-68)重新整理，可得：

$$\frac{c}{\Gamma} = \frac{1}{\Gamma_{\infty}k} + \frac{1}{\Gamma_{\infty}}c \tag{5-69}$$

由 c/Γ 对 c 作图得一直线，由此直线斜率可求得 Γ_{∞}，再结合截距可求得常数 k，k 实际上带有吸附和脱附平衡的平衡常数的性质，而不同于 Freundlich 方程的 k。

根据 Γ_{∞} 的数值，按照 Langmuir 单分子层吸附的模型，并假定吸附质分子在吸附剂表面上是直立的，每个乙酸分子所占的面积以 $0.243nm^2$（根据水、空气界面上对于直链正脂肪酸测定的结果而得）计算，则吸附剂的比表面积 $S_0(m^2 \cdot g^{-1})$ 可按下式计算。

$$S_0 = \frac{\Gamma_{\infty} \times 6.02 \times 10^{23} \times 0.243}{10^{18}} \tag{5-70}$$

式中，10^{18} 是因为 $1m^2 = 10^{18}nm^2$ 而引入的换算因子。

根据上述所得的比表面积往往要比实际数值小一些，原因有两个：a. 忽略了界面上被溶剂占据的部分；b. 吸附剂表面上有小孔，脂肪酸不能钻进去。所以，这一方法所得的比表面积一般较小，但这一方法测定时手续简便，又不需要特殊仪器，是了解固体吸附剂性能的一种简便方法。

三、实验仪器和药品

仪器：恒温槽、振荡机、带塞锥形瓶、移液管、滴定管、电子天平。

药品：NaOH 溶液（$0.1mol \cdot L^{-1}$）、HAc 溶液（$0.4mol \cdot L^{-1}$）、活性炭、酚酞指示剂。

四、实验步骤

取 7 个洗净、干燥的带塞锥形瓶，编号，每瓶称活性炭 1g（准确至 0.001g），按表 5-9 给出的数据，配制各种不同浓度的乙酸。

表 5-9　不同浓度的乙酸试样

瓶号	1	2	3	4	5	6	7
$V(HAc)^{①}$/mL	100	75	50	30	20	10	5
蒸馏水/mL	0	25	50	70	80	90	95

① $c(HAc) = 0.4 mol \cdot L^{-1}$。

在各锥形瓶中加好样后，用磨口塞塞好，并在塞上加橡皮套，置恒温槽中振荡（若室温变化不大，可直接在室温下振荡），使吸附达成平衡。稀的较易达成平衡，而浓的不易达成平衡。因此在振荡半小时以后，先取稀溶液进行滴定，让浓溶液继续振荡。

为求得吸附量，应准确标定乙酸的原始浓度 c_0 和吸附后的平衡浓度 c，可用约 $0.1 mol \cdot L^{-1}$ 的 NaOH 溶液滴定。其中 c_0 只要滴定原来 $0.4 mol \cdot L^{-1}$ HAc 即可。而平衡浓度 c 则应在振荡完毕后，用带有塞上玻璃毛的橡皮管的移液管吸取上清液，再用 NaOH 溶液滴定。由于吸附后 HAc 的浓度不同，所取体积也应不同。1 号和 2 号瓶各取 10mL，3 号和 4 号瓶各取 20mL，5 号、6 号和 7 号瓶各取 40mL。

五、注意事项

① 在浓的 HAc 溶液中，应该在操作过程中防止 HAc 的挥发，以免引起较大的误差。

② 本实验溶液配制用不含 CO_2 的蒸馏水进行。

六、数据记录和处理

① 由平衡浓度 c 及初始浓度 c_0，按下式计算吸附量。

$$\Gamma = \frac{(c_0 - c)V}{m} \qquad (5\text{-}71)$$

式中，V 为溶液的总体积，L；m 为加入溶液中的吸附剂质量，g。

② 作吸附量 Γ 对平衡浓度 c 的等温线。

③ 作 $lg\Gamma$-lgc 图，并由斜率及截距求式(5-67) 中的常数 n 和 k。

④ 计算 c/Γ，作 c/Γ-c 图，由图求得 Γ_∞，在 Γ-c 图上将 Γ_∞ 值用虚线作一水平线，这一虚线即吸附量 Γ 的渐近线。

⑤ 由 Γ_∞ 根据式(5-70) 计算活性炭的比表面积。

实验八十　液体饱和蒸气压的测定

一、实验目的

① 掌握静态法测定液体饱和蒸气压的原理及操作方法，由图解法求平均汽化热和正常沸点。

② 理解纯液体的饱和蒸气压与温度的关系、克拉佩龙-克劳修斯方程的意义。

③ 了解真空泵、恒温槽及气压计的使用方法及注意事项。

二、实验原理

通常温度下（距离临界温度较远时），纯液体与其蒸气压达平衡时的蒸气压称为该温度下液体的饱和蒸气压，简称为蒸气压。蒸发 1mol 液体所吸收的热量称为该温度下液体的汽化热。液体的蒸气压随温度变化而变化，温度升高时，蒸气压增大；温度降低时，蒸气压减小。这主要与分子的动能有关。当蒸气压等于外界压力时，液体便沸腾，此时的温度称为沸点。外压不同时，液体沸点将相应改变，当外压为 101.325kPa 时，液体的沸点称为该液体的正常沸点。

液体的饱和蒸气压与温度的关系可用克拉佩龙-克劳修斯方程来表示：

$$\frac{\mathrm{d}\ln p}{\mathrm{d}T}=\frac{\Delta_{\mathrm{vap}}H_{\mathrm{m}}}{RT^{2}} \tag{5-72}$$

式中，R 为摩尔气体常数；T 为热力学温度；$\Delta_{\mathrm{vap}}H_{\mathrm{m}}$ 为在温度 T 时纯液体的汽化热。

假定 $\Delta_{\mathrm{vap}}H_{\mathrm{m}}$ 与温度无关，或因温度范围较小，$\Delta_{\mathrm{vap}}H_{\mathrm{m}}$ 可以近似作为常数，对式(5-72)积分，可得：

$$\ln p=\frac{-\Delta_{\mathrm{vap}}H_{\mathrm{m}}}{R}\cdot\frac{1}{T}+C \tag{5-73}$$

式中，p 为液体在温度 T 时的蒸气压；C 为积分常数。

实验测得各温度下的饱和蒸气压后，以 $\ln p$ 对 $1/T$ 作图，得一直线，直线的斜率（m）为：

$$m=-\frac{\Delta_{\mathrm{vap}}H_{\mathrm{m}}}{R} \tag{5-74}$$

由斜率可求得液体的汽化热 $\Delta_{\mathrm{vap}}H_{\mathrm{m}}$。

测定液体饱和蒸气压的方法有以下三种：

① 静态法　在某一温度下直接测量饱和蒸气压。

② 动态法　在不同外界压力下测定其沸点。

③ 饱和气流法　使干燥的惰性气流通过被测物质，并使其为被测物质所饱和，然后测定所通过的气体中被测物质蒸气的含量，就可根据分压定律算出被测物质的饱和蒸气压。

静态法测定液体饱和蒸气压一般适用于蒸气压比较大的液体，通常有升温法和降温法两种。

本实验采用升温法测定不同温度下纯液体的饱和蒸气压。实验装置中 U 型等位计的外形如图 5-34 所示，其在恒温槽内部，小球中盛被测样品，U 型管部分以样品本身作封闭液。

在一定温度下，若小球液面上方仅有被测物质的蒸气，那么在 U 型管右支液面上所受到的压力就是其蒸气压。当这个压力与 U 型管左支液面上的空气的压力相平衡（U 型管两臂液面齐平）时，就可从与等压计连接的数字精密压力计中测出在此温度下的饱和蒸气压。

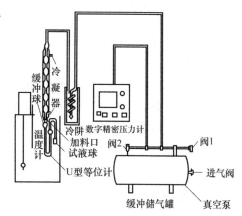

图 5-34　DP-AF 饱和蒸气压实验装置

三、实验仪器和药品

仪器：不锈钢贮气罐、恒温槽、U 型等位计、温度计、冷凝器、数字精密压力计、真空泵及附件。

药品：无水乙醇（分析纯）。

四、实验步骤

1.连接装置

各组成部分检测后，将各仪器连接成饱和蒸气压的实验装置，如图 5-34 所示。拔下等位计磨口连接管，从等位计加料口注入无水乙醇，使无水乙醇充满试液球体积的 2/3 和 U 型等位计的大部分，套好磨口连接管。

2.系统气密性检查

关闭阀 1，打开进气阀与阀 2，使系统与真空泵连接。开动真空泵，抽气减压至压力计显示压差为 53kPa 时，关闭与真空泵连接的进气阀，使系统与真空泵、大气皆不相通。观察压力计的示数，如果压力计的示数能在 3～5min 内维持不变（或显示值变化≤0.01kPa/4s），则表明系统不漏气。否则应逐段检查，消除漏气原因。

3.排除试液球与 U 型等位计弯管空间内的空气

将玻璃恒温槽温度调至比室温高 3℃，打开搅拌器开关，接通冷却水，开动真空泵，开启进气阀缓缓抽气，使试液球与 U 型等位计之间的空气呈气泡状通过 U 型等位计的液体而逐出。如发现气泡成串上窜（此时，液体已沸腾），可关闭阀 2，缓缓打开阀 1，漏入空气，使沸腾缓和。如此沸腾了 3～4min，可认为试液球中的空气被排除干净。

4.饱和蒸气压的测定

当空气被排除干净且体系温度恒定后，小心调节阀 1、阀 2，直至 U 型等位计中双臂的液面等高，关闭阀 1，在压力计上读出并记下压力值。重复操作一次，压力计上的读数与前一次相差应不大于±67Pa。记录温度与压力。然后，将恒温槽温度升高 3℃，当待测液体再次沸腾，体系温度恒定后，放入空气使 U 型等位计中双臂的液面再次等高为止，记录温度与压力。依次测定，共测 8 个值。

5.实验结束后，缓缓放空气入内，使压力计恢复零位。

五、注意事项

① 实验系统必须密闭，一定要仔细检漏。

② 必须让 U 型等位计中的试液缓缓沸腾 3～4min 后方可进行测定。

③ 升温时可预先漏入少许空气，以防止 U 型等位计中液体暴沸。

④ 液体的蒸气压与温度有关，所以测定过程中需严格控制温度。

⑤ 漏入空气必须缓慢，否则 U 型等位计中的液体将冲入试液球中。

⑥ 必须充分抽净 U 型等位计空间的全部空气。U 型等位计必须放置于恒温水浴中的液面以下，以保证试液温度的准确度。

六、数据记录和处理

① 将测得数据及计算结果列表。

② 根据实验数据作出 $\ln p$-$1/T$ 图。

③ 计算乙醇在实验温度范围内的平均汽化热。

七、思考题

① 克拉佩龙-克劳修斯方程在什么条件下才适用？

② 在开启旋塞放空气入体系内时，放得过多应如何处理？实验过程中为什么要防止空气倒灌？

③ 汽化热与温度有无关系？

④ U 型管等位计中的液体起什么作用？冷凝器起什么作用？为什么可用液体本身作 U 型管封闭液？

⑤ 为什么实验完毕后必须使体系和真空泵与大气相通才能关闭真空泵？

八、扩展

蒸气压是液体纯物质的一个基本属性，蒸气压及其随温度的变化率的测定，可用于物质沸点、熔点、溶解度、汽化焓等的讨论。

用等位计测液体蒸气压所需试样少，方法简便，可用试样本身作封闭液而不影响测定结果。

本实验使用了真空技术，它包括真空的产生、真空的测量、真空的控制以及真空系统的检漏等，被广泛地应用于生产和科研工作中。

实验八十一　溶胶的制备及电泳

一、实验目的

① 掌握电泳法测定 $Fe(OH)_3$ 及 Sb_2S_3 溶胶 Zeta 电位的原理和方法。

② 掌握 $Fe(OH)_3$ 及 Sb_2S_3 溶胶的制备及纯化方法。

③ 明确求算 Zeta 电位 ζ 的公式中各物理量的意义。

二、实验原理

溶胶的制备方法可分为分散法和凝聚法。分散法是用适当方法把较大的物质颗粒变为胶体大小的质点；凝聚法是先制成难溶物的分子（或离子）的过饱和溶液，再使之相互结合成胶体粒子而得到溶胶。$Fe(OH)_3$ 溶胶的制备采用的是化学法，即通过化学反应使生成物呈过饱和状态，然后粒子再结合成溶胶，其结构式可表示为：$\{m[Fe(OH)_3]nFeO^+(n-x)Cl^-\}^{x+}xCl^-$。制成的胶体体系中常有其他杂质存在而影响其稳定性，因此必须纯化。

在胶体分散体系中，由于胶体本身的电离或胶粒对某些离子的选择性吸附，使胶粒的表面带有一定的电荷。在外电场作用下，胶粒向异性电极定向移动，这种胶粒向正极或负极移动的现象称为电泳，发生相对移动的界面称为切动面，切动面与液体内部的电位差称为 Zeta 电位，Zeta 电位的大小直接影响胶粒在电场中的移动速度。原则上，任何一种胶体的电动现象都可以用来测定 Zeta 电位，其中最方便的是用电泳现象中的宏观法来测定，也就是通过观察溶胶与另一种不含胶粒的导电液体的界面在电场中移动速度来测定 Zeta 电位。Zeta 电位 ζ 与胶粒的性质、介质成分及胶体的浓度有关。

在电泳仪两极间接上电位差 $U(V)$ 后，在 $t(s)$ 时间内溶胶界面移动的距离为 $d(m)$，即溶胶电泳速度 $v(m \cdot s^{-1})$ 为：$v = d/t$。相距为 $L(m)$ 的两极间的电位梯度平均值 $H(V \cdot m^{-1})$ 为：

$$H = U/L \tag{5-75}$$

如果辅助液的电导率 κ_0 与溶胶的电导率 κ 相差较大，则在整个电泳管内的电位降是不均匀的，这时需用下式求 H：

$$H = \frac{U}{\dfrac{\kappa}{\kappa_0}(L - L_\kappa) + L_\kappa} \tag{5-76}$$

式中，L_κ 为溶胶两界面间的距离。

从实验求得胶粒电泳速度后，可按下式求 $\zeta(V)$：

$$\zeta = \frac{K\pi\eta}{\varepsilon H} \cdot v \tag{5-77}$$

式中，K 为与胶粒形状有关的常数（对于球形粒子，$K = 5.4 \times 10^{10} V^2 \cdot s^2 \cdot kg^{-1} \cdot m^{-1}$；对于棒形粒子，$K = 3.6 \times 10^{10} V^2 \cdot s^2 \cdot kg^{-1} \cdot m^{-1}$。本实验胶粒为棒形）；$\eta$ 为介质的黏度，$kg \cdot m^{-1} \cdot s^{-1}$；$\varepsilon$ 为介质的介电常数。

三、实验仪器和药品

仪器：高压数显稳压电源、万用电炉、电泳管、电导率仪、秒表、铂电极、锥形瓶（100mL，250mL）、导气管、烧杯（250mL，500mL，1000mL）、超级恒温槽、容量瓶（100mL）、磁力搅拌器。

药品：混合离子交换树脂、$FeCl_3$饱和溶液、氯化钾溶液、稀盐酸溶液、酒石酸锑钾溶液（0.5%）、硫化亚铁。

四、实验步骤

1. $Fe(OH)_3$溶胶的制备、纯化与电泳

（1）用水解法制备$Fe(OH)_3$溶胶

在已加热沸腾的1000mL去离子水中，快速一次性加入5mL $FeCl_3$饱和溶液，2～3s后停止加热，即得红褐色透明$Fe(OH)_3$溶胶。经过24～48h的陈化，胶核长大，胶体非常稳定。在胶体体系中存在的过量Fe^+、Cl^-等离子需要除去。

（2）采用混合离子交换树脂纯化$Fe(OH)_3$溶胶

取200mL溶胶，混合树脂200mL（每次40mL左右，分5次加入），放入烧杯中，在磁力搅拌器低速搅动下，树脂和溶胶两相以极低速搅动（或用玻璃棒缓慢搅动），同步用电导率仪即时监测溶胶的电导率变化。当溶胶电导率达到约为$100\mu S/cm$，即符合电泳实验要求，立即将溶胶与树脂分离，装于干净的烧杯中待用。注意事项：磁力搅拌要非常慢，看到磁子有转动即可；添加树脂时，尽量沿玻璃壁滑下，不要引起溶液大幅度扰动。

（3）辅助液的制备

用电导率仪测定纯化好的$Fe(OH)_3$溶胶的电导率，然后配制与之相同电导率的氯化钾溶液。

（4）仪器的安装

用蒸馏水洗净电泳管（三个活塞均需涂好凡士林）后，再用少量溶胶洗一次，将纯化好的$Fe(OH)_3$溶胶倒入电泳管中，见图5-35，使液面超过活塞2、3少许。关闭这两个活塞，把电泳管倒置，将多余的溶胶倒净，并用蒸馏水洗净活塞2、3以上的管壁。用配制好的氯化钾辅助液冲洗一次后，再加入该溶液至支管口。按图5-35所示插入铂电极，连接好线路。

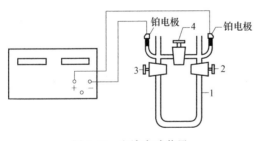

图5-35　电泳实验装置
1—电泳管；2～4—活塞

（5）溶胶电泳的测定

将高压数显稳压电源的粗、细调节旋钮逆时针旋到底（即归零）。按"＋""－"极性将输出线与负载相接，输出线枪式迭插座插入铂电极枪式迭插座尾。

开启活塞4，使管内两辅助液面等高，关闭活塞4，缓缓开启活塞2、3（勿使溶胶液面搅动）。然后打开稳压电源，将电源调至150V，观察溶胶面移动现象及电极表面现象。

记录30min内界面移动的距离，用绳子和尺子量出两电极间的距离。

实验结束后，先将高压数显稳压电源的粗、细调节旋钮逆时针旋到底。注意，粗调旋钮的调节速度不应过快。关闭电源，断开高压数显稳压电源的负载。拆除线路，清洗电泳管。

2. Sb_2S_3溶胶的制备及电泳

（1）Sb_2S_3溶胶的制备

将一只250mL锥形瓶用蒸馏水洗净，倒入50mL 0.5%酒石酸锑钾溶液。把制备H_2S的

小锥形瓶（100mL）及导气管洗净，并向其中放入适量的硫化亚铁，在通风橱内，向小锥形瓶中加入 10mL 50％HCl 溶液，用导气管将 H_2S 通入酒石酸锑钾溶液中，至溶液的颜色不再加深为止，即得 Sb_2S_3 溶胶。制备毕，将剩余的硫化亚铁及 HCl 倒入回收瓶，洗净锥形瓶及导气管。

（2）配制辅助溶液

见 $Fe(OH)_3$ 溶胶的制备、纯化与电泳中相关内容。

（3）安装仪器和连接线路

接通直流稳压电源，迅速调节输出电压为 100V（注意，实验中随时观察，使电压稳定在 100V，并不要振动电泳管）。关闭活塞 4，同时打开活塞 2 和 3，当溶胶界面达到电泳管正极部分零刻度时，开始计时。分别记下溶胶界面移动到 0.50cm、1.00cm、1.50cm、2.00cm 等刻度时所用时间。实验结束时，测量两个铂电极在溶液中的实际距离，关闭电源，拆除线路。

五、注意事项

① 利用式(5-77)求算 Zeta 电位时，有关 η 数值从附录 2 中查得。对于水的介电常数，应考虑温度校正，由以下公式求得：$\ln\varepsilon_t = 4.474226 - 4.54426 \times 10^{-3}t$。

② 高压危险，在使用过程中，必须接好负载后再打开电源。

③ 在调节粗调旋钮时，一定要等电压、电流稳定后，再调节下一挡。

④ 输出线插入接线柱应牢固、可靠，不得有松动，以免高压打火。不得将两输出线短接。

⑤ 在调节过程中，若电压、电流不变化，是由于保护电路工作形成死机，此时应关闭电源再重新按操作步骤操作。此状态一般不会出现。

⑥ 若负载需接地，可将负载接地线与仪器面板黑接线柱（⊥）相连。

六、数据记录和处理

① 将实验数据记录如下。

外电场在两极间的电位差 U(V)：_____ 两电极间距离 L(m)：_____

电泳时间 t(s)：_____ 溶胶液面移动距离 d(m)：_____

② 将数据代入式(5-75)、式(5-76)、式(5-77) 中计算 Zeta 电位。

七、思考题

① 本实验中所用的辅助液的电导率为什么必须与所测溶胶的电导率相等或尽量接近？

② 电泳的速度与哪些因素有关？

③ 在电泳测定中如不用辅助液体，把两电极直接插入溶胶中会发生什么现象？

④ 溶胶胶粒带何种符号的电荷？为什么它会带此种符号的电荷？

八、扩展

① 电泳的实验方法有多种。本实验方法称为界面移动法，适用于溶胶或大分子溶液与分散介质形成的界面在电场作用下移动速度的测定。此外还有显微电泳法和区域电泳法。显微电泳法用显微镜直接观察质点电泳的速度，要求研究对象必须在显微镜下能明显观察到，此法简便，快速，样品用量少，在质点本身所处的环境下测定，适用于粗颗粒的悬浮体和乳状液。区域电泳法是以惰性而均匀的固体或凝胶作为被测样品的载体进行电泳，以达到分离与分析电泳速度不同的各组分的目的。该法简便易行，分离效率高，用样品少，还可避免对流

影响，现已成为分离与分析蛋白质的基本方法。

② 本实验还可研究电泳管两极上所加电压不同时，对 $Fe(OH)_3$ 溶胶胶粒 Zeta 电位的测定有无影响。

九、附注

热渗析法纯化 $Fe(OH)_3$ 溶胶

① 半透膜的制备　在一个内壁洁净、干燥的 250mL 锥形瓶中，加入约 100mL 火棉胶液，小心转动锥形瓶，使火棉胶液黏附在锥形瓶内壁上形成均匀薄层，倾出多余的火棉胶。此时锥形瓶仍需倒置，并不断旋转，待剩余的火棉胶流尽，使瓶中的乙醚蒸发至已闻不出气味为止（此时用手轻触火棉胶膜，已不黏手）。然后再往瓶中注满水（若乙醚未蒸发完全，加水过早，则半透膜发白），浸泡 10min。倒出瓶中的水，小心用手分开膜与瓶壁之间隙。慢慢注水于夹层中，使膜脱离瓶壁，轻轻取出，在膜袋中注入水，观察有无漏洞。制好的半透膜不用时，要浸放在蒸馏水中。

② 纯化　将制得的 $Fe(OH)_3$ 溶胶注入半透膜内，用线拴住袋口，置入 1000mL 的清洁烧杯中，杯中加蒸馏水约 500mL，维持温度在 60℃ 左右，进行渗析。每 20min 换一次蒸馏水，4 次后取出 1mL 渗析水，分别用 1% $AgNO_3$ 及 1% KSCN 溶液检查是否存在 Cl^- 及 Fe^{3+}，如果仍存在，应继续换水渗析，直到检查不出为止。

实验八十二　BZ 反应表观活化能的测定

一、实验目的

① 了解 Belousov-Zhabotinski 反应（简称 BZ 反应）的基本原理及研究化学振荡反应的方法。

② 掌握在硫酸介质中以金属铈离子作催化剂时，丙二酸被溴酸氧化反应的基本原理。

③ 了解化学振荡反应的电势测定方法。

二、实验原理

有些自催化反应有可能使反应体系中某些物质的浓度随时间（或空间）发生周期性的变化，这类反应称为化学振荡反应。

最著名的化学振荡反应是 1959 年首先由 Belousov 观察发现的，随后 Zhabotinski 继续了该反应的研究。他们报道了以金属铈离子作催化剂时，柠檬酸被 $HBrO_3$ 氧化可发生化学振荡现象，后来又发现了一批溴酸盐的类似反应，人们把这类反应称为 BZ 反应。例如丙二酸在溶有硫酸铈的酸性溶液中被溴酸钾氧化的反应就是一个典型的 BZ 反应。

1972 年，Fiela、Koros、Noyes 等人通过实验对上述振荡反应进行了深入研究，提出了 FKN 机理，反应由以下三个主要过程组成。

过程 A　（1）$Br^- + BrO_3^- + 2H^+ \longrightarrow HBrO_2 + HBrO$

（2）$Br^- + HBrO_2 + H^+ \longrightarrow 2HBrO$

过程 B　（3）$HBrO_2 + BrO_3^- + H^+ \longrightarrow 2BrO_2 + H_2O$

（4）$BrO_2 + Ce^{3+} + H^+ \longrightarrow HBrO_2 + Ce^{4+}$

（5）$2HBrO_2 \longrightarrow BrO_3^- + H^+ + HBrO$

过程 C　（6）$4Ce^{4+} + BrCH(COOH)_2 + H_2O + HBrO \longrightarrow 2Br^- + 4Ce^{3+} + 3CO_2 + 6H^+$

过程 A 是消耗 Br^-，产生能进一步反应的 $HBrO_2$，HBrO 为中间产物。

过程 B 是一个自催化过程，在 Br^- 消耗到一定程度后，$HBrO_2$ 才按式(3)、式(4) 进行反应，并使反应不断加速，与此同时，Ce^{3+} 被氧化为 Ce^{4+}。$HBrO_2$ 的累积还受到式(5) 的制约。

过程 C 为丙二酸被溴化为 $BrCH(COOH)_2$，与 Ce^{4+} 反应生成 Br^-，使 Ce^{4+} 还原为 Ce^{3+}。

过程 C 对化学振荡非常重要，如果只有过程 A 和 B，就是一般的自催化反应，进行一次就完成了，正是过程 C 的存在，以丙二酸的消耗为代价，重新得到 Br^- 和 Ce^{3+}，反应得以再启动，形成周期性的振荡。

该体系的总反应为：

$$2H^+ + 2BrO_3^- + 3CH_2(COOH)_2 \xrightarrow{Ce^{3+}} 2BrCH(COOH)_2 + 3CO_2 + 4H_2O$$

振荡的控制离子是 Br^-。

由上述可见，产生化学振荡需满足以下三个条件。

① 反应必须远离平衡态。化学振荡只有在远离平衡态，具有很大的不可逆程度时才能发生。在封闭体系中振荡是衰减的，在敞开体系中，可以长期持续振荡。

② 反应历程中应包含有自催化的步骤。产物之所以能加速反应，是自催化反应，如过程 A 中的产物 $HBrO_2$ 同时又是反应物。

③ 体系必须有两个稳态存在，即具有双稳定性。

化学振荡体系的振荡现象可以通过多种方法观察到，如观察溶液颜色的变化、测定吸光度随时间的变化、测定电势随时间的变化等。

本实验通过测定离子选择性电极上的电势 (U) 随时间 (t) 变化的 U-t 曲线来观察 BZ 反应的振荡现象 (图 5-36)，同时测定不同温度对振荡反应的影响。根据 U-t 曲线，得到诱导期 ($t_{诱}$) 和振荡周期 ($t_{1振}$、$t_{2振}$ ……)。

按照文献的方法，依据 $\ln \dfrac{1}{t_{诱}} = -\dfrac{E_{诱}}{RT} + C$ 及 $\ln \dfrac{1}{t_{振}} = -\dfrac{E_{振}}{RT} + C$ 公式，计算出表观活化能 $E_{诱}$、$E_{振}$。

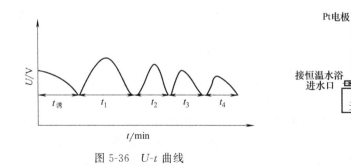

图 5-36 U-t 曲线   图 5-37 实验装置

三、实验仪器和药品

仪器：超级恒温槽、ZD-BZ 振荡实验装置、记录仪或计算机采集系统、恒温反应器 (50mL)。

药品：丙二酸 (分析纯)、溴酸钾 (优级纯)、硫酸铈铵 (分析纯)、浓硫酸 (分析纯)。

四、实验步骤

① 配制 $0.45 mol \cdot L^{-1}$ 丙二酸溶液 100mL、$0.25 mol \cdot L^{-1}$ 溴酸钾溶液 100mL、$3.00 mol \cdot L^{-1}$

硫酸溶液 100mL、4×10^{-3} mol·L^{-1} 的硫酸铈铵溶液 100mL。

② 用 1mol/L 硫酸作 217 型甘汞电极液接。按图 5-37 所示连接好仪器，打开超级恒温槽，将温度调节至 25℃±0.1℃，将精密数字电压测量仪置于分辨率为 0.1mV 挡（即电压测量仪的 2V 挡），且为手动状态，甘汞电极接负极，铂电极接正极。

③ 在恒温反应器中加入已配好的丙二酸溶液 10mL、溴酸钾溶液 10mL、硫酸溶液 10mL，恒温 1min 后加入硫酸铈铵溶液 10mL，观察溶液的颜色变化，电势变化首次到最低时，记下时间 $t_{诱}$，同时记录相应的电势-时间曲线。

④ 改变温度为 30℃、35℃、40℃、45℃、50℃，重复上述实验。

五、注意事项

① 实验所用试剂均需用不含 Cl^- 的去离子水配制，而且参比电极不能直接使用甘汞电极。若用 217 型甘汞电极时要用 1mol·L^{-1} H_2SO_4 作液接，可用硫酸亚汞参比电极，也可使用双盐桥甘汞电极，外面夹套中充饱和 KNO_3 溶液，这是因为其中所含 Cl^- 会抑制振荡的发生和持续。

② 电压测量仪一定要置于 0.1mV 分辨率的手动状态下。

③ 配制 4×10^{-3} mol·L^{-1} 的硫酸铈铵溶液时，一定要在 0.20mol·L^{-1} 硫酸介质中配制，防止发生水解呈浑浊。

④ 实验中溴酸钾试剂纯度要求高，所使用的反应器一定要冲洗干净，磁力搅拌器中转子位置及速度都必须加以控制。

六、数据记录和处理

① U-t 曲线中得到诱导期和第一、二振荡周期。

② 根据 $t_{诱}$、$t_{1振}$、$t_{2振}$ 与 T 的数据，作 $\ln(1/t_{诱})$-$1/T$ 和 $\ln(1/t_{1振})$-$1/T$ 图，由直线的斜率求出表观活化能 $E_{诱}$、$E_{振}$。

七、思考题

① 影响诱导期和振荡周期的主要因素有哪些？

② 本实验记录的电势主要代表了什么意思？它与能斯特方程求得的电势有何不同？为什么？

八、扩展

① 本实验是在一个封闭体系中进行的，所以振荡波被逐渐衰减。若把实验放在敞开体系中进行，则振荡波可以持续不断进行，并且周期和振幅保持不变。

本实验也可以通过替换体系中的成分来实现，如将丙二酸换成焦性没食子酸、各种氨基酸等有机酸，如用碘酸盐、氯酸盐等替换溴酸盐，又如用锰离子、亚铁菲咯啉离子或铬离子替换铈离子等来进行实验都可以发生振荡现象，但振荡波形、诱导期、振荡周期、振幅都会发生变化。

② 振荡体系有许多类型，除化学振荡还有液膜振荡、生物振荡、萃取振荡等。表面活性剂在穿越油水界面自发扩散时，经常伴随有液膜（界面）物理性质的周期变化，这种周期变化称为液膜振荡。另外，在溶剂萃取体系中也发现了振荡现象。生物振荡现象在生物中很常见，如在新陈代谢过程中占重要地位的酶降解反应中，许多中间化合物和酶的浓度是随时间周期性变化的。生物振荡也包括微生物振荡。

③ 对于一个稳定的化学振荡体系，微量被测物质的加入明显地改变了体系原有的振幅、

周期或者其他参数。这一现象使化学振荡步入分析检测实用阶段的研究，如有关抗坏血酸等物质对化学振荡反应影响的研究成果已相继问世。

实验八十三　电极电位-pH 曲线的测定及其应用

一、实验目的

① 测定 Fe^{3+}/Fe^{2+}-EDTA 溶液在不同 pH 条件下的电极电位，绘制电极电位-pH 曲线。

② 了解电极电位-pH 图的意义及应用。

③ 掌握电极电位、电池电动势及 pH 的测定原理和方法。

二、实验原理

很多氧化还原反应不仅与溶液中离子的浓度有关，而且与溶液的 pH 值有关，即电极电位与浓度和酸度成函数关系。如果指定溶液的浓度，则电极电位只与溶液的 pH 值有关。在改变溶液的 pH 值时测定溶液的电极电位，然后以电极电位对 pH 值作图，这样就可得到等温、等浓度的电极电位-pH 曲线。

Fe^{3+}/Fe^{2+}-EDTA 络合体系在不同的 pH 值范围内，其络合产物不同，以 Y^{4-} 代表 EDTA 酸根离子 $(CH_2)_2N_2(CH_2COO)_4^{4-}$，下面将在三个不同 pH 值的区间来讨论电极电位的变化。

① 一定 pH 值范围内，Fe^{3+}/Fe^{2+} 能与 EDTA 生产稳定的配合物 FeY^{2-} 和 FeY^-，其电极反应为 $FeY^- + e^- \rightleftharpoons FeY^{2-}$。

根据能斯特方程，其电极电位为：

$$\varphi = \varphi^{\ominus} - \frac{RT}{F} \ln \frac{a_{FeY^{2-}}}{a_{FeY^-}} \tag{5-78}$$

式中，$\varphi^{\ominus}$ 为标准电极电位；a 为活度，$a = \gamma m$（γ 为活度系数，m 为质量摩尔浓度）。则式(5-78)可改写成：

$$\varphi = \varphi^{\ominus} - \frac{RT}{F} \ln \frac{\gamma_{FeY^{2-}}}{\gamma_{FeY^-}} - \frac{RT}{F} \ln \frac{m_{FeY^{2-}}}{m_{FeY^-}} = \varphi^{\ominus} - b_1 - \frac{RT}{F} \ln \frac{m_{FeY^{2-}}}{m_{FeY^-}} \tag{5-79}$$

式中，$b_1 = \frac{RT}{F} \ln \frac{\gamma_{FeY^{2-}}}{\gamma_{FeY^-}}$

当溶液离子强度和温度一定时，b_1 为常数，在此 pH 范围内，该体系的电极电位只与 $m_{FeY^{2-}}/m_{FeY^-}$ 的值有关。在 EDTA 过量时，生成的配合物的浓度可近似看作配制溶液时铁离子的浓度，即 $m_{FeY^{2-}} \approx m_{Fe^{2+}}$，$m_{FeY^-} \approx m_{Fe^{3+}}$。当 $m_{Fe^{2+}}$ 与 $m_{Fe^{3+}}$ 的比值一定时，φ 为一定值，曲线中出现平台区，如图 5-38 中的 bc 段。

② 低 pH 时的电极反应为 $FeY^- + H^+ + e^- \rightleftharpoons FeHY^-$，则可求得：

$$\varphi = \varphi^{\ominus} - b_2 - \frac{RT}{F} \ln \frac{m_{FeHY^-}}{m_{FeY^-}} - \frac{2.303RT}{F} pH \tag{5-80}$$

在 $m_{Fe^{2+}}/m_{Fe^{3+}}$ 不变时，φ 与 pH 呈线性关系，如图 5-38 中 ab 段。

③ 高 pH 时的电极反应为 $Fe(OH)Y^{2-} + e^- \rightleftharpoons FeY^{2-} + OH^-$，则可求得：

$$\varphi = \varphi^{\ominus} - \frac{RT}{F} \ln \frac{a_{FeY^{2-}} a_{OH^-}}{a_{Fe(OH)Y^{2-}}} \tag{5-81}$$

稀溶液中的水的活度积 K_W 可看作水的离子积，又根据 pH 定义，式(5-81)可写成：

$$\varphi = \varphi^{\ominus} - b_3 - \frac{RT}{F}\ln\frac{m_{FeY^{2-}}}{m_{Fe(OH)Y^{2-}}} - \frac{2.303RT}{F}pH \tag{5-82}$$

在 $m_{Fe^{2+}}/m_{Fe^{3+}}$ 不变时，φ 与 pH 呈线性关系，如图 5-38 中的 cd 段。

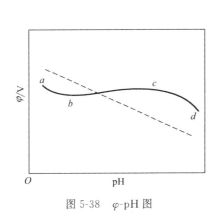

图 5-38　φ-pH 图

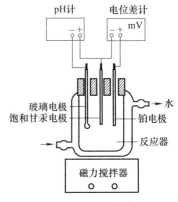

图 5-39　φ-pH 测定装置图

三、实验仪器和药品

仪器：电位差计（或数字电压表）、数字式 pH 计、恒温水浴、电子天平（感量 0.01g）、夹套瓶（200mL）、磁力搅拌器、饱和甘汞电极、玻璃电极、铂电极、滴管、氮气压缩气体钢瓶。

药品：$FeCl_3 \cdot 6H_2O$（分析纯）、$FeCl_2 \cdot 4H_2O$（分析纯）或 $(NH_4)_2Fe(SO_4)_2$（分析纯）、HCl（分析纯）、EDTA 二钠盐二水化合物（分析纯）、NaOH（分析纯）。

四、实验步骤

① 开启恒温水浴，控制温度在 (25 ± 0.1)℃ 或 (30 ± 0.1)℃。

② 先将夹套瓶充满 1/3 蒸馏水，迅速称取 0.86g $FeCl_3 \cdot 6H_2O$、0.58g $FeCl_2 \cdot 4H_2O$ ［或 1.16g $(NH_4)_2Fe(SO_4)_2$］，倾入夹套瓶。称取 3.50g EDTA 二钠盐二水化合物，先用少量蒸馏水溶解，倾入夹套瓶中，在迅速搅拌的情况下缓慢滴加 2%NaOH 溶液直至瓶中溶液 pH 达到 8 左右，注意避免局部生成 $Fe(OH)_3$ 沉淀。通入氮气将空气排尽。

③ 将玻璃电极、饱和甘汞电极、铂电极分别插入反应容器盖子上的三个孔中，浸于液面下，见图 5-39。

将玻璃电极和饱和甘汞电极的导线接到 pH 计上，测定溶液的 pH 值，然后将甘汞电极、铂电极接在电位差计上（或电压表的"＋""－"两端），测定两极间的电动势，此电动势是相对于饱和甘汞电极的电极电位。用滴管从反应器的第四个孔（即氮气出气孔）滴入少量 $2mol \cdot L^{-1}$ HCl 溶液，改变溶液 pH 值，每次约改变 0.3，同时记录电极电位和 pH 值，直至溶液出现浑浊，停止实验。

五、注意事项

① 由于 $FeCl_2 \cdot 4H_2O$ 易被氧化，可以改用 1.16g $(NH_4)_2Fe(SO_4)_2$。

② 搅拌速度必须加以控制，防止由于搅拌不均匀造成加入 NaOH 时，溶液上部出现少量的 $Fe(OH)_3$ 沉淀。

六、数据记录和处理

① 用表格形式记录所得的电动势和 pH 值。将测得的相对于饱和甘汞电极的电极电位

换算至相对于标准氢电极的电极电位 φ。

② 绘制 Fe^{3+}/Fe^{2+}-EDTA 络合体系的电极电位 φ-pH 曲线，由曲线确定 FeY^- 和 FeY^{2-} 稳定存在的 pH 范围。

七、思考题

① 写出 Fe^{3+}/Fe^{2+}-EDTA 络合体系在电位平台区的基本电极反应及对应的能斯特公式。

② 用 pH 计和电位差计测电动势的原理各有什么不同？

③ 查阅 $Fe-H_2O$ 体系 φ-pH 图，说明 Fe 在不同条件（电极和 pH）下所处的平衡状态。

八、扩展

φ-pH 图广泛应用于解决水溶液中发生的一系列反应及平衡问题（例如元素分离、湿法冶金、金属防腐方面）。本实验讨论的 Fe^{3+}/Fe^{2+}-EDTA 体系，可用于消除天然气中的有害气体 H_2S。利用 Fe^{3+}-EDTA 溶液可将天然气中 H_2S 氧化成元素硫除去，溶液中 Fe^{3+}-EDTA 络合物被还原为 Fe^{2+}-EDTA 络合物，通入空气可以使 Fe^{2+}-EDTA 氧化成 Fe^{3+}-EDTA，使溶液得到再生，不断循环使用。

实验八十四　离子迁移数的测定

当电流通过电解质溶液时，溶液中的正负离子分别向阴阳两极迁移，由于各种离子的迁移速度不同，各自所带过去的电量也必然不同。每种离子所带过去的电量与通过溶液的总电量之比，称为该离子在此溶液中的离子迁移数。若正负离子传递电量分别为 q_+ 和 q_-，通过溶液的总电量为 Q，则正负离子的迁移数分别为 $t_+ = q_+/Q$ 和 $t_- = q_-/Q$。

离子迁移数与浓度、温度、溶剂的性质有关。增加某种离子的浓度，则该离子传递电量的比例增加，离子迁移数也相应增加。温度改变，离子迁移数也会发生变化，但温度升高，正负离子的迁移数差别较小。同一种离子在不同电解质中迁移数是不同的。

离子迁移数可以直接测定，方法有希托夫法、界面移动法、电动势法。

（Ⅰ）希托夫法测定离子迁移数

一、实验目的

① 掌握希托夫法测定离子迁移数的原理及方法，明确离子迁移数的概念。

② 了解电量计的使用原理及方法。

二、实验原理

希托夫法测定离子迁移数的示意图如图 5-40 所示。将已知浓度的硫酸溶液装入迁移管中，若有 Q 电量通过体系，在阴极和阳极上分别发生如下反应。

阳极反应：$2OH^- \longrightarrow H_2O + 1/2O_2 + 2e^-$。

阴极反应：$2H^+ + 2e^- \longrightarrow H_2$。

此时溶液中 H^+ 向阴极方向迁移，SO_4^{2-} 向阳极方向迁移。电极反应与离子迁移引起的总结果是阴极区的 H_2SO_4 浓度减小，阳极区的 H_2SO_4 浓度增加，且增加与减小的浓度数值相等。流过小室中每一截面的电量都相同，因此离

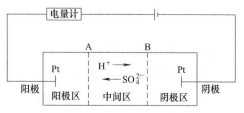

图 5-40　希托夫法测定离子迁移数的示意图

开与进入假想中间区的 H^+ 数相同，SO_4^{2-} 数也相同，所以中间区的浓度在通电过程中保持不变。由此可得计算离子迁移数的公式如下：

$$t_{H^+} = 1 - t_{SO_4^{2-}} \tag{5-83}$$

$$t_{SO_4^{2-}} = \frac{\text{阴极区}\left(\frac{1}{2}H_2SO_4\right)\text{减少的物质的量} \times F}{Q} = \frac{\text{阳极区}\left(\frac{1}{2}H_2SO_4\right)\text{增加的物质的量} \times F}{Q} \tag{5-84}$$

式中，F 为法拉第常数；Q 为总电量。

图 5-40 所示的三个区域是假想分割的，实际装置必须以某种方式给予满足。图 5-41 所示的实验装置提供了这一可能，它使电极远离中间区，中间区的连接处又很细，能有效地阻止扩散，保证了中间区浓度不变。

式(5-84) 中阴极液通电前后 $1/2H_2SO_4$ 减少的物质的量 n 为：

$$n = \frac{(c_0 - c)V}{1000} \tag{5-85}$$

式中，c_0 为 $1/2H_2SO_4$ 原始浓度；c 为通电后 $1/2H_2SO_4$ 浓度；V 为阴极液体积，由 $V = m/\rho$ 求算，其中 m 为阴极液的质量，ρ 为阴极液的密度（20℃时 $0.1mol \cdot L^{-3} H_2SO_4$ 的 $\rho = 1.002g \cdot cm^{-3}$）。

通过溶液的总电量可用气体电量计（图 5-42）测定，其准确度可达 $\pm 0.1\%$，它的原理实际上就是电解水（为减小电阻，水中加入几滴浓 H_2SO_4）。

根据法拉第定律及理想气体状态方程，并由 H_2 和 O_2 的体积得到求算总电量 Q 的公式如下：

$$Q = \frac{4(p - p_w)VF}{3RT} \tag{5-86}$$

式中，p 为实验时大气压；p_w 为温度 T 时水的饱和蒸气压；V 为 H_2 和 O_2 混合气体的体积；F 为法拉第常数。

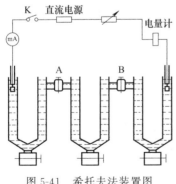
图 5-41　希托夫法装置图

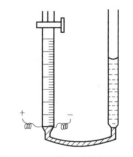
图 5-42　气体电量计装置图

三、实验仪器和药品

仪器：迁移管、铂电极、精密稳流电源、气体电量计、分析天平、碱式滴定管（25mL）、三角瓶（100mL）、移液管（10mL）、烧杯（50mL）、容量瓶（250mL）。

药品：H_2SO_4（化学纯）、NaOH（$0.1000mol \cdot L^{-1}$）。

四、实验步骤

① 配制 $c(1/2H_2SO_4)$ 为 $0.1mol \cdot L^{-1}$ 的 H_2SO_4 溶液 $250mL$，并用标准 NaOH 标定其浓度。然后用该 H_2SO_4 溶液冲洗迁移管后，装满迁移管。

② 打开气体电量计活塞，移动水准管，使量气管内液面升到起始浓度，关闭活塞，比平后记下液面起始刻度。

③ 按图接好线路，将精密稳流电源的"调压"旋钮旋至最小处。经检查后，接通开关，打开电源开关，旋转"调压"旋钮使电流强度为 $10 \sim 15mA$，通电约 $1.5h$ 后，立即夹紧两个连接处的夹子，并关闭电源。

④ 将阴极液（或阳极液）放入一个已称重的洁净干燥的烧杯中，并用少量原始 H_2SO_4 液冲洗阴极管（或阳极管）一并放入烧杯中，然后称重。中间液放入另一洁净干燥的烧杯中。

⑤ 用移液管取 $10mL$ 阴极液（或阳极液）放入三角瓶内，用标准 NaOH 溶液标定。再取 $10mL$ 中间液标定，检查中间液浓度是否变化。

⑥ 弹量气管，待气体电量计气泡全部逸出、比平后记录液面刻度。

五、注意事项

① 电量计使用前应检查是否漏气。

② 通电过程中，迁移管应避免振动。

③ 中间管与阴极管、阳极管连接处不留气泡。

④ 阴极管、阳极管上端的塞子不能塞紧。

六、数据记录和处理

① 将所测数据列于表 5-10。

表 5-10 离子迁移数测定的实验数据记录表

实验室温度＿＿＿＿＿＿＿＿大气压＿＿＿＿＿＿＿＿饱和水蒸气压＿＿＿＿＿＿＿＿

气体电量计产生气体体积 V ＿＿＿＿＿＿＿＿标准 NaOH 溶液浓度＿＿＿＿＿＿＿＿

溶液	$m_{烧杯}/g$	$m_{烧杯+溶液}/g$	$m_{溶液}/g$	V_{NaOH}/mL	$c(1/2H_2SO_4)/(mol \cdot L^{-1})$

② 计算通过溶液的总电量 Q。

③ 计算阴极液通电前后 $1/2H_2SO_4$ 减少的物质的量 n。

④ 计算离子迁移数 t_{H^+} 及 $t_{SO_4^{2-}}$。

七、思考题

① 如何保证电量计中测得的气体体积是在实验大气压下的体积？

② 中间区浓度改变说明什么？如何防止？

③ 为什么不用蒸馏水而用原始液冲洗电极？

八、扩展

希托夫法测得的离子迁移数又称为表观离子迁移数，计算过程中假定水是不动的。由于离子的水化作用，离子迁移时实际上是附着水分子的，所以由于阴阳离子水化程度不同，在迁移过程中会引起浓度的改变。若考虑水的迁移对浓度的影响，则算出的阳离子或阴离子的离子迁移数称为真实离子迁移数。

（Ⅱ）界面移动法测定离子迁移数

一、实验原理

利用界面移动法测离子迁移数的实验可分为两类：一类是使用两种指示离子，造成两个界面；另一类是只用一种指示离子，有一个界面。近年来后一类方法已经代替了前一类方法，其原理介绍如下。

实验在图 5-43 所示的迁移管中进行。设 M^{z+} 为预测的阳离子，M'^{z+} 为指示阳离子。为了保持界面清晰，防止由于重力而产生搅动作用，应将密度大的溶液放在下面。当有电流通过溶液时，阳离子向阴极迁移，原来的界面 aa' 逐渐上移，经过一定时间 t 到达 bb'。设 aa' 和 bb' 间的体积为 V，$t_{M^{z+}}$ 为 M^{z+} 的离子迁移数，据定义有：

$$t_{M^{z+}} = \frac{VFc}{Q} \tag{5-87}$$

式中，F 为法拉第常数；c 为 $(1/z)\ M^{z+}$ 的浓度；Q 为通过溶液的总电量；V 为界面移动的体积，可用称量充满 aa' 和 bb' 间的水的质量校正。

本实验用 Cd^{2+} 作为指示离子，测定 $0.1\text{mol}\cdot L^{-1}$ HCl 中 H^+ 的离子迁移数，因为 Cd^{2+} 离子迁移率 (U) 较小，即 $U_{Cd^{2+}} < U_{H^+}$。

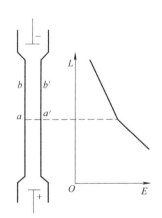

图 5-43　迁移管中的电位梯度

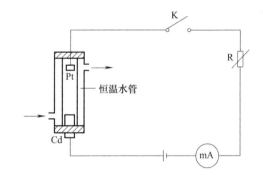

图 5-44　界面移动法测离子迁移数装置示意图

在图 5-44 所示的实验装置中，通电时，H^+ 向上迁移，在 Cd 阳极上 Cd 氧化，进入溶液生成 $CdCl_2$，逐渐顶替 HCl 溶液，在管中形成界面。由于溶液要保持电中性，且任一界面都不会中断传递电流，H^+ 迁移后的区域，Cd^{2+} 紧紧地跟上，离子的移动速度 (v) 是相等的，即 $v_{Cd^{2+}} = v_{H^+}$。由此可得：

$$U_{Cd^{2+}} \frac{dE'}{dL} = U_{H^+} \frac{dE}{dL} \qquad \frac{dE'}{dL} > \frac{dE}{dL}$$

即在 $CdCl_2$ 溶液中电位梯度是较大的，如图 5-43 所示。因此，若 H^+ 因扩散作用落入 $CdCl_2$ 溶液层，它就不仅比 Cd^{2+} 迁移得快，而且比界面上的 H^+ 还要快地赶回到 HCl 层。同样，若任何 Cd^{2+} 进入低电位梯度的 HCl 溶液时，它就要减速，一直到它们重新落回于 H^+ 为止，这样界面在通电过程中保持清晰。

二、实验仪器和药品

仪器：精密稳流电源、滑动变阻器、毫安表、迁移管、铂电极、镉电极、秒表。

药品：HCl（$0.1000 mol \cdot L^{-1}$）、甲基橙（或甲基紫）指示剂。

三、实验步骤

① 在小烧杯中倒入约 10mL $0.1000 mol \cdot L^{-1}$ HCl，加入少许甲基橙指示剂，使溶液呈深蓝色。用少许该溶液洗涤迁移管后，将溶液装满迁移管，并插入铂电极。

② 按图 5-44 接好线路，按通开关 K 与电源相通，调节滑动变阻器，保持电流在 5～7mA 之间。

③ 当迁移管内蓝紫色界面达到起始刻度时，立即开动秒表，此时要随时调节滑动变阻器，使电流 I 保持定值。当蓝紫色界面迁移 1mL 后，再按秒表，并关闭电源开关。

四、注意事项

① 通电后，由于 $CdCl_2$ 层的形成，电阻加大，电流会渐渐变小，因此不断调节电流使其保持不变。

② 通电过程中，迁移管应避免振动。

五、数据记录和处理

计算 $t_{Cd^{2+}}$ 和 t_{Cl^-}，讨论与解释观察到的实验现象，将结果与文献值加以比较。

六、思考题

① 本实验关键何在？应注意什么？

② 测量某一电解质离子迁移数时，离子应如何选择？指示剂应如何选择？

七、扩展

离子迁移数的测定方法除以上介绍的希托夫法和界面移动法外，还有电动势法。

电动势法是通过具有或不具有溶液接界的浓差电池的电动势来进行测定。例如测定硝酸银溶液的 t_{Ag^+} 和 $t_{NO_3^-}$ 可设计如下电池。

① 有溶液接界的浓差电池　$Ag | AgNO_3(m_1) | AgNO_3(m_2) | Ag$

总的电池反应为：

$$t_{NO_3^-} AgNO_3(m_2) \longrightarrow t_{NO_3^-} AgNO_3(m_1)$$

测得电动势为：

$$E_1 = 2t_{NO_3^-} \frac{RT}{F} \ln \frac{\gamma_{\pm 2} m_2}{\gamma_{\pm 1} m_1} \tag{5-88}$$

② 无溶液接界的浓差电池　$Ag | AgNO_3(m_1) \parallel AgNO_3(m_2) | Ag$

总的电池反应为：

$$Ag^+(m_2) \longrightarrow Ag^+(m_1)$$

测得电动势为：

$$E_2 = \frac{RT}{F} \ln \frac{(a_{Ag^+})_2}{(a_{Ag^+})_1} \tag{5-89}$$

假定溶液中价数相同的离子具有相同的活度系数，则可得：

$$a_{\pm 1} = (a_{Ag^+})_1 = (a_{NO_3^-})_1 = \gamma_{\pm 1} m_1$$

$$a_{\pm 2} = (a_{Ag^+})_2 = (a_{NO_3^-})_2 = \gamma_{\pm 2} m_2$$

$$\frac{E_1}{E_2} = \frac{2t_{NO_3^-} \dfrac{RT}{F} \ln \dfrac{\gamma_{\pm 2} m_2}{\gamma_{\pm 1} m_1}}{\dfrac{RT}{F} \ln \dfrac{(a_{Ag^+})_2}{(a_{Ag^+})_1}} \tag{5-90}$$

因此
$$t_{NO_3^-} = \frac{1}{2} \times \frac{E_1}{E_2}, \quad t_{Ag^+} = 1 - t_{NO_3^-}$$

第二部分 物理化学综合、设计、研究性实验

物理化学的综合、设计、研究性实验分为两类。一类是根据物理化学实验的基本内容和基本要求，在掌握了基本实验方法和技能的基础上，利用实验室现有仪器设备，由学生自己设计实验方案，完成实验测试，独立撰写实验报告。这类实验一定要带有综合性。所谓综合性，要求至少涵盖每一分支的内容。这类实验只给定题目和指导思想，由学生独立完成。这类实验还包括：把一些新的实验方法和技术应用到物化实验中；或者用先进的电子仪器对经典实验进行改造，提高测量精度；或者用计算机控制实验条件、记录和处理实验数据；等。另一类实验是基本实验以外的其他实验，由学生自己选作。给定实验题目、操作步骤、仪器药品，由学生自己准备，并测出实验数据，设计并写出实验报告。有些设备仪器并非现成，需要自制，具有一定难度，目的是培养学生独立进行实验的能力。

实验八十五 设计性实验（自选题目五个）

一、设计实验测定苯的稳定化能

学生通过燃烧热测定已经掌握了固体物质燃烧热测定的原理和方法，掌握了氧弹式量热计的使用方法。在此基础上应该学习液体物质燃烧热测定方法。结合基础理论，设计实验，并通过测定苯等液体物质的燃烧热，测定苯的稳定化能，并与理论值比较。

二、设计实验测定化学反应的动力学参数（n、A、E_a）

学生通过动力学实验已经掌握了化学反应速率常数的测定原理和方法，掌握了利用体积法、旋光度法、电导率法、分光光度法等跟踪反应进程，以及如何进行数据处理等。在此基础上应该学习如何通过实验测定化学反应的动力学参数：反应级数 n、活化能 E_a 和指前因子 A 等。可以自己选择测定体系，利用某一物理性质跟踪反应进程。测得不同温度下的反应速率常数，然后利用阿伦尼乌斯方程求动力学参数。

三、设计实验测定氧化还原反应的热力学函数

学生通过电化学实验已经掌握了电池电动势测定的原理和方法，掌握了盐桥、电极的制备技术。在此基础上应该学习如何通过实验测定某一氧化还原反应的热力学函数。首先这种氧化还原反应必须能设计成电池，而且对应的电极能够方便地制备出来。测不同温度下电池的电动势，利用作图求得电池反应的温度系数，进而可求得该氧化还原反应的各种热力学函数，并设计实验与热力学方法测定的数据相对比。

四、设计实验对 $CuSO_4 \cdot 5H_2O$ 进行差热分析

学生通过对热分析测量技术及仪器的了解，进一步掌握差热分析原理，深入了解差热分

析仪的构造，了解热电偶的制作方法并学会对其标定，了解差热分析图谱定性、定量处理的基本方法，学会解释所得的差热图谱。

五、计算机在物理化学实验中的应用

学习利用计算机进行实验数据处理。在学会一些基本软件如 Excel、Origin 的应用基础上，处理如下实验数据：

① 蔗糖水解反应速率常数的测定。

② 乙酸乙酯皂化反应。

③ 丙酮碘化反应。

④ 燃烧热的测定实验。

⑤ 液体饱和蒸气压的测定。

⑥ TG、TPR、TPD 曲线和 BET 的计算机处理。

上面给出的题目只是一些示范性题目，仅起抛砖引玉的作用。学生可以根据自己的特长、兴趣、爱好，根据综合、设计、研究性实验的基本要求，自己拟定题目，开展这方面的工作。

实验八十六　反应性离子交换法制备纳米氧化锌

一、实验目的

① 了解纳米氧化锌的特性。

② 研究离子交换合成前驱体的原理和工艺条件。

③ 分析评价自制产品的性能（吸光度等）。

二、实验背景

氧化锌是具有纤锌矿结构的直接宽带隙半导体材料，有多种优良的物理化学性能，广泛应用于橡胶、陶瓷、涂料及光电子等领域。纳米氧化锌是一种近年来发展的新型多功能无机精细产品，具有普通氧化锌所无法比拟的优异性能，如无毒和非迁移性、荧光性、压电性、吸收和散射紫外线等，在催化、敏感和响应等方面性能更为突出，使其复合传统材料改性如催化剂、涂料、橡胶、高分子材料、化妆品和纺织品、新一代量子光电器件和传感器等方面孕育着新的突破。

关于纳米氧化锌的制备技术，国内外有大量文献报道。液相法（沉淀、微乳液法、水热法、溶胶凝胶法）是纳米氧化锌前驱体制备的主流技术，其过程为锌盐溶液与致沉阴离子在控制条件下，从原子或分子的成核长大或凝聚到具有一定尺寸和形状的前驱体。均匀沉淀法是利用某一化学反应使溶液中的致沉离子从溶液中缓慢地、均匀地释放出来，得到的沉淀物的颗粒均匀而致密，粒度小，分布窄，团聚少，便于过滤洗涤，成为工业化生产的一个优先选择的方法。值得注意的是，均匀沉淀剂尿素的分解温度较高，能耗大。为保证产品纯度，沉淀还必须加水洗涤，除去那些不能通过灼烧分解挥发而除去的可溶杂质，洗涤过程耗水费时，并污染环境。

本实验以离子交换树脂作锌盐溶液控释致沉离子宿主，合成纳米氧化锌前驱体。该过程中树脂在释放致沉离子的同时，吸收等量的可溶阴离子，大大降低前驱体清洗负担，有利于制得高纯产品。

三、实验提示

1.参考资料

[1] 莎木嘎，娜仁图雅，赵志宏，等.离子交换树脂法制备纳米 La_2O_3 及表征 [J].稀土，2010，31（1）：53-56.

[2] 刘颖，冯金朝.离子交换树脂均匀沉淀法制备 MgO 纳米粒子 [J].人工晶体学报，2009，38（2）：519-524.

[3] LI Z，WANG Y，LI Y S，et al. Preparation and characterization of nano ZnS by ion exchange resin method [C] //The 2nd International Symposium on Application of Materials Science and Energy Materials，December 17-18，2018. Shanghai：SAMSE，400：233-239.

[4] YU B，CONG H，YUAN H，et al. Nano/Microstructured ion exchange resins and their applications [J]. Journal of Nanoscience and Nanotechnology，2014，14（2）：1790-1798.

[5] LI Y S，LI G，WANG S X，et al. Preparation and characterization of nano-ZnO flakes prepared by reactive ion exchange method [J]. Journal of Thermal Analysis and Calorimetry，2009，95（2）：671-674.

2.查阅文献的关键词

纳米氧化锌、均匀沉淀、离子交换树脂。

四、实验关键

1.原料及反应原理

以硫酸锌为原料，再生好的阴离子交换树脂作控释致沉离子宿主合成前驱体。硫酸锌与强碱性阴离子交换树脂的反应方程式如下。

$$ZnSO_4 + 2ROH \longrightarrow Zn(OH)_2 \downarrow + R_2SO_4$$

2.影响因素

反应温度、浓度、时间、配比、搅拌速度等因素影响前驱体形貌和产品纯度。

3.前驱体后处理

沉淀经分离、洗涤、干燥得到白色的氢氧化锌。将所得前驱物于马弗炉中 500℃煅烧 2h 制得纳米氧化锌样品。

4.性能测试

分光光度法测定 0.1%纳米氧化锌水溶液吸光度曲线（最好用紫外-可见分光光度计），并与普通氧化锌和前驱体进行比较。也可测定纳米氧化锌光催化性能和形貌特性。

五、实验要求

① 阅读给定文献，并用关键词查阅相关文献。

② 制定方案，探索纳米氧化锌制备工艺和分解方法（水热法）(其中，前驱体制备实验装置如图 5-45 所示)。

③ 进行产品性能测试。

④ 对结果进行讨论，提出改进措施。

⑤ 提交研究论文（含英文摘要和 10 篇以上参考文献）。

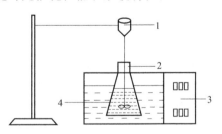

图 5-45 前驱体制备实验装置
1—电动机械搅拌器；2—锥形瓶；3—数显
电热恒温水浴锅；4—树脂与反应溶液

六、思考题

① 反应性离子交换特点是什么？

② 离子交换树脂的作用有哪些？

③ 产品表征有什么手段？

实验八十七　金属的腐蚀与防腐

（Ⅰ）镍在硫酸溶液中的钝化曲线

一、实验目的

① 通过用恒电位法测定镍在硫酸溶液中的钝化曲线，进一步研究镍在不同情况下的钝化行为。

② 测量镍在硫酸溶液中阳极极化曲线，观察氯离子对镍阳极钝化的影响。

二、实验仪器和药品

仪器：恒电位仪、数字电压表、磁力搅拌器、饱和甘汞电极（参比电极）、镍电极、铂电极（辅助电极）、盐桥、氮气压缩气体钢瓶。

药品：H_2SO_4（$0.5mol \cdot L^{-1}$）、KCl（$0.005mol \cdot L^{-1}$，$0.1mol \cdot L^{-1}$）、丙酮。

三、实验步骤

① 了解仪器的线路及装置，并将线路接好。

② 洗净电解池，注入 $0.5mol \cdot L^{-1}$ H_2SO_4 溶液，并安装好辅助电极、盐桥和参比电极等。

③ 将研究电极（镍电极）用金相砂纸将端面擦至镜面光亮，然后在丙酮中清洗除油，再用 $0.5mol \cdot L^{-1}$ H_2SO_4 溶液冲洗后，即可置于电解池中。打开磁力搅拌器，在搅拌中通入洁净的 N_2，除氧 10min。

④ 打开恒电位仪的电源开关，预热 15min，将恒电位仪调整好。

⑤ 从"给定电位"等于"自腐电位"开始，连续改变阳极电位，直到 O_2 在研究电极表面大量析出（约 1.7V）为止，同时记录电极电位（每隔 0.02V 左右读一次数）和相应的电流值。

⑥ 考察 Cl^- 对镍阳极钝化的影响。重新处理研究电极，使镍电极依次在 $0.5mol \cdot L^{-1}$ $H_2SO_4 + 0.005mol \cdot L^{-1}$ KCl 和 $0.5mol \cdot L^{-1}$ $H_2SO_4 + 0.1mol \cdot L^{-1}$ KCl 溶液中进行阳极极化。重复上述步骤，并同样记录电极电位及相应的电流值。

⑦ 实验完毕，先关掉数字电压表，再关掉恒电位仪电源，取出电极，清洗仪器。

四、数据记录和处理

① 记录实验时的室温和气压。

② 以电流密度（或电流密度对数值）为纵坐标，以电极电位为横坐标，绘制阳极极化曲线。

③ 求出在测定条件下，碳钢的钝化电位。

（Ⅱ）缓蚀剂及缓蚀效率的测定

一、实验目的

① 了解缓蚀剂及其作用，学习和掌握缓蚀效率的测定方法。

② 通过缓蚀实验的对比，进一步了解缓蚀剂的不同作用。

二、实验原理

铁与空气及潮湿空气接触时能生锈，如在空气里经热处理（退火、回火、淬火）后的金属产品，在表面会盖上一层氧化物，为了清除金属表面上的氧化物，可使之在酸溶液中浸泡一段时间（酸洗）。但是氧化物在酸溶液里溶解的同时，金属本身也要引起损耗（金属溶解于酸中）。除金属的耗损外，受到浓酸腐蚀时它的性能还会变坏，例如铁和酸反应放出氢气，氢气扩散入铁内，使铁变脆（此种现象称为氢脆作用）。

若在酸洗时所用的酸中加入缓蚀剂，则可大大降低金属的溶解，同时不影响氧化物的溶解速度，而且可以消除氢脆作用（不同缓蚀剂对氢脆消除的效果不同）。

缓蚀剂的缓蚀作用，主要由于缓蚀剂吸附在金属表面上，从而影响金属在阳极的溶解和氢在阴极的析出，这样就阻止了金属被毁坏的过程。缓蚀剂作用除本身性质外，还与金属的性质和结构有关，而且对不同的酸作用也不同，因此在选择缓蚀剂时应加以试验。缓蚀剂的效率 η 通常用下列公式表示：

$$\eta = \frac{v_0 - v}{v_0} \times 100\% \tag{5-91}$$

式中，v_0 为金属在纯酸中的溶解速度；v 为金属在加有缓蚀剂的酸中的溶解速度。

三、实验仪器和药品

仪器：旋转腐蚀挂片试验仪、烧杯（250mL，并附有带玻璃小钩的杯盖）、钢片（$\Phi20mm \times 2mm$，钢片上有小孔能悬挂于小钩上）、蓄电池（6V）、安培计（0~3A）、螺旋测微器、电子天平。

药品：HCl 溶液（$2mol \cdot L^{-1}$）、六亚甲基四胺、乙醇胺缓冲剂、10%柠檬酸铵溶液、丙酮。

四、实验步骤

① 调节旋转腐蚀挂片试验仪的恒温槽到 60℃ 左右。

② 在五个已编号的烧杯中各注入 100mL $2mol \cdot L^{-1}$ HCl 溶液，另在 1 号烧杯中加 1g 六亚甲基四胺，在 2 号烧杯中加 1g 乙醇胺缓蚀剂，在 3 号烧杯中加 0.5g 六亚甲基四胺，在 4 号烧杯中加 0.5g 乙醇胺缓蚀剂，5 号杯作比较用。用玻璃棒将杯内的溶液小心搅匀，然后将五个烧杯放入恒温槽内。

③ 将金属样品分别用 0 号及 00 号砂纸打磨，使表面达到尽可能光洁，用螺旋测微器测量钢片每边长，并算出其表面积。

④ 将钢片用水洗涤，然后浸入丙酮中除油 3~5min 取出干燥，并称其质量。

⑤ 当烧杯内的溶液温度达到 60℃ 后，将钢片挂在小钩上，再浸入溶液中，各个试样离液面距离应相等。

⑥ 经过 3h 的浸渍后，将钢片取出，用水洗涤后立即投入丙酮中，再取出干燥。

⑦ 将钢片用铁丝（不能用铂丝）悬挂于 10%柠檬酸铵溶液中作阳极处理，处理时电流密度为 $1A/dm^2$。经 40min 后，取下钢片，用水洗，浸入丙酮，再干燥称出质量。继续通电处理，此后每 20min 一次，直到恒重为止。

五、数据记录和处理

① 实验数据列于表 5-11 中。

② 根据钢片腐蚀后失重，求出金属溶解速度及缓蚀效率。

六、注意事项

① 若不用高温恒温槽，则可在常温下浸渍三天。

② 在工业上选择缓蚀剂时，还应进行氢脆实验。

表 5-11　六亚甲基四胺和乙醇胺作缓蚀剂的缓蚀效率测定记录

实验温度：＿＿＿＿＿＿＿℃　　　　大气压：＿＿＿＿＿＿＿Pa

实验条件	钢片质量/g		耗损质量/g	钢片面积/cm^2	溶解速度/[g/(cm^2·h)]	缓蚀效率
	实验前	实验后				
纯酸						
酸加 1g 六亚甲基四胺						
酸加 1g 乙醇胺						
酸加 0.5g 六亚甲基四胺						
酸加 0.5g 乙醇胺						

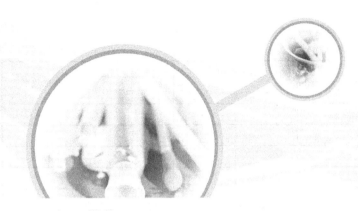

附　录

附录1　化学实验常用仪器及使用

一、气压计

测量大气压的仪器称为气压计。气压计的式样很多，一般实验室常用的是福廷式气压计（即动槽式水银气压计）、数字气压计。

1.福廷式气压计

（1）结构

福廷式气压计是一种真空泵气压计，以水银柱平衡大气压力，水银柱高度表示大气压力的大小。如附图1-1所示，它的主要结构是一根长90cm一端封闭的细玻璃管6′，管内盛有水银，倒插入水银贮槽2中，细玻璃管上部为真空。水银底部为羚羊皮水银贮囊2′，下面有调节螺栓1可以调节其中水银面的高度。另外还有象牙针4′，针的尖端是黄铜刻度尺5的零点。黄铜刻度尺上有一游标尺6，读数精度可达0.05mm。

（2）操作步骤

① 首先读取气压计上所附温度计的读数。

② 气压计必须垂直放置，否则会引起误差。如在垂直方向偏差1°，压力为760mmHg（101.3kPa）时，水银柱的高度误差为±0.1mm。调整气压计垂直的方法是松开气压计底部圆环上的三个螺丝，使气压计处于垂直状态，然后旋紧固定螺丝使之固定。

③ 调节水银槽内水银面高度。慢慢旋转调节螺栓1，使水银面恰与象牙针4′接触，调节后需轻叩气压计使水银的弯月面正常，然后再进一步如上调节水银面。

④ 读数。转动游标调节螺栓4，使游标尺6的下刻度线与水银柱弯月面相切，读取水银柱高度。

⑤ 整理工作。转动调节螺栓1降低水银槽内水银面，使其与象牙针脱离。

（3）读数校正

当水银与大气压力 p 平衡时，$p=\rho g h$。水银的密度 ρ 与温度有关，重力加速度 g 随测量地点不同而异，用水银柱高度 h 来表示短期压力时，规定是在0℃、纬度45°时，并且是以海平面为基准的水银柱高度。因此当测定条件与此不符合时，对于精密的测量需要做相应的校正。

① 仪器误差的校正 仪器出厂时都附有仪器误差校正卡片。如标明仪器误差为 +0.1mmHg 时，福廷式气压计读数应该加上 0.1mmHg。

② 温度校正 福廷式气压计的介质水银封闭于黄铜管内，由于水银与黄铜的膨胀系数不一致，因此需要进行温度校正，公式为：

$$h_0 = h_t[1-(\sigma-\beta)t] = h_t(1-0.000163t)$$

式中，h_0 为 0℃时气压计的水银柱高度；h_t 为温度 t 时气压计水银柱读数；σ 为水银在 $0\sim35$℃之间平均膨胀系数，为 1.818×10^{-4}；β 为黄铜管的线膨胀系数，为 1.84×10^{-5}。

③ 纬度校正

$$\Delta h_{纬} = h_0\times2.6\times10^{-3}\cos(2\lambda)$$

式中，h_0 为 0℃时气压计的水银柱高度；λ 为测量地点的纬度。

当纬度小于 45°时减去校正值，当纬度大于 45°时加上校正值。也可以按附表 1-1 中给出的校正值进行校正。

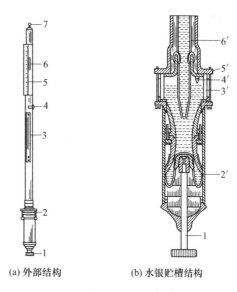

(a) 外部结构　　(b) 水银贮槽结构

附图 1-1　福廷式气压计结构图

1—调节螺栓；2—水银贮槽；2′—羚羊皮水银贮囊；3—温度计；3′—玻璃筒；4—游标调节螺栓；4′—象牙针；5—刻度尺；5′—本质套管；6—游标尺；6′—细玻璃管；7—固定环

附表 1-1　大气压换算到纬度为 45°的校正表

纬度		校正值/mm				纬度		校正值/mm			
		720mm	740mm	760mm	780mm			720mm	740mm	760mm	780mm
25°	65°	1.23	1.27	1.30	1.33	35°	55°	0.66	0.67	0.69	0.71
26°	64°	1.18	1.21	1.25	1.28	36°	54°	0.59	0.61	0.63	0.64
27°	63°	1.13	1.16	1.19	1.22	37°	53°	0.53	0.54	0.56	0.57
28°	62°	1.07	1.10	1.13	1.16	38°	52°	0.46	0.48	0.49	0.50
29°	61°	1.02	1.04	1.07	1.10	39°	51°	0.40	0.41	0.42	0.43
30°	60°	0.96	0.98	1.01	1.04	40°	50°	0.33	0.34	0.35	0.36
31°	59°	0.90	0.92	0.95	0.97	41°	49°	0.27	0.27	0.28	0.29
32°	58°	0.84	0.86	0.89	0.91	42°	48°	0.20	0.21	0.21	0.22
33°	57°	0.78	0.80	0.82	0.84	43°	47°	0.13	0.14	0.14	0.14
34°	56°	0.72	0.74	0.76	0.78	44°	46°	0.07	0.07	0.07	0.07

注：纬度小于 45°时应减去校正值，纬度大于 45°时应加上校正值。

（4）海拔高度校正

$$\Delta h_{海拔} = 3.14\times10^{-7}Hh_0$$

式中，h_0 为 0℃时气压计的水银柱高度；H 为测量地点的海拔高度；$\Delta h_{海拔}$ 为海拔高度校正值。若海拔高度低于 100mm，此项校正可以忽略。

压力的国际单位是 Pa。由于历史原因，目前实验室用的气压计的刻度仍为 mmHg，校正公式也是以 mmHg 为基础的。因此，经各项校正后，要注意单位一致。

2. 数字气压计

DP-A（YW）精密数字气压温度计专为实验室提供环境气压与温度数据，为挂壁式，仪器内设有万年历功能，还有不间断内置电池断电保护。气压测量范围为 101.3 ± 30 (kPa)，分辨率为 $0.01kPa$，温度测量范围为 $-20 \sim 100℃$，分辨率为 $0.1℃$。

二、天平

天平是实验室经常使用的精密称量仪器，用于准确称量。天平种类很多，按使用范围，可分为台秤、工业天平、分析天平和专用天平四类；按精密度可分为精密天平和普通天平；按结构可分为等臂双盘天平、阻尼天平、机械加码天平、电光天平、单臂天平和电子天平等。天平的基本原理都一样，是根据杠杆原理制成的，即用已知质量的砝码来衡量被称量物的质量。

1. 天平的灵敏度

在天平任一秤盘上增加 $1mg$ 砝码时，指针在读数标牌上所移动的距离，称为天平的灵敏度，单位为分度/mg。指针所移动的距离愈大，则天平的灵敏度愈高。例如，在一般空气阻尼天平的一秤盘上放 $1mg$ 砝码时，指针移动 2.5 个分度，即灵敏度＝2.5分度/(1mg)＝2.5 分度/mg。

天平的灵敏度太低或太高都不好。灵敏度太低，称量误差增大；太高则达到平衡所需时间长，既不便于称量，也会影响称量结果。一般空气阻尼天平的灵敏度以 2.5 分度/mg 为宜。在实际工作中常用"分度值"表示天平的灵敏度。分度值是使天平的平衡位置产生一个分度变化时所需的质量，也就是读数标牌上每个分度所体现的质量。灵敏度与分度值互为倒数关系：

$$分度值＝1/灵敏度$$

分度值的单位应为 mg/分度，习惯上往往将"分度"略去，把 mg 作为分度值的单位。

上例中灵敏度为 2.5 分度/mg 的天平，其分度值＝1/2.5＝0.4(mg)。这一类天平也称为万分之四天平。从分度值也可以看出天平的灵敏度，即分度值愈小的天平，其灵敏度愈高。

电光天平由于采用了光学放大读数装置，提高了读数的精度，可以直接读出 $0.1mg$。因此，这类天平也称为万分之一天平。此外，衡量天平的质量除灵敏度或分度值外，天平的示值变动性和不等臂性也是衡量天平质量的重要指标。天平的示值变动性是天平载重前后几次零点变化的最大差值，一般为 $0.1 \sim 0.2mg$。如某电光天平测得空载零点为 $0.0mg$、$+0.1mg$，称量后再测空载零点为 $-0.1mg$，则示值变动性＝0.1－(－0.1)＝0.2 (mg)。

2. 电子天平

电子天平是一种先进的称量仪器，它称量方便、迅速、度数稳定、准确度高。例如，梅特勒-托利多公司推出的超微量、微量电子天平最大量程高达10.1g，可读性为 $0.1\mu g$；MS-TS精密天平最大量程为 $12.2kg$，可读性低至 $1mg$。随着实验室装备的现代化，托盘天平和电光天平会逐渐被电子天平所代替。

电子天平外形结构如附图 1-2 所示，其使用方法如下。

① 检查天平的指示是否在水平状态，如果不在，用水平脚调整水平。

② 接通电源，预热 $60min$，轻按"on/off"键，开启显示器。

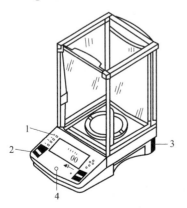

附图 1-2　电子天平外形结构
1—电源开关；2—O/T钮；
3—水平脚；4—水平指示

③ 天平校准　按住"cal"键直到屏幕显示"cal"字样松开，此时所需的校准砝码值200.0000g会在显示屏上闪烁，放上校准砝码，当出现"0.0000g"闪烁时，取下砝码，显示屏出现"0.0000g"，天平校准结束。天平回到称量状态，可以进行称量。

④ 称量　将样品轻放在称量盘上，等待稳定状态探测符"o"消失，天平显示称量值不变时，读取称量结果并记录。

⑤ 关机　称量完毕后，长按"on/off"键直到显示屏出现"off"字样松开，此时关闭的是显示屏，天平并没有关闭。电子天平如果经常使用，可以不关闭天平。如果连续5天以上不用天平，可以切断电源，关闭天平。

三、温度计与恒温槽

实验中，最常用的是水银温度计，用来测量各种温度，如熔点、沸点、反应温度等。贝克曼温度计用来测量微小的温差。精确地测量微小温差，常使用多对串联的热电偶温度计、温差电阻温度计和热敏电阻温度计。

超出水银温度计适用的温度范围，可使用电阻温度计或热电偶温度计，在测量更高温度时可使用热辐射温度计。需要很小的热容和高速的温度响应时，可采用热敏电阻温度计或热电偶温度计。

下面，简单介绍水银温度计、贝克曼温度计、热电偶温度计以及超级恒温槽。

1. 水银温度计

温度计的种类很多，其中水银温度计是最常用的，它的测温原理是基于不同温度时水银体积的变化与玻璃体积变化的差来反映温度的高低。它的优点是构造简单、使用方便、价格便宜、测量范围较广，一般适用于 $-35 \sim 360℃$。如以特制的硬质玻璃制成，内充 Ne 或 Ar 等惰性气体时，可使测量范围扩大到 $750℃$ 以上。当水银中加入 25% 的 Ti 后，可测到 $-60℃$ 的低温。

按照温度计结构与使用条件的不同，水银温度计可分为全浸式和分浸式两种。分浸式温度计只把温度计"尾部"浸入到待测系统中，刻度部分露在待测系统之外。全浸式温度计在使用时需要把"尾部"和有刻度的部分都浸入到待测系统中去。实验室内使用的温度计基本上是全浸式的，但实验室基本上是把全浸式温度计作为分浸式温度计用。由于测量系统的温度与环境的温度不一致，而玻璃的膨胀系数与水银的膨胀系数也不同，水银温度计经长期使用后，温度计玻璃的性质有所改变，其形状和体积也将发生变化，并且在测温时，温度计的玻璃各部分受热不均而使指示的温度发生偏差，所以在精密测量中需事先对温度计进行校正。

① 零点的校正　通常用待校温度计测量纯水的冰点进行校正。另外，也可用一套标准温度计进行校正。校正时，把标准温度计与待校温度计捆在一起，使它们的水银球一端并齐，然后浸在恒温槽中，逐渐升高槽温，用测高仪同时读下二者的读数，即可作出校正曲线，进行校正。

② 露茎部分的校正　利用水银温度计进行测温时，应使温度计全部浸没于被测介质中，但实际上是不可能的。所以对温度计的露茎部分要进行校正。校正方法如附图1-3所示，并按下式进行计算。

$$\Delta t = kl(t_{观} - t_{环})$$

式中，$k = 0.000157$，为水银对玻璃的相对膨胀系数；$t_{观}$ 为测量温度计上的读数；$t_{环}$ 为附在测量温度计上的辅助温度计的读数（辅助温度计的水银球置于观测温度计露在空气部分的水银柱中间为宜）；l 为测量温度计水银柱露在空气中的长度（以刻度数表示）。利用上式可得出校正后的温度，即为：

$$t_{校}＝t_{观}＋\Delta t$$

2. 贝克曼温度计

（1）贝克曼温度计的构造及特点

在物理化学实验中，常常需要对体系的温度差进行精确的测量，如燃烧热的测定、中和热的测定及冰点降低法测定分子量等均要求温度测量精确到 0.002℃。然而普通温度计不能达到此精确度，需用贝克曼温度计进行测量。

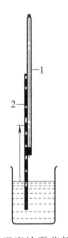

附图 1-3　温度计露茎部分的校正
1—辅助温度计；2—测量温度计

附图 1-4　贝克曼温度计的构造
1—水银贮槽；2—毛细管；3—水银球

贝克曼温度计的构造如附图 1-4 所示，是水银温度计的一种，与一般水银温度计不同之处在于，它除在毛细管下端有一水银球外，还在温度计的上部有辅助水银贮槽。贝克曼温度计的特点：它的刻度精细刻至 0.01℃ 的间隔，用放大镜读数时可估计到 0.002℃；它的量程较短（一般全程只有 5℃），因而不能测定温度的绝对值，只用于测温差。若测不同范围内温度的变化，则需利用上端的水银贮槽中的水银调节下端水银球中的水银量。水银贮槽的形式一般有两种，如附图 1-5 所示。

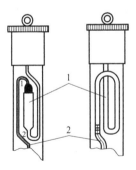

附图 1-5　水银贮槽的形式
1—水银贮槽；2—毛细管

向上轻拍

附图 1-6　贝克曼温度计的调节

（2）贝克曼温度计的调节

贝克曼温度计的调节视实验的具体情况而异。若用在冰点降低法测定分子量时，溶剂达冰点时应使它的水银柱停在刻度的上段；若用在沸点升高法测定分子量，在沸点时，应使水银柱停在刻度下段；若用来测定温度的波动时，应使水银柱停在刻度的中间部分。在调节之前，首先估计一个从刻度 d（d 为实验需要的温度所对应的刻度位置）到上端毛细管间所相当的刻度数值，设为 R(℃)。调节时，将贝克曼温度计放在盛有水的小烧杯内慢慢加热，使水银柱上升至毛细管顶部，此时将贝克曼温度计从烧杯中移出，并倒转使毛细管的水银柱与水银贮槽中的水银相连接。然后再把贝克曼温度计放到小烧杯中慢加热到 $t+R$（t 为实验所需要的温度值）。等汞柱稳定后，取出温度计，右手握住温度计中间部位，温度计垂直向下，以左手掌轻拍右手腕，如附图 1-6 所示。注意在操作时应远离实验台，并不可直接敲打温度计以免损坏。依靠振动的力量使毛细管中的水银与贮槽中的水银在其接口处断开，这时温度计可满足实验要求。若不合适时，应重新调正。由于温度计从水中取出后水银体积迅速变化，因此这一操作要求迅速、轻快，但不能慌乱，以免造成失误。

贝克曼温度计的刻度是以某一温度为准而划定的，并且这一刻度可认为是不变的。在不同温度下，由于水银对玻璃的膨胀系数的不同，可能造成同一刻度间隔的水银量发生变化。因此，在不同的温度范围内，使用贝克曼温度计时需要加以校正，贝克曼温度计在其他温度下对 20℃ 刻度时的校正列于附表 1-2。

附表 1-2　贝克曼温度计在其他温度下对 20℃ 刻度时的校正表

调正温度/℃	读数 1℃ 相当的温度/℃	调正温度/℃	读数 1℃ 相当的温度/℃
0	0.9930	55	1.0094
5	0.9950	60	1.0105
10	0.9968	65	1.0115
15	0.9985	70	1.0125
20	1.0000	75	1.0134
25	1.0015	80	1.0143
30	1.0029	85	1.0152
35	1.0043	90	1.0161
40	1.0056	95	1.0169
45	1.0069	100	1.0177
50	1.0081		

（3）贝克曼温度计使用注意事项

① 贝克曼温度计属于较贵重的玻璃仪器，并且毛细管较长易于损坏。所以在使用时必须十分小心，不能随便放置。一般应安装在仪器上或调节时握在手中，用毕应放置到温度计盒里。

② 调节时，注意不可骤冷骤热，防止温度计破裂。另外，操作时动作不可过大，并与实验台要有一定距离，以免触到实验台上损坏温度计。

③ 在调节时，如温度计下部水银球的水银与上部贮槽中的水银始终不能相接时，应停下来，检查一下原因。不可一味对温度计升温，致使下部过多的水银导入上部贮槽中。

3. 热电偶温度计

热电偶温度计属于接触式温度测量仪表，是根据热电效应原理来测量温度的，是温度测量仪表中常用的测温元件。如附图 1-7 所示，将不同材料的导体 A、B 接成闭合回路，接触测温点一端称为测量端，另一端称为参比端。若测量端和参比端所处温度 t 和 t_0 不同，则在回路的 A、B 之间就产生热电势 $E_{AB}(t,t_0)$，这种现象称为塞贝克效应，即热电效应。E_{AB} 大小随导体 A、B 的材料和两端温度 t 和 t_0 而变，这种回路称为原型热电偶。在实际应用中，将 A、B 的一端焊接在一起作为热电偶的测量端放到被测温度 t 处，而将参比端分开，用导线接

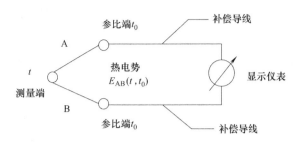

附图 1-7　热电偶温度计系统原理图

入显示仪表，保持参比端接点温度 t_0 稳定。显示仪表所测电势只随被测温度 t 而变化。

热电偶温度计的优点有测温稳定性好，灵敏度高，信号能自动连续采集，测温范围宽，等。几种常用热电偶温度计的使用范围列于附表 1-3 中。

附表 1-3　几种常用热电偶温度计的使用范围

类型	分度号	极性区别		测温范围 $t/℃$	备注
		正极	负极		
铜-康铜	T	红	银白	$100\sim200$	宜用于还原气氛中
镍铬-康铜	E(EA-2)	暗灰	银白	$0\sim600$	宜用于还原气氛中
镍铬-镍硅	K(EU-2)	无磁性	有磁性	$400\sim1000$	500℃以上要求氧化性气氛
铂铑-铂	S(LB-3)	较硬	柔软	$800\sim1300$	宜用于氧化气氛或中性气氛中

注：各种热电偶都要和相应的指示仪表匹配使用，否则会给测量带来误差。有的指示仪表仅能用某种热电偶，有的可以用各种热电偶，使用前需仔细辨认。

4. 超级恒温槽

超级恒温槽的基本结构与工作原理和实验七十一中恒温槽相同，如附图 1-8 所示。其特点在于内设有水泵，可将浴槽内恒温水对外输出并进行循环。同时，浴槽处有保温层，设有恒温筒，筒内可做液体恒温（或空气恒温）之用。若要控制较低的温度，可在冷凝管中通冷水予以调节。

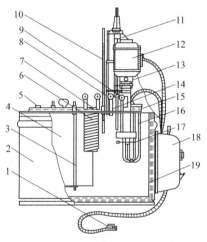

附图 1-8　超级恒温槽内部结构

1—电源插头；2—外壳；3—恒温筒支架；4—恒温筒；5—恒温筒加水口；6—冷凝管；7—恒温筒盖子；8—水泵进水口；9—水泵出水口；10—温度计；11—电接点温度计；12—电动机；13—水泵；14—加水口；15—加热元件接线盒；16—两组加热元件；17—搅拌叶；18—电子继电器；19—保温层

低温的获得主要靠一定配比的组分组成冷冻剂，并使其在低温建立相平衡。附表 1-4 列举了常用冷冻剂及其制冷温度。

附表 1-4　常用冷冻剂及其制冷温度

冷冻剂	液体介质	制冷温度/℃	冷冻剂	液体介质	制冷温度/℃
冰	水	0	冰与浓 HNO_3(2:1)	乙醇	$-35\sim-40$
冰与 NaCl(3:1)	20%NaCl 溶液	-21	干冰	乙醇	-60
冰与 $MgCl_2\cdot6H_2O$(3:2)	20%NaCl 溶液	$-27\sim-30$	液氮		-196
冰与 $CaCl_2\cdot6H_2O$(2:3)	乙醇	$-20\sim-25$			

注：( ) 中的数值比为质量比。

四、酸度计

酸度计（也称 pH 计）是用来测量溶液 pH 值的仪器。实验室常用的酸度计有雷磁 25 型、PHS-2 型和 PHS-3 型等。它们的原理相同，结构略有差别。

1. 基本原理

酸度计是一种通过测定电池电位差（电动势）的方法测量溶液 pH 值的仪器。它的主要组成部分是指示电极（玻璃电极）、参比电极（饱和甘汞电极）及与它们相连接的电表等电路系统。它既可以用来测溶液的 pH，又可用于测电池电动势（或电极电位），还可以配合搅拌器作电位滴定及其氧化还原电对的电极电位测量。测酸度时用 pH 挡，测电动势时用毫伏（mV 或 $-$mV）挡。

当与仪器连接好的测量电极与参比电极一起浸入被测溶液中时，两电极间产生的电位差（电动势）与溶液的 pH 有关，因为测量电极的电势随着溶液（H^+）的变化而变化。

$$E_{玻}=E_{玻}^{\ominus}-2.303\frac{RT}{F}pH$$

式中，R 为摩尔气体常数，$R=8.314J\cdot mol^{-1}\cdot K^{-1}$；$T$ 为热力学温度，K；F 为法拉第常数，$F=96485C\cdot mol^{-1}$；$E_{玻}^{\ominus}$ 为玻璃电极的标准电极电位。298.15K（25℃）时，$E_{玻}=E_{玻}^{\ominus}-0.0592pH$。

由于饱和甘汞电极的电极电位恒定（$E_{甘}=0.2415V$），所以由玻璃电极和饱和甘汞电极组成的电池的电动势（ε）只随溶液的 pH 改变而改变。298.15K（25℃）时该电池的电动势（ε）为：

$$\varepsilon=E_{正}-E_{负}=E_{甘}-E_{玻}=0.2415-(E_{玻}^{\ominus}-0.0592pH)$$
$$=0.2415-E_{玻}^{\ominus}+0.0592pH$$

整理上式得：

$$pH=\frac{\varepsilon+E_{玻}^{\ominus}-0.2415}{0.0592}$$

如果 $E_{玻}^{\ominus}$ 已知，只要测其电动势 ε，就可求出未知溶液的 pH。$E_{玻}^{\ominus}$ 可利用一个已知 pH 的标准缓冲溶液（如邻苯二甲酸氢钾溶液）代替待测溶液而确定。酸度计一般把测得的电动势直接用 pH 表示出来，为了方便起见，仪器上有定位调节器，测量标准缓冲溶液时，可利用定位调节器，把读数直接调到标准缓冲溶液的 pH，以后测量未知液时，就可直接指示出未知液的 pH。

玻璃电极的主要部分是头部的球泡，它是由特殊的敏感玻璃膜（薄膜厚度约为 0.2mm）构成。球内装有 0.1mol·L^{-1} HCl 溶液和 Ag-AgCl 电极，如附图 1-9 所示。把它插入待测

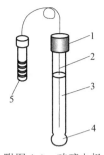

附图 1-9　玻璃电极

1—胶木帽；2—Ag-AgCl 电极；

3—盐酸溶液；4—玻璃球泡；

5—电极插头

溶液便组成一个电极，可表示为：

$$Ag|AgCl(s)|HCl(0.1mol \cdot L^{-1})\|玻璃|待测溶液$$

电极反应为：

$$AgCl(s)+e^- \longrightarrow Ag(s)+Cl^-(aq)$$

（1）玻璃电极

玻璃膜把两个不同 H^+ 浓度的溶液隔开，在玻璃-溶液接触界面之间产生一定电动势。由于玻璃电极中 HCl 浓度是固定的，所以，在玻璃-溶液接触面之间形成的电位差，就只与待测溶液的 pH 有关。

（2）饱和甘汞电极

饱和甘汞电极是由汞、氯化亚汞（Hg_2Cl_2，即甘汞）和饱和氯化钾溶液组成的电极，内玻璃管封接一根铂丝，铂丝插入纯汞中，纯汞下面有一层甘汞和汞的糊状物。外玻璃管中装入饱和 KCl 溶液，下端用素烧陶瓷塞塞住，通过陶瓷塞的毛细孔，可使内外溶液相通。饱和甘汞电极可表示为：

$$Pt|Hg(l)|Hg_2Cl_2(s)|KCl(饱和)$$

电极反应为：

$$Hg_2Cl_2(s)+2e^- \rightleftharpoons 2Hg+2Cl^-$$

$$E_甘=E_甘^\ominus+\frac{0.0592}{2}lg\frac{1}{c^2(Cl^-)}$$

温度一定，甘汞电极电位只与 $c(Cl^-)$ 有关。当管内盛饱和 KCl 溶液时，$c(Cl^-)$ 一定，298.15K（25℃）时，$E_甘=0.2415V$。

2.酸度计的使用方法

（1）PHS-2 型酸度计

① 仪器的安装　如附图 1-10 所示，装好电极杆 13，接通电源。电源为交流电，电压必须符合标牌上所指明的数值，电压太低或电压不稳会影响使用。电源插头中的黑线表示接地线，不能与其他两根线搞错。

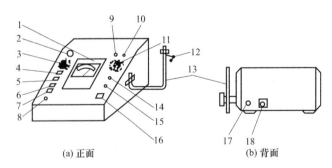

(a) 正面　　　　　　　　(b) 背面

附图 1-10　PHS-2 型酸度计

1—指示电表；2—指示灯；3—温度补偿旋钮；4—电源开关；5—pH 按键；6—＋mV 按键；7——mV 按键；

8—零点调节旋钮；9—甘汞电极接线柱；10—玻璃电极插口；11—mV-pH 量程分挡开关；12—电极夹；

13—电极杆；14—校正调节旋钮；15—定位调节旋钮；16—读数开关；17—保险丝；18—电源插座

② 电极安装　先把电极夹 12 夹在电极杆 13 上，然后将玻璃电极夹在夹子上，玻璃电极的插头插在玻璃电极插口 10 内，并将小螺丝旋紧。甘汞电极夹在另一夹子上，电极引线连接在甘汞电极接线柱 9 上，使用时应把电极上面的小橡皮塞和下端橡皮塞拔去，以保持液

位压差，不用时要把它们套上。

③ 校正　如果测量 pH 值，先按下 pH 按键 5，读数开关 16 保持不按下状态。左上角指示灯 2 应亮，为保持仪表稳定，测量前要预热半小时以上。校正步骤如下：

a. 用温度计测量被测溶液的温度，调节温度补偿器到被测溶液的温度值。

b. 将分挡开关 11 放在"6"位置上，调节零点调节旋钮 8 使指针指在 pH"1.00"上。

c. 将分挡开关 11 放在"校正"位置上，调节校正调节旋钮 14 使指针指在满刻度上。

d. 将分挡开关 11 放在"6"位置上，重复检查 pH"1.00"位置。

e. 重复 b. 和 c. 两个步骤。

④ 定位　仪器附有三种标准缓冲溶液（pH 分别为 4.00、6.86、9.20），可选用一种与被测溶液的 pH 值较接近的缓冲溶液对仪器进行定位，操作步骤如下：

a. 向烧杯内倒入标准缓冲溶液，按溶液温度查出该温度时溶液的 pH 值。根据这个数值，将分挡开关 11 放在合适的位置上。

b. 将电极插入缓冲溶液，轻轻摇动，按下读数开关 16。

c. 调节定位调节旋钮 15 使指针指在缓冲溶液的 pH 值（即分挡开关上的指示数加表盘上的指示数），至指针稳定为止。重复调节定位调节旋钮。

d. 开启读数开关，将电极上移，移去标准缓冲溶液，用蒸馏水清洗电极头部，并用滤纸将水吸干。这时，仪器已定好位，后面测量时，不得再动定位调节旋钮。

⑤ 测量　测量步骤如下：

a. 放上盛有待测溶液的烧杯，移下电极，将烧杯轻轻摇动。

b. 按下读数开关 16，调节分挡开关 11，读出溶液的 pH 值。如指针打出左面刻度，则应减少分挡开关的数值。如指针打出右面刻度，应增加分挡开关的数值。

c. 重复读数，待读数稳定后，放开读数开关，移走溶液，用蒸馏水冲洗电极，将电极保存好。

d. 关上电源开关，套上仪器罩。

⑥ 使用注意事项　使用该酸度计应注意以下几点：

a. 在按下读数开关时，如果发现指针严重甩动，应放开读数开关，检查分挡开关位置及其他调节旋钮是否适当，电极间是否浸入溶液。

b. 转动温度调节旋钮时，不要用力太大，防止移动紧固螺丝位置，造成误差。

c. 当被测信号较大，发生指针严重甩动时，应转动分挡开关使指针在刻度以内，并需等待 1min 左右，至指针稳定为止。

d. 测量完毕后，必须先放开读数开关，再移去溶液，如果不放开读数开关就移去溶液，则指针甩动厉害，影响后面测定的准确性。

（2）DELTA320 型数显酸度计

DELTA320 型数显酸度计采用数字显示，读数方便准确。测量溶液 pH 值时，配套使用 pH 复合电极。pH 复合电极是将玻璃电极和甘汞电极制作在一起，使用方便。

① pH 测量　首先，终点方式的选择有两种方式：自动终点（Auto Ending）方式和手动终点（Manual Ending）方式。

在自动终点方式下，仪表自动判别测量结果是否达到终点，有较好的准确性和重复性。长按"读数"，可以在自动终点方式和手动终点方式之间切换。测量步骤如下：

a. 将电源适配器连接到 DC 插孔上，接通电源开机。

b. 如果显示屏上显示"mV"，按"模式"键切换到 pH 测量状态。

c. 将电极放入待测溶液中，并按"读数"开始测量，测量时小数点在闪烁。在显示器上会动态地显示测量的结果。

d. 如果使用了温度探头，显示器上会显示"ATC"的图标及当前的温度。如果没有使用温度探头，显示器上会显示"MTC"和以前设定的温度，检查显示器上显示的温度是否和样品的温度一致，如果不是，需要重新输入当前的温度。

e. 如果使用自动终点方式，显示器上出现"A"图标；如果使用手动终点方式，则不显示"A"图标。当仪表判断测量结果达到终点后，会有"厂"显示于显示屏上。

f. 当采用自动终点方式，仪表将自动判别测量是否达到终点，测量自动终止；当采用手动终点方式，需按"读数"来终止测量。测量结束，小数点停止闪烁。

g. 测量结束后，再按"读数"重新开始一次新的测量过程。

② 设定校正溶液组 为获得更准确的测量结果，应该经常地对电极进行校正。该酸度计允许选择一组标准缓冲溶液。校正时可以进行一点（一种标准缓冲溶液）、两点（两种标准缓冲溶液）或三点（三种标准缓冲溶液）校正。

有四组标准缓冲溶液可供选择：

标准缓冲溶液组 1（$b=1$）：pH 分别为 4.00、7.00、10.01。

标准缓冲溶液组 2（$b=2$）：pH 分别为 4.01、7.00、9.21。

标准缓冲溶液组 3（$b=3$）：pH 分别为 4.01、6.86、9.18。

标准缓冲溶液组 4（$b=4$）：pH 分别为 1.68、4.00、6.86、9.18、12.46。

按下列步骤选择缓冲溶液组：

a. 在测量状态（测量过程中，或者测量结束后）下，长按"模式"，进入"Prog"状态。

b. 按"模式"进入 $b=2$（或者 $b=1$、3、4）。

c. 按"∧""∨"键改为 $b=1$（或 $b=2$、3、4），LCD 会逐一显示该缓冲溶液组内的缓冲溶液 pH 值。

d. 按"读数"确认并退回到正常测量状态。

校正时应注意以下几点：

a. 所选择组别必须与所使用的缓冲液相一致。

b. 电极校正数据只有在完成了一次成功的校正后（不论是一点校正还是多点校正）才能被改写。

c. 即使遇上断电，该酸度计也仍保留此设置。

3. 仪器的维护技术

仪器性能的好坏与合理的维护保养密不可分，因此必须注意仪器的维护与保养。

① 仪器可以长时间连续使用。当仪器不用时，拔出电极，关掉电源开关。

② 玻璃电极的主要部分为下端的玻璃泡，此球泡极薄，切忌与硬物接触，一旦发生破裂，则完全失效。取用和收藏时应特别小心。安装时，玻璃电极球泡下端应略高于甘汞电极的下端，以免碰到烧杯底。

③ 新的玻璃电极在使用前应在去离子水中浸泡 48h 以上，不用时最好浸泡在去离子水中。

④ 在强碱溶液中应尽量避免使用玻璃电极。如果使用，应操作迅速，测后立即用水清洗，并用去离子水浸泡。

⑤ 玻璃电极球泡切勿接触污物，如有污物可用医用棉轻擦球泡部分或用 $0.1mol \cdot L^{-1}$ HCl 溶液清洗。

⑥ 电极球泡有裂纹或老化，应更换电极，否则反应缓慢，甚至造成较大的测量误差。

⑦ 甘汞电极不用时要用橡皮套将下端套住，用橡皮塞将上端小孔塞住，以防饱和 KCl 溶液流失。当 KCl 溶液流失较多时，可通过电极上端小孔进行补加。

⑧ 电极插口必须保持清洁干燥。在环境湿度较大时，应用干净的布擦干。

五、电导率仪

电导率仪即测定液体总电导率的仪器，它可用于生产过程的动态跟踪，如去离子水制备过程中电导率的连续监测，也可用于电导滴定等。下面主要介绍 DDS-307 型电导率仪。

1. 基本原理

溶液的电导 G 取决于溶液中所有共存离子的导电性质的总合。对于单组分系统，溶液电导与浓度 c 之间的关系可用下式表示：

$$G = \frac{1}{1000} \times \frac{A}{d} zkc$$

式中，G 为电导，S，另外，单位还可采用 mS 或 μS；A 为电极面积，cm^2；d 为电极间距离，cm；z 为每个离子带的电荷数；k 为常数。

电导率仪所用的电极称为电导电极（铂黑电极或铂光亮电极），是将两块铂片相对平行固定在玻璃电极杆上构成的，具有确定的电导池常数，使用时插入溶液中即可。

电导率仪的工作原理是由振荡器发生的音频交流电压加到电导池电阻与量程电阻所组成的串联回路中，如溶液的电导越大，则电导池电阻越小，量程电阻两端的电压就越大。电压经交流放大器放大，再经整流后推动直流电表，由电表即可直接读出电导率值。

2. DDS-307 型电导率仪

DDS-307 型电导率仪是实验室测量水溶液电导率必备的仪器，它采用大屏幕、带蓝色背光、双排数字显示液晶，可同时显示电导率、温度值或 TDS（总溶解固体）值、温度值。

（1）仪器结构

仪器的外形及前面板结构和后面板结构见附图 1-11，仪器键盘说明见附表 1-5。

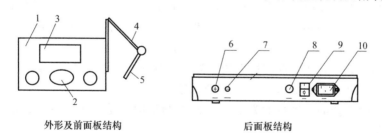

外形及前面板结构   后面板结构

附图 1-11　DDS-307 型电导率仪外形及前面板结构和后面板结构

1—机箱；2—键盘；3—显示屏；4—多功能电极架；5—电导电极；6—测量电极插座；
7—接地接口；8—温度电极插座；9—电源开关；10—电源插座

附表 1-5　仪器键盘说明

按键	功　能
模式	选择电导率测量、TDS 测量、温度值手动校准功能、常数设置功能转换，每按一次按上述程序状态转换
确认	确认上一步操作所选择的数值并进入下一状态
△	控制数值、量程上升
▽	控制数值、量程下降

（2）仪器使用方法

开机前，将电导电极安装在电极架上，用蒸馏水清洗电极。

开机时将电源线插入仪器电源插座，仪器必须有良好接地。按电源开关，接通电源，预热 30min 后，进行测量。

① 电导电极常数的选择　电导率测量过程中，正确选择电导电极常数，对获得较好的测量精度是非常重要的。可配用的常数为 0.01、0.1、1.0、10 四种不同类型的电导电极，根据附表 1-6 进行选择。

附表 1-6　不同类型的电导电极

测量范围/(μS/cm)	推荐使用电导电极常数	测量范围/(μS/cm)	推荐使用电导电极常数
0～2	0.01,0.1	2000～20000	1.0,10
0～200	0.1,1.0	20000～100000	10
200～2000	1.0		

注：对常数为 1.0、10 类型的电导电极，有"光亮"和"铂黑"两种形式，镀铂电极习惯称作铂黑电极，光亮电极测量范围为 0～300μS/cm 为宜。

② 电导电极常数的设置　仪器使用前必须进行电导电极常数的设置。电极具体的电导电极常数值，制造厂均粘贴在每支电导电极上，根据电极上所标的电导电极常数值调节仪器。按三次"模式"键，此时常数设置状态显示"常数"二字，在温度显示数值的位置有数值闪烁显示，按"△"键或"▽"键，闪烁数值显示 10、1、0.1、0.01 程序转换。如果电导电极常数为 1.025，则选择"1"并按"确认"键，此时在电导率、TDS 测量数值的位置有数值闪烁显示，按"△"键或"▽"键，闪烁数显示在 1.200～0.800 范围变化，当调节到 1.025 时，按"确认"键，仪器回到电导率测量模式，至此校准完毕。（电导电极常数为上下两组数值的乘积）

③ 温度模式的设置　当仪器接上温度电极时，该温度显示数值为自动测量的温度值，即温度传感器反映的温度值，仪器根据自动测量的温度值进行自动温度补偿；当仪器不接温度电极时，该温度显示数值为手动设置的温度值，在温度值手动校准功能模式下（按"模式"键两次），可以按"△"键或"▽"键，手动调节温度数值上升、下降并按"确认"键，确认所选择的温度数值，使选择的温度数值为待测溶液的实际温度值。此时，测量得到的将是待测溶液经过温度补偿后折算为 25℃下的电导率值。

如果温度补偿选择的温度数值为 25℃，那么测量的将是待测溶液在该温度下未经补偿的原始电导率值。

④ 测量　在测量过程中，显示值为"1--"时，说明测量值超出量程范围，此时，应按"△"键，选择大一挡量程，最大量程为 10mS/cm 或 1000mg/L。当测量过程中，显示值为"0"时，说明测量值小于量程范围，此时，应按"▽"键，选择小一挡量程，最小量程为 2μS/cm 或 10mg/L。

3.电导电极的清洗

① 可以用含有洗涤剂的温水清洗电极上沾污的有机成分，也可以用酒精清洗。

② 钙、镁沉淀物最好用 10% 柠檬酸清洗。

③ 光亮的铂电极可以用软刷子机械清洗，但在电极表面不可以产生刻痕，绝对不可使用螺丝起子之类硬物清除电极表面，甚至在用软刷子机械清洗时也需要特别注意。

④ 对于铂黑电极，只能用化学方法清洗，用软刷子机械清洗时会破坏镀在电极表面的

铂黑镀层。注意：某些化学方法清洗可能再生或损坏被轻度污染的铂黑镀层。

4. 电导电极的贮存

光亮的铂电极、铂黑电极长期不使用时，一般贮存在干燥的地方。铂黑电极使用前，必须放入或贮存于蒸馏水中数小时，经常使用的铂黑电极可以放入或贮存于蒸馏水中。

六、分光光度计

分光光度法是根据物质对光选择性吸收而进行分析的方法，而分光光度计就是用于测量待测物质对光的吸收程度，并进行定性、定量分析的仪器。分光光度计的测量范围一般包括波长范围为 $380 \sim 780nm$ 的可见光区和波长范围为 $200 \sim 380nm$ 的紫外光区。所用仪器为紫外分光光度计、可见分光光度计、红外分光光度计或原子吸收分光光度计。

不同的光源都有其特有的发射光谱，因此可采用不同的发光体作为仪器的光源。钨灯光源所发出的 $400 \sim 760nm$ 波长的光谱光通过三棱镜折射后，可得到由红、橙、黄、绿、蓝、靛、紫组成的连续色谱，该色谱可作为可见分光光度计的光源。氢灯能发出 $185 \sim 400nm$ 波长的光谱光，可作为紫外分光光度计的光源。

可见分光光度计是实验室常用的仪器，按功能可分为自动扫描型和非自动扫描型。前者配置计算机可自动测量绘制待测物质的吸收曲线；后者需手动选择测量波长，绘制待测物质的吸收曲线。

1. 基本原理

物质对光具有选择性吸收，当照射光的能量与分子中的价电子跃迁能级差 ΔE 相等时，该波长的光被吸收。分光光度法的理论基础是光的吸收定律——朗伯-比尔定律，其数学表达式为：

$$A = -\lg(I/I_0) = -\lg T = Kbc$$

式中，A 为吸光度；T 为透射比，是出射光强度（I）比入射光强度（I_0）；K 为摩尔吸光系数，它与吸收物质的性质及入射光的波长 λ 有关；b 为吸收层厚度，cm；c 为吸光物质的浓度，mol/L。

可以看出，在一定波长下，溶液的吸光度 A 与溶液中的样品的浓度 c 及吸收层的厚度 b 成正比。1950 年 Braude 提出摩尔吸光系数 ε 与吸光分子截面积 a 的关系为 $\varepsilon = \frac{1}{3} \times 2.62 \times 10^{20}a$，由于冠醚、卟啉、碱性染料-$SnCl_2$ 等大分子截面积显色体系的出现，ε 值已达 $10^6 \sim 10^7 L \cdot (cm \cdot mol)^{-1}$。

分光光度计是根据相对测量原理工作的，即选定某一溶剂（蒸馏水、空气或试样）作为参比溶液，并设定它的透射比为 100%，而被测试样的透射比是相对于该参比溶液而得到的。

分光光度法对显色反应有一定的要求。影响显色反应的主要因素有显色剂的用量、溶液的酸度、显色时的温度、显色时间的长短、共存离子的干扰等。

分光光度法使用的仪器，主要由下面五部分组成，如附图 1-12 所示。

光源所发出的光经色散装置分成单色光后通过样品池，利用检测装置来测量并显示光的被吸收程度。如附图 1-13 所示。

2. WFJ7200 型分光光度计

WFJ7200 型分光光度计有通过透射比、吸光度、已知标准样品的浓度值或斜率测量样品浓度等测量方式，可根据需要选择合适的测量方式。

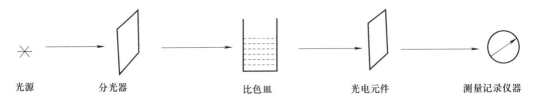

附图 1-12　分光光度法仪器的组成

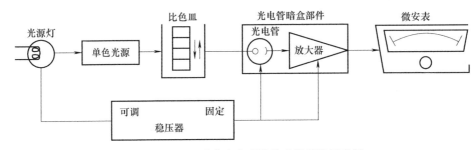

附图 1-13　721 型分光光度计的光学系统示意图

在开机前，需先确认仪器样品室内是否有物品挡在光路上，光路上有阻挡物将影响仪器自检甚至造成仪器故障。其他操作步骤可以详见使用说明书。

七、阿贝折射仪

折射率是物质的重要物理常数之一，可借助它了解物质的纯度、浓度及其结构。在实验室中常用阿贝折射仪来测量物质的折射率。它可测量液体物质，试液用量少，操作方便，读数准确。

1.构造原理

阿贝折射仪的基本结构见附图 1-14。

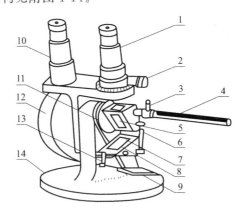

附图 1-14　阿贝折射仪的基本结构

1—测量望远镜；2—色散手柄；3—恒温水入口；4—温度计；5—测量棱镜；6—铰链；7—辅助棱镜；
8—加液槽；9—反射镜；10—读数望远镜；11—转轴；12—刻度盘罩；13—闭合旋钮；14—底座

仪器的主要部分为两块高折射率的直角棱镜，将棱镜两对角线平面叠合。两棱镜间互相紧压留有微小的缝隙，待测液体在其间形成一薄层。其中一个棱镜的一面被由反射镜反射回来的光照亮。

当一束光投在两种不同性质的介质的交界面上时会发生折射现象，它遵循折射定律：

$$\frac{\sin\alpha}{\sin\beta} = \frac{n_\beta}{n_\alpha}$$

式中，α 为入射角；β 为折射角；n_α、n_β 为交界面两侧两种介质的折射率。在一定温度下对于一定的两种介质，此比值是一定的。光束从光密介质（如玻璃）进入光疏介质（如空气）时，入射角小于折射角，入射角增大时折射角也增大，但折射角不能无限增大，只能增加到 $\beta = 90°$。这时入射角称为临界角。因此，只有小于临界角的入射角才能进入光疏介质。反之，若一束光线由光疏介质进入光密介质时，如附图 1-15 所示，入射角大于折射角。当入射角 $\alpha = 90°$ 时，折射角为 β_0，故任何方向的入射光都可进入光密介质中，其折射角 $\beta \leqslant \beta_0$。

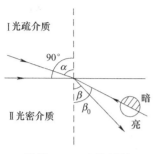

附图 1-15　光的折射

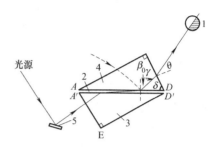

附图 1-16　折射仪折射示意图
1—目镜视野；2—液面；3—辅助棱镜；
4—基本棱镜；5—反射镜

折射仪是根据这个临界折射现象设计的，见附图 1-16。镜箱由两个折射率为 1.75 的玻璃直角棱镜构成，上部为基本棱镜，下部为辅助棱镜。从反射镜反射来的入射光进入辅助棱镜 3，此棱镜的 $A'D'$ 面为毛玻璃，入射光在毛玻璃面上发生漫散射，并从各个方向通过置于缝隙的液层而达到基本棱镜 4 的 AD 面。根据折射定律，当光由光疏介质（待测液体）折射进入光密介质（基本棱镜 4）时，折射角小于入射角。如果入射光正好沿着 AD 面射入，即入射角 $\alpha = 90°$，折射角为 β_0。因 β_0 为临界角，再没有比 β_0 更大的折射角。可见，对 AD 镜面上任一点来说，当光在 $0 \sim 90°$ 范围内入射时，折射光都应落在临界角 β_0 内成为亮区，其他为暗区，构成明暗的分界线。因此，β_0 具有特征意义。液体折射率的计算公式为：

$$n_\alpha = n_\beta \frac{\sin\beta_0}{\sin 90°} = n_\beta \sin\beta_0$$

显然，若已知棱镜的折射率 n_β，测定临界角 β_0，就能求出液体的折射率 n_α。不同液体的临界角不一样，所以液体的折射率 n_α 是角 β_0 的函数。实际上，测 β_0 的值是很不方便的。当折射光从棱镜出来进入空气又产生折射，折射角为 θ，所以实际上是测量 θ 值。n_α 与 θ 有以下关系：

$$n_\alpha = \sin\delta \sqrt{n^2 - \sin^2\theta} - \cos\delta \sin\theta$$

式中，δ 为常数；n 为棱镜的折射率，约为 1.75。故测得 θ 即可求出 n_α。因由阿贝折射仪读得的数值即为折射率，故不必代入上式计算。折射光穿过空气经过凸透镜进入目镜，目镜里有一个十字线，调转棱镜使明暗的界线落在十字交点。这时对应在标尺上的刻度即为液体的折射率。

由于折射率与温度和入射光的波长有关，所以在测量时要在两棱镜的周围夹套内通入恒温水，保持恒温，折射率以符号 n 表示，其右上角表示温度，其右下角表示测量时所用的单色光的波长。如 n_D^{25} 表示介质在 25℃ 时对钠黄光的折射率。但阿贝折射仪使用的光源为白光，白光为波长 $400 \sim 700$nm 的各种不同波长的混合光。由于不同波长的光在相同介质的传播速度不同而产生色散现象，使目镜的明暗交界线不清。为此，在仪器上装有可调的消色补偿器，通过它可消除色散，得到清楚的明暗分界线。这时所测得的液体折射率，和应用钠光 D 线所得的液体折射率相同。

2. 使用方法

① 将超级恒温槽调到测定所需要的温度，并将此恒温水通入阿贝折射仪的两棱镜恒温夹套中，检查棱镜上的温度计的读数。如被测样品浑浊或有较浓的颜色时，视野较暗，可打开基础棱镜上的圆窗进行测量。

② 将阿贝折射仪置于光亮处，但避免阳光直接照射，调节反射镜，使白光射入棱镜。

③ 打开棱镜，滴 1～2 滴无水乙醇（或乙醚）在镜面上，用擦镜纸轻轻擦干镜面，再将棱镜轻轻合上。

④ 测量时，用滴管取待测试样，由位于两棱镜右上方的加液槽将此被测液体加入两棱镜间的缝隙，旋紧闭合旋钮，务必使被测物体均匀覆盖于两棱镜间镜面上，不可有气泡存在，否则需重新取样进行操作。

⑤ 旋转棱镜使目镜中能看到半明半暗现象，让明暗界线落在目镜里交叉法线交点上。如有色散现象，可调节消色补偿器，使色散消失，得到清晰的明暗界线。

⑥ 测完后用擦镜纸擦干棱镜面。

3. 数字阿贝折射仪

数字阿贝折射仪的工作原理与上面讲的完全相同，都是基于测定临界角。由角度-数字转换系统将角度量转换成数字量，再输入微机系统进行数据处理，而后数字显示出被测样品的折射率。WYA-S 型数字阿贝折射仪的外形结构如附图 1-17 所示。

该仪器的使用颇为方便，内部具有恒温结构，并装有温度传感器，按下温度显示按钮可显示温度，按下测量显示按钮可显示折射率。

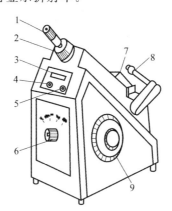

附图 1-17　WAY-S 型数字阿贝折射仪的外形结构示意图

1—望远镜系统；2—散射校正系统；3—数字显示窗；4—测量显示按钮；
5—温度显示按钮；6—方式选择旋钮；7—折射棱镜系统；8—聚光照明系统；9—调节手轮

4. 注意事项

阿贝折射仪是一种精密的光学仪器，使用时应注意以下几点。

① 使用时要注意保护棱镜，清洗时只能用擦镜纸而不能用滤纸等。加试样时不能将滴管口触及镜面。对于酸碱等腐蚀性液体不得使用阿贝折射仪。

② 每次测定时，试样不可加得太多，一般只需加 2～3 滴即可。

③ 要注意保持仪器清洁，保护刻度盘。每次实验完毕，要在镜面上加几滴丙酮，并用擦镜纸擦干。最后用两层擦镜纸夹在两棱镜面之间，以免镜面损坏。

④ 读数时，有时在目镜中观察不到清晰的明暗分界线，而是畸形的，这是由于棱镜间未充满液体；若出现弧形光环，则可能是由于光线未经过棱镜而直接照射到聚光透镜上。

⑤ 若待测试样折射率不在 1.3~1.7 范围内，阿贝折射仪不能测定，也看不到明暗分界。

八、旋光仪

旋光仪是研究溶液旋光性的仪器，用来测定平面偏振光通过具有旋光性物质的旋光度的大小和方向，从而定量测定旋光物质的浓度，确定某些有机物分子的立体结构。

1.构造原理

一般光源发出的光，其光波在与光传播方向垂直的一切可能方向上振动，这种光称为自然光，或称为非偏振光，而只在一个固定方向有振动的光称为偏振光。

当一束自然光投射到各向异性的晶体（例如方解石，即 $CaCO_3$ 晶体）中时，产生双折射。折射光线只在与传播方向垂直的一个可能方向上振动，因此可分解为两束互相垂直的平面偏振光，从而获得了单一的平面偏振光。

旋光仪的主要部件尼科耳棱镜就是根据这一原理设计的。尼科耳棱镜是由两个方解石直角棱镜组成，如附图 1-18 所示。棱镜两锐角为 68° 和 22°，两棱镜直角边用加拿大树胶粘合起来（图中 AD）。当自然光 S 以一定的入射角投射到棱镜时，双折射产生的光线 O 在第一块直角棱镜与树胶交界面上全反射，被棱镜框子上涂黑的表面所吸收。双折射产生的光线 e 则透过树胶层及第二个棱镜而射出，从而在尼科耳棱镜的出射方向上获得了一束单一的平面偏振光。这个尼科耳棱镜称为起偏镜，它是用来产生偏振光的。

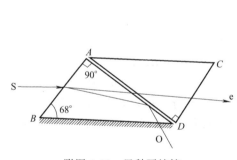

附图 1-18　尼科耳棱镜

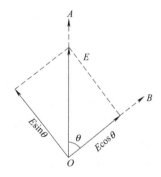

附图 1-19　检偏镜

目前多数应用某些晶体的二色性来制成偏振光。在一个薄片的表面上涂一薄层（约 0.1mm）二色性很强的物质的细微晶体（如奎宁或硫酸奎宁等），能够吸收全部寻常光线，从而得到偏振光。

偏振光振动平面在空间轴向角度位置的测量也是借助于一块尼科耳棱镜，这里称为检偏镜，它是由偏振片固定在两片保护玻璃之间，并随刻度盘同轴转动。当一束光经过起偏镜后光沿 OA 方向振动，如附图 1-19 所示，也就是可以允许在这一方向上振动的光通过此平面。OB 为检偏镜的透射面，只允许在这一方向上振动的光通过。两透射面的夹角为 θ。振幅为 E 的 OA 方向的平面偏振光可以分解为振幅分量分别为 $E\cos\theta$ 和 $E\sin\theta$ 的两互相垂直的平面偏振光，并且只有 $E\cos\theta$ 分量（与 OB 相重）可以透过检偏镜，而 $E\sin\theta$ 分量不能透过。当 $\theta=0°$ 时，$E\cos\theta=E$，此时透过检偏镜的光最强；当 $\theta=90°$ 时，$E\cos\theta=0$，此时没有光透过检偏镜，光最弱。如以 I 表示透过检偏镜的光强，I_0 表示透过起偏镜入射的光强，当 θ 角在 0°~90° 之间变化时，则有以下关系：

$$I = I_0 \cos^2 \theta$$

旋光仪就是通过透光强弱明暗来测定其旋光度。在起偏镜与检偏镜之间放置被测物质时，由于被测物质旋光作用，原来由起偏镜出来的偏振光转过一个角度，因而检偏镜也相应转过一个角度，只有这样才能使透过的光强与原来相同。

由于实际观测上肉眼对视野场明暗程度的感觉是不甚灵敏的，为了精确地确定旋转角，常采取比较的办法，即三分视场（也有二分视场）的方法。在起偏镜后的中部装一片狭长的石英片，其宽度约为视野的1/3，由于石英片具有旋光性，从石英片中透过的那一部分偏振光被旋转了一个角度 ϕ，因为 $\angle AOB$ 为 $90°$，$\angle COB$ 不等于 $90°$，所以在望远镜中透过石英片的那部分较亮，两旁是黑暗的。即出现三分视场，如附图 1-20(a) 所示。当 $\angle COB$ 等于 $90°$ 时，在望远镜中透过石英片的那部分是黑暗的，两旁较亮，出现的三分视场如附图 1-20(b) 所示。

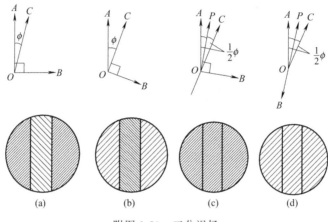

附图 1-20　三分视场

当 $\angle POB$ 为 $90°$ 时，因 $\cos^2(\angle AOB)$ 等于 $\cos^2(\angle COB)$，视野中三个区内的明暗相等，此时三分视场消失，视场均黑，如附图 1-20(c) 所示。当 $\angle POB$ 为 $180°$ 时，整个视场均匀明亮，如附图 1-20(d) 所示。人的视觉对明暗均匀与不均匀有较大敏感。我们在实验中采用图 1-20(c) 的视野，而不采用图 1-20(d) 的视野，因这时视场显得特别明亮，不易辨别三个视场的消失。目视旋光仪的外形及纵断面如附图 1-21 所示。

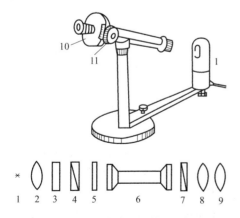

附图 1-21　目视旋光仪的外形及纵断面
1—钠光灯；2—透镜；3—滤光片；4—起偏镜；
5—石英片；6—旋光管；7—检偏镜；8,9—望远镜
透镜；10—刻度圆盘；11—传动轮

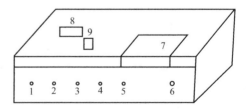

附图 1-22　WZZ-1 自动指示旋光仪外形图
1—指示灯；2—电源开关；3—光源；4—示数；
5—复测；6—调零；7—样品室；8,9—指数盘

2. 使用方法

首先打开钠光灯，待 2～3min 光源稳定后，以望远镜目镜看视野，如不清楚可调节望远镜焦距。

在样品管中充满蒸馏水（无气泡）。调节检偏镜的角度使三分视场消失，将此时角度记作零点。

零点确定后，将试样装入样品管中，放入旋光仪样品管的槽中。由于样品的旋光作用，旋转检偏镜旋钮，当转一角度 α 后，使三分视场再次消失，此时刻度盘上的角度即为被测样品的旋光度。

3. WZZ-1 自动指示旋光仪

WZZ-1 自动指示旋光仪采用光电检测器及晶体管自动示数装置，具有体积小、灵敏度高、没有人为误差、读数方便等特点。对目视旋光仪难以分析的低旋光度样品也能适应，故广泛应用在各个领域。

（1）WZZ-1 自动指示旋光仪外形图，见附图 1-22。

（2）使用方法

① 将仪器电源插头插入 220V 交流电源中［要求使用交流电子稳压器（1kVA）］并将接地脚可靠接地，打开电源开关，经 5min 钠光灯发光稳定后再工作。

② 将装有蒸馏水或其他空白溶剂的旋光管放入样品室，盖上箱盖。旋光管中若有气泡，应先让气泡浮在凸颈处，通光面两端的雾状水滴应用软布揩干。旋光管螺帽不宜旋得过紧，以免产生应力，影响读数。旋光管安放时应注意标记的位置和方向。

③ 先后打开示数（若直流开关扳上后，灯熄灭，则再将直流开关上下重复扳动 1～2 次，使钠光灯在直流下点亮，为正常）、直流开关，调节零位手轮，使旋光示值为零。

④ 取出旋光管，倒掉蒸馏水或其他空白溶剂。将待测样品注入旋光管，按相同的位置和方向放入样品室内，盖好箱盖，示数盘将转出该样品的旋光度。示数盘上红色示值为左旋（－），黑色示值为右旋（＋），逐次按下复测按钮，重复读几次数，取平均值作为测定结果。

⑤ 仪器使用完毕后，应关闭电源开关。

如样品超过测量范围，仪器在 ±45 处自动停止。此时，取出旋光管，按一下复位按钮开关，仪器即转回零位。

钠光灯在直流供电系统出现故障不能使用时，仪器也可在钠光灯交流供电的情况下测试，但仪器的性能可能略有降低。

九、电位差计

直流电位差计是测量直流电压的仪器，可分为高阻型电位差计和低阻型电位差计。测量高电阻系统时选用高阻型电位差计，例如 UJ-25 型，测量低电阻系统时选用低阻型电位差计。

1. 测量原理

电位差计是根据补偿原理设计的。它由工作电流回路、标准回路和测量回路组成，电位差计基本原理图如附图 1-23 所示。

① 工作电流回路　工作电流由工作电池 E_w 的正极流出，经可变调节电阻 R_p、滑线电阻 R 返回 E_w 的负极。调节 R_p 使在滑线电阻 A、B 端形成一定的电位降。

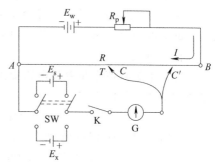

附图 1-23　电位差计基本原理图

② 标准回路　将变换开关 SW 合向 E_s，对工作电流标定。从标准电池的正极开始，经检流计 G、滑线电阻上 CA 段，回到标准电池负极。其作用是校准工作电流回路以标定 AB 上的电位降。令 $V_{CA} = IR_{CA} = E_s$（借助于调节 R_p 使 G 中电流 I_G 为零来实现），使 CA 段上的电位降 V_{AC}（称为补偿电压）与标准电势 E_s 相抵消。

③ 测量回路　SW 扳回 E_x，从待测电池的正极开始，经检流计 G、滑线电阻上 $C'A$ 段，回到待测电阻负极。其作用是用校正好的滑线电阻 CA 上的电位降来测量未知电池的电动势。在保持标准后的工作电流 I 不变的条件下，在 AB 上寻找出 C' 点，使得 G 中电流为零，从而 $V_{C'A} = IR_{C'A} = E_x$，使 $C'A$ 段上的电位降 $V_{C'A}$ 与待测电池的电动势 E_x 相抵消。

$$E_x = IR_{C'A} = (E_s/R_{CA})R_{C'A} = (R_{C'A}/R_{CA})E_s = kE_s$$

如果知道比值 $R_{C'A}/R_{CA}$ 和 E_s，就能求出 E_x。电位差计是一种比例仪器，它是将已知标准电池电动势 E_s 分成连续可调而又已知的若干个比例等分，即用已知电压 kE_s 去补偿未知电压 E_x，从而确定未知电动势的数值。

2. UJ-25 型电位差计使用方法

① UJ-25 型电位差计面板图如附图 1-24 所示。

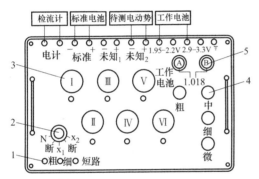

附图 1-24　UJ-25 型电位差计面板图
1—电计按钮（3 个）；2—转换开关；3—电势测量旋钮（6 个）；4—工作电流调节旋钮（4 个）；5—标准电池温度补偿旋钮

② 连接线路　首先将转换开关 2 扳到"断"位置，电计按钮 1 全部松开，然后按图将标准电池、工作电池和待测电池分别用导线连接在"标准""工作电池""未知₁"或"未知₂"接线柱上，注意正负不能接错，再将检流计接在"电计"接线柱上。

③ 标定电位计　读取标准电池上所附温度计的温度，并按饱和标准电池电动势-温度公式计算电池的电动势。将标准电池温度补偿旋钮 5 调节在该温度下电池电动势处，将转换开关 2 置于"N"位，按下电计按钮 1 的"粗"按钮，调节工作电流调节旋钮 4，使检流计示零。然后按下"细"按钮，再调节工作电流使检流计示零。此时电位计标定完毕。

④ 测量未知电动势　松开全部按钮，将转换开关 2 置于"未知"位置，从左到右依次调节各测量盘，先在电计按钮"粗"按下时使检流计示零，然后在电计按钮"细"按下时使检流计指示零，六个测量盘下方示值总和即为被测电池的电动势。

测量过程中应注意的事项：a. 若发现检流计受到冲击，应迅速按下短路按钮，以保护检流计；b. 由于工作电池的电动势会发生变化，在测量过程中要经常标定电位差计；c. 电计按钮按下的时间应该尽量短，以防止电流通过，改变电极表面的平衡状态。

3. 标准电池

标准电池为直流电位差计电路提供一个重现性和稳定性很好的标准参考电压。饱和式标准电池构造图见附图 1-25。其电池反应为：

$$\text{Cd(Hg 齐)} + \text{Hg}_2\text{SO}_4(s) \Longrightarrow 2\text{Hg(l)} + \text{CdSO}_4(s)$$

出厂时给出 20℃时的电动势值为 1.01865V，其他温度下按下式计算：

$$E_s = 1.01865 - 4.06 \times 10^{-5}(t-20)^2 - 9.5 \times 10^{-7}(t-20)^2$$

使用时要平衡携取，水平放置，绝不能摇动、倒置或斜放，受摇动后应静止 5h 后再用。

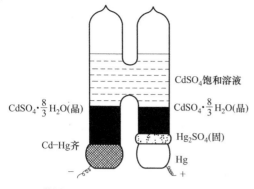

附图 1-25 饱和式标准电池构造图

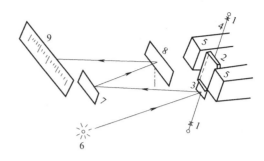

附图 1-26 复射式光点检流计
1—弹簧片；2—活动线圈；3—平面镜；4—吊丝；
5—U 形磁铁；6—光源；7,8—反射镜；9—标尺

不能未加盖而直接暴露于日光下。使用环境温度在 4～40℃ 之间，不得作为电源用，不允许放电电流大于 0.0001A，只能极短暂地间隙地使用。绝对不能使电池短路。

4．检流计

检流计主要在直流电工作的电测仪器（如电位差计、电桥等）中指示平衡（示零），有时也用于热分析或光-电系统中测量微小的电流值。

使用比较普遍且精度较高的是复射式光点检流计，其工作原理如附图 1-26 所示。活动线圈 2 置于 U 形磁铁 5 之间，线圈由吊丝 4 与弹簧片 1 固定，下悬可随线圈转动的平面镜 3。光源 6 发出的光，经平面镜 3 与反射镜 7、8 多次反射后投于标尺 9 上。当线圈中通过微小电流时，线圈在磁场力作用下带动平面镜 3 转动，转动角经反射镜放大后可看到光点在标尺上转动，由此可十分灵敏地测出极微弱的电流。

当检流计与电位差计联用时，要注意两者间灵敏度的匹配。例如，上述的 UJ-25 型电位差计最小的电压分度为 10^{-6}V，若待测的原电池内阻为 $10^3\Omega$，则要求与之匹配的检流计必须能检测出最小电流为 $\dfrac{10^{-6}}{10^3}=10^{-9}$A。因为检流计的标尺是以 mm 为最小分度，所以要求检流计的灵敏度应为 10^{-9}A·mm^{-1}，如 AC15-4 型光点检流计即可满足此要求。

光点检流计的使用方法：检查电源开关所指示的电压是否与所使用的电源电压一致，然后接通电源。旋转零点调节器，将光点调至零位。用导线将输入接线柱与配套仪器连接。测量时先将检流计开关旋至灵敏度最低挡（0.01 挡），然后逐渐增大灵敏度进行测量。实验结束（或移动检流计）时，必须将检流计开关置于"短路"处，以防损坏检流计。

5．盐桥

盐桥的作用在于减小原电池的液体接界电位。常用盐桥的制备方法如下。

在烧杯中配制一定量的饱和 KCl 溶液，再按溶液质量的 1% 称取琼脂粉浸入溶液中，用水浴加热并不断搅拌，直至琼脂全部溶解。随后用吸管将其灌入 U 形玻璃管中（注意，U 形玻璃管中不可夹有气泡），待冷却后即凝成冻胶。将此盐桥浸于饱和 KCl 溶液中，保存待用。

盐桥内除用 KCl 外，也可用其他正负离子电迁移率相接近的盐类，如 KNO_3、NH_4NO_3 等。具体选择时应防止盐桥中离子与原电池溶液发生反应，如原电池溶液中含有 Ag^+ 或 Hg_2^{2+}，为避免沉淀产生则不能使用 KCl 盐桥，应选用 KNO_3 或 NH_4NO_3 盐桥。

附录

6. SDC-Ⅲ数字电位差综合测试仪

用电源线将仪表后面板的电源插座与 220V 电源连接，打开电源开关（ON），预热 15min。

（1）以内标为基准进行测量

① 校验

a. 用测试线将被测电动势按"＋""－"极性与"测量插孔"连接。

b. 将"测量选择"旋钮置于"内标"，将"10^0"位旋钮置于"1"，"补偿"旋钮逆时针旋到底，其他旋钮均置于"0"，此时，"电位指标"显示"1.00000"。

c. 待"检零指示"显示数值稳定后，按一下"采零"键，此时，"检零指示"应显示"0000"。

② 测量

a. 将"测量选择"置于"测量"，调节"$10^0 \sim 10^{-4}$"五个旋钮，使"检零指示"显示数值为负且绝对值最小。

b. 调节"补偿"旋钮，使"检零指示"显示为"0000"，此时，"电位显示"数值即为被测电动势的值。

需要注意的是，测量过程中，若"检零指示"显示溢出符号"OU. L"，说明"电位指示"显示的数值与被测电动势值相差过大。

（2）以外标为基准进行测量

① 校验

a. 将已知电动势的标准电池按"＋""－"极性与"外标插孔"连接。

b. 将"测量选择"旋钮置于"外标"，调节"$10^0 \sim 10^{-4}$"五个旋钮和"补偿"旋钮，使"电位指示"显示的数值与外标电池数值相同。

c. 待"检零指示"数值稳定后，按一下"采零"键，此时，"检零指示"显示为"0000"。

② 测量

a. 拔出"外标插孔"的测试线，再用测试线将被测电动势按"＋""－"极性接入"测量插孔"。

b. 将"测量选择"置于"测量"，调节"$10^0 \sim 10^{-4}$"五个旋钮，使"检零指示"显示数值为负且绝对值最小。

c. 调节"补偿"旋钮，使"检零指示"为"0000"，此时，"电位显示"数值即为被测电动势的值。

十、恒电位仪

1. 基本原理

恒电位仪是电化学测试中的重要仪器，用它可控制电极电位为指定值，以达到恒电位极化的目的。若给以指令信号，则可使电极电位自动跟踪指令信号而变化。例如，将恒电位仪配以方波、三角波或正弦波发生器，就可使电极电位按照给定的波形发生变化，从而研究电化学体系的各种暂态行为。如果配以慢的线性扫描信号或阶梯波信号，则可自动进行稳态或准稳态极化曲线的测量。恒电位仪不但可用于各种电化学测试中，而且可用于恒电位电解、电镀，以及阴极（或阳极）保护等生产实践中，还可用来控制恒电流或进行各种电流波形的极化测量。

经典的恒电位电路如附图 1-27(a) 所示。它是用大功率蓄电池（E_a）并联低阻值滑线电阻（R_a）作为极化电源，测量时要用手动或机电调节装置来调节电阻，使给定电位维持不变。此时工作电极 W 和辅助电极 C 间的电位恒定，测量工作电极 W 和参比电极 r 组成的原电池电动势的数值 E，即可知工作电极 W 的电位值，工作电极 W 和辅助电极 C 间的电流数值可从电流表 I 中读出。

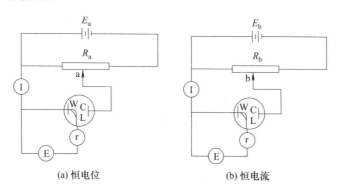

(a) 恒电位　　　　　　　　　(b) 恒电流

附图 1-27　恒电位和恒电流测量原理图

E_a—低压直流稳压电源（几伏）；E_b—高压直流稳压电源（几十伏到一百伏）；R_a—低电阻（几欧）；

R_b—高电阻（几十千欧到一百千欧）；I—精密电流表；E—高阻抗毫伏表；L—卢金毛细管；

C—辅助电极；W—工作电极；r—参比电极

经典的恒电流电路如附图 1-27(b) 所示。它是利用一组高电阻直流电源（E_b）串联一高阻值可变电阻（R_b）构成，由于电解池内阻的变化相对于这一高阻值电阻来说是微不足道的，即通过电解池的电流主要由这一高电阻控制，因此，当此串联电阻调定后，电流即可维持不变。工作电极 W 和辅助电极 C 间的电流大小可从电流表中读出。此时工作电极 W 的电位值，可通过测量工作电极 W 和参比电极 r 组成的原电池电动势的数值 E 得出。

2. 恒电位仪工作原理

恒电位仪的电路结构从原理上可分为差动输入式和反相串联式。

差动输入式原理图如附图 1-28(a) 所示，电路中包含一个差动输入的高增益比较放大器，其同相输入端接基准电压，反相输入端接参比电极，而研究电极接地端。基准电压 U_2 是稳定的标准电压，可根据需要进行调节，所以也叫给定电压。参比电极与研究电极的电位之差 $U_1 = \varphi_参 - \varphi_研$，与基准电压 U_2 进行比较，恒电压仪可自动维持 $U_1 = U_2$。

如果由于某种原因使二者发生偏差，则误差信号 $U_e = U_2 - U_1$ 便输入到比较放大器进行放大，进而控制功率放大器，及时调节通过电解池的电流，维持 $U_1 = U_2$。例如，欲控制研究电极相对于参比电极的电位为 $-0.5V$，即 $U_1 = \varphi_参 - \varphi_研 = +0.5V$，则需调基准电压

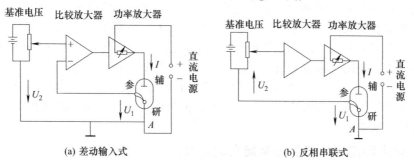

(a) 差动输入式　　　　　　　　　(b) 反相串联式

附图 1-28　恒电位仪电路结构原理图

$U_2 = +0.5V$，这样恒电位仪便可自动维持研究电极相对于参比电极的电位为$-0.5V$。因参比电极的电位稳定不变，故研究电极的电位被维持恒定。如果取参比电极的电位为$0V$，则研究电极的电位被控制在$-0.5V$。如果由于某种原因（如电极发生钝化）使电极电位发生改变，即U_1与U_2之间发生了偏差，则此误差信号$U_e = U_2 - U_1$便输入到比较放大器中进行放大，继而驱动功率放大器迅速调节通过研究电极的电流，使之增大或减小，从而研究电极的电位又恢复到原来的数值。由于恒电位仪的这种自动调节作用很快，即响应速率快，因此不但能维持电位恒定，而且当基准电压U_2为不太快的线性扫描电压时，恒电位仪也能使$U_1 = \varphi_参 - \varphi_研$按照指令信号$U_2$发生变化，因此可使研究电极的电位发生线性变化。

反相串联式原理图如附图1-28(b)所示，与差动输入式不同的是U_1与U_2是反相串联，输入到比较放大器的误差信号仍然是$U_e = U_2 - U_1$，其他工作过程并无区别。

3.恒电流仪工作原理

恒电流控制方法和仪器有多种，而且恒电位仪通过适当的接法就可作为恒电流仪使用。附图1-29为两种恒电流仪电路原理图。

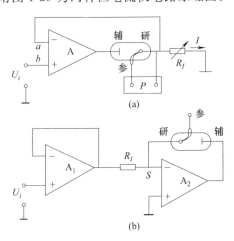

附图 1-29　恒电流仪电路原理图

附图1-29（a）中，a、b两点电位相等，即$U_a = U_b$。因$U_b = U_i$，而U_a等于电流I流经取样电阻R_I上的电压降，即$U_a = IR_I$，所以$I = U_i / R_I$。因集成运算放大器的输入偏置电流很小，故电流I就是流经电解池的电流。当U_i和R_I调定后，则流经电解池的电流就被恒定了，或者说，电流I可随指令信号U_i的变化而变化。这样，流经电解池的电流I，只取决于指令信号电压U_i和取样电阻R_I，而不受电解池内阻变化的影响。在这种情况下，虽然R_I上的电压降由U_i决定，但电流I却不是取自U_i而是由运算放大器输出端提供。当需要输出大电流时，必须增加功率放大器。这种电路的缺点是，当输出电流很小（如小于$5\mu A$）时，误差较大。因为，即使基准电压U_i为零时，也会输出这样大小的电流。解决方法是用对称互补功率放大器，并提高运算放大器的输入阻抗，这样不但可使电流接近于零，而且可得到正负两种方向的电流。这种电路的另一缺点是电解池必须浮池。因此，研究电极以及电位测量仪器也要浮池，只能用无接地端的差动输入式恒电位仪来测量或记录电位。另外，这种电路要求运算放大器有良好的共模抑制比和宽广的共模电压范围。

对于附图1-29(b)所示的恒电流仪电路，运算放大器A_1组成电压跟踪器，因结点S处于虚地，只要运算放大器A_2的输入电流足够小，则通过电解池的电流$I = U_i / R_I$，因而电流可以按照指令信号U_i的变化规律而变化。研究电极处于虚地，便于电极电位的测量。在低电流的情况下，使用这种电路具有电路简单而性能良好的优点。

从附图1-29不难看出，这类恒电流仪，实质上是用恒电位仪来控制取样电阻R_I上的电压降，从而起到恒电流的作用。因此，除了专用的恒电流仪外，通常把恒电位控制和恒电流控制设计为统一的系统。

十一、熔点测定仪（双目显微熔点测定仪）

熔点的测定常常是用来识别物质和定性地检验物质的纯度。

1.熔点测定仪的用途

X-5 数字显示双目显微熔点测定仪可广泛用于医药、化工、纺织、橡胶、制药等方面的生产化验、药品检验和高等院校化学系等部门的单晶或共晶等有机物的分析，还可用于晶体的观察和晶体熔点温度的测定，为研究工程材料、观察物体在加热状态下的形变和色变及物体三态转化等物理变化的过程，提供了有力的检测手段。

2.操作步骤

① 按照系统图（附图 1-30），将显微熔点测定仪的显微部分、加热台部分、X-5 型调压测温仪、传感器和电源线等部分安装连接好。

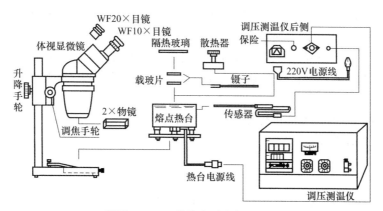

附图 1-30　显微熔点测定仪系统图

② 对新的仪器，最好先用熔点标准药品进行测量标定（操作参照③～⑫）。求出修正值（修正值＝标准药品的熔点标准值－该药品的熔点测量值），作为测量时的修正依据。

③ 对待测物品进行干燥处理。把待测物品研细，放在干燥塔内，用干燥剂干燥，或者用烘箱直接快速烘干（烘箱温度应控制在待测物品的熔点温度以下）。

④ 将熔点热台放置在显微镜底座 $\Phi100$ 孔上，并使放入载玻片的端口位于右侧，以便于取放载玻片和药品。

⑤ 取两片载玻片，用蘸有乙醚（或乙醚与酒精混合液）的脱脂棉擦拭干净。晒干后，取适量待测物品（不大于 0.1mg）放在一片载玻片上并使药品分布薄而均匀，盖上另一片载玻片，轻轻压实，然后放置在熔点热台中心。

⑥ 盖上隔热玻璃。

⑦ 扶好主机头，松开显微镜的升降手轮，参考显微镜的工作距离（108mm），上下调整显微镜，直到从目镜中能看到熔点热台中央的待测物品轮廓时锁紧该手轮。然后调节调焦手轮，直到能清晰地看到待测物品的像为止。

⑧ 仔细检查系统的各种连接无误后，将调压测温仪上的两个调温手钮逆时针调到头，打开电源开关。

⑨ 接通电源后，仪表上排"PV"显示"HELLO"，下排"SV"显示"PASS"字样，表示仪表自检通过。如果显示"—HH—"表示未接上或未接传感器、传感器热阻开路、超温度量值。

⑩ 自检通过后，系统自动进入工作状态，此时，"PV"显示测量值，"SV"显示上限温度值。按"▲""▼"键可以改变上限温度值。当测量温度值高于上限设定值时，系统自动断电，停止加热；当测量温度值低于上限设定值时，系统自动通电，继续加热。

一般按照比待测物的熔点大约值略高调整上限设定值，起保护作用和限定高温作用。也可以利用此功能，实现在某温度值条件下观察物体的各种变化。

⑪ 根据被测熔点物品的温度值，控制两个调温手钮，以达到在测物质熔点过程中前段升温迅速、中断升温渐慢、后段升温平稳的目的。

具体方法如下：先将两个调温手钮顺时针调到较大位置，使热台快速升温。当温度接近待测物体熔点温度以下40℃左右时（中段），将调温手钮逆时针调至适当位置，使升温速度减慢。在被测物熔点值以下10℃左右时（后段），调整调温手钮控制升温速度约1℃/min。

⑫ 观察被测物品的熔化过程，记录初熔和全熔时的温度值，用镊子取下隔热玻璃和载玻片，即完成一次测试。如需重复测试，只需将散热器放在熔点热台上，逆时针调节两个调温手钮到头，使电压调为零或切断电源，使温度降至熔点值以下40℃即可。

⑬ 对已知熔点大约值的物质，可根据所测物质的熔点值及测温过程（操作参照⑪），适当调节调温旋钮，实现精确测量。对未知熔点物质，可先用中、较高电压快速粗测一次，找到物质熔点的大约值，再根据该值适当调整和精细控制测量过程（操作参照⑪），最后实现精确测量。

⑭ 精密测试时，对实测值进行修正，并多次测试，计算平均值。

物品熔点值的计算如下。

一次测试：

$$T = X + A$$

式中，T 为被测物品熔点值；X 为测量值；A 为修正值。

多次测试：

$$T = \frac{\sum_{i=1}^{n} X_i + A}{n}$$

式中，T 为被测物品熔点值；X_i 为第 i 次测量值；A 为修正值；n 为测量次数。

⑮ 测试完毕，应及时切断电源，待热台冷却后，方可将仪器按规定装入。用过的载玻片可用乙醚擦拭干净，以备下次使用。

3. 双目显微熔点测定仪使用注意事项

① 仪器应放置于阴凉、干燥、无尘的环境中使用与存放。

② 在整个测试过程中，熔点热台属高温部件，操作人员要注意身体远离热台，取放样品、载玻片、隔热玻璃和散热块一定要用专用镊子夹持，严禁用手触摸，以免烫伤。

③ 透镜表面有污秽时，可用脱脂棉蘸少许乙醚和乙醇混合液轻轻擦拭，遇有灰尘，可用洗耳球吹去。

④ 每测试完一个样品应将散热块放在热台上，待温度降至熔点值以下40℃后才能测下一个样品。

十二、超声波清洗仪

1. 概述

超声波清洗是利用超声波在液体中的空化作用来完成的。超声波发生器产生的电信号，通过换能器传入清洗液中，会连续不断地迅速形成和迅速闭合无数的微小气泡，这种过程所产生的强大机械力，不断冲击物件表面，加之超声波在液体中有加速溶解和乳化的作用，使物件表面及缝隙中的污垢迅速剥落，从而达到清洗目的。超声波清洗仪广泛用于金属、电镀、塑胶、电子、机械、汽车等各工业部门以及医药领域、大专院校和各实验室等。

超声空化效应与超声波的声强、声压、频率有关，还与清洗液的表面张力、蒸气压、黏度以及被洗工件的声学特征有关。声强愈高，空化愈强烈，愈有利于清洗。空化阈值和频率有密切关系。目前超声波清洗仪的工作频率根据清洗对象，大致分为三个频段：低频超声清洗（20kHz～45kHz）、高频超声清洗（50kHz～200kHz）和兆赫超声清洗（700kHz～1MHz 以上）。

低频超声清洗适用于大部件表面或者污物和清洗件表面结合强度高的场合。频率的低端，空化强度高，易腐蚀清洗件表面，不适宜清洗表面光洁度高的部件，而且空化噪声大。

高频超声清洗适用于计算机、微电子元件的精细清洗，如磁盘、驱动器、读写头、液晶玻璃及平面显示器的清洗，还适用于微组件和抛光金属件等的清洗。这些清洗对象要求在清洗过程中不能受到空化腐蚀，并能洗掉微米级的污物。60kHz 左右的频率，穿透力较强，宜清洗表面形状复杂或有盲孔的工件，空化噪声较小，但空化强度较低，适合清洗表面污物与被清洗件表面结合力较弱的场合。

兆赫超声清洗适用于集成电路芯片、硅片及薄膜等的清洗。能去除微米、亚微米级的污物而对清洗件没有任何损伤。因为此时不产生空化，其清洗机理主要是声压梯度、粒子速度和声流的作用。

清洗液的选择可从污物的性质、有利于超声清洗两个方面考虑。

清洗液的静压力大时，不容易产生空化，所以在密闭加压容器中进行超声清洗或处理时效果较差。

清洗液的流动速度对超声清洗效果也有很大影响。最好是在清洗过程中液体静止不流动，这时泡的形成和闭合运动能够充分完成。如果清洗液的流速过快，则有些空化核会被流动的液体带走，有些空化核则在没有完成形成和闭合运动整个过程时就离开声场，因而使总的空化强度降低。在实际清洗过程中有时为避免污物重新黏附在清洗件上，清洗液需要不断流动更新，此时应注意清洗液的流动速度不能过快，以免降低清洗效果。

被清洗件的声学特性和在清洗槽中的排列对清洗效果也有较大的影响。吸声大的清洗件，如橡胶、布料等清洗效果差，而对声反射强的清洗件，如金属件、玻璃制品的清洗效果好。清洗件面积小的一面应朝声源摆放，排列要有一定的间距。清洗件不能直接放在清洗槽底部，尤其是较重的清洗件，以免影响槽底板的振动，也避免清洗件擦伤底板而加速空化腐蚀。清洗件最好是悬挂在槽中，或用金属箩筐盛好悬挂，但需注意箩筐要用金属丝做成，并尽可能用细丝做成空格较大的筐，以减少声的吸收和屏蔽。

清洗液中气体的含量对超声波清洗效果也有影响。在清洗液中如果有残存气体（非空化核）会增加声传播损失，在开机时先进行低于空化阈值的功率水平作振动，减少清洗液中的残存气体。

要得到良好的清洗效果，必须选择适当的声学参数和清洗液。

2.清洗方法

（1）直接清洗（附图 1-31）

放水和清洗液于清洗槽内，把被洗物件直接放在托架上，也可用吊架把被洗物件悬吊起来，并浸入到清洗液中。

（2）间接清洗（附图 1-32）

放水和清洗液于清洗槽内，把所需的化学清洗剂倒入烧杯或其他合适的容器内，并将被洗物浸入其中。然后把装有化学清洗剂和被洗物的容器浸入到槽内托架。需注意的是，一定不能让容器触碰槽底。

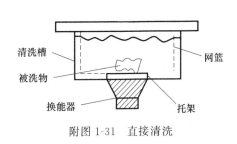

附图 1-31　直接清洗

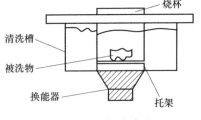

附图 1-32　间接清洗

直接和间接两种清洗方法，它们各有优劣，如果不知道选择哪种方法更好，可在进行清洗效果实验后再作选择。直接清洗的优点是清洗效率高且便于操作。间接清洗的优点是能清楚地看到存留在烧杯内的清除出来的污垢，便于对它们进行过滤或抛弃，能同时使用两种或更多的清洗液。

3.漂洗、干燥

① 对被洗物进行漂洗以去除残留在其表面的化学清洗剂。

② 可用压缩空气、热吹风机或烘箱对被洗物进行干燥。

③ 超声清洗会洗去被洗物表面的防锈油，因此有必要在清洗之后涂上防锈油。

具体操作步骤，可详细查看使用说明书。

4.注意事项

只能使用水溶清洗液；不要使用酒精、汽油或其他易燃溶液，以免引起爆炸或火灾；不要使用各种强酸、强碱等腐蚀性溶液，以免腐蚀损坏清洗槽；不要用手接触清洗槽或清洗液，它们可能是高温烫手的；不要让清洗液的温度超过70℃。

槽内无清洗液的情况下不能开机工作；液面放至"建议水位线"，并随时根据放入槽内的被清洗物件的多少，来调整液面，保持液面至"建议水位线"；定期更换清洗液。

不要把被洗物直接放在清洗槽底部，应把它们悬挂起来或放在托架上，不然会损坏换能器。

十三、红外光谱仪

1.概述

近年来红外光谱已在有机化学中得到了广泛的应用。红外光谱不但可以鉴别有机化合物分子中所含的化学键和官能团，还可以鉴别这个化合物是饱和化合物还是不饱和化合物，是芳香族化合物还是脂肪族化合物，从而可以推断出化合物的分子结构。

在有机化合物的理论研究中，红外光谱可以用来测定分子中化学键的强度、键长、键角，还可用于反应机理的研究。特别是近年来电子计算机技术得到应用之后，利用红外光谱研究吸收谱带随时间的变化，即化学动力学的研究，就更为方便了。

红外光谱对气态、液态和固态样品都可以进行分析，这是它的一大优点。气体样品可装入特制的气体池内进行分析。液体样品可以是纯净液体，也可以配制成溶液。所选用的溶剂必须是对溶质具有较大的溶解度，在红外光范围内无吸收，不腐蚀窗片材料，对溶质不发生强的溶剂效应。原则上，分子简单、极性小的物质都可用作红外光谱样品的溶剂，如 CCl_4、CS_2 等。一般纯净液体样品只需要 $1\sim2$ 滴即可。固体样品可采用 KBr 压片法来制备，KBr与样品的质量比大约为 $100:1$，通常固体取样 $1\sim2mg$ 即可。固体样品也可以用液体石蜡或六氯丁二烯调成糊剂进行测量，称为糊状法。

用红外光谱分析的样品不应含有游离水，因为水的存在会腐蚀吸收池的窗片（常用的窗片材料为 NaCl、KBr 等），而且在吸收光谱中会出现强的水的吸收峰而干扰测定。红外光谱以分析纯样品为宜，多组分试样必须预先进行组分分离，否则会使各组分的光谱相互重叠，给谱图解析带来困难甚至无法解释。傅里叶变换红外光谱问世后，对于组分不太复杂的样品可不必分离而采用差谱技术进行分析鉴定。

红外光的波长在 $0.7 \sim 1000 \mu m$（波数 $14000 \sim 10 cm^{-1}$）之间，通常又把这个区域划分为近红外区 $[0.7 \sim 2.5 \mu m \ (14000 \sim 4000 cm^{-1})]$、中红外区 $[2.5 \sim 25 \mu m \ (4000 \sim 400 cm^{-1})]$ 和远红外区 $[25 \sim 1000 \mu m \ (400 \sim 10 cm^{-1})]$ 三个区域。用于有机化合物结构分析的是中红外区，因为分子振动的基频在此区域。

用一束红外光照射样品分子时，样品分子就要吸收能量。由于物质对光具有选择性吸收，即对各种波长的单色光就会产生大小不同的吸收，将样品对每一种单色光的吸收情况记录下来，就可得到红外吸收光谱。

红外光谱仪有两种主要类型：使用光栅作为色散元件的普通红外光谱仪（IR）和使用迈克尔逊干涉仪的傅里叶变换红外光谱仪（FTIR）。后者不使用色散元件，光源发出的红外光经过干涉仪和试样后获得含试样信息的干涉图，经计算机采集和快速傅里叶变换得到化合物的红外谱图。傅里叶变换红外光谱仪具有很高的分辨率和灵敏度，扫描速度快（在 1s 内可完成全谱扫描），特别适合弱红外光谱测定。傅里叶变换红外光谱仪的工作原理如附图 1-33 所示。

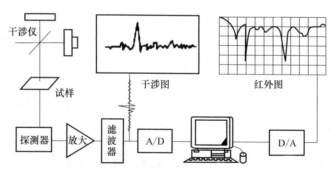

附图 1-33　傅里叶变换红外光谱仪的工作原理图

2. TJ270-30A 双光束红外分光光度计

TJ270-30A 双光束红外分光光度计是国家药典型号 TJ270-30 双光束比例记录红外分光光度计的升级型，采用高能量双闪耀光栅覆盖整个工作波段，可记录物质在 $4000 \sim 400 cm^{-1}$ 之间的红外吸收光谱和反射光谱，采用国产 DTGS（即经氘化处理后的硫酸三甘肽晶体）检测器，保证了仪器的高性能和稳定性，质量可靠，维护成本低。其测试过程如下。

① 测前准备　在仪器通电源之前，应做到以下三点：a.整机已经在室温环境下搁置半小时以上；b.包括地线在内的全部接线准确无误；c.样品室内未放置其他任何物品。然后依次接通阴极射线管（CRT）、计算机、红外主机的控制开关及电源开关。对于普通测量（定性测量），开机后约 20min，等光源稳定后方可进行；对于定量分析，开机后约 1h，待整机系统完全稳定后方可进行；对于低透过率样品，或者借助附件进行测量时，应选择慢响应、宽狭缝以及其他相应的测量参数，以保证仪器处于良好的工作状态。

② 参数设置　在样品测试之前，先要根据样品的要求和样品本身的特性对仪器进行相应的参数设置。可点击"文件-参数设置"或工具栏中的"参数设置"，弹出参数设置对

话框。

③ 系统零、百校准　在每次改变系统参数之后，都要对当前参数下的系统状态进行 0% 及 100% 校准。在确认样品室未放置任何物体的情况下，按动 F2 键或点击"系统操作-校准"一项，仪器可自动校准 0% 及 100%。在不同的波数区域，0% 及 100% 校准略有偏差。在进行某些特殊测量（如定量分析）时，需要在仪器的当前测量区间进行校准。

④ I_0 线测试　在不放置任何参比物和样品的情况下，对仪器的透过率进行测量，此时，仪器在整个波段的透过率应为 100%，画出一条直线，该直线称作 I_0 线。按照国家标准，其测量参数为：模式为透过率，扫描速度为很快，狭缝为宽，响应速度为正常，横坐标范围为 $4000 \sim 400 cm^{-1}$，纵坐标为 $0 \sim 102$，扫描方式为连续，测量次数为一次即可。

⑤ 单光束测试　用单光束方式测量，主要检测的是仪器当前的能量状态，其测量条件为：模式为能量，扫描速度为快，狭缝为正常，响应速度为正常，横坐标范围为 $4000 \sim 400 cm^{-1}$，纵坐标为 $0 \sim 100$，扫描方式为连续，测量次数为一次。

⑥ 样品测试　样品测试时，首先按照要求及样品特性进行参数设置，其次进行系统校正，然后把样品放入样品室的"样品"一路（即靠近操作者的一侧），点击"扫描"即可。

⑦ 滤光片的切换　仪器在切换滤光片（$2175 cm^{-1}$、$1200 cm^{-1}$、$700 cm^{-1}$ 附近）时，停止扫描，待切换完毕，再继续进行扫描。仪器在大气吸收（水和二氧化碳）比较严重的工作波数内，可以自动地降低扫描速度，以改善工作效果。

⑧ 光谱存盘/打印　光谱扫描完毕，可点击"文件-保存"或工具栏中的"保存"，保存当前数据文件。另外，可点击"文件-打印"或工具栏中的"打印"，打印当前数据文件或同时打印其峰谷值或数据列表。

⑨ 退出系统　系统操作完毕，可点击"文件-退出系统"退出红外操作系统。

⑩ 关机　关闭系统时依次关闭红外主机的控制开关、计算机及 CRT 即可。

附录2　常用的理化数据及相关资料

附表 2-1　国际单位制（SI）基本单位

量	常用符号	单位名称	单位符号
长度	L	米	m
质量	m	千克（公斤）	kg
时间	t	秒	s
电流	I	安［培］	A
热力学温度	T	开［尔文］	K
物质的量	n	摩［尔］	mol
发光强度	I_v	坎［德拉］	cd

注：1. 圆括号中的名称，是它前面的名称的同义词。

2. 方括号中的字，在不引起混淆、误解的情况下，可以省略。去掉方括号中的字即为其名称的简称。

附表 2-2 国际单位制的一些导出单位

物理量	符号	单位名称	单位符号	国际单位制导出的表示式
频率	f	赫兹	Hz	s^{-1}
力/重力	力为 F,重力为 G	牛顿	N	$m \cdot kg \cdot s^{-2}$
压力/应力	p	帕斯卡	Pa	$kg/(m \cdot s^2)$
能量/功/热量	能量为 E,功为 W,热量为 Q	焦耳	J	$kg \cdot m^2/s^2$
功率/辐射通量	P	瓦特	W	$kg \cdot m^2/s^3$
电荷量	Q	库仑	C	$A \cdot s$
电位/电压/电动势	电位为 φ,电压为 U,电动势为 E	伏特	V	$kg \cdot m^2/(A \cdot s^3)$
电容	C	法拉	F	$m^{-2} \cdot kg^{-1} \cdot s^4 \cdot A^2$
电阻	R	欧姆	Ω	$kg \cdot m^2/(A^2 \cdot s^3)$
电导	G	西门子	S	$A^2 \cdot s^3/(kg \cdot m^2)$
摄氏温度	t	摄氏度	℃	$x℃ = (x+273.15)K$
密度	ρ	千克每立方米	kg/m^3	$kg \cdot m^{-3}$
物质浓度	c	摩每立方米	mol/m^3	
熵、热容	S	焦每开	J/K	$m^2 \cdot kg \cdot s^{-2} \cdot K^{-1}$
摩尔热容/摩尔熵	Cm	焦每摩开	$J/(mol \cdot K)$	
比热容/比熵	c	焦每千克开	$J/(kg \cdot K)$	$m^2 \cdot s^{-2} \cdot K^{-1}$
表面张力	σ	牛每米	N/m	$kg \cdot s^{-2}$
黏度	μ	帕秒	Pa·s	$m^{-1} \cdot kg \cdot s^{-1}$
电导率	κ	西每米	S/m	

附表 2-3 国际单位制词头

因数	词头名称	词头符号	因数	词头名称	词头符号
10^{12}	tera(太)	T	10^{-1}	deci(分)	d
10^9	giga(吉)	G	10^{-2}	centi(厘)	c
10^6	mega(兆)	M	10^{-3}	milli(毫)	m
10^3	kilo(千)	k	10^{-6}	micro(微)	μ
10^2	hecto(百)	h	10^{-9}	nano(纳)	n
10^1	deca(十)	da	10^{-12}	pico(皮)	p
			10^{-15}	femto(飞)	f
			10^{-18}	atto(阿)	a

注：括号中的名称，是词头的中文名称。

附表 2-4　乙醇的蒸气压

$t/℃$	$p/(mmHg)$	$t/℃$	$p/(mmHg)$
35	103.7	65	448.8
40	135.3	70	542.5
45	174.0	75	666.1
50	222.2	80	812.6
55	280.6	85	986.3
60	352.7	90	1187.0

注：1mmHg＝133.3224Pa。

附表 2-5　常压下共沸物的组成及其沸点

共沸物		各组分的沸点/℃		共沸物的性质	
甲组分	乙组分	甲组分	乙组分	沸点/℃	组成(甲组分的质量分数)/%
苯	乙醇	80.1	78.3	67.9	68.3
环己烷	乙醇	80.8	78.3	64.8	70.8
正己烷	乙醇	68.9	78.3	58.7	79.0
乙酸乙酯	乙醇	77.1	78.3	71.8	69.0
乙酸乙酯	环己烷	77.1	80.7	71.6	56.0
异丙醇	环己烷	82.4	80.7	69.4	32.0

附表 2-6　几种液体不同温度下的黏度

$t/℃$	$\eta/(\times 10^{-3} Pa \cdot s)$			
	水	苯	乙醇	氯仿
0	1.787	0.912	1.785	0.699
10	1.307	0.758	1.451	0.625
15	1.139	0.698	1.345	0.597
16	1.109	0.685	1.320	0.591
17	1.081	0.677	1.290	0.586
18	1.053	0.666	1.265	0.580
19	1.027	0.656	1.238	0.574
20	1.002	0.647	1.216	0.568
21	0.9779	0.638	1.188	0.562
22	0.9548	0.629	1.186	0.556
23	0.9325	0.621	1.143	0.551
24	0.9111	0.611	1.123	0.545
25	0.8904	0.601	1.103	0.540
30	0.7975	0.566	0.991	0.514
40	0.6529	0.482	0.823	0.464
50	0.5468	0.436	0.701	0.424

附表 2-7 25℃下标准电极电位及温度系数

电极	电极反应	$\varphi^{\ominus}/V$	$(\mathrm{d}\varphi^{\ominus}/\mathrm{d}T)/(\mathrm{mV}\cdot\mathrm{K}^{-1})$
Ag^+,Ag	$Ag^+ + e^- \Longrightarrow Ag$	0.7791	-1.000
$AgCl,Ag,Cl^-$	$AgCl + e^- \Longrightarrow Ag + Cl^-$	0.2224	-0.658
AgI,Ag,I^-	$AgI + e^- \Longrightarrow Ag + I^-$	-0.151	-0.284
Cd^{2+},Cd	$Cd^{2+} + 2e^- \Longrightarrow Cd$	-0.403	-0.093
Cl_2,Cl^-	$Cl_2 + 2e^- \Longrightarrow 2Cl^-$	1.3595	-1.260
Cu^{2+},Cu	$Cu^{2+} + 2e^- \Longrightarrow Cu$	0.337	0.008
Fe^{2+},Fe	$Fe^{2+} + 2e^- \Longrightarrow Fe$	-0.440	0.052
Mg^{2+},Mg	$Mg^{2+} + 2e^- \Longrightarrow Mg$	-2.37	0.103
Pb^{2+},Pb	$Pb^{2+} + 2e^- \Longrightarrow Pb$	-0.126	-0.451
$PbO_2,PbSO_4,SO_4^{2-},H^+$	$PbO_2 + SO_4^{2-} + 4H^+ + 2e^- \Longrightarrow PbSO_4 + 2H_2O$	1.685	-0.326
OH^-,O_2	$O_2 + 2H_2O + 4e^- \Longrightarrow 4OH^-$	0.401	-1.680
Zn^{2+},Zn	$Zn^{2+} + 2e^- \Longrightarrow Zn$	-0.7628	0.091

附表 2-8 水和空气界面上的表面张力

温度/℃	表面张力/(dyn/cm)	温度/℃	表面张力/(dyn/cm)	温度/℃	表面张力/(dyn/cm)
0	75.64	19	72.90	30	71.18
5	74.92	20	72.75	35	70.38
10	74.22	21	72.59	40	69.56
11	74.07	22	72.44	45	68.74
12	73.93	23	72.28	50	67.91
13	73.78	24	72.13	55	67.05
14	73.64	25	71.97	60	66.18
15	73.49	26	71.82	70	64.42
16	73.34	27	71.66	80	62.61
17	73.19	28	71.50	90	60.75
18	73.05	29	71.35	100	58.85

注：1. $1\mathrm{dyn} = 10^{-5}\mathrm{N}$。

2. 苯的表面张力可按下面经验公式求算（适用范围0℃到沸点，t 的单位为℃，σ 的单位为 dyn/cm）。

$$\sigma = (31.58 - 0.137t + 0.0001t^2) \pm 0.2$$

附表 2-9 蔗糖水解反应的反应速率常数

$c_{HCl}/(\mathrm{mol}\cdot\mathrm{L}^{-1})$	$k/(10^3/\mathrm{min}^{-1})$		
	298.2K	308.2K	318.2K
0.0502	0.4169	1.738	6.213
0.2512	2.255	9.35	35.86
0.4137	4.043	17.00	60.62
0.9000	11.16	46.76	148.8
1.214	17.455	75.97	

附表 2-10 常用参比电极电位及温度系数

名称	体系	φ/V[①]	$(d\varphi/dT)/(mV \cdot K^{-1})$
氢电极	$Pt, H_2 \vert H^+ (a_{H^+} = 1)$	0.0000	
饱和甘汞电极	$Hg, Hg_2Cl_2 \vert$ 饱和 KCl	0.2415	-0.761
标准甘汞电极	$Hg, Hg_2Cl_2 \vert 1mol/L$ KCl	0.2800	-0.275
0.1mol/L 甘汞电极	$Hg, Hg_2Cl_2 \vert 0.1mol/L$ KCl	0.3337	-0.875
银-氯化银电极	$Ag, AgCl \vert 0.1mol/L$ KCl	0.290	-0.3
氧化汞电极	$Hg, HgO \vert 0.1mol/L$ KOH	0.165	
硫酸亚汞电极	$Hg, Hg_2SO_4 \vert 1mol/L$ H_2SO_4	0.6758	
硫酸铜电极	$Cu \vert$ 饱和 $CuSO_4$	0.316	-0.7

① 25℃，相对于标准氢电极（NCE）。

附表 2-11 一些难溶电解质的溶度积

化合物	K_{sp}	化合物	K_{sp}	化合物	K_{sp}
AgBr	5.0×10^{-13}	$CaHPO_4$	1×10^{-7}	$MgCO_3$	3.5×10^{-8}
Ag_2CO_3	8.1×10^{-12}	$Ca_3(PO_4)_2$	2.0×10^{-29}	MgF_2	6.5×10^{-9}
$Ag_2C_2O_4$	3.4×10^{-11}	$CaSO_4$	9.1×10^{-6}	$Mg(OH)_2$	1.8×10^{-11}
AgCl	1.8×10^{-10}	$Cr(OH)_3$	6.3×10^{-31}	$MnCO_3$	1.8×10^{-11}
Ag_2CrO_4	1.1×10^{-12}	$CoCO_3$	1.4×10^{-13}	$Mn(OH)_2$	1.9×10^{-12}
Ag_2CrO_7	2.0×10^{-7}	$Co(OH)_2$（新析出）	1.6×10^{-15}	MnS（无定形）	2.5×10^{-10}
$AgIO_3$	3.0×10^{-8}	$Co(OH)_3$	1.6×10^{-44}	MnS（结晶）	2.5×10^{-13}
AgI	8.3×10^{-17}	α-CoS	4.0×10^{-21}	$NiCO_3$	6.6×10^{-9}
Ag_3PO_4	1.4×10^{-16}	β-CoS	2.0×10^{-25}	$Ni(OH)_2$（新析出）	2.0×10^{-15}
Ag_2SO_4	1.4×10^{-5}	CuBr	5.3×10^{-9}	α-NiS	3.2×10^{-19}
Ag_2S	6.3×10^{-50}	CuCl	1.2×10^{-6}	β-NiS	1.0×10^{-21}
$Al(OH)_3$（无定形）	1.3×10^{-33}	CuCN	3.2×10^{-20}	γ-NiS	2.0×10^{-26}
$BaCO_3$	5.1×10^{-9}	$CuCO_3$	1.4×10^{-10}	$PbBr_2$	4.0×10^{-5}
$BaCrO_4$	1.2×10^{-10}	$CuCrO_4$	3.6×10^{-6}	$PbCO_3$	7.4×10^{-14}
BaF_2	1.0×10^{-6}	CuI	1.1×10^{-12}	PbC_2O_4	4.8×10^{-10}
BaC_2O_4	1.6×10^{-7}	CuOH	1×10^{-14}	$PbCl_2$	1.6×10^{-5}
$Ba_3(PO_4)_2$	3.4×10^{-23}	$Cu(OH)_2$	2.2×10^{-20}	$PbCrO_4$	2.8×10^{-13}
$BaSO_4$	1.1×10^{-10}	Cu_2S	2.5×10^{-48}	PbI_2	7.1×10^{-9}
$BaSO_3$	8.0×10^{-7}	CuS	6.3×10^{-36}	$Pb_3(PO_4)_2$	8.0×10^{-43}
BaS_2O_3	1.6×10^{-5}	$FeCO_3$	3.2×10^{-11}	$PbSO_4$	1.6×10^{-8}
$Bi(OH)_3$	4.0×10^{-31}	$Fe(OH)_2$	8.0×10^{-16}	PbS	8.0×10^{-28}
BiOCl	1.8×10^{-31}	$FeC_2O_4 \cdot H_2O$	3.2×10^{-7}	$Sn(OH)_2$	1.4×10^{-28}
Bi_2S_3	1.0×10^{-97}	$Fe(OH)_3$	4.0×10^{-38}	$Sn(OH)_4$	1.0×10^{-56}
$CdCO_3$	5.2×10^{-12}	$FePO_4$	1.3×10^{-22}	SnS	1.0×10^{-25}
$Cd(OH)_2$（新析出）	2.5×10^{-14}	FeS	6.3×10^{-18}	$ZnCO_3$	1.4×10^{-11}
CdS	8.0×10^{-27}	$K_2[PtCl_6]$	1.1×10^{-5}	ZnC_2O_4	2.7×10^{-8}
$CaCO_3$	2.8×10^{-9}	Hg_2I_2	4.5×10^{-29}	$Zn(OH)_2$	1.2×10^{-17}
$CaC_2O_4 \cdot H_2O$	4.0×10^{-9}	Hg_2SO_4	7.4×10^{-7}	α-ZnS	1.6×10^{-24}
$CaCrO_4$	7.1×10^{-4}	Hg_2S	1.0×10^{-47}	β-ZnS	2.5×10^{-22}
CaF_2	5.3×10^{-9}	HgS（红）	4.0×10^{-53}		
$Ca(OH)_2$	5.5×10^{-6}	HgS（黑）	1.6×10^{-52}		

附表 2-12　几种常用液体的折射率 (n_D)

物质名称	15℃	20℃	物质名称	15℃	20℃
苯	1.50439	1.50110	四氯化碳	1.46305	1.46044
丙酮	1.36175	1.35911	乙醇	1.36330	1.36139
甲苯	1.4998	1.4968	环己烷	1.42900	—
乙酸	1.3776	1.3717	硝基苯	1.5547	1.5524
氯苯	1.52748	1.52460	正丁醇	—	1.39909
氯仿	1.44853	1.44550	二硫化碳	—	1.62546

附表 2-13　有机化合物的标准摩尔燃烧焓

名称	化学式	$t/℃$	$-\Delta_c H_m^\ominus/(kJ \cdot mol^{-1})$
甲醇	$CH_3OH(l)$	25	726.51
乙醇	$C_2H_5OH(l)$	25	1366.8
甘油	$(CH_2OH)_2CHOH(l)$	20	1661.0
苯	$C_6H_6(l)$	20	3267.5
己烷	$C_6H_{14}(l)$	25	4163.1
苯甲酸	$C_6H_5COOH(s)$	20	3226.9
樟脑	$C_{10}H_{16}O(s)$	20	5903.6
萘	$C_{10}H_8(s)$	25	5153.8
尿素	$NH_2CONH_2(s)$	25	631.7

附表 2-14　不同浓度不同温度下 KCl 溶液的电导率

$t/℃$	$10^2\kappa/(S \cdot m^{-1})$			
	1.000mol/L	0.1000mol/L	0.0200mol/L	0.0100mol/L
0	0.06541	0.00715	0.001521	0.000776
5	0.07414	0.00822	0.001752	0.000896
10	0.08319	0.00933	0.001994	0.001020
15	0.09252	0.01048	0.002243	0.001147
20	0.10207	0.01167	0.002501	0.001278
25	0.11180	0.01288	0.002765	0.001413
26	0.11377	0.01313	0.002819	0.001441
27	0.11574	0.01337	0.002873	0.001468
28		0.01362	0.002927	0.001496
29		0.01387	0.002981	0.001524
30		0.01412	0.003036	0.001552
35		0.01539	0.003312	

附表 2-15　25℃下不同浓度的乙酸水溶液的电离度和离解常数

$c/(\text{mol} \cdot \text{m}^{-3})$	a	$10^2 K_c/(\text{mol} \cdot \text{m}^{-3})$	$c/(\text{mol} \cdot \text{m}^{-3})$	a	$10^2 K_c/(\text{mol} \cdot \text{m}^{-3})$
0.2184	0.2477	1.751	12.83	0.03710	1.743
1.028	0.1238	1.751	20.00	0.02987	1.738
2.414	0.0829	1.750	50.00	0.01905	1.721
3.441	0.0702	1.750	100.00	0.01350	1.695
5.912	0.05401	1.749	200.00	0.00949	1.645
9.842	0.04223	1.747			

附表 2-16　有机化合物的密度

化合物	ρ_0	α	β	γ	温度范围/℃
四氯化碳	1.63255	-1.9110	-0.690		0~40
氯仿	1.52643	-1.8563	-0.5309	-8.81	-53~55
乙醚	0.73629	-1.1138	-1.237		0~70
乙醇	0.78506($t_0=25℃$)	-0.8591	-0.56	-5	
乙酸	1.0724	-1.1229	0.0058	-2.0	9~100
丙酮	0.81248	-1.100	-0.858		0~50
异丙醇	0.8014	-0.809	-0.27		0~25
正丁醇	0.82390	-0.699	-0.32		0~47
乙酸甲酯	0.95932	-1.2710	-0.405	-6.00	0~100
乙酸乙酯	0.92454	-1.168	-1.95	20	0~40
环己烷	0.79707	-0.8879	-0.972	1.55	0~65
苯	0.90005	-1.0638	-0.0376	-2.213	11~72

注：表中有机化合物的密度可用方程式 $\rho_t = \rho_0 + 10^{-3}\alpha(t-t_0) + 10^{-6}\beta(t-t_0)^2 + 10^{-9}\gamma(t-t_0)^3$ 计算，单位为 $\text{g} \cdot \text{cm}^{-3}$。式中，$\rho_0$ 为 $t=0℃$ 时的密度。

附表 2-17　常用有机溶剂的沸点、相对密度

名称	沸点/℃	d_4^{20}	名称	沸点/℃	d_4^{20}
甲醇	64.9	0.7914	苯	80.1	0.8787
乙醇	78.5	0.7893	甲苯	110.6	0.8669
乙醚	34.5	0.7137	二甲苯(o-, m-, p-)	约140.0	
丙酮	56.2	0.7899	氯仿	61.7	1.4832
乙酸	117.9	1.0492	四氯化碳	76.5	1.5940
乙酐	139.5	1.0820	二硫化碳	46.2	1.2632
乙酸乙酯	77.0	0.9003	硝基苯	210.8	1.2037
二氧六环	101.7	1.0337	正丁醇	117.2	0.8098

附表 2-18 常用基准物质的干燥条件和应用

基准物质		干燥后组成	干燥条件	标定对象
名称	分子式			
碳酸氢钠	$NaHCO_3$	Na_2CO_3	$270 \sim 300℃$	酸
碳酸钠	$Na_2CO_3 \cdot 10H_2O$	Na_2CO_3	$270 \sim 300℃$	酸
硼砂	$Na_2B_4O_7 \cdot 10H_2O$	$Na_2B_4O_7 \cdot 10H_2O$	放在含 NaCl 和蔗糖饱和液的干燥器中	酸
碳酸氢钾	$KHCO_3$	K_2CO_3	$270 \sim 300℃$	酸
草酸	$H_2C_2O_4 \cdot 2H_2O$	$H_2C_2O_4 \cdot 2H_2O$	室温空气干燥	碱或 $KMnO_4$
邻苯二甲酸氢钾	$KHC_8H_4O_4$	$KHC_8H_4O_4$	$110 \sim 120℃$	碱
重铬酸钾	$K_2Cr_2O_7$	$K_2Cr_2O_7$	$140 \sim 150℃$	还原剂
溴酸钾	$KBrO_3$	$KBrO_3$	$130℃$	还原剂
碘酸钾	KIO_3	KIO_3	$130℃$	还原剂
铜	Cu	Cu	室温干燥器中保存	还原剂
三氧化二砷	As_2O_3	As_2O_3	室温干燥器中保存	氧化剂
草酸钠	$Na_2C_2O_4$	$Na_2C_2O_4$	$130℃$	氧化剂
碳酸钙	$CaCO_3$	$CaCO_3$	$110℃$	EDTA
锌	Zn	Zn	室温干燥器中保存	EDTA
氧化锌	ZnO	ZnO	$900 \sim 1000℃$	EDTA
氯化钠	$NaCl$	$NaCl$	$500 \sim 600℃$	$AgNO_3$
氯化钾	KCl	KCl	$500 \sim 600℃$	$AgNO_3$
硝酸银	$AgNO_3$	$AgNO_3$	$280 \sim 290℃$	氯化物
氨基磺酸	$HOSO_2NH_2$	$HOSO_2NH_2$	在真空 H_2SO_4 干燥器中保存 48h	碱
氟化钠	NaF	NaF	铂坩埚中 $500 \sim 550℃$ 下保存 $40 \sim 50min$，H_2SO_4 干燥器中冷却	

附表 2-19 常用浓酸浓碱的密度和浓度

试剂名称	密度/$(g \cdot mL^{-1})$	质量分数/%	$c/(mol \cdot L^{-1})$
盐酸	$1.18 \sim 1.19$	$36 \sim 38$	$11.6 \sim 12.4$
硝酸	$1.39 \sim 1.40$	$65.0 \sim 68.0$	$14.4 \sim 15.2$
硫酸	$1.83 \sim 1.84$	$95 \sim 98$	$17.8 \sim 18.4$
磷酸	1.69	85	14.6
高氯酸	1.68	$70.0 \sim 72.0$	$11.7 \sim 12.0$
冰乙酸	1.05	99.8(优级纯) 99.0(分析纯、化学纯)	17.4
氢氟酸	1.13	40	22.5
氢溴酸	1.49	47.0	8.6
氨水	$0.88 \sim 0.90$	$25.0 \sim 28.0$	$13.3 \sim 14.8$

附表 2-20 常用缓冲溶液的配制

缓冲溶液组成	pK_a	缓冲液 pH	缓冲溶液配制方法
氨基乙酸-HCl	$2.35(pK_{a_1})$	2.3	取 150g 氨基乙酸溶于 500mL 水中,加浓盐酸 80mL,稀释至 1L
H_3PO_4-柠檬酸盐		2.5	取 113g $Na_2HPO_4 \cdot 12H_2O$ 溶于 200mL 水后,加柠檬酸 387g,溶解,过滤后,稀释至 1L
一氯乙酸-NaOH	2.86	2.8	取 200g 一氯乙酸溶于 200mL 水中,加 NaOH40g,溶解后,稀释至 1L
邻苯二甲酸氢钾-HCl	$2.95(pK_{a_1})$	2.9	取 500g 邻苯二甲酸氢钾溶于 500mL 水中,加浓盐酸 80mL,稀释至 1L
甲酸-NaOH	3.76	3.7	取 95g 甲酸和 40g NaOH 溶于 500mL 水中,溶解后,稀释至 1L
NaAc-HAc	4.74	4.7	取 83g 无水 NaAc 溶于水中,加冰乙酸 60mL,稀释至 1L
六亚甲基四胺-HCl	5.15	5.4	取 40g 六亚甲基四胺溶于水中,加浓盐酸 10mL,稀释至 1L
Tris-HCl[三羟甲基氨基甲烷 $CNH_2 \equiv (HOCH_3)_3$]	8.21	8.2	取 25g Tris 试剂溶于水中,加浓盐酸 18mL,稀释至 1L
NH_3-NH_4Cl	9.26	9.2	取 54g NH_4Cl 溶于水中,加浓氨水 63mL,稀释至 1L

注:1. 缓冲液配制后可用 pH 试纸检查。如 pH 值不对,可用共轭酸或碱调节。pH 值欲调节精确时,可用 pH 计调节。
2. 若需增加或减少缓冲液的缓冲容量时,可相应增加或减少共轭酸碱对物质的量,再调节之。

附表 2-21 某些试剂的配制

试剂名称	浓度	配制方法
三氯化铋 $BiCl_3$	$0.1mol \cdot L^{-1}$	溶解 31.6g $BiCl_3$ 于 330mL $6mol \cdot L^{-1}$ HCl 中,加水稀释至 1L
三氯化锑 $SbCl_3$	$0.1mol \cdot L^{-1}$	溶解 22.8g $SbCl_3$ 于 330mL $6mol \cdot L^{-1}$ HCl 中,加水稀释至 1L
三氯化铁 $FeCl_3$	$1mol \cdot L^{-1}$	溶解 90g $FeCl_3 \cdot 6H_2O$ 于 80mL $6mol \cdot L^{-1}$ HCl 中,加水稀释至 1L
三氯化铬 $CrCl_3$	$0.5mol \cdot L^{-1}$	溶解 44.5g $CrCl_3 \cdot 6H_2O$ 于 40mL $6mol \cdot L^{-1}$ HCl 中,加水稀释至 1L
氯化亚锡 $SnCl_2$	$0.1mol \cdot L^{-1}$	溶解 22.6g $SnCl_2 \cdot 2H_2O$ 于 330mL $6mol \cdot L^{-1}$ HCl 中,加水稀释至 1L,加入数粒纯锡
氯化氧钒 VO_2Cl		将 1g 偏钒酸铵固体加入到 20mL $6mol \cdot L^{-1}$ HCl 和 10mL 水中
硝酸汞 $Hg(NO_3)_2$	$0.1mol \cdot L^{-1}$	溶解 33.4g $Hg(NO_3)_2 \cdot 1/2H_2O$ 于 1L $0.6mol \cdot L^{-1}$ HNO_3 中
硝酸亚汞 $Hg_2(NO_3)_2$	$0.1mol \cdot L^{-1}$	溶解 56.1g $Hg_2(NO_3)_2 \cdot 2H_2O$ 于 1L $0.6mol \cdot L^{-1}$ HNO_3 中,并加入少许金属汞
硫化钠 Na_2S	$2mol \cdot L^{-1}$	溶解 240g $Na_2S \cdot 9H_2O$ 及 40g NaOH 于一定量水中,稀释至 1L
硫化铵 $(NH_4)_2S$	$3mol \cdot L^{-1}$	在 200mL 浓氨水中通入 H_2S,直至不再吸收为止。然后加入 200mL 浓氨水,稀释至 1L
硫酸氧钛 $TiOSO_4$	$0.1mol \cdot L^{-1}$	溶解 19g 液态 $TiCl_4$ 于 220mL H_2SO_4(1+1)中,再用水稀释至 1L(注意:液态 $TiCl_4$ 在空气中强烈发烟,因此必须在通风橱中配制)
钼酸铵 $(NH_4)_6Mo_7O_{24}$	$0.1mol \cdot L^{-1}$	溶解 124g $(NH_4)_6Mo_7O_{24} \cdot 4H_2O$ 于 1L 水中。将所得溶液倒入 1L $6mol \cdot L^{-1}$ HNO_3 中,放置 24h,取其澄清液
氯水		在水中通入氯气直至饱和
溴水		在水中滴入液溴至饱和
碘水	$0.01mol \cdot L^{-1}$	溶解 2.5g 碘和 3g KI 于尽可能少量的水中,加水稀释至 1L

试剂名称	浓度	配制方法
亚硝酰铁氰化钠 $Na_2[Fe(CN)_5NO]$	1%	溶解1g亚硝酰铁氰化钠于100mL水中。如溶液变成蓝色，即需重新配制（只能保存数天）
硝酸银-氨溶液 $AgNO_3-NH_3$		溶解1.7g $AgNO_3$ 于水中，加17mL浓 $NH_3\cdot H_2O$，稀释至1L
镁试剂		溶解0.01g对硝基苯偶氮间苯二酚于1L 1mol·L^{-1} NaOH溶液中
溶粉溶液	1%	将1g溶粉和少量冷水调成糊状，倒入100mL沸水中，煮沸后，冷却
奈斯勒试剂		溶解115g HgI_2，80g KI于水中稀释至500mL，加入500mL 6mol·L^{-1} NaOH溶液，静置后，取其清液，保存在棕色瓶中
二苯硫腙		溶解0.1g二苯硫腙于1L CCl_4 或 $CHCl_3$ 中
铬黑T		将铬黑T和烘干的NaCl按1∶100的比例研细，均匀混合，贮于棕色瓶中
钙指示剂		将钙指示剂和烘干的NaCl按1∶50的比例研细，均匀混合，贮于棕色瓶中
紫脲酸铵指示剂	0.1%	1g紫脲酸铵加100g氯化钠，研匀
甲基橙	0.5%~1%	溶解1g甲基橙于1L热水中
石蕊	0.1%	5~10g石蕊溶于1L水中
酚酞		溶解1g酚酞于900mL乙醇与100mL水的混合液中
淀粉-碘化钾		0.5%淀粉溶液中含0.1mol·L^{-1} 碘化钾
二乙酰二肟		取1g二乙酰二肟溶于100mL 95%乙醇中
甲醛		1份40%甲醛与7份水混合

附表2-22 酸碱指示剂（18~25℃）

指示剂名称	变色pH范围	颜色变化	溶液配制方法
甲基紫（第一变色范围）	0.13~0.5	黄~绿	0.1%或0.05%的水溶液
甲酚红（第一变色范围）	0.2~1.8	红~黄	0.04g指示剂溶于100mL 50%乙醇
甲基紫（第二变色范围）	1.0~1.5	绿~蓝	0.1%水溶液
百里酚蓝（第一变色范围）	1.2~2.8	红~黄	0.1g指示剂溶于100mL 20%乙醇
甲基紫（第三变色范围）	2.0~3.0	蓝~紫	0.1%水溶液
甲基橙	3.1~4.4	红~橙黄	0.1%水溶液
溴酚蓝	3.0~4.6	黄~蓝	0.1g指示剂溶于100mL 20%乙醇
刚果红	3.0~5.2	蓝紫~红	0.1%水溶液
溴甲酚绿	3.8~5.4	黄~蓝	0.1g指示剂溶于100mL 20%乙醇
甲基红	4.4~6.2	红~黄	0.1g或0.2g指示剂溶于100mL 60%醇
溴酚红	5.0~6.8	黄~红	0.1g或0.04g指示剂溶于100mL 20%乙醇
溴百里酚蓝	6.0~7.6	黄~蓝	0.05g指示剂溶于100mL 20%乙醇
中性红	6.8~8.0	红~亮黄	0.1g指示剂溶于100mL 60%乙醇
酚红	6.8~8.4	黄~红	0.1g指示剂溶于14.2mL 0.02mol·L^{-1} 氢氧化钠，用水稀释至250mL
甲酚红	7.2~8.8	亮黄~紫红	0.1g指示剂溶于100mL 50%乙醇
百里酚蓝（第二变色范围）	8.0~9.0	黄~蓝	参看第一变色范围
酚酞	8.2~10.0	无色~紫红	0.1g指示剂溶于100mL 60%乙醇
百里酚酞	9.4~10.6	无色~蓝	0.1g指示剂溶于100mL 90%乙醇

附表 2-23　酸碱混合指示剂

指示剂溶液的组成	变色点 pH	颜色		备注
		酸色	碱色	
三份 0.1%溴甲酚绿酒精溶液 一份 0.2%甲基红酒精溶液	5.1	酒红	绿	
一份 0.2%甲基红酒精溶液 一份 0.1%亚甲基蓝酒精溶液	5.4	红紫	绿	pH5.2 红紫 pH5.4 暗蓝 pH5.6 绿
一份 0.1%溴甲酚绿钠盐水溶液 一份 0.1%氯酚红钠盐水溶液	6.1	黄绿	蓝紫	pH5.4 蓝绿 pH5.8 蓝 pH6.2 蓝紫
一份 0.1%中性红酒精溶液 一份 0.1%亚甲基蓝酒精溶液	7.0	蓝紫	绿	pH7.0 蓝紫
一份 0.1%溴百里酚蓝钠盐水溶液 一份 0.1%酚红钠盐水溶液	7.5	黄	绿	pH7.2 暗绿 pH7.4 淡紫 pH7.6 深紫
一份 0.1%甲酚红钠盐水溶液 三份 0.1%百里酚蓝钠盐水溶液	8.3	黄	紫	pH8.2 玫瑰色 pH8.4 紫色

附表 2-24　金属离子指示剂

指示剂名称	离解平衡和颜色变化	溶液配制方法
铬黑 T(EBT)	$\overset{pK_{a_2}=6.3\qquad pK_{a_3}=11.55}{H_2In^- \rightleftharpoons HIn^{2-} \rightleftharpoons In^{3-}}$ 紫红　　蓝　　橙	0.5%水溶液
二甲酚橙(XO)	$\overset{pK_a=6.3}{H_3In^{4-} \rightleftharpoons H_2In^{5-}}$ 黄　　　　红	0.2%水溶液
K-B 指示剂	$\overset{pK_{a_1}=8\qquad\qquad pK_{a_2}=13}{H_2In \rightleftharpoons HIn^- \longrightarrow In^{2-}}$ 红　　　　蓝　　　　紫红 （酸性铬蓝 K）	0.2g 酸性铬蓝 K 与 0.4g 萘酚绿溶于 100mL 水中
钙指示剂	$\overset{pK_{a_2}=7.4\qquad\quad pK_{a_3}=13.5}{H_2In^- \rightleftharpoons HIn^{2-} \rightleftharpoons In^{3-}}$ 酒红　　　蓝　　　　酒红	0.5%乙醇溶液
1-(2-吡啶基偶氮)- 2-萘酚(PAN)	$\overset{pK_{a_1}=1.9\qquad\quad pK_{a_2}=12.2}{H_2In^+ \rightleftharpoons HIn \rightleftharpoons In^-}$ 黄绿　　　黄　　　　淡红	0.1%乙醇溶液
Cu-PAN (CuY-PAN 溶液)	$CuY+PAN+M^{n+} \rightleftharpoons MY+Cu\text{-}PAN$ 浅绿　　无色　　　红色	将 10mL 0.05mol·L^{-1}Cu^{2+} 溶液,加 pH5~6 的 HAc 缓冲液 5mL,1 滴 PAN 指示剂,加热至 60℃,用 EDTA 滴至绿色,得到约 0.025mol·L^{-1} 的 CuY 溶液。使用时取 2~3mL 于试液中,再加数滴 PAN 溶液
磺基水杨酸	$\overset{pK_{a_2}=2.7\qquad\quad pK_{a_3}=13.1}{H_2In \rightleftharpoons HIn^- \rightleftharpoons In^{2-}}$ 无色	1%水溶液
钙镁指示剂	$\overset{pK_{a_2}=8.1\qquad\quad pK_{a_3}=12.4}{H_2In^- \rightleftharpoons HIn^{2-} \rightleftharpoons In^{3-}}$ 红　　　　蓝　　　　红橙	0.5%水溶液

注：EBT、钙指示剂、K-B 指示剂等在水溶液中稳定性较差，可以配成指示剂与 NaCl 质量比为 1∶100 或 1∶200 的固体粉末。

附表 2-25　氧化还原指示剂

指示剂名称	$\varphi^{\ominus\prime}/V$ $[H^+]=1mol \cdot L^{-1}$	颜色变化		溶液配制方法
		氧化态	还原态	
二苯胺	0.76	紫	无色	1%的浓 H_2SO_4 溶液
二苯胺磺酸钠	0.85	紫红	无色	0.5%的水溶液
N-邻苯氨基苯甲酸	1.08	紫红	无色	0.1g指示剂加入20mL 5% Na_2CO_3 溶液中，用水稀释至100mL
邻二氮菲-Fe(Ⅱ)	1.06	浅蓝	红	将1.485g邻二氮菲和0.965g $FeSO_4$ 溶解，稀至100mL(0.025mol·L^{-1}水溶液)
5-硝基邻二氮菲-Fe(Ⅱ)	1.25	浅蓝	紫红	将1.608g 5-硝基邻二氮菲和0.695g $FeSO_4$ 溶解，释至100mL(0.025mol·L^{-1}水溶液)

参考文献

［1］ 范文琴，王炜.基础化学实验.北京：中国铁道出版社，2007.

［2］ 徐新华，王晓刚，王国平.物理化学实验.北京：化学工业出版社，2017.

［3］ 肖玉梅，袁德凯.有机化学实验.北京：化学工业出版社，2018.

［4］ 孙皓，赵春.基础化学实验技术.北京：化学工业出版社，2018.

［5］ 赵剑英，胡艳芳，孙桂滨，等.有机化学实验.3 版.北京：化学工业出版社，2018.

［6］ 秦静.危险化学品和化学实验室安全教育读本.北京：化学工业出版社，2018.

［7］ 丁益民，张小平.物理化学实验.北京：化学工业出版社，2018.

［8］ 大连理工大学无机化学教研室.无机化学实验.2 版.大连：大连理工大学出版社，2004.

［9］ 高占先.有机化学实验.4 版.北京：高等教育出版社，2004.

［10］ 李英俊.有机化学实验.北京：高等教育出版社，2004.

［11］ 蔡维平.基础化学实验（一）.北京：科学出版社，2004.

［12］ 刘寿长，张建民，徐顺.物理化学实验与技术.郑州：郑州大学出版社，2004.

［13］ 顾月姝.基础化学实验（Ⅲ）——物理化学实验.北京：化学工业出版社，2004.

［14］ 辛剑，孟长功.基础化学实验.北京：高等教育出版社，2004.

［15］ 北京师范大学无机化学教研室.无机化学实验.北京：高等教育出版社，1983.

［16］ 华东化工学院无机化学教研组.无机化学实验.北京：高等教育出版社，1990.

［17］ 兰州大学、复旦大学有机教研室.有机化学实验.2 版.北京：高等教育出版社，1994.

［18］ 殷学锋.新编大学化学实验.北京：高等教育出版社，2002.

［19］ 北京大学化学系分析化学教学组.基础化学实验.2 版.北京：北京大学出版社，1998.

元素周期表

IUPAC 2013

| s区元素 | p区元素 | ds区元素 |
| d区元素 | f区元素 | 稀有气体 |

图例说明：
氧化态（单质的氧化态为0，未列入；常见人，的为红色）

95 — 原子序数（红色的为放射性元素）
Am — 元素符号（红色的为放射性元素）
镅 — 元素名称（注*的为人造元素）
5f⁷7s² — 价层电子构型
243.06138(2)* — 以 ¹²C=12 为基准的原子量（注*的是半衰期最长同位素的原子量）

电子层：K L M N O P Q

族 / 周期	1 IA	2 IIA	3 IIIB	4 IVB	5 VB	6 VIB	7 VIIB	8	9 VIIIB(VIII)	10	11 IB	12 IIB	13 IIIA	14 IVA	15 VA	16 VIA	17 VIIA	18 VIIIA(0)
1	1 **H** 氢 1s¹ 1.008																	2 **He** 氦 1s² 4.002602(2)
2	3 **Li** 锂 2s¹ 6.94	4 **Be** 铍 2s² 9.0121831(5)											5 **B** 硼 2s²2p¹ 10.81	6 **C** 碳 2s²2p² 12.011	7 **N** 氮 2s²2p³ 14.007	8 **O** 氧 2s²2p⁴ 15.999	9 **F** 氟 2s²2p⁵ 18.998403163(6)	10 **Ne** 氖 2s²2p⁶ 20.1797(6)
3	11 **Na** 钠 3s¹ 22.98976928(2)	12 **Mg** 镁 3s² 24.305											13 **Al** 铝 3s²3p¹ 26.9815385(7)	14 **Si** 硅 3s²3p² 28.085	15 **P** 磷 3s²3p³ 30.973761998(5)	16 **S** 硫 3s²3p⁴ 32.06	17 **Cl** 氯 3s²3p⁵ 35.45	18 **Ar** 氩 3s²3p⁶ 39.948(1)
4	19 **K** 钾 4s¹ 39.0983(1)	20 **Ca** 钙 4s² 40.078(4)	21 **Sc** 钪 3d¹4s² 44.955908(5)	22 **Ti** 钛 3d²4s² 47.867(1)	23 **V** 钒 3d³4s² 50.9415(1)	24 **Cr** 铬 3d⁵4s¹ 51.9961(6)	25 **Mn** 锰 3d⁵4s² 54.938044(3)	26 **Fe** 铁 3d⁶4s² 55.845(2)	27 **Co** 钴 3d⁷4s² 58.933194(4)	28 **Ni** 镍 3d⁸4s² 58.6934(4)	29 **Cu** 铜 3d¹⁰4s¹ 63.546(3)	30 **Zn** 锌 3d¹⁰4s² 65.38(2)	31 **Ga** 镓 4s²4p¹ 69.723(1)	32 **Ge** 锗 4s²4p² 72.630(8)	33 **As** 砷 4s²4p³ 74.921595(6)	34 **Se** 硒 4s²4p⁴ 78.971(8)	35 **Br** 溴 4s²4p⁵ 79.904	36 **Kr** 氪 4s²4p⁶ 83.798(2)
5	37 **Rb** 铷 5s¹ 85.4678(3)	38 **Sr** 锶 5s² 87.62(1)	39 **Y** 钇 4d¹5s² 88.90584(2)	40 **Zr** 锆 4d²5s² 91.224(2)	41 **Nb** 铌 4d⁴5s¹ 92.90637(2)	42 **Mo** 钼 4d⁵5s¹ 95.95(1)	43 **Tc** 锝 4d⁵5s² 97.90721(3)*	44 **Ru** 钌 4d⁷5s¹ 101.07(2)	45 **Rh** 铑 4d⁸5s¹ 102.90550(2)	46 **Pd** 钯 4d¹⁰ 106.42(1)	47 **Ag** 银 4d¹⁰5s¹ 107.8682(2)	48 **Cd** 镉 4d¹⁰5s² 112.414(4)	49 **In** 铟 5s²5p¹ 114.818(1)	50 **Sn** 锡 5s²5p² 118.710(7)	51 **Sb** 锑 5s²5p³ 121.760(1)	52 **Te** 碲 5s²5p⁴ 127.60(3)	53 **I** 碘 5s²5p⁵ 126.90447(3)	54 **Xe** 氙 5s²5p⁶ 131.293(6)
6	55 **Cs** 铯 6s¹ 132.90545196(6)	56 **Ba** 钡 6s² 137.327(7)	57~71 La~Lu 镧系	72 **Hf** 铪 5d²6s² 178.49(2)	73 **Ta** 钽 5d³6s² 180.94788(2)	74 **W** 钨 5d⁴6s² 183.84(1)	75 **Re** 铼 5d⁵6s² 186.207(1)	76 **Os** 锇 5d⁶6s² 190.23(3)	77 **Ir** 铱 5d⁷6s² 192.217(3)	78 **Pt** 铂 5d⁹6s¹ 195.084(9)	79 **Au** 金 5d¹⁰6s¹ 196.966569(5)	80 **Hg** 汞 5d¹⁰6s² 200.592(3)	81 **Tl** 铊 6s²6p¹ 204.38	82 **Pb** 铅 6s²6p² 207.2(1)	83 **Bi** 铋 6s²6p³ 208.98040(1)	84 **Po** 钋 6s²6p⁴ 208.98243(2)*	85 **At** 砹 6s²6p⁵ 209.98715(5)*	86 **Rn** 氡 6s²6p⁶ 222.01758(2)*
7	87 **Fr** 钫 7s¹ 223.01974(2)*	88 **Ra** 镭 7s² 226.02541(2)*	89~103 Ac~Lr 锕系	104 **Rf** 𬬻 6d²7s² 267.122(4)*	105 **Db** 𬭊 6d³7s² 270.131(4)*	106 **Sg** 𬭳 6d⁴7s² 269.129(3)*	107 **Bh** 𬭛 6d⁵7s² 270.133(2)*	108 **Hs** 𬭶 6d⁶7s² 270.134(2)*	109 **Mt** 鿏 6d⁷7s² 278.156(5)*	110 **Ds** 𫟼 281.165(4)*	111 **Rg** 𬬭 281.166(6)*	112 **Cn** 鿔 285.177(4)*	113 **Nh** 鿭 286.182(5)*	114 **Fl** 𫓧 289.190(4)*	115 **Mc** 镆 289.194(6)*	116 **Lv** 𫟷 293.204(4)*	117 **Ts** 鿬 293.208(6)*	118 **Og** 鿫 294.214(5)*

★ 镧系

57 **La** 镧 5d¹6s² 138.90547(7)	58 **Ce** 铈 4f¹5d¹6s² 140.116(1)	59 **Pr** 镨 4f³6s² 140.90766(2)	60 **Nd** 钕 4f⁴6s² 144.242(3)	61 **Pm** 钷 4f⁵6s² 144.91276(2)*	62 **Sm** 钐 4f⁶6s² 150.36(2)	63 **Eu** 铕 4f⁷6s² 151.964(1)	64 **Gd** 钆 4f⁷5d¹6s² 157.25(3)	65 **Tb** 铽 4f⁹6s² 158.92535(2)	66 **Dy** 镝 4f¹⁰6s² 162.500(1)	67 **Ho** 钬 4f¹¹6s² 164.93033(2)	68 **Er** 铒 4f¹²6s² 167.259(3)	69 **Tm** 铥 4f¹³6s² 168.93422(2)	70 **Yb** 镱 4f¹⁴6s² 173.045(10)	71 **Lu** 镥 4f¹⁴5d¹6s² 174.9668(1)

★ 锕系

89 **Ac** 锕 6d¹7s² 227.02775(2)*	90 **Th** 钍 6d²7s² 232.0377(4)	91 **Pa** 镤 5f²6d¹7s² 231.03588(2)	92 **U** 铀 5f³6d¹7s² 238.02891(3)	93 **Np** 镎 5f⁴6d¹7s² 237.04817(2)*	94 **Pu** 钚 5f⁶7s² 244.06421(4)*	95 **Am** 镅 5f⁷7s² 243.06138(2)*	96 **Cm** 锔 5f⁷6d¹7s² 247.07035(3)*	97 **Bk** 锫 5f⁹7s² 247.07031(4)*	98 **Cf** 锎 5f¹⁰7s² 251.07959(3)*	99 **Es** 锿 5f¹¹7s² 252.0830(3)*	100 **Fm** 镄 5f¹²7s² 257.09511(5)*	101 **Md** 钔 5f¹³7s² 258.09843(3)*	102 **No** 锘 5f¹⁴7s² 259.10100(7)*	103 **Lr** 铹 5f¹⁴6d¹7s² 262.110(2)*